高纬电离层及其对无线电传播的影响

The High-Latitude Ionosphere and Its Effects on Radio Propagation

〔美〕罗伯特·D. 汉萨克（Robert D. Hunsucker）

〔英〕约翰·K. 哈格里夫斯（John K. Hargreaves） 著

张雅彬　梁勇敢　郝书吉　崔玉国　译

科学出版社

北 京

图字：01-2024-2437 号

内 容 简 介

地球高层大气中电离层的物理特性能够使我们利用它开展越来越广泛的通信应用。本书以现代的视角分析了高纬高层大气的物理和现象，以及极光和极地地区无线电传播的形态。

本书内容涵盖无线电传播的基础知识和电离层研究中无线电技术的使用，以及对高纬电离层物理和形态的描述。高纬无线电传播的许多研究以前只发表在会议和研究报告中，本书陈述了许多平静和受扰的高纬高频传播行为的例子。

本书中充足的交叉引用、章节摘要和参考文献能够为研究生、电离层物理学家和无线电工程师提供帮助和参考。

图书在版编目(CIP)数据

高纬电离层及其对无线电传播的影响 / (美)罗伯特·D. 汉萨克 (Robert D. Hunsucker), (英)约翰·K. 哈格里夫斯(John K. Hargreaves)著；张雅彬等译.

北京：科学出版社, 2025. 3. -- ISBN 978-7-03-079859-6

Ⅰ. P421.34; TN011

中国国家版本馆 CIP 数据核字第 20243YA577 号

责任编辑: 陈艳峰　赵　颖 / 责任校对: 高辰雷
责任印制: 张　伟 / 封面设计: 无极书装

斜 学 出 版 社 出版

北京东黄城根北街 16 号
邮政编码: 100717
http://www.sciencep.com

北京中石油彩色印刷有限责任公司印刷
科学出版社发行　各地新华书店经销
*
2025 年 3 月第 一 版　开本: 720×1000　1/16
2025 年 3 月第一次印刷　印张: 32
字数: 640 000

定价: 248.00 元
(如有印装质量问题, 我社负责调换)

原作者简介

罗伯特·D.汉萨克 (Robert D. Hunsucker)，阿拉斯加大学费尔班克斯分校的荣誉教授，也是俄勒冈州克拉马斯 RP 咨询公司的高级合伙人，他在阿拉斯加大学地球物理研究所和电气工程系、电信科学研究所 (科罗拉多州博尔德)、贝尔实验室 (新泽西州默里山) 期间，利用无线电技术进行中高纬无线电波传播和电离层研究，积累了丰富的研究经验。发表论文 100 多篇，著有 *Radio Techniques for Probing the Terrestrial Ionosphere* (1991) 专著一部。1995~2002 年担任 *Radio Science* 的主编。

约翰·K.哈格里夫斯 (John K. Hargreaves) 博士，英国兰开斯特大学通信系统系高级研究员、英国中央兰开夏大学高级访问学者。曾任英国兰开斯特大学环境科学系高级讲师。曾在曼彻斯特大学 Jodrell Bank 试验站学习，并在无线电研究站 (英国斯劳) 和空间环境实验室 (科罗拉多州博尔德) 工作。利用无线电技术开展高层大气和电离层研究工作 40 余年，发表论文 98 篇，著有 *The Upper Atmosphere and Solar-Terrestrial Relations* (1979) 和 *The Solar-Terrestrial Environment* (剑桥大学出版社，1992) 两部专著。

译 者 序

随着人类对太空环境认识的不断深入，电离层作为地球高层大气中的重要组成部分，其物理特性和动态变化越来越受到人们的关注。电离层不仅是地球与太阳之间物质能量交互的重要介质，更是现代通信、导航、雷达等技术运用的关键介质。其中，高纬度电离层因其特殊的地理位置和地磁场条件，其表现出的复杂性和变异性，为很多科学研究和工程应用带来了巨大挑战。

随着全球气候变暖，北极航道逐渐成为国际航运与地缘战略的重要通道，我国对北极航道开发及高纬度地区通信安全的战略需求日益增长，确保高纬度地区复杂电磁环境下的可靠通信成为亟待解决的关键问题。然而，国内长期以来缺乏系统阐述高纬电离层特性及其对无线电传播影响的权威专著，这严重制约了相关领域的科学研究和工程实践。为此，我们决定引进并翻译剑桥大学大气与空间科学系列丛书中的经典著作 *The High-Latitude Ionosphere and its Effects on Radio Propagation*，以填补国内这一领域的空白。

本书原著由 R. D. Hunsucker 与 J. K. Hargreaves 合著，2003 年由剑桥大学出版社出版。书中系统梳理了高纬电离层的地球物理现象、形成机制及其对无线电传播的影响，涵盖电离层探测技术、无线电波传播建模、极区扰动现象分析等内容，兼具理论深度与实践指导意义。原著不仅被国际学界视为该领域的标杆性著作，其案例与实验数据更为北极导航、短波通信等实际应用提供了重要参考。

本书翻译过程中，各章节校稿得到丁宗华、徐彬、薛昆、徐彤、陈春、欧明、邓忠新、张红波、班盼盼等多位研究员、胡艳莉和王飞飞高工、田瑞焕和葛淑灿博士的专业支持，在此表示感谢。此外，我们特别感谢科学出版社在编辑与出版过程中的严谨态度与高效协作，也感谢剑桥大学出版社对图表复制的授权支持。

本书适合地球物理、空间科学、无线电工程等领域的研究人员、工程师及研究生阅读。对于从事高纬度通信、极区导航的专业人士，书中关于电离层扰动预测与传播建模的内容具有直接的参考价值；而对本科生和爱好者而言，前四章的基础知识梳理与附录中的扩展文献亦能提供清晰的入门指引。

　　最后，我们深知翻译工作难免存在疏漏，恳请读者不吝指正。希望本书能为我国高纬电离层研究与应用注入新的动力，并助力国家北极战略与空间科学的发展。

译　者

张雅彬

2025 年 3 月

原 书 前 言

著名的马可尼跨大西洋无线电传输实验距今已有一个多世纪的时间，肯内利和赫维赛德紧接着进行的实验认为地球高层大气电离层使无线电传输成为可能。电离层从一开始便投入使用，从点对点通信和广播，到测向、导航和超视距雷达，支持越来越多的应用。经过几十年的积极研究，电离层虽然已经不再神秘，但事实上依然存在一些科学问题和技术难点。其中许多涉及高纬度地区，这些地区易遭受太阳引起的扰动。

由于无线电传播在很大程度上依赖于电离层的特性，所以我们试图把两个主题合并成一本关于极区的专著。第1~4章对电离层、磁层影响、无线电传播的原理以及电离层观测的主要技术进行了总体概述。第5~7章描述了高纬电离层特有的各种现象。第8、9章呈现了高纬传播实验的结果，其中许多只在当时没有广泛公开或确实没有发表的报告中。每一章简短的总结可帮助读者快速获得该章的综述。书中也给出了一些有用的互联网参考。

本书适用于有兴趣理解和预测极光和极地无线电传播的科学家、工程师、研究生及本科生。高级业务无线电操作员和短波监听者也能在本专著中找到有用的信息。本书每章的参考文献对希望更深入了解和研究的读者有益。

这里简要介绍一下参考文献：本书包括从经典到最近出版的材料，每章末尾都有对最新文献的引用。这些引用部分是出于对原作者的礼貌，但也可以让有好奇心的读者通过回到原出处以更详细地跟进这些主题。此外，这些文献通常也会引用更多有价值的参考材料。

引用该领域标准的所有原作者的相关材料是不切实际的。为支撑这类材料(主要在第1、2和6章)，书中列出了一些数据和会议报告的选集，读者可利用这些来扩展该领域的总体知识，如果有兴趣，也可翻阅我们对该领域的陈述 (若发现任何错误，作者将不胜感激)。附录列出了几本更广泛讨论与磁层扰动有关的高纬现象的书籍。

我们感谢众多作者和出版商同意复制图表，包括以前未发表的图表。我们特别感谢 M. Angling, D. H. Bliss, N. J. Flowers, N. Gerson, J. M. Goodman, M. S. Gussenhoven, C. H. Jackman, M. J. Jarvis, V. Jodalen, E. Johnson, L. Kersley, R. L. McPherron, T. I. Pulkinnen, M. H. Ress, J. Secan, P. N. Smith, E. Turunen, M. Walt, J. W. Wright, and M. Wild.

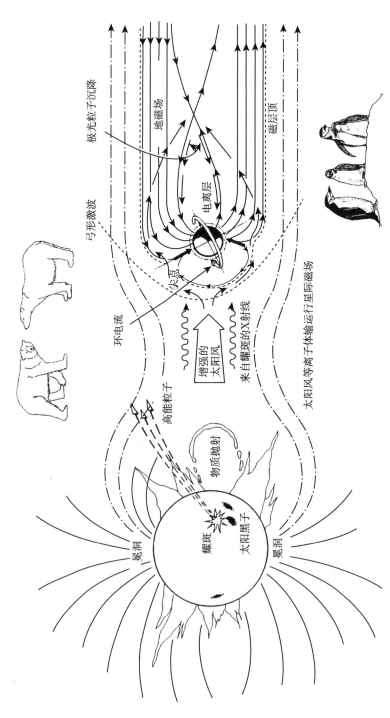

日-地环境中的高纬度地区。来自 Synoptic Data for Solar - Terrestrial Physics, The Royal Society (September 1992). Wildlife by J. C. Hargreaves

目　　录

第 1 章　电离层基本原理

1.1　引　　言

1.1.1　电离层与电波传播

电离层是电离大气的一部分，通常由数量相等的自由电子和离子组成，呈现电中性。尽管带电粒子在中性大气中占少数，但其对介质的电学特性有着显著影响，而且正是它们的存在，使得利用一次或多次电离层反射进行远距离无线通信成为可能。

电离层早期的历史与通信的发展息息相关。首次提出高层大气中存在带电层的观点要追溯到 19 世纪，但实际发展始于 1901 年著名的马可尼 (Marconi) 跨大西洋无线电传输实验 (从英国的康沃尔至加拿大的纽芬兰)。通过这个实验，肯内利 (Kennelly) 与赫维赛德 (Aeaviside) 各自独立地认为，由于地球的曲率存在，无线电波不可能直接穿越大西洋，而是通过了一次电离层反射。"电离层"一词于 1932 年开始使用，由 Watson-Watt 命名。此后，开展了大量的相关研究，揭示了大量关于电离层的信息：包括垂直结构、时空演化特性、形成机制与影响因素等。

简单来说，电离层就像位于地球 100~400 km 上空的一面镜子，如图 1.1 所示，它能够把信号反射到环绕地球凸起的一些点上。如何反射与信号的频率有关，但通常会对高频 (HF) 段 (3~30 MHz) 产生反射，电离层介质的折射率随着高度的增加而逐渐减小，射线逐渐向水平方向弯曲。在一定条件下，通过电离层和地面的多次反射可以把信号传播数千千米。在同一时间上，更高层 (F 层) 反射明显比较低层 (E 层) 单跳传播的距离更远。更高频率的无线信号趋向从更高的高度反射，但如果频率太高，将无法以反射形式传播，而是穿透电离层并消失在太空中。这是电波传播的第一个复杂性。

第二个复杂性是较低电离层对电波信号的吸收。这对低频信号及入射角更大的波产生很大影响。因此，实际的无线电通信通常需要折中考虑。电离层经常发生变化，因此传播预测就是在确定当前路径及电离层状态下如何选择最合适的无线电频率。理解电离层机制是无线电有效通信的基础。

关于电波传播的更多细节将在第 3 章中讨论，而本书的主题主要是讨论高纬电离层的异常如何对电波传播产生影响。

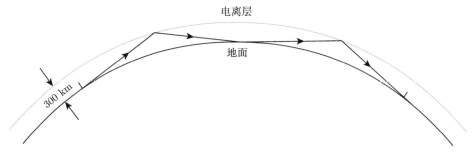

图 1.1   在电离层与地面间多跳的长距离传播

1.1.2   高纬电离层特征

地球电离层可大致分为三个区域，由于地磁纬度的不同，其特征也有很大的不同，其中对中纬电离层的探测和理解最为全面。在中纬电离层，电离几乎完全由太阳发射的高能 X 射线及紫外线产生，并通过可能涉及中性大气与电离成分的化学复合过程再次消除。离子的运动、产生和损失平衡受中性风的影响。中纬电离层的典型过程同样在低纬和高纬发生，只不过在这两个区域还有其他的物理过程起作用。

跨越地磁赤道两侧 20° 或 30° 的区域为低纬区域，因为地磁场在磁赤道上方是水平的，该区域受到电磁力的强烈影响，主要导致赤道上空的电导率反常增大。一个强电流 (电集流) 在 E 层流动，F 层受到电动力学抬升和喷泉效应的影响，扰动了整个低纬区域电离层的常规形态。

在高纬则是相反的情况，这里的地磁场几乎垂直，这个简单的自然现象却导致了比中、低纬区域更加复杂的电离层。这是因为磁力线把高纬电离层和受太阳风驱动的外部磁层连接在了一起；而在中纬是连接内磁层，而内磁层基本上随着地球自转，因此对外部影响的敏感度较小。由此可得出四个结论：

(a) 高纬电离层是动态的，其环流模式由多变的太阳风控制。

(b) 该区域更容易受太阳抛射的高能粒子影响，产生额外的电离。因此其容易受偶发事件的影响，使极区电波传播产生严重的衰减。在限定的纬度范围内电离层日侧会直接受太阳风物质的作用。

(c) 极光带发生在高纬地区。它们的位置取决于连接的磁层，这种情况下属于磁层尾扰动。极光现象与电集流导致地磁扰动及亚暴，通过到达的高能电子使电离率增加。极光带对于电波传播来说尤其复杂。

(d) 在极光带和中纬电离层间可能会形成电离较少的"槽"。尽管导致槽的形成机制尚未完全弄清，但可以确定的是其根本原因为磁层内部和外部间的环流模式不同。

本书主要讨论高纬电离层，但是在考虑发生在这些区域的特殊行为之前，通常需要回顾影响电离层的一些过程并总结中纬电离层较为常规的行为。为此首先需要考虑形成电离层的高层大气的特性。

1.2 大气的垂直结构

1.2.1 命名 (术语)

静态行星大气可用四个特征参数来描述：压强 (P)、密度 (ρ)、温度 (T) 和成分。由于这些参数并不是独立的，因此没有必要对它们进行详细说明。大气的命名主要基于温度随着高度的变化，如图 1.2 所示。这里不同的区域和它们之间的边界分别称为 "层" 及 "层顶"。最低的区域为 "对流层"，其温度随着高度的增加以 $10 \, \text{K·km}^{-1}$ 或略小的速率降低。对流层的上边界为 "对流层顶"，高度为 $10\sim12 \, \text{km}$。"平流层" 位于对流层顶之上，曾被认为是等温的，而实际上其温度随着高度的增加而增加。由于臭氧层吸收太阳辐射的紫外线，在约 $50 \, \text{km}$ 的高度上温度达到最大值，这里被称为 "平流层顶"。在平流层顶之上，"中间层" 温度又逐渐减小，在 $80\sim85 \, \text{km}$ 的高度上即 "中间层顶" 达到另一个最小值，约 $180 \, \text{K}$，这是整个大气最冷的部分。在中间层顶之上，由于太阳紫外线辐射加热使得温度梯度一直为正数，这里称为 "热层"。最终热层温度几乎为常数，其值随着时间变化但总保持在 $1000 \, \text{K}$ 以上，是大气层中最热的部分。

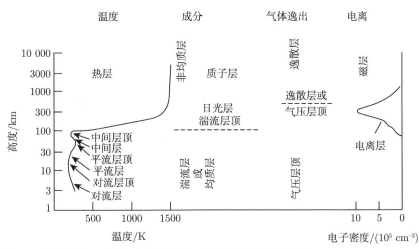

图 1.2　基于温度、成分、混合物和电离的高层大气的命名 (J. K. Hargreaves, The Solar-Terrestrial Environment. Cambridge University Press, 1992)

尽管通过温度分类通常最实用，但其他基于混合状态、成分或电离状态的分类也很有用。大气最低的部分是充分混合的，除了次要的成分外，其成分与海平面的成分相似，为 "湍流层" 或 "均质层"。在上层区域基本上是热层，混合被正温度梯度所抑制，这里称为 "非均质层"，其不同的成分在重力作用下分离，因此它的成分随高度而变化。在两个区域之间的边界，约在 100 km 处为 "湍流层顶"。在湍流层顶以上，由于气体的扩散造成的分离要比湍流的混合快得多。

在非均质层区域主要成分是氢或氧，分别称为 "日球层" 和 "质子层"。在 600 km 以上的更高区域，单个原子能够逃脱地球引力的吸引，这个区域称为 "逸散层"。逸散层的底部为 "逸散层底" 或 "气压层顶"。低于气压层顶的区域为 "气压层"。

术语 "电离层" 和 "磁层" 分别应用于大气电离的区域和地磁场控制粒子运动的最外层区域。地磁场外边界 (在太阳方向上约 10 个地球半径处) 为 "磁层顶"。

1.2.2　大气流体静力学平衡

温度、压强、密度和成分之间的性质决定了大气的很多行为。这些参数并不是独立的，通过普适的气体规律相联系，同时也可写成多种形式。本书给出的形式为

$$P = nkT \tag{1.1}$$

其中，n 为单位体积内的分子数量。严格来说，n 的数量称为 "浓度" 或 "数密度"，但当理解比较清晰时也经常使用 "密度" 这个词。

除了其成分，大气最重要的特征是压强和密度随着高度的增加而减小。这种高度变化可用流体静力学方程 (有时候称为大气压方程) 来表述，很容易从第一原理中推导得到。压强随着高度的变化为

$$P = P_0 \exp(-h/H) \tag{1.2}$$

其中，P 为在高度 h 处的压强，P_0 为高度 $h = 0$ 时的压强，标高 H 可表示为

$$H = kT/(mg) \tag{1.3}$$

其中，k 为玻尔兹曼常量，T 为绝对温度，m 为大气单个分子的质量，g 为地球引力的加速度。

若 T 和 m 为常数 (g 随着高度的变化可忽略)，H 用于定义大气的厚度，在垂直高度上 n 以因子 e (= 2.718) 的速度下降。H 越大，若气体越热或越轻，则大气越厚。在地球大气中，H 的变化范围从在 80 km 高度上的约 5 km 至在 500 km 高度上的 70～80 km。

运用方程 (1.1)，流体静力学方程可写成另外的形式

$$\mathrm{d}P/P = \mathrm{d}n/n + \mathrm{d}T/T = -\mathrm{d}h/H \tag{1.4}$$

由此，可以赋予 H 一个局部值，即使其随高度而变化。

另外一种有用的形式为

$$P/P_0 = \exp\left[-\left(h - h_0\right)/H\right] = \mathrm{e}^{-z} \tag{1.5}$$

其中，在高度 $h = h_0$ 时 $P = P_0$，约化高度定义为

$$z = \left(h - h_0\right)/H \tag{1.6}$$

流体静力学方程也可以写成质量密度 (ρ) 和数密度 (n) 的形式。在至少一个标高上，若 T、g 和 m 为常数，由于 $n/n_0 = \rho/\rho_0 = P/P_0$，此方程在本质上与以 P、ρ 和 n 为形式的方程相同。比率 k/m 也可由 R/M 代替，其中 R 为气体常数，M 为相对分子质量。

无论大气气体在高度上如何分布，其在高度 h_0 处的压强 P_0 为 h_0 以上的单位截面积圆柱的气体重量。因此

$$P_0 = N_{\mathrm{T}} m g = n_0 k T_0 \tag{1.7}$$

其中，N_{T} 为高于 h_0 的圆柱上的分子数总量，n_0 和 T_0 分别为高度 h_0 处的浓度和温度。因此

$$N_{\mathrm{T}} = n_0 k T_0/(mg) = n_0 H_0 \tag{1.8}$$

其中，H_0 为在 h_0 处的标高。这个方程说明如果高于 h_0 的大气被压缩至密度 n_0(已在 h_0 处应用)，那么其将正好充满一个标高圆柱。需要注意的是地球表面单位面积的大气总质量与压强除以 g 相等。

尽管我们经常认为重力加速度 g 为常数，但是实际上其随着高度以 $g(h) \propto 1/\left(R_{\mathrm{E}} + h\right)^2$ 改变，其中 R_{E} 为地球半径。通过定义位势高度可以把重力改变的影响考虑进去

$$h^* = R_{\mathrm{E}} h/\left(R_{\mathrm{E}} + h\right) \tag{1.9}$$

一个分子在球面地球高度 h 上的势能与假设有着重力加速度 $g(0)$ 的平面地球上高度为 h^* 的势能相同。

在均质层中，大气很好地混合在一起，平均相对分子质量决定标高和压强随着高度而改变。在非均质层中，每个成分的局部压强由其成分的相对分子质量决定。每一成分有着自己的分布，根据道尔顿定律，大气的总压强为局部压强之和。

1.2.3 逸散层

在讨论大气流体静力学方程时，把人气看成可压缩的流体，通过气体规律使温度、压强和密度相联系。这仅仅适用于有足够多的大气分子碰撞，可建立麦克

斯韦速度分布。压强和碰撞频率随着高度的增加而减小，而且在约 600 km 的高度上典型的分子间碰撞达到 "平均自由程" 距离，变得与标高相等。在这个水平及以上可认为大气以不同的方式存在，不是流体而是单个分子或原子的集合，在地球引力下遵循各自的轨迹。这个层被称为逸散层。

然而严格来说，流体静力学方程仅仅适用于气压层，若速度服从麦克斯韦分布，该方程依旧能够以相同的方式应用。一定程度上这在逸散层成为现实，而且至少作为一种近似流体静力学方程的使用通常可延伸至 1500~2000 km。然而，若大气中损失了大量气体将不再适用，因为更多更快的分子损失将改变这些存在的速度分布。诸如比较轻的氢和氧受影响最大。

在逸散层，气体分子逃离引力场的速率与其垂直速度有关。建立向上运动粒子的动能、势能和逃逸速度 (v_e) 方程为

$$v_e^2 = 2gr \tag{1.10}$$

其中，r 为粒子离地心的距离 (不考虑粒子的质量，在地球表面逃逸速度为 11.2 km·s^{-1})。

根据分子动力学理论，气体分子热速度的均方根值取决于其质量和温度，而且对于一个方向的速度，如垂直方向为

$$m\overline{v^2}/2 = 3kT/2 \tag{1.11}$$

因此，与逃逸速度 (v_e) 相对应，可定义逃逸温度 (T_e)。

氧原子的 T_e 值为 84000 K，氦为 21000 K，但是氢原子仅仅为 5200 K。在 1000~2000 K，逸散层的温度比这些逃逸温度要小，如果有气体损失，则主要是在速度分布的高速端。实际上 O 的损失可忽略，He 数量较小，但是 H 比较大。详细的计算表明，在距离地面超过一个地球半径的地方，H 的垂直分布与流体静力学的偏差很大，但是 He 的偏差则较小。

1.2.4　中性大气的温度剖面

大气温度剖面是热源、损失过程和输运机制平衡的结果。总的描述比较复杂，但主要有以下几点。

源

对流层通过来自热地面的对流进行加热，在高层大气中有四个热源：

(a) 吸收太阳紫外线和 X 射线辐射，导致光致离解、电离和随之发生的热释放反应；

(b) 从磁层进入高层大气的高能带电粒子；

(c) 电离层电流产生的焦耳加热；

(d) 由湍流和分子黏性产生的潮汐运动和重力波耗散。

通常第一个源 (a) 最重要，而在高纬 (b) 和 (c) 也比较重要。大部分波长小于 180 nm 的太阳辐射被 N_2、O_2 和 O 吸收。光子分离、电离分子或电离原子通常比反应需要更多的能量，而且剩余的能量以产生反应的动能形式呈现。例如，新产生的光电子可能有 1~100 eV 的动能，通过粒子间弹性碰撞的相互作用 (光学的、电子的、振动的或旋转激发，还是弹性碰撞，由能量决定) 后遍及中间的能量将重新分布，且小于 2eV，因为这个作用过程主要发生在电子间，因此依旧比离子要热。一些能量重新辐射，但是平均约一半的能量进入了局部加热。通常认为电离层中一定区域的加热率与电离率成正比。

温度剖面 (图 1.2) 解释如下。温度在平流层顶最高是因为在 20~50 km 的高度范围臭氧 (O_3) 吸收了 200~300 nm(2000~3000 Å) 的辐射，大约 18 W·m^{-2} 在臭氧层被吸收。直到 95 km 的高度，氧分子 (O_2) 还相对比较充足，可吸收 102.7~175 nm 间的辐射，这部分能量使 O_2 离解为氧原子 (O)，这个贡献总计大约 30 mW·m^{-2}。102.7 nm 的辐射为电离氧分子 (O_2) 的界限 (见 1.4.1 节的表 1.1)，比此波长短的辐射被吸收，用于电离在 95~250 km 高度范围的主要大气气体 O_2、O 和 N_2，这就是所谓的热层加热。尽管这个吸收量在太阳低年 (比太阳高年大) 仅仅约 3 mW·m^{-2}，但是因为空气密度很小，少量的加热就可以使其温度在较高的高度上提高相当多。当然，更高高度上的加热率与加热量均和大气浓度成比例，然而其温度的增加率实际上与高度无关。

在高纬，加热与极光有关，(b) 和 (c) 项在暴 (磁暴和亚暴) 中比较重要。由电流产生的焦耳加热在 115~130 km 高度范围最大。极光电子主要在 100~130 km 间加热大气。

损失

高层大气加热损失的主要机制为辐射，尤其是红外区。在 63 μm 时氧辐射与 OH 原子团光谱带、氧和氮的可见光气辉一样重要。来自 15μm CO_2 和 9.6 μm 臭氧的辐射使中间层变冷，尽管在极区漫长的夏季，其负作用可能是加热而不是冷却。

输运

高层大气的热平衡和温度剖面也受热输运的影响。不同水平的传导、对流和辐射都起作用。

在最低层，辐射是最有效的过程，在 30~90 km 之间大气达到辐射平衡。低于湍流层顶 (在约 100 km 上)，涡流扩散或对流起作用，其携带热量从热层向中间层传递。这个流动为热层主要的损失热，但是对于中间层却是一个次要的源。由于热层压强较低且存在自由电子，热传导过程 (高于 150 km) 很有效。尽管热层温度随着时间变化很大，但是由于热传导率很高，这可以确保热层在 300 km 或

400 km 以上等温。当电离或离解的成分在一个地方产生并在另一地方复合时，就发生了热的化学输运。在更高处，通过复合产生的氧原子可以使中间层局部被加热。在那儿也存在大尺度的风驱动的水平方向的热输运，这能够对热层中温度的水平分布产生影响。

这些不同过程的平衡使大气有两个热区域，一个为平流层顶，另一个为热层。两者 (特别是热层温度) 由于太阳辐射密度的变化，拥有强烈的日变化和太阳黑子周期变化。

1.2.5 成分

高层大气由各种主要成分和次要成分组成。主要成分是人们比较熟悉的分子或原子形式的氧或氮，或在比较高的高度上的氢和氦。次要成分是微量存在的其他分子，但在一些情况下能够发挥远超其数量的影响。

主要成分

湍流层内的持续混合致使 100 km 高度内主要成分的比例几乎恒定，该混合在地面上称为 “空气”，但如果存在特定成分的源和沉降，则无法保持完全的均匀性。氧分子被 102.7~175.9 nm 间的紫外线辐射离解为氧原子的表达式为

$$O_2 + h\nu \longrightarrow O + O \tag{1.12}$$

其中，$h\nu$ 为辐射量。O 原子在高于 90 km 时数量增加。分子和原子形态在约 125 km 的高度浓度相等，而高于这个高度原子形态逐渐增加，占主导地位。尽管氮确实作为产物存在于其他反应中，但其在大气中不能直接离解为原子的形态。

在湍流层顶以上混合就没有扩散那么重要，而且每种成分拥有相应的标高，与原子或分子相对质量有关 ($H = kT/(mg)$)。因为普通气体的标高有很大的变化范围 ($H = 1$，$He = 4$，$O = 16$，$N_2 = 28$，$O_2 = 32$)，热层的相对成分是高度的函数，如图 1.3 所示，较轻的气体变得越来越丰富。在几百千米的高度氧原子占主导。在那之上为日球层，在这里氦最充足；而在质子层，氢最终成为主要的成分。因为标高也与温度有关，具体的大气成分也是如此。在热的热层中，质子层的起始高度要高得多，而在冷的热层中，日球层可能不存在。

作为高层大气中两个重要的成分，氦和氢在对流层中不再是次要的组分。氦来自地壳中的放射性衰变，其通过大气向上扩散，最终逃逸到太空中。氢原子的源为湍流层顶附近的水蒸气离解，氢原子也是通过大气不断向上流动。

次要成分

水、二氧化碳、氧化氮、臭氧和碱性金属是大气的次要成分，但它们并非都对电离层有意义。

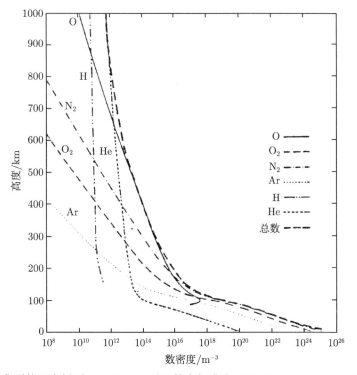

图 1.3 在典型的温度剖面下 1000 km 以下的大气成分 (US Standard Atmosphere, 1976)

水在高层大气中并不像在对流层中那样具有相同的支配性影响。然而它很重要，首先它是氢的来源，其次是在中间层顶以下与离子结合。二氧化碳在 D 层的化学反应中也发挥部分作用。

另一方面，由于一氧化氮 (NO) 被太阳光谱的强莱曼-α 电离，是中纬电离层 D 层的主要成因 (见 1.4.3 节)，因此 NO 在低电离层中具有重要的贡献。由于几种产生和损失机理同时作用，而且受中间层动力学的影响，NO 的化学反应复杂。

在中间层，NO 有两种源：一种是在平流层，涉及一氧化二氮 (N_2O) 的被激发态氧原子的氧化；第二种源的峰值在 150~160 km 高度的热层，例如与中性或电离的氮原子的反应

$$N^* + O_2 \longrightarrow NO + O \tag{1.13}$$

其中，"∗" 表示一种激发态。NO 先通过分子扩散，再通过涡流扩散，扩散至中间层。在中间层低温的作用下，光致离解和再复合造成的损失，足以在 85~90 km 高度上产生一个最小值。在夏季扩散比较微弱，而且此时最小值比较显著。最小值的深度也随着纬度变化。

这些氮原子成分的产生与电离过程密切相关，每产生一个离子估计平均产生

1.3 个 NO 分子。因此，NO 的浓度随着时间、纬度和季节变化，其浓度在高纬比中纬高 3~4 倍，而且更加多变。在粒子沉降事件期间产生率急剧增加，这显然是高纬电离层一个重要的机制。

臭氧层峰值高度在 15~35 km，远低于电离层。发生在中间层的少量臭氧与 D 层的某些反应有关，这在本书中将不特别关注。然而，通常关心臭氧和一氧化氮之间的反应，这些反应趋向于移除中间层的臭氧。因此

$$
\begin{aligned}
O_3 + NO &\longrightarrow O_2 + NO_2 \\
O + NO_2 &\longrightarrow O_2 + NO \\
O_3 + O &\longrightarrow 2O_2
\end{aligned}
\tag{1.14}
$$

在氧原子存在的情况下，最终结果是臭氧转化回氧分子。因此上面讨论产生的氧化氮对臭氧的浓度产生影响。

每天总计有 44 t 的流星进入整个地球，为大气带来了金属原子。例如钠、钙、铁和镁等金属，它们处于离化状态并以各种方式对低电离层高层大气物理产生重要影响，但在高纬地区这些现象并不需要特别关注。

1.3 高层大气物理

1.3.1 引言

高层大气物理这一主题应涵盖主导电离层形成及形态的物理因素。具体情况中所涉及的详细的光化学过程一般在高空大气学中考虑；这里应该涉及包括诸如在 1.4 节中描述的地球电离层的化学反应的细节。

典型的电离层垂直剖面如图 1.4 所示。这些层的标识在很大程度上受其在电离图上的特征的影响 (见 4.2.1 节)，这些特征倾向于强调剖面中的折射变化，不同的层不一定由不同的极小值分开。主要的层为 D、E、F1 和 F2 层，其白天的特征为

- D 层，60~90 km：电子密度为 $10^8 \sim 10^{10}$ m^{-3}；
- E 层，105~160 km：电子密度为 10^{11} m^{-3} 的数倍；
- F1 层，160~180 km：电子密度为 $10^{11} \sim 10^{12}$ m^{-3} 的数倍；
- F2 层，最大高度在 300 km 附近变化：电子密度达到 10^{12} m^{-3} 的数倍。

所有这些层的高度在白天和晚上有着很大的变化。D 和 F1 层晚上消失，而 E 层则变得非常微弱；然而 F2 层持续存在，尽管密度有所减小。

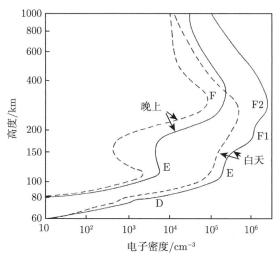

图 1.4 中纬电离层典型的电子密度垂直剖面 (摘自 W. Swider, Wallchart Aerospace Environment, US Air Force Geophysics Laboratory)

电离层由诸如 N_2、O_2 和 O 等中性大气电离形成。在中低纬需要来自紫外线 (EUV) 和部分 X 射线谱的太阳辐射能量。一旦形成，离子和电子趋向于复合以及与其他成分的气体反应产生其他离子。因此存在一个动力学平衡，其中自由电子浓度 (接下来称为电子密度) 取决于产生和损失的相对速度。通常电子密度的变化率由连续性方程表示：

$$\partial N / \partial t = q - L - \operatorname{div}(N\boldsymbol{v}) \tag{1.15}$$

其中，q 为产生率 (每单位体积)，L 为复合的损失率，$\operatorname{div}(N\boldsymbol{v})$ 表示运动导致的电子损失，$\boldsymbol{v}$ 为平均漂移速度。

若忽略运动，考虑典型的电离和复合反应为

$$X + h\nu \rightleftharpoons X^+ + e \tag{1.16}$$

其平衡为

$$[X]\,[h\nu] = \text{constant} \times [X^+]\,[e] \tag{1.17}$$

其中，方括号表示浓度。因此 $[e] = [X^+]$ 表示电中性

$$[e]^2 = \text{constant} \times [X]\,[h\nu]\,/\,[X^+] \tag{1.18}$$

在白天，电离辐射密度随太阳仰角变化而变化，电子密度随 $[h\nu]$ 变化而变化。晚上辐射源消失，因此电子密度衰减。从这一简单模型来看，电子密度随着高度变化而变化。电离辐射密度随着高度的增加而增大，但电离气体 $[X]$ 的浓度随着高度的增高而减小。从这一点可以得出电子密度在一定的高度将有一个最大值。

1.3.2   Chapman 函数

1931 年 Chapman 开发了一个预测简单电离层形成及其在一天中如何变化的公式。尽管在解释地球电离层观测行为时只取得了部分成功，但 Chapman 公式是理解电离层的根本，因此有必要在本节中进行简单的介绍。

这里仅仅涉及离子产生率 (q)，其表示形式为 Chapman 函数。假设如下：

- 大气由单一成分组成，在标高上呈指数分布；
- 大气为平面分层，而且在水平面上没有变化；
- 辐射吸收正比于气体粒子的浓度；
- 而且吸收系数为常数：这等同于假设单频辐射。

在一定大气水平中离子–电子对产生率可表示为

$$q = \eta \sigma n I \tag{1.19}$$

这里 I 为电离辐射强度，n 为可被辐射电离的原子或分子的浓度。对一个可被电离的原子或分子来说，首先必须吸收辐射，吸收量可由吸收截面 σ 表征。若入射的辐射量为 $I(\mathrm{J \cdot m^{-2} \cdot s^{-1}})$，那么单位时间内单位体积大气吸收的总能量为 $\sigma n I$。然而，并不是所有这些能量都进入电离过程，还需要考虑电离效率，即吸收辐射中进入电离的部分。

Chapman 函数通常写成归一化的形式

$$q = q_{\mathrm{m0}} \exp\left[1 - z - \mathrm{e}^{-z} \sec(\chi)\right] \tag{1.20}$$

式中，χ 为太阳天顶角；z 为中性大气约化高度，$z = (h - h_{\mathrm{m0}})/H$，其中 H 为标高，h_{m0} 为当太阳在头顶时 (例如当 $\chi = 0$ 时的高度)，产生率为最大值时的高度，而 q_{m0} 为当太阳在头顶时这一高度的产生率。方程 (1.20) 还可表示为

$$q/q_{\mathrm{m0}} = \mathrm{e}\mathrm{e}^{-z}\mathrm{e}^{[-\sec(\chi)\exp(-z)]} \tag{1.21}$$

其中，第一项为常数，第二项表示可电离原子密度高度的变化，第三项与电离辐射密度成比例。

图 1.5 给出了产生率剖面的一些一般特性。在无穷大的高度上，z 则比较大且为负数

$$q \longrightarrow q_{\mathrm{m0}}\mathrm{e}\mathrm{e}^{-z} \tag{1.22}$$

因此曲线在峰值高度上方合并，由于随着高度的增加中性大气减少，曲线逐渐不受 χ 约束而随着高度增加呈指数减小。在峰值高度的正下方区域，当 z 比较大而且是负数时，曲线的形状由方程 (1.21) 的最后一项支配，产生一个快速的截断。因此正如 1.3.1 节预测的那样，在更高的高度上，由于缺乏可电离气体和在较低

的高度上缺乏电离辐射使得产生率受到限制。在 $\ln(q)$ 对 z 的图上 (图 1.5), 所有曲线具有相同的形状, 而当天顶角 χ 增大时, 这些形状将向上和向左偏移。

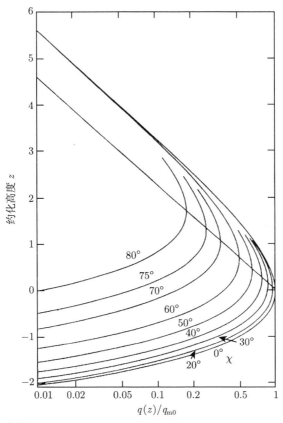

图 1.5　Chapman 方程 (After T. E. VanZandt and R. W. Knecht, in Space Physics (eds. LeGalley and Rosen). Wiley, 1964)

吸收大气中辐射密度为

$$I = I_{\text{inf}} \text{e}^{-\tau} \tag{1.23}$$

其中, I_{inf} 为无穷大高度上的值, τ 为光学深度, 可表示为

$$\tau = \sigma N_{\text{T}} \tag{1.24}$$

在光学深度为 1 的水平高度上产生率最大。从这些通用的结果可得到如下有用的规律。

(1) 在给定太阳天顶角 χ 时, 最大产生率为

$$q_{\text{m}} = \eta I_{\text{inf}} / [eH \sec(\chi)] \tag{1.25}$$

(2) 约化高度的最大值取决于太阳方位角的值

$$z_\mathrm{m} = \ln\left[\sec(\chi)\right] \tag{1.26}$$

(3) 这个最大值的产生率为

$$q_\mathrm{m} = q_\mathrm{m0}\cos(\chi) \tag{1.27}$$

这些简化的结果对于研究电离层非常重要，因为最大值的层最容易观测到。

Chapman 函数比较重要，因为其可以表示基本的电离层构成和在任何的指数大气中的辐射吸收。虽然实际的电离层更加复杂，但 Chapman 理论为解释观测提供了非常宝贵的参考，并为电离层理论提供了一个相对简单的起点。

1.3.3 化学复合原理

在电离层中求解出电子的产生率是计算电子密度的第一步，下一步是计算电子的损失率。这已在连续性方程 (1.15) 中用两项进行表述，一项为电子和离子复合形成中性粒子，另一项是在考虑的体积中运动等离子体的流入或流出量。这需要首先考虑化学复合原理，在不同电离层部分单个反应的问题最重要，这将在 1.4 节中表述。

首先假设电子与离子直接复合而且不存在负离子：$X^+ + \mathrm{e} \rightarrow X$，那么电子损失率为

$$L = \alpha[X^+]N_\mathrm{e} = \alpha N_\mathrm{e}^2 \tag{1.28}$$

其中，N_e 为电子密度 (与离子密度 $[X^+]$ 相等)，α 为复合系数。因此平衡时为

$$q = \alpha N_\mathrm{e}^2 \tag{1.29}$$

此时电子密度与产生率的平方根为正比关系。这个平衡可由 Chapman 函数 (式 (1.20)) 替代来获得电子密度随高度和太阳天顶角的变化，而且在峰值高度层的电子密度随 $\cos^{1/2}(\chi)$ 变化

$$N_\mathrm{m} = N_\mathrm{m0}\cos^{1/2}(\chi) \tag{1.30}$$

具有这些特性的层称为 α-Chapman 层。

若考虑电子损失，那么附着在中性粒子上形成负离子本身可认为是另外一种类型的电子损失过程。实际上，正如看到的那样，这在电离层更高的高度上成为主导的类型 (通过不同的过程)。目前若不详细说明化学的细节，可以看到反应的附着类型为 $\mathrm{M} + \mathrm{e} \longrightarrow \mathrm{M}^{-1}$，且电子的损失率为 $L = \beta N$，β 为附着吸收。由于假设中性成分 M 的数量特别多，在这种情况下移除一部分对其总量没有实质的影响，而且 [M] 为常数，这时可以认为损失率随着 N 呈线性变化。

平衡时有

$$q = \beta N_e \tag{1.31}$$

使上述 Chapman 函数中的 q 减小，那么此时峰值电子密度的变化为

$$N_m = N_{m0} \cos(\chi) \tag{1.32}$$

这个层为 β-Chapman 层。

这个简单的公式假定 β 不随高度变化，虽然这个限制并不影响方程 (1.31) 在给定高度上的有效性。

由于 β 取决于中性分子的浓度 [M]，实际上其随高度变化，这对形成地球电离层有重要的影响。F 层电子损失发生两个层面的过程：

$$X^+ + A_2 \longrightarrow AX^+ + A \tag{1.33}$$

$$AX^+ + e \longrightarrow A + X \tag{1.34}$$

其中，A_2 为诸如 N_2 与 O_2 的通用分子成分。第一步为正电荷从 X 移到 AX，第二步为通过与电子的复合使分子离子离解，是一个离解–复合反应。方程 (1.33) 的产生率为 $\beta[X^+]$，方程 (1.34) 的产生率为 $\alpha[AX^+]N_e$。在低高度上 β 大，方程 (1.33) 发生得很快，所有的 X^+ 迅速地转换为 AX^+；然后总产生率由方程 (1.34) 主导，表现为 α–型过程，因为在电中性上 $[AX^+] = N_e$。而在高的高度上 β 小，方程 (1.33) 发生得慢且控制着总产生率。因而 $[X^+] = N_e$，且整个过程似乎是 β–型。随着高度的增加，反应的类型因此也由 α–型向 β–型转换。方程 (1.33) 和 (1.34) 表示的反应所导致的平衡为

$$\frac{1}{q} = \frac{1}{\beta(h)N_e} + \frac{1}{\alpha N_e^2} \tag{1.35}$$

其中，q 为如前面所述的产生率。由 α–型向 β–型转换发生的高度为 h_t，那么

$$\beta(h_t) = \alpha N_e \tag{1.36}$$

在低电离层也有相当数量的负离子。因而电中性需要由 $N_e + N_- = N_+$ 表示，其中 N_e、N_- 和 N_+ 分别为电子、负离子和正离子的浓度。由于正负离子可以相互复合，在产生和损失间的整个平衡表示为

$$q = \alpha_e N_e N_+ + \alpha_i N_- N_+ \tag{1.37}$$

其中，α_e 和 α_i 为正离子与电子及负离子反应的复合系数。负离子与电子浓度比例通常用 λ(与波长无关) 表示。在 λ、$N_- = \lambda N_e$ 和 $N_+ = (1 + \lambda)N_e$ 的条件下

$$q = (1 + \lambda)(\alpha_e + \lambda\alpha_i)N_e^2 \tag{1.38}$$

若 $\lambda\alpha_i \ll \alpha_e$，则变成

$$q = (1 + \lambda)\alpha_e N_e^2 \tag{1.39}$$

在存在负离子的条件下，电子密度的平衡依旧与产生率的平方根成正比，但系数有所改变，即为 $(1 + \lambda)(\alpha_e + \lambda\alpha_i)$，通常称为有效复合系数。正如将在 1.4.3 节所看到的那样，由于存在很多成分的正负离子，D 层的化学特征非常复杂。

1.3.4　垂直输运

扩散

由于等离子体的大量运动，连续性方程 (1.15) 的最后一项表示在给定高度上电子和离子密度的变化。产生这个运动有多种原因，而且通常可以发生在垂直和水平平面上，但目前强调的是电离层整体的垂直结构，这里将重点关注电离的垂直运动，这在 F 层非常重要。假设光化学的产生和损失与运动的影响相比可以忽略不计，那么连续性方程可表示为

$$\frac{dN}{dt} = -\frac{\partial(wN)}{\partial h} \tag{1.40}$$

其中，w 为垂直漂移速度，h 为高度。

假设漂移完全是由气体扩散引起，那么

$$w = -\frac{D}{N}\frac{\partial N}{\partial h} \tag{1.41}$$

其中，D 为扩散系数。这个方程可简单地陈述为气体的体积漂移与压力梯度成正比，事实上可定义扩散系数的单位为 m^2/s。从动力学理论 (在少数气体通过静止的主要气体扩散时，碰撞产生的拖曳力与由于压力梯度引起的驱动力相等) 可推导出扩散系数简写形式为 $D = kT/(m\nu)$，这里 k 为玻尔兹曼常量，T 为温度，m 为粒子质量，ν 为碰撞频率。

目前这种情况下，次要气体是由电子和离子组成的等离子体，而主要气体为中性气体。然而对于垂直方向的漂移，重力作用于每个粒子，增加 (或者减去) 拖曳力，这种情况下 w 可表示为

$$w = -\frac{D}{N}\left(\frac{dN}{dh} + \frac{N}{H_N}\right) \tag{1.42}$$

对于向上的速度可替代方程 (1.41)。代入连续性方程后得到

$$\frac{dN}{dt} = \frac{\partial}{\partial h}\left[D\left(\frac{dN}{dh} + \frac{N}{H_N}\right)\right] \tag{1.43}$$

这是那些区域 (特别在上层 F 层和质子层) 的时间和高度变化必须满足的基本方程, 在这些区域中离子的产生和复合都相当小。

方程中标高 H_N 仅仅表示值 $kT/(mg)$, 并不必要描述实际的高度分布, 其由 "分布高度" 给出, 定义为

$$\delta = \left(-\frac{1}{N}\frac{dN}{dh}\right)^{-1} \tag{1.44}$$

通过方程 (1.43) 和 (1.44) 能够容易地看到在平衡处 δ 与标高相等。

等离子体由次要成分的离子和电子组成, 它们有相反的电荷及差异很大的质量, 这一事实带来了复杂性。起初, 离子较重, 趋向于远离电子, 但是电荷分离会在每个带电粒子上产生一个电场 E 以及恢复力 eE。这种静电力也对等离子体漂移产生影响。这个问题可通过为每种成分编写单独的方程和包括作用其上的静电场力来解决, 假设如下:

- 与离子质量比较, 电子质量很小;
- 电子和离子的数密度相等;
- 电子和离子以相同的速度漂移。

对于等离子体来说, 若 D 和 H 由以下公式代替, 那么方程 (1.42) 和方程 (1.43) 依旧有效。D_p 和 H_p 分别被认为是双极扩散或等离子体扩散系数和等离子体标高。

$$D_p = k(T_e + T_i)/(m_i \nu_i) \tag{1.45}$$

$$H_p = k(T_e + T_i)/(m_i g) \tag{1.46}$$

在电离层中等离子体扩散很重要的那一部分, 电子温度通常超过离子温度。然而为了举例说明, 使 $T_e = T_i$, 可以看到在同样的温度下等离子体的扩散系数和标高正好是中性气体的两倍。由于二者没有分离太远, 轻电子的有效影响是离子的一半。在平衡处, $dN/dh = -N/H_p$, 等离子体的指数分布为

$$N/N_0 = \exp(-h/H_p) \tag{1.47}$$

其中, H_p 为标高。注意到这个分布和 Chapman 层上层部分具有相同的形式, 只是后者 (约) 为标高的两倍。若等离子体不平衡, 那么分布随着时间改变, 改变的速率与扩散系数的值有关, 而且扩散与相对碰撞频率有关, 故随着高度而增加。若 H 为中性气体的标高, 那么扩散系数的高度变化为

$$D = D_0 \exp\left[(h - h_0)/H\right] \tag{1.48}$$

其中, D_0 为 D 在高度 h_0 的值。因此, 当光化学变得不那么重要时, 扩散在更高的高度变得越来越重要。

D 在高度上变化的另一个结果是，当 $dN/dt = 0$ 时，方程 (1.43) 有第二个解。把 $D = D_0 \exp[(h - h_0)/H]$ 和 $N = N_0 \exp - (h - h_0)/\delta$ 代入方程 (1.43)，整理后为

$$\frac{dN}{dt} = DN\left(\frac{1}{\delta} - \frac{1}{H_p}\right)\left(\frac{1}{\delta} - \frac{1}{H}\right) \tag{1.49}$$

若 $dN/dt = 0$，则有两个解。第一个解为 $\delta = H_p$，正如之前指出的那样，其为扩散平衡，这种情况下垂直漂移速度 (方程 (1.41)) 为 $w = -D(-1/\delta + 1/H_p) = 0$。

第二个解为 $\delta = H$(H 为中性气体的标高，中性气体决定扩散系数)。这里与之前一样 $dN/dt = 0$，但是漂移速度为

$$w = D\left(-\frac{1}{\delta} + \frac{1}{H_p}\right) = D\left(-\frac{1}{H} + \frac{1}{H_p}\right) \tag{1.50}$$

由于 $H_p > H$，上式没有 0 点。向上流动的等离子体为

$$Nw = ND\left(\frac{1}{H} - \frac{1}{H_p}\right) \tag{1.51}$$

当 $\delta = H$ 时，由于 D 和 H 随高度的变化可忽略，此时上式与高度无关。因此，第二个解表示一个不变的电子密度分布和恒定的等离子体流出。

中性风的作用

由于电离层等离子体流动受地磁场的约束，其确切效应随纬度而变化。其中一个结果为在中纬度，电离的高度分布受到在热层中流动的中性风场影响。假设地磁子午线上的风速为 U，地磁倾角为 I，中性风在地磁方向的分量为 $U_{\parallel} = U\cos(I)$，而且等离子体趋向于同向运动，则沿地磁场运动的垂直分量为

$$W = U_{\parallel}\sin(I) = 0.5U\sin(2I) \tag{1.52}$$

因此，热层的水平风趋向于使电离层根据其流动方向向上或是向下运动。当地磁倾角为 45° 时影响最大。对 F 层峰的高度和幅度大小影响显著 (见 1.4.5 节)。

1.4　电离层的主要层

1.4.1　引言

主导电离层强度和形态的物理原理已在 1.3 节中概括。为了计算出地球或者其他行星实际电离层应有的形态，必须考虑方程 $(1.19)(q = \eta\sigma nI)$ 的详细条件以得到离子产生率，确定离子化学以获得方程 (1.29) 和 $(1.31)(q = \alpha N_e^2$ 和 $q = \beta N_e)$

中的损失系数的值, 以及在更高的层上考虑扩散系数 (方程 (1.45)) 和运动。因此需要了解中性大气的成分和物理参数, 如密度、温度。然后, 还需要关于太阳光谱及任何能够电离大气成分的高能粒子通量的完整信息。

掌握哪些气体可以被入射辐射电离, 我们就可以确定每个成分的电离率, 并对所有波长和气体求和, 从而得到给定体积内的总产生率。若损失过程显示达到了平衡, 那么电子密度 (N_e) 将由方程 (1.29) 或方程 (1.31) 给出。然而这需要更加复杂的计算 (高纬电离层数值建模将在 9.2.2 节讨论)。这里没有必要探究所有这些细节, 但是将涉及一些重要的点。

表 1.1 列出了各种大气气体的电离势。为了电离该成分气体, 辐射的吸收量必须超过其电离势。由于波长为 λ 的能量为 $E = hc/\lambda$, 所以存在一个能够电离任何特定的气体的最大辐射波长, 这些值在表 1.1 中给出, 为了便于参考给出了埃和纳米两种单位。

表 1.1　电离势

成分	电离势 I/eV	最大辐射波长 λ_{max}	
		Å	nm
NO	9.25	1340	134.0
O_2	12.08	1027	102.7
H_2O	12.60	985	98.5
O_3	12.80	970	97.0
H	13.59	912	91.2
O	13.61	911	91.1
CO_2	13.79	899	89.9
N	14.54	853	85.3
H_2	15.41	804	80.4
N_2	15.58	796	79.6
A	15.75	787	78.7
Ne	21.56	575	57.5
He	24.58	504	50.4

这些 λ_{max} 值确定了太阳光谱的相关部分, 即来自太阳色球层和日冕的 X 射线 (0.1~17 nm, 1~170Å) 和 EUV(17~175 nm, 170~1750 Å)。

吸收截面 σ 的值通常随着波长的增加而增加, 直到 λ_{max}, 然后快速地下降至 0。不考虑其密度, 当辐射波长超过 λ_{max} 时根本不存在电离。

对于原子成分, 电离效率 η 是指, 所有吸收以每 34eV 能量产生一个离子-电子对的速率产生离子。这个能量与波长成反比, 其适当的表示形式为

$$\eta = 360/\lambda(\text{Å}) \tag{1.53}$$

Chapman 理论 (见 1.3.2 节) 表示在光学深度 $\sigma n H \sec(\chi)$ 等于 1 的水平时产生率达到最大值。若在给定波长的吸收有几个类型, 那么此时最大产生率为

$$\sum_i \lambda_i n_i H_i \sec(\chi) = 1。$$

图 1.6 给出了地球电离层模型中以波长为函数的单位光学深度的高度，这不是电离辐射强度，而是决定电离层高度的因素。这一点非常重要。这仅仅意味着强辐射吸收产生高电离，而低水平的电离是由于在大气中更加微弱的辐射吸收。

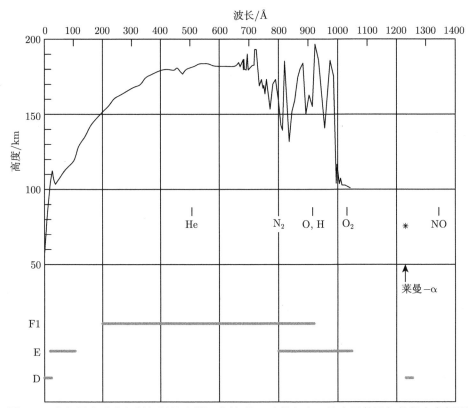

图 1.6 大气层中垂直入射辐射的光学深度达到 1 时的高度。给出了普通气体的电离极限 (J. D. Mathews, 私人交流) 主要电离层对应的高度也在图示中给出

1.3.2 节中的简单理论讨论了单色辐射作用于单一气体所产生的电离层形状和强度。然而在实际的行星中必须考虑给定波长的所有气体的作用，因为电离层受很多重叠的 Chapman 层作用，那么所有相应波长的产生率须是在每一高度上的和。图 1.6 总结给出了 D、E 和 F 层的波长范围。

1.4.2 E 层和 F1 层

高层大气物理学

E 层的峰值高度为 $105 \sim 110$ km，F1 层为 $160 \sim 180$ km，这两者都相当好理

解。F1 层归因于氧原子强有力地吸收介于 200~900 Å 的部分太阳光，其电离极限为 911 Å。从 140 km 到 170 km 光学深度达到 1。其频段包括在 304 Å 的强太阳放射线。主要反应产物为 O_2^+、N_2^+、O^+、H_e^+ 和 N^+，而随后的反应导致 NO^+ 和 O_2^+ 成为数量最多的正离子。

E 层是由光谱中吸收强度较低的部分形成的，因此具有更大的开放性。介于 800~1027 Å(O_2 的电离极限) 的 EUV 辐射由氧分子吸收形成 O_2^+，这个频段包括几个重要的辐射线。在短波长 X 射线末端 10~100 Å 可电离所有的大气成分，主要的离子为 O_2^+、N_2^+ 和 O^+，但观测到最多的是 O_2^+ 和 N_2^+。太阳 X 射线的强度在整个太阳周期内变化，而且在太阳低年对 E 层的贡献很小。

直接辐射复合型为

$$e + X^+ \longrightarrow X + h\nu \tag{1.54}$$

相对于其他反应，上式的反应较慢，而且在常规 E 层和 F 层中并不重要。离解复合为

$$e + XY^+ \longrightarrow X + Y \tag{1.55}$$

在 E 层和 F 层，离解复合要比其他反应快 10^5 倍 (反应系数为 10^{-13} m³· s⁻¹)，而且电子和离子的损失通过分子离子发生。因此，E 层的主要复合反应为

$$
\begin{aligned}
e + O_2^+ &\longrightarrow O + O \\
e + N_2^+ &\longrightarrow N + N \\
e + NO^+ &\longrightarrow N + O
\end{aligned}
\tag{1.56}
$$

在 F 层，主要的离子为 O^+，通过电荷交换首先转换为分子离子，反应式为

$$
\begin{aligned}
O^+ + O_2 &\longrightarrow O_2^+ + O \\
O^+ + N_2 &\longrightarrow NO^+ + N
\end{aligned}
\tag{1.57}
$$

这个分子离子接着与电子发生反应，如方程 (1.56)，那么其结果为

$$e + O^+ + O_2 \longrightarrow O + O + O$$

或

$$\tag{1.58}$$

$$e + O^+ + N_2 \longrightarrow O + N + N$$

在 F1 层，整个反应由离解复合率控制。

观测显示 E 层和 F1 层均表现得像或者基本像 α-Chapman 层 (见方程 (1.30))。临频 f_oE 或 f_oF1 (见 3.4.2 节) 随着太阳天顶角 χ 以 $[\cos(\chi)]^{1/4}$ 变化，这意味着电子峰值密度 N_m 以 $[\cos(\chi)]^{1/2}$ 变化。在 E 层，指数发生一些变化，其变化范围在 0.1~0.4 之间。

考虑到 E 层为 α-Chapman 层，可利用 Chapman 理论根据观测结果确定复合系数 (α)，可采用方程 (1.29) 得到

(1) 获得观测的电子密度和观测或计算的产生率；

(2) 日落后观测层的衰减率和假定 $q = 0$；

(3) 通过测量关于中午的日变化不对称性，有时称为电离层停滞的影响，这个时间延迟为

$$\tau = 1/(2\alpha N) \tag{1.59}$$

这个方法给出的 α 值的范围为 $10^{-13} \sim 10^{-14}$ m^3·s^{-1}。

夜间 E 层

在夜间 E 层并没有完全消失，而是以电子密度约为 5×10^9 m^{-3} 的弱电离的层存在。一种可能的原因是流星电离，尽管其他电离源也有贡献。图 1.7 给出了由非相干散射雷达测量的 E 层白天和夜间的电子密度剖面示例。

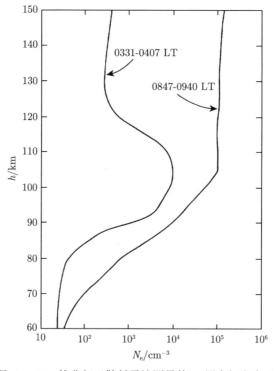

图 1.7　1981 年 1 月 Arecibo 的非相干散射雷达测量的 E 层夜间和白天的电子密度剖面 (J. D. Mathews, 私人交流)

偶发 E 层

E 层中最显著的异常为偶发 E 层，通常缩写为 E_s。在电离图上，E_s 被看作是在恒定高度上的回波，它延伸至比通常 E 层更高的频率，例如 5 MHz 以上。火箭测量和近期的非相干散射雷达的观测显示在中纬度这些层比较薄，大多小于 1 km，如图 1.8 所示。

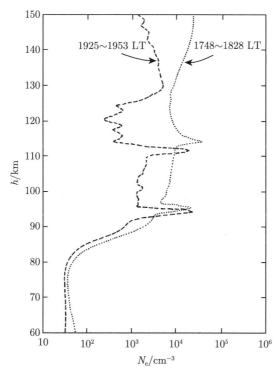

图 1.8　1981 年 1 月 Arecibo 非相干散射雷达测量到的一些 E_s 层 (J. D. Mathews, 私人交流)

图 1.9 给出了三个纬度地区 E_s 层时间和季节的发生率，这三个区域为：
(1) 近赤道区域，地磁赤道 20° 范围内；
(2) 高纬区域，约 60° 地磁极向范围；
(3) 上述两者之间的中纬区域。

高纬地区可分为极光带 (60°~70° 的地磁范围) 和极盖 (极光带极向范围)。E_s 层的完整分类，特别是在电离图上对其进行识别，由 Piggott 和 Rawer(1972) 给出。通常 E_s 层与太阳电离辐射的入射相关性很小。

E_s 层在低纬地区尤为严重，经常发生在白天，通常有足够的强度反射高达 10 MHz 的无线电波。它形成的一个主要原因是赤道电集流不稳定性的发生 (见

1.5.5 节)。

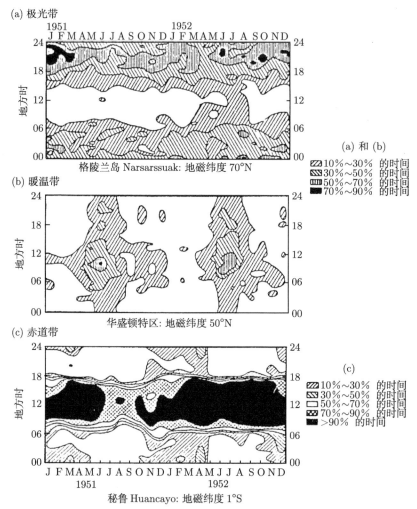

图 1.9   三种 E_s 层时间和季节发生模式: (a) 极区最大值类型,无季节变化; (b) 中纬夏季中午的峰值类型; (c) 发生在赤道白天的类型 (After E. K. Smith, NBS Circular 582, US National of Standards, 1957)

中纬 E_s 层形成的主要原因是风速度随着高度的变化,风剪切和地磁场一起作用使离子汇聚,与热层的中性风抬高或降低 F 层的机制相似 (见 1.3.4 节)。这一过程的时间尺度需要离子的寿命相对较长,通常认为这些离子来自流星的金属离子,如 Fe^+、Mg^+、Ca^+ 和 Si^+。由于是原子,它们不能离解复合,而且复合系数具有辐射过程 $(10^{-18}\ m^3 \cdot s^{-1})$ 的典型特征,因此使得它们有着相当长的寿命。中纬 E_s 发生的高度为 95~135 km，而最可能发生的高度为 110 km。E_s 经常发生在夏季的白天，而且在上午 10 点左右和日落附近有最大值，其季节变化复杂。

E_s 的特征在地磁 60°（极区 E_s 层的边界）突然发生变化，出现在高纬的 E_s 层是由能量范围为 1~10keV 的高能粒子的电离作用引起的。这主要是一种夜间现象，与地磁活动（见 2.5.3 节）而不是太阳黑子活动相关。极光 E_s 云以 200~3000 m·s^{-1} 的速度漂移，在傍晚向西和清晨向东漂移，与极光非常像。这个层或薄或厚。在极盖范围 E_s 有不同的特征，但更弱，而且呈现与地磁活动负相关，以带状的形式大体朝着太阳方向延伸穿过极盖。Whitehead(1970) 对 E_s 层的特征及成因进行了详细的综述。高纬 E_s 层将在 6.5 节进一步讨论。

由于 E_s 能够反射原本穿透至 F 层的无线电波，因此对电波传播产生很大的影响。E_s 层内的不规则体尺度若与电波的半波长可比拟，那么它能够对无线电波产生散射。有时 E_s 层会引起跨电离层信号的闪烁，尽管 F 层的不规则体是这种现象的更为常见的原因。

F1 层

F1 层的奇怪之处在于它并不总是出现！事实上，实高剖面显示其很少以明显的峰值存在，因此称为 "F1 凸缘" 更准确。在夏季太阳黑子极小值时，该层更为显著，在冬季太阳黑子极大值时从未出现过。可通过比较高度 h_t 和 h_m 进行解释，前者为 α–型和 β–型复合发生转变的高度（见 1.3.3 节），后者为最大电子产生率高度。只有 $h_t > h_m$ 时 F1 层才出现，因为 h_t 取决于电子密度（方程 (1.36)），当电子密度达到最大时层消失。

1.4.3 D 层

高空大气学

电离层 D 层低于 95 km 的高度其电子密度不包含最大值，而且并不能由 E 层的形成过程所说明。从化学的观点来讲，D 层也是电离层最为复杂的一部分。首先，由于相对较高的压力作用，其次要成分在光化学作用下和主要成分一样重要；其次，因为不同的源均会对离子的产生有贡献。

太阳光谱在 1215 Å 的莱曼–α 射线穿透 95 km 以下并电离次要成分一氧化氮 (NO)，其电离极限为 1340 Å。这在中纬是一个主要的源，虽然在所有高度上不一定都是如此。在 1027 Å 和 1118 Å 之间的 EUV 谱也存在更小贡献的源，其电离另外的次要成分，如处于激发态的氧分子。在更高高度上 O_2 和 N_2 的电离，如在 E 层，由 EUV 作出贡献。2~8 Å 的 X 射线使所有成分电离，对主要成分 O_2 和 N_2 的影响最大。由于太阳 X 射线的强度随着时间的变化很大，因此，这个源有时为主要的源，而其他时间则是次要的。最低层主要是宇宙射线电离，且不分昼夜持续, 其影响着整个大气层直至地面。由于宇宙射线的产生率与空气的总密度呈比例下降, 而且由于其他源的产生率下降, 宇宙射线必然在某种程度上占主导地位。在高纬, 来自太阳和极光的粒子使 D 层电离, 有时它们成为主要的源。这些源及其影响将在后面的章节中特别关注。

显然, 这些不同源的相对贡献随着纬度、时间和太阳活动水平的变化而变化。如图 1.10 所示, 给出了理论剖面的产生率 (太阳天顶角为 42°, 165 单位的 10 cm 太阳通量)。注意到上述提到的所有源都重要而且它们的相对贡献取决于高度。在比较大的太阳天顶角时, 来自莱曼–α 射线和 X 射线的作用减小, 而在低于 70 km 高度, 宇宙射线变得相对更加重要。X 射线通量随太阳活动变化强烈, 而且在太阳活动低年 D 层可能不显著。

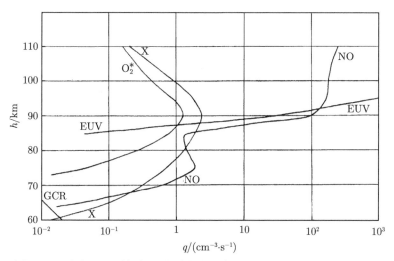

图 1.10   在太阳天顶角为 42° 时的产生率 (J. D. Mathews, 私人交流)

这些产生率剖面与 D 层电子密度的测量结果一致 (图 1.11)。Friedrich 和 Torkar(1992) 分析了基于火箭电波传播技术测量的 D 层 164 个电子密度剖面 (见 4.3.4 节), 推导出一个涵盖一定太阳天顶角范围的经验模型。图 1.12 给出了对应于太阳黑子数为 60 的一系列剖面。

电离后, 在 D 层中主要的离子为 NO^+、O_2^+ 和 N_2^+, 但是后者通过电荷交换反应快速地转换为 O_2^+, 即

$$N_2^+ + O_2 \longrightarrow O_2^+ + N_2 \tag{1.60}$$

剩下 NO^+、O_2^+ 为主要离子。然而, 在 80 km 或者 85 km 以下, 显然处于中间层顶水平, 探测到更重的离子, 它们是诸如 $H^+ \cdot H_2O$、$H_3O^+ \cdot H_2O$ 和 $NO^+ \cdot H_2O$

成分。当水蒸气浓度超过 10^{15} cm^{-3} 时，会产生这些水合物。水合作用初次发生的高度水平为 D 层内的一个自然边界。

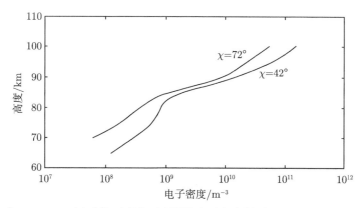

图 1.11 在 Arecibo 两个太阳天顶角下观测的电子密度剖面 (J. D. Mathews, 私人交流)

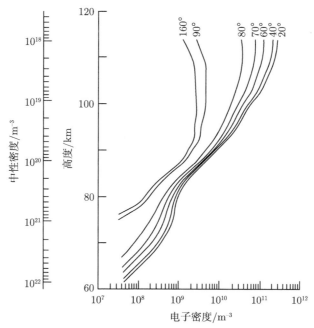

图 1.12 根据火箭对太阳天顶角范围的测量得到的 D 层电子密度剖面 (M. Friedrich and K. M. Torkar, Radio Sci. 27, 945, 1992)

在这里单个离子为主导，其损失过程与在 E 层一样为离解复合，复合系数约为 5×10^{-13} m$^3 \cdot$s^{-1}，NO$^+$ 的反应比 O$_2^+$ 稍微快些。总的来说这种情况非常复杂，如图 1.13 所示，图中包括 O_2^+、NO^+、O_4^+、水合物及其他组分。水合物离子为较大的分子，比单一的离子有着更高的复合率，约为 $10^{-12} \sim 10^{-11}$ $m^3 \cdot s^{-1}$ 的量级，这与它们的大小有关。因此电子密度的平衡状态在水合物主导的区域相对较小。

白天低于 70 km，晚上低于 80 km，大量负电荷以负离子的形式出现。它们的形成始于电子附着氧分子，形成 O_2^-。这是一个三体反应，涉及任何其他分子 M，其作用是从反应物中移除了多余的动能

$$e + O_2 + M \longrightarrow O_2^- + M \tag{1.61}$$

接下来，通过进一步的反应将形成其他更为复杂的负离子，例如 CO_3^-、NO_2^- 和 NO_3^-（在 D 层中最充足的负离子）；也会形成诸如 $O_2^- \cdot O_2$、$O_2^- \cdot CO_2$ 和 $O_2^- \cdot H_2O$ 的束。由于 O_2 的电子亲和力比较小 (0.45 eV)，电子可被可见光或红外线消除：

$$O_2^- + h\nu \longrightarrow O_2 + e \tag{1.62}$$

也可通过化学反应分离，如与氧原子 (形成臭氧) 和受激状态的氧分子。方程 (1.37)~(1.39) 包括了负离子对电子产生及损失平衡的影响。D 层电子密度的变化是因为负离子与电子比的变化，以及产生率的变化。

D 层光化学复杂性及不确定性的一个原因是当将电子产生率与电子密度连续起来时，通常使用一个有效的复合系数 (见方程 (1.38))，这可由理论或实验所确定。

日间形态

虽然中纬 D 层的化学过程很复杂，但从观测上看，其行为可能很简单。该层受太阳活动强烈控制，在晚上消失。由于折射率在一个波长内显著地改变，VLF ($f < 30$ kHz) 电磁波可近似地从 D 层锐边界反射 (见 3.4.6 节)。对于入射至电离层的 VLF 波，反射高度 h 的变化为

$$h = h_0 + H \ln(\sec \chi) \tag{1.63}$$

其中，χ 为太阳天顶角；h_0 约为 72 km；H 约为 5 km，H 为中间层中性大气的标高。这种高度变化的形式与 Chapman 层底部恒定电子密度水平的预测一致，而且与太阳莱曼–α 射线电离 NO 一致。

斜入射时，当发射接收距离超过约 300 km 时，高度变化呈现完全不同的模式。反射水平在太阳升至地面前急剧下降，在整个白天几乎保持不变，然后随着日落又急剧恢复。其原因与日出和日落时负离子的形成和分离，以及宇宙射线 (无日变化的源) 电离产生的电子有关。D 层更低的部分有时称为 C 层，其高度变化的模式如图 1.14 所示。

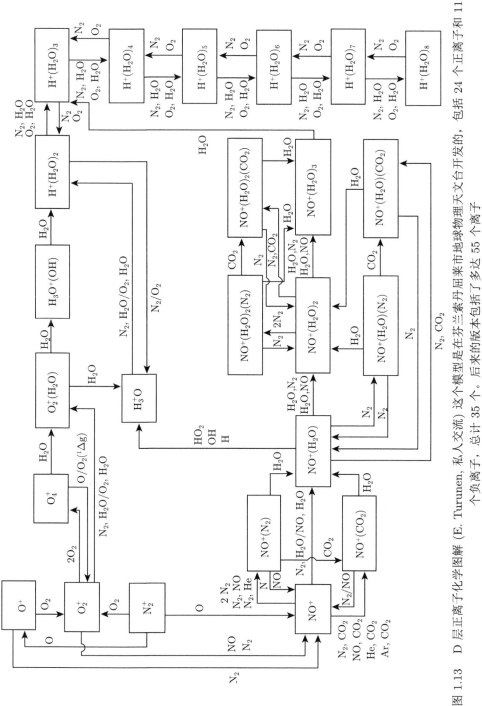

图 1.13　D 层正离子化学图解 (E. Turunen, 私人交流) 这个模型是在芬兰索丹屈莱市地球物理天文台开发的, 包括 24 个正离子和 11 个负离子, 总计 35 个。后来的版本包括了多达 55 个离子

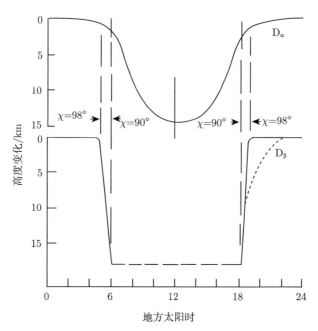

图 1.14   VLF 垂直及斜入射得到的 D 层日变化形态

无线电吸收

无线电吸收主要发生在 D 层, 而且吸收测量 (见 4.2.4 节) 也是监测该层的一种方法。单位高度的吸收与电子密度、电子和中性粒子的碰撞频率有关。多频吸收测量能够提供一些关于高度分布的信息。

通常, 吸收随 $\cos^n \chi$ 的大小变化, 其中 n 的取值范围为 0.7~1.0。然而, 季节变化包含一个有趣的反常现象, 冬季吸收是夏季吸收量的 $2 \sim 3$ 倍, 而且冬季吸收的日变化非常大。这个现象是电离层无线电吸收的冬季异常现象。

1.4.4 F2 层和质子层

F2 层的峰值

F2 的峰值在 200~400 km 的高度, 而图 1.6 显示在 180 km 以上的任何高度都没有产生最大电离率的辐射带。尽管产生率随着高度的增加而减小, 但 F1 层还是会向上扩展形成 F2 层, 形成原因可在复合率的高度变化中找到。

以 O^+ 为主要离子, 两个阶段的复合过程, 分别为 $O^+ + N_2 \longrightarrow NO^+ + N$ (其中复合率正比于 $\beta[O^+]$) 和 $NO^+ + e \longrightarrow N + O$ (其中复合率正比于 $\alpha[NO^+]N_e$)。

如 1.3.3 节, 在低的高度上第二个反应控制着整体速率, 而在高的高度上由第一个反应决定, 过渡区域为 $\alpha N_e = \beta(h_t)$。过渡高度 h_t 通常在 160~200 km 之间。若 h_t 在最大产生率高度 h_m 之上, 则 F1 层能够出现, 即在 α 型区域存在最大产生率。

为了解释 F2 层，认为其顶部区域的复合类型为 β 型，而 β 取决于 N₂ 的浓度。另一方面，产生率由 O 的浓度决定。因此其平衡为 $N_e = q/\beta \propto [O]/[N_2] \propto \exp[-h/H(O) + h/H(N_2)]$，其中 $H(O)$ 和 $H(N_2)$ 分别为 O 及 N₂ 的标高。由于 N_2 和 O 的质量比为 1.75∶1，重新整理得到

$$N_e \propto \exp\left[-\frac{h}{H(O)}\left(1 - \frac{H(O)}{H(N_2)}\right)\right]$$
$$= \exp\left(\frac{0.75h}{H(O)}\right) \tag{1.64}$$

在这一层由于损失率比产生率下降得更快，其电子密度随着高度增大而增加。这一层通常被称为布拉德伯里 (Bradbury) 层。

Bradbury 层解释了在最大离子产生率高度以上，为什么电子密度随着高度的增加而增加，但是并不能解释为什么 F2 层具有最大值。这里必须考虑等离子体输运。在更高的层，原位产生率和损失率变得不如扩散重要，由于空气密度的减小，扩散变得更加重要 (也就是说方程 (1.15) 右边由第三项主导)。F2 层峰值化学复合和扩散同等重要。为了判定发生这种情况的程度，将两个损失过程 (β 型复合和输运) 视为竞争，谁的速度更快谁将是更有效控制的主导因素，比较它们的电子损失时间常数。

复合的特征时间为

$$\tau_\beta = 1/\beta \tag{1.65}$$

而且扩散所对应的时间近似为

$$\tau_D = H_1^2/D \tag{1.66}$$

其中，H_1 为 F2 层典型的标高。比较这两个方程 F2 层峰值为

$$\beta \sim D/H_1^2 \tag{1.67}$$

在峰值上电子密度为

$$N_m \sim q_m/\beta_m \tag{1.68}$$

质子层

由 O⁺ 主导的电离层在其顶端的某个水平让步于由 H⁺ 占优势的质子层。因此，这两个离子的电离势几乎相同 (见表 1.1)，因此反应

$$H + O^+ \rightleftharpoons H^+ + O \tag{1.69}$$

在两个方向上都很快，在转换水平附近，平衡为

$$[H^+]+[O] = (9/8)[H][O^+] \tag{1.70}$$

因子 9/8 为统计值，其与温度有关，正比于 $(T_n/T_i)^{1/2}$。通过这个反应，电离可在电离层 (如 O^+) 和质子层 (如 H^+) 之间迅速移动，这是顶部电离层行为的一个非常重要的方面。

这个转换可有效定义质子层的底部。低于这个水平 H^+ 的分布由式 (1.71) 确定，而且与 O^+ 的分布有关

$$\begin{aligned}
[H^+] &\propto [H][O^+]/[O] \\
&= \exp[-h/H(H)]\exp[-h/H(O^+)]/\exp[-h/H(O)] \\
&= \exp[+7h/H(H)]
\end{aligned} \tag{1.71}$$

在低于过渡水平，H^+ 浓度有一个强向上的梯度。在高于过渡水平，O^+ 浓度迅速减小，而且在质子层区域，当其达到平衡时，在适当的标高下 (见方程 (1.47)) 有一个指数剖面。对于 F2 峰值高度，电离层和质子层间的过渡水平可通过比较时间常数来估计得到。如果 $H^+ + O \longrightarrow H+O^+$ 反应的比率常数为 k，那么一个质子的寿命为 $(k[O])^{-1}$。取质子层中扩散的时间常数为 H_2^2/D，这个边界发生在

$$k[O] \sim D/H_2^2 \tag{1.72}$$

发生在 700 km 或更高处，其总是正好高于 F2 层的峰值高度。

1.4.5　F2 层异常

现象

在电离层中，F2 层电子浓度最高，是电波传播领域研究者最感兴趣的一层。但 F2 层也是变化最多、最反常和最难预测的层。从 Chapman 理论的观点看，F 层异常行为有几种方式，而且有时候称为 F2 层典型异常。可简要地归纳为以下几点：

(a) 日变化具有中午不对称性。在日出时可能迅速变化，但直到日落后或甚至直到第二天日出前的晚上变化很小甚至没有变化 (图 1.15)。在夏季，每日的峰值发生在中午前或者午后；在冬季，日峰值可能在中午 (图 1.16)。在某时日，次最小值出现在早上和晚上的最大值之间的中午附近 (图 1.16(a))。

(b) 日变化模式不具有逐日性，图 1.15 说明了这一点。

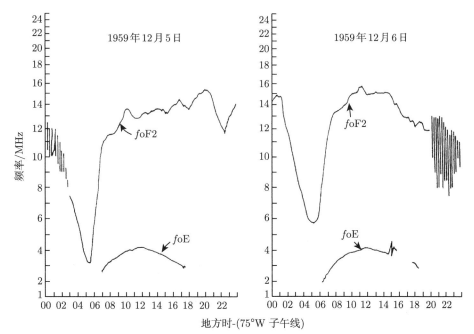

图 1.15　在低纬站点 (Talara, Peru)1959 年 12 月连续两天 foF2 的日变化形态，与 E 层的规律性形成对比 (T. E. VanZandt and R. W. Knecht, 1964)

(c) 季节变化异常特征。主要的一点是，F 层临频的中午值通常在冬季比夏季大 (见方程 (3.67))，而这与 Chapman 理论的预测正好相反。图 1.16 清晰地显示了季节异常。在一些站点夏季的积分电子含量 (通过电离层在一柱体中电子密度的总和) 比冬季的值高，但在其他站点小或者相等。在二分点时电子含量异常大，如半年异常。在一些站点 F 层临频也显示了这种异常 (图 1.17)。

(d) 中纬 F2 层在晚上并不消失，而是保持在一个相当的水平直到第二天日出。

至今，并不是所有的异常都已经得到了充分解释，但目前呈现出的表面异常行为由以下四点主要原因导致：

(a) 反应率对温度的敏感性；

(b) 化学组分的变化；

(c) 存在自然大气中的风通过 1.3.4 节指出的机制来提高或降低 F 层；

(d) 通过质子层和共轭半球条件来影响电离层。

反应速率

反应速率通常对温度比较敏感。反应为 $O^+ + N_2 \longrightarrow NO^+ + N$，是两个重要阶段的损失过程的第一步 (见方程 (1.56) 和 (1.57))，随着中性 N_2 温度变化很大，而且在 1000~4000 K 之间增加 16 倍。这一特性显而易见有助于夜间 F 层的持续性和季节异常。

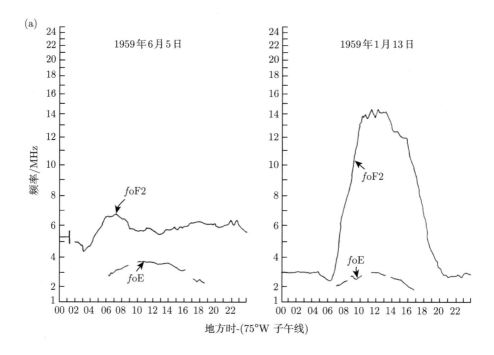

地方时-(75°W 子午线)

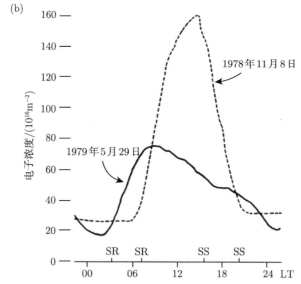

图 1.16　(a) 在北半球高纬站点 (Adak, Alaska) 夏季和冬季 foF2 的日变化形态 (T. E. VanZandt and R. W. Knecht, 1964); (b) 在 Fairbanks, Alaska 站点测量的夏季和冬季电子含量 (R. D. Hunsucker and J. K. Hargreavers, 私人交流)

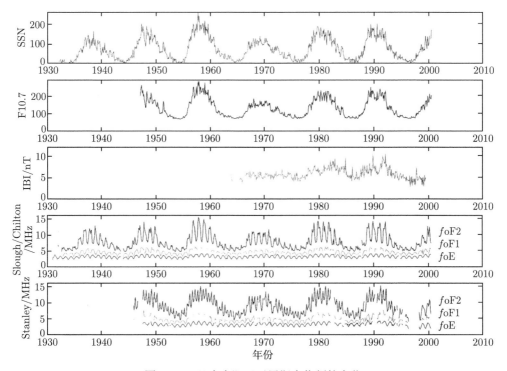

图 1.17　几个太阳黑子周期内临频的变化

组分

由于电子产生率与 O 原子的浓度有关，而损失率由分子成分 N_2 和 O_2 控制，$[O]/[O_2]$ 与 $[O]/[N_2]$ 的增加将增加平衡电子密度。卫星测量表明这种变化确实发生过。$250 \sim 300$ km 处测量得到 $[O]/[N_2]$ 的值在冬季约为 6，夏季约为 2。组分的变化归因于热层中的全球环流模式。这是季节异常的一个很明显的因素。

风

数学模型已经证明了热层中性风的经向分量是如何对电子密度和电子含量产生重大影响。当风向赤道方向流动时，它会降低电离层；当风向极区方向流动时，它会使电离层升高 (见 1.3.4 节)。在 300 km 处，白天中性风以数十至数百 $m \cdot s^{-1}$ 的速度流向极区方向，而晚上流向赤道方向。因此其结果通常是在白天降低电离层从而增加损失率，而在晚上抬高进而减小衰减率。取中性气体标高 H 为 60 km，扩散系数 D 为 2×10^6 $m \cdot s^{-1}$，极向风作用下的典型垂直漂移速度 w 为 30 $m \cdot s^{-1}$，可估计得到白天电离层峰值被降低了约 50 km。

F 层逐日变化是最显著和令人困惑的特征之一。由于太阳和极光活动的偶发特性，这在极区可能并不陌生，但这在中纬度不是主要的影响。推测其起因一定是陆地大气或者太阳风中的一个源。热层中性风变化是一个可能的原因。

等离子体温度和质子层

等离子体温度变化影响其垂直分布。加热来自超出电离所需的吸收质子的过量能量。过量能量最初存在于电子中，并逐渐与正离子共享，但传递给中性成分的效率更低。因此，等离子体比中性大气更热，而且在等离子体中电子比离子热 $(T_e > T_i)$。在白天，电子温度是离子温度的 $2 \sim 3$ 倍，而晚上两者几乎相等。这些温度的改变强烈地影响 F2 层等离子体的分布。当温度更高时，等离子体有更高的标高 (见方程 (1.46))，因此扩展至更高的高度，由于损失率更低，在那里它往往会持续更长的时间。

在更高的高度，正离子是质子，如 1.4.4 节所述，电离层和质子层通过质子和原子氧离子之间的电荷交换反应强烈耦合 (见方程 (1.69))。随着 F 层的形成并在日出后几个小时内被加热，等离子体移动至更高的高度，在那里产生质子。然后这些质子沿磁力线向上流动形成质子层。晚上，质子群回流至较低的水平，在那里进行电荷交换以供给氧离子，从而帮助维持夜间 F 层。

通过质子层，磁共轭电离层也可能有影响，因为质子层等离子体主要来自夏季电离层，同样可以补充冬天的电离层。计算表明，这是一个重要的源。事实上，把中纬度等离子体层看作由一个共同的质子层连接的冬季和夏季电离层组成是有用的；电离层作为质子层的源，质子层又作为电离层的储层。在日出时，当电子密度较低时，电离层可能被来自共轭半球的光电子显著加热。这种效应可能表现为局部日出前板厚 (电子含量与最大电子密度之比) 的增加。

F2 层各种典型异常可能是由上述因素组合引起的，尽管对特定情况下的具体影响过程并不明确。

1.4.6   太阳黑子周期的影响

太阳活动变化周期大约为 11 年，以太阳黑子数量、耀斑发生的速率，或者 10 cm 射电通量强度来衡量。由于 X 射线和 EUV 波段中电离辐射强度的变化，11 年周期内太阳活动的变化也会影响电离层。高层大气的温度也随着太阳活动的变化而变化，约为太阳黑子极小值和极大值之间的两倍。因此，给定高度上气体密度变化很大。

E、F1 和 F2 层的最大值都取决于太阳黑子数 R，其影响如图 1.17 所示 (图中所示的临界频率 foE、foF1 和 foF2 与最大电子密度的平方根成正比，并定义在垂直入射时层反射的频率为最高无线电频率，见 3.4.2 节)。注意到 E 层和 F1 层都表现为 α-Chapman 层。在该层 (见方程 (1.30)) 中，临界频率随着太阳天顶角 χ 以 $(\cos\chi)^{1/4}$ 变化。考虑到太阳黑子数，给出两个经验关系为

$$f\text{oE} = 3.3[(1+0.008R)\cos\chi]^{1/4} \quad (\text{MHz}) \tag{1.73}$$

$$f o F1 = 4.25 \left[(1 + 0.015 R) \cos \chi \right]^{1/4} \quad \text{(MHz)} \tag{1.74}$$

注意，F1 层对太阳黑子数变化的敏感度几乎是 E 层的 2 倍。

从 E 和 F1 层作为 α-Chapman 层的状态可以看出，$(foE)^4 / \cos \chi$ 和 $(foF1)^4 / \cos \chi$ 的值分别与 E 层和 F1 层中的电离率 (q) 成正比，这些值称为特征图。取 $R = 10$ 为典型的太阳黑子数极小值以及 $R = 150$ 为最大值，从方程 (1.73) 可以看到，E 层产生率在一个典型太阳活动周期内变化了 2 倍。

F2 层表现得不像 α-Chapman 层，但它随着太阳黑子数的变化而变化。这种依赖性可以通过绘制中午 $foF2$ 的值来观测，如果通过 12 个月平滑以消除季节性异常，这种依赖性可以通过诸如

$$f o F2 \propto (1 + 0.02 R)^{1/2} \quad \text{(MHz)} \tag{1.75}$$

来识别。

D 层强度的一种测量方法是电波吸收测量，例如通过脉冲探测技术 (见 4.2.4 节)。在其他参数不变的情况下，观测到太阳黑子数每增加一个单位，吸收增加约 1%

$$A(\text{dB}) \propto (1 + 0.01 R) \tag{1.76}$$

在中纬度，一个太阳黑子周期内预计吸收约变化 2 倍。

1.4.7　F 层电离层暴

电离层偶尔发生称为电离层暴的重大扰动，一般持续数小时至数天，并往往发生在地磁扰动期间，这些扰动是由于通过太阳风传播的太阳活动增加所致。这表面上与磁暴有联系 (见 2.5 节)，尽管还涉及一些不同的机制，但可以确定为三个阶段：

(a) 在初始相或正相时，持续数小时，电子密度和电子含量均高于正常；

(b) 当这些量降至正常值以下时，就发生主相或负相；

(c) 最后，在恢复相，电离层在一至几天内逐渐恢复正常。

这种影响的大小随纬度变化，在中高纬最大，在强的暴中最大电子密度可降低 30%。在低于 30° 的纬度，影响不太可能超过几个百分点。开始可以是突然的或者渐进的，术语"急始"用于 (如磁暴) 表述前者。在中纬度，电离层测高仪显示最大值虚高 $h'(\text{F2})$ 将增加，尽管实际高度分析将其主要归因于峰值高度以下的群时延 (见 3.4.2 节) 而不是这个层真正的提升。然而板厚 (电子含量与 $N_{\max}$ 的比值) 的增加证实了 F 层在主相时变宽。图 1.18 比较了典型的中纬度暴中的电子含量、电子密度和板厚。

电离层暴自开始后的进程称为电离层暴的时变，但时间 (地方时) 也是一个重要因素。统计研究以及主要电离层暴的实例表明，影响的大小甚至迹象取决于时

间。主相在下午和傍晚比较弱，在晚上和早上较强。位于晚上区段的站点，在开始时初始相经常完全消失。有人认为 (Hargreaves and Bagenal，1977) 初始相在电离层暴的第一天随地球自转，而在第二天不复存在。

　　季节和半球效应也很明显。夏季半球的主相相对较强，而初始相相对较弱。这对南北半球都适用，尽管半球间的差异使得 N_m(F2) 实际上在南半球的冬季电离层暴主相期间增加。南北半球的差异是由于南半球的地磁磁极与地理磁极之间存在比较大的间隔造成的。

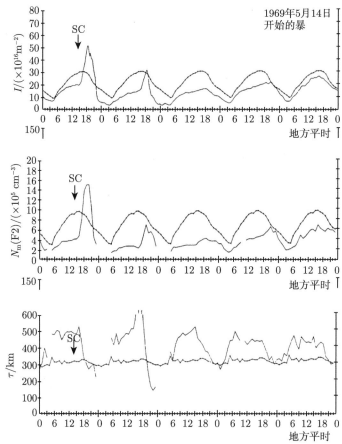

图 1.18　中纬 F 层在暴期间的电子含量、电子密度和板厚。SC 表示急始时间。7 天的平均值表示正常范围 (M. Mendillo and J. A. Klobuchar, Report AFGRL-TR-74-0065, US Air Force, 1974)

　　造成初始相最有可能的原因是高纬异常加热，这改变了热层风的环流模式。加热使 F 层给定高度的 [O]/[N_2] 值减小，而且富含分子的空气被改变的大气环流输送到中纬。1.4.5 节指出，F 层分子成分比例较大的影响是降低平衡电子密度。

这一机制虽然已通过计算机模拟 (Rishbeth, 1991) 得到验证，但仍有一些问题待解决。虽然提出了各种机制，但对于初始相的成因似乎并没有一个被普遍接受的解释。

1.5 电离层电导率

1.5.1 引言

自由电子和离子的存在使电离层能够携带电流，电离层的电导率在 $10^{-5} \sim 10^2 \ \Omega^{-1} \cdot \mathrm{m}^{-1}$ 范围内，其介于绝缘体 (如对流层，$\sigma \sim 10^{-14} \ \Omega^{-1} \cdot \mathrm{m}^{-1}$) 和良导体 (如金属铜，$\sigma \sim 6 \times 10^7 \ \Omega^{-1} \cdot \mathrm{m}^{-1}$) 之间广泛的中间范围，类似于地面 $(10^{-7} \sim 1 \ \Omega^{-1} \cdot \mathrm{m}^{-1})$ 或半导体 $(10^{-1} \sim 10^2 \ \Omega^{-1} \cdot \mathrm{m}^{-1})$。

无线电波传播通常考虑电离层的电子密度而不是其电导率，至少在 MF、HF 或 VHF 传播中如此。然而，电离层和磁层电流是电离层形态和受地球物理扰动影响的主要因素。这在高纬地区尤为重要。电离层作为日地物理环境的一部分，若不考虑存在于其中的几个电流体系，就无法理解。因此，本节将介绍电离层电导率的基础知识。

1.5.2 无磁场时的电导率

若没有磁场存在，电离气体电导率的公式很简单

$$\sigma_0 = Ne^2/(m\nu) \tag{1.77}$$

其中，N 为每个电荷为 e 和质量为 m 的粒子的数密度，ν 为带电粒子与中性粒子碰撞的碰撞频率 (假定中性粒子为主要成分)。其中，带电粒子的迁移率 (单位电场速度) 为 $e/(m\nu)$，单位体积的总电荷为 Ne，很容易证明上式。

若存在不止一种电荷，如电子和正离子，则总电导率为各成分电导率之和。

1.5.3 磁场的影响

然而，由于地磁场遍布于电离层中，这使电导率变得更为复杂。带电粒子在磁场中运动时，会受到一个与磁场方向和粒子运动方向垂直的力 (洛伦兹力)。若粒子直接沿着磁场运动，洛伦兹力为零，磁场没有影响，方程 (1.77) 适用。

然而，如果运动有一个与磁场垂直的分量，则相应的电导率有两部分

$$\sigma_1 = \left(\frac{N_{\mathrm{e}}}{m_{\mathrm{e}} v_{\mathrm{e}}} \frac{v_{\mathrm{e}}^2}{v_{\mathrm{e}}^2 + \omega_{\mathrm{e}}^2} + \frac{N_{\mathrm{i}}}{m_{\mathrm{i}} v_{\mathrm{i}}} \frac{v_{\mathrm{i}}^2}{v_{\mathrm{i}}^2 + \omega_{\mathrm{i}}^2} \right) e^2 \tag{1.78}$$

$$\sigma_2 = \left(\frac{N_{\mathrm{e}}}{m_{\mathrm{e}} v_{\mathrm{e}}} \frac{v_{\mathrm{e}} \omega_{\mathrm{e}}}{v_{\mathrm{e}}^2 + \omega_{\mathrm{e}}^2} - \frac{N_{\mathrm{i}}}{m_{\mathrm{i}} v_{\mathrm{i}}} \frac{v_{\mathrm{i}} \omega_{\mathrm{i}}}{v_{\mathrm{i}}^2 + \omega_{\mathrm{i}}^2} \right) e^2 \tag{1.79}$$

下标 e 是指电子，i 是指离子。ω 为相应的回旋频率 $(eB/m$，其中 B 为磁通密度)；σ_1 为 Pedersen 电导率，它给出的电流方向与外加电场方向相同；而 σ_2 为霍尔 (Hall) 电导率，给出的电流与其垂直，可以理解为电场和电流都在垂直于磁场的平面内。图 1.19 阐明了上述几何关系。

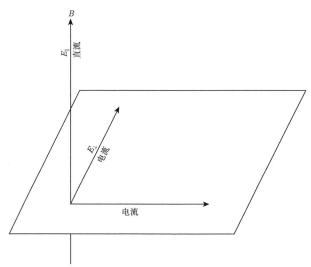

图 1.19   由电场分量平行于 $(E_\parallel)$ 和垂直于 $(E_\perp)$ 磁场而产生电流。图中所示的电流由正电荷
产生，由负电荷引起的直流和 Pedersen 电流与图示相同，但 Hall 电流则相反。电离层中的
Hall 电流主要由电子引起

1.5.4   电导率的高度变化

从方程 (1.78) 和 (1.79) 可清晰地看出，单个成分的电导率取决于比值 ω/v。事实上，给定电子 (或离子) 密度的 Hall 和 Pedersen 导电率之间的比值正好是 ω/v，而且有很强的高度依赖性。另外，方程 (1.79) 中电子和离子项符号相反，因此总的 Hall 电导率取决于电子和离子电导率之间的差值，而不是它们的和。图 1.20 显示了典型的中纬电离层纵向电导率、Pederson 和 Hall 电导率的高度变化。Hall 电导率峰值在 E 层，Pedersen 电导率峰值稍高，纵向电导率随高度增加而增加。由于在 F 层电子和离子分量几乎抵消，在那里 Hall 电导率非常小。

图 1.21 给出了离子和电子在不同关键高度的运动以及由此产生的电流。在图中的上半部分，驱动力为中性风，通过碰撞致离子运动。电场的影响在图中下半部分。

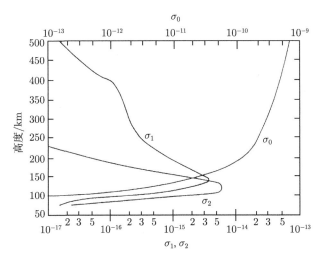

图 1.20 中纬中午的电导率剖面计算 (S. I. Akasofu and S. Chapman, 1992)，电导率乘以 10^{11} 转换为国际单位制 $\Omega^{-1}\cdot\mathrm{m}^{-1}$

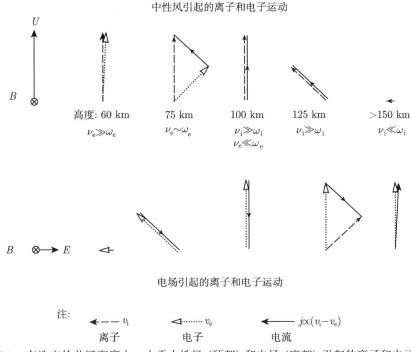

图 1.21 在选定的关键高度上，由于中性风 (顶部) 和电场 (底部) 引起的离子和电子运动。电流正比于离子和电子速度之间的矢量差 (H. Rishbeth, 1988)

1.5.5　电流

要产生电流，还必须有一个驱动力 (风或电场) 和一条提供一个完整电路的传导路径。若后者不存在，电流的流动会被边界处产生的电势所抑制或改变。

地磁赤道是一个有趣的例子，这里的地磁场为水平方向，因此在垂直方向上原本垂直于磁场的电流将被抑制。在上下边界产生电荷，由此产生的电场作用增加了水平方向的电流。可以证明，在这种特殊情况下，磁场和水平方向的电导率称为 Cowling 电导率

$$\sigma_3 = \sigma_1 + \sigma_2^2/\sigma_1 \tag{1.80}$$

Cowling 电导率的值与纵向电导率的值 (见方程 (1.77)) 相当，因此磁赤道上的电流异常大，即赤道电集流。

纵向电导率的较大值意味着电流应该能够很容易地沿地磁场方向流动。早在 1908 年 K. Birkeland 就提出了场向电流的存在，但由于缺乏证据，这一想法沉寂了数年，在地面观测到的磁扰动一直被解释为纯水平电流流动。直到 20 世纪 70 年代早期，星载磁强计探测到场向电流，Birkeland 电流才开始流行，电流系统也变成了三维的。Birkeland 电流在极区尤为重要。

关于日地物理环境的电导率和电流体系在一些标准的教科书中给出了更为全面的论述。

1.6　声重力波和电离层行扰

1.6.1　引言

我们熟悉的声波是由气体的压缩提供了一种使位移粒子恢复到原来位置的力。实际上对于更为一般类别的高频极限，即声重力波 (AGW)，在分层大气中垂直位移的空气包，趋向于由浮力 (因为重力) 恢复，因此当同时考虑重力和压力时产生 AGW。这里主要关注 AGW 范围的低频段大气波，其周期范围为几分钟至一或两小时，水平波长从几百千米到大约 1000 km。大气中的重力波 (不应与宇宙重力波混淆，它们之间没有任何联系) 为横波，即气体的位移与波的传播方向垂直。事实上它们的性质很复杂，在许多方面根本不明显。

AGW 几种已知的源为：地震期间的地面运动、人为爆炸、大气系统和高纬电离层扰动。表 1.2 给出了基于周期和波长的 AGW 分类。小尺度的波主要来自对流层，中等尺度的波可能起源于对流层或电离层，大尺度的事件通常来源于高纬电离层——因此将在本书中讨论。毫无疑问，一些 AGW 是日地系统事件的结果，例如太阳风的扰动可以产生磁层效应，其作为粒子沉降和电场扰动耦合到高

纬电离层,进而产生中尺度和大尺度 AGW。日地物理事件链的其他例子将在本书后面章节予以介绍。

表 1.2   AGW 的分类

尺度	水平踪迹速度/(m·s^{-1})	周期/min	波长
大尺度	250~1000	>70	>1000 km
中等尺度	90~250	15~70	数百千米
小尺度	>300	2~5	—

AGW 的电离层表现形式是电离层行扰 (TID),由中性大气运动通过碰撞输送的离子运动所引起。主要的一点是,在 F 层离子被束缚在沿地磁场运动。

高纬大气波的产生将在 6.5.6 节和 6.5.7 节中讨论。

1.6.2   理论

人们对高层大气波运动的认识已有 100 多年,从 20 世纪 40 年代开始在电离层观测中注意到了电离层行扰 (TID),但直到 20 世纪 50 年代才对其进行充分的解释,其中,C. O. Hines 提出了关键的理论。波传播的概念将在 3.1.1 节和 3.1.3 节中介绍,在这里对控制 AGW 特性和行为的一些基本理论进行概述。

在平面、水平、分层、等温、单成分、无风和非旋转大气中,AGW 服从色散关系

$$\omega^4 - \omega^2 s^2 (k_x^2 + k_z^2) + (\gamma - 1)g^2 k_x^2 - \omega^2 \gamma^2 g^2/(4s^2) = 0 \tag{1.81}$$

其中,ω 为波的角频率;k_x 为水平波数 ($= 2\pi/\lambda_x$);λ_x 为水平方向的波长;k_z 为垂直方向的波数;γ 为比热之比 (等容/等压);s 为声速;g 为重力加速度。这个方程描述了 AGW 垂直方向和水平方向上的频率和波长 (或波数) 之间的关系。k_y 没有出现在方程中是因为 x 和 y 方向之间不存在不对称性。

两个重要的频率为声波截止频率

$$\omega_{\mathrm{a}} = \gamma g/(2s) \tag{1.82}$$

以及浮力或 Brunt-Väisala 频率

$$\omega_{\mathrm{b}} = (\gamma - 1)^{1/2} g/s \tag{1.83}$$

ω_{a} 为空气柱在整个大气中的声学模式下的共振频率,ω_{b} 为当浮力是恢复力时位移空气的固有振荡频率。

把这些频率代入方程 (1.81) 并重新排列给出

$$k_z^2 = \left(1 - \frac{\omega_{\mathrm{a}}^2}{\omega^2}\right)\frac{\omega^2}{s^2} - k_x^2 \left(1 - \frac{\omega_{\mathrm{b}}^2}{\omega^2}\right) \tag{1.84}$$

若 $\omega^2 \gg \omega_b^2$，则

$$k_x^2 + k_z^2 = \left(1 - \frac{\omega_a^2}{\omega^2}\right) \frac{\omega^2}{s^2} \tag{1.85}$$

其中，λ 为波长。目前 x 和 z 坐标之间没有区别，而且这是声学状态。若使 $\omega^2 \gg \omega_a^2$，进一步得到

$$s = \omega/(k_x^2 + k_z^2) = \omega\lambda/(2\pi) \tag{1.86}$$

这代表一种声波。在声学状态下，相速度与方向无关。使 $\omega^2 \ll s^2 k_x^2$，可消除压缩性的影响，得到

$$k_z^2 = k_x^2 \left(\frac{\omega_b^2}{\omega^2} - 1\right) \tag{1.87}$$

这表示为一个纯重力波。

　　由于在传播的波中 k_x 和 k_z 都必须为正的，所以频率 ω 必须大于 ω_a 或者小于 ω_b。声波和重力波由图 1.22 给出，根据频率 (ω) 和水平波数 (k_x)，绘制了 AGW。在声波和重力波之间的波消失而且不传播。

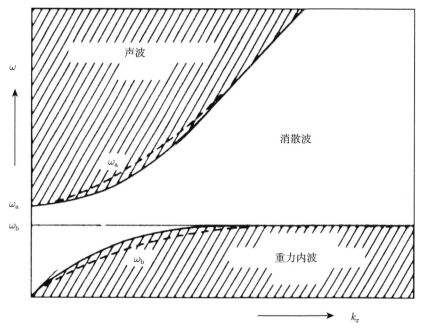

图 1.22　声–重力波的声学、衰减和重力的状态。虚线表示分别忽略重力和压缩的影响。电离层中，周期超过 10~15 min 的波可能是重力波，任何周期只有几分钟则可能是声波 (J. C. Gillegal，1968)

相对水平方向传播的角为

$$\theta = \arctan(k_z/k_x) \tag{1.88}$$

若 ω^2 与 ω_b^2 相比很小, k_z/k_x 值很大, 那么波几乎垂直传播。这是对相位传播而言, 另一方面, 能量以群速度传输, 由 $u = (\mathrm{d}k/\mathrm{d}\omega)^{-1}$ 给出 (见方程 (3.21))。而且在重力波中, 能流与相传播方向成直角。图 1.23 举例说明了重力波中粒子位移、相位传播和群传播之间的关系。注意, 如果源在下面, 则能流向上流动而相位向下传播。而且, 空气位移的幅度随着海拔的升高而增大, 因此能流可能是恒定的 (前提是没有损失)。

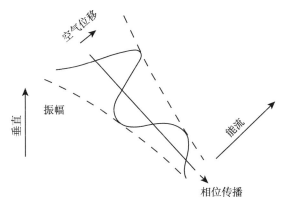

图 1.23　一个简单的重力波, 显示相位传播、空气位移和能流之间的基本关系

图 1.24 显示了在能量上升角 (即群速度与水平方向的夹角) 固定的情况下, 群速度的水平分量如何随波周期变化 (以激波频率 ω_b/ω 为归一化)。当波长非常大时, 能流接近水平。当考虑 AGW 在远距离传播时, 需要区分 "浮力" 和 "重力" 的曲线部分。

对于 AGW, 折射率定义为声速与相速度之比 (与 3.2.3 节比较), 那么

$$\mu^2 = \frac{1 - \dfrac{\omega_a^2}{\omega^2}}{\left(1 - \dfrac{\omega_b^2}{\omega^2}\right)\cos^2\theta} \tag{1.89}$$

若 $\omega \gg \omega_a, \omega_b$, $\mu \to 1$, 而且如果 $\omega \ll \omega_a, \omega_b$, $\mu \to \dfrac{\omega_a}{\omega_b}\dfrac{1}{\cos\theta}$。

通常, 粒子在 AGW 中的运动是椭圆形, 其结合了声波的纵向位移和重力波的横向位移。在图 1.23 中连续的零位移点有交替的压缩和稀疏。在超低频时, 空气运动和群速度为水平, 相位传播为垂直, 压缩和稀疏为零。

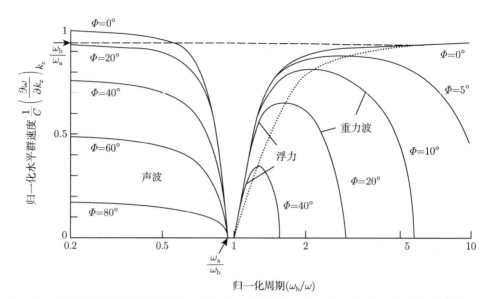

图 1.24 相对于波周期和群速度的水平分量, 群速度从水平方向上升角 Φ 的等值线。图中的
细节取决于声波频率 (ω_a) 和瞬时波频率 (ω_b) 的假设值

理论简化忽略了复杂性, 但在实际中, 这些复杂性都会对 AGW 产生影响, 如空气黏性引起的能量损失、在更高高度上振幅过大时的非线性效应、空气特性随高度变化而引起的反射和波导效应、地球曲率和风等。

1.6.3 电离层行扰

AGW 产生电离层行扰 (TID) 的机制是中性与电离粒子之间的碰撞耦合。这种力沿着中性大气的运动方向, 但是在电离层 F 层, 这种影响被地磁场所改变, 因为离子只允许沿着地磁场运动。因此, 虽然有几种无线电技术能够测量 TID 的特性, 但将这些数据解释为 AGW 特性的成因将有失直截了当。然而若传播效应为主要关注点, 则无关紧要。

图 1.25 给出了一个利用电离层测高仪观测 TID 的经典示例 (见 4.2.1 节), 图中给出了波的周期和波长, 后者运用间隔观测估计的速度推导得到, 向下的相位传播清晰可见。

1.6.4 文献

关于 AGW 和 TID 研究主题的公开文献非常多, Yeh 和 Liu(1974)、Francis(1975) 发表了对早期工作的综述, Hunsucker(1982) 回顾了 20 世纪 70 年代中期至 1981 年的研究, 而 Hocke 和 Schlegel(1996) 对 1982~1995 年间的研究进行了综述。此后的研究由 Kirchengast(1996)、Bristow 和 Greenwabl(1997)、Balthazor 和 Moffett(1997, 1999)、Huang 等 (1998) 和 Hall 等 (1999) 进行。

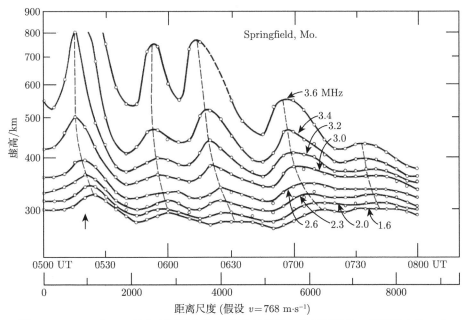

图 1.25 1966 年 12 月电离层测高仪在美国密苏里上空观测到的一系列重力波, 由 1.6~3.6MHz 频率回波虚高确定 (T. M. Georges, 1967)

1.7 参考文献

1.2 节

Hargreaves, J. K. (1992) The Solar–Terrestrial Environment. Cambridge University Press, Cambridge.

Richmond, A. D. (1983) Thermospheric dynamics and electrodynamics. Solar–Terrestrial Physics (eds. R. L. Carovillano and J. M. Forbes), p. 523. Reidel, Dordrecht.

1.3 节

VanZandt, T. E. and Knecht, R. W. (1964) The structure and physics of the upper atmosphere. Space Physics (eds. D. P. LeGalley and A. Rosen), p. 166. Wiley, New York.

1.4 节

Bracewell, R. N. and Bain, W. C. (1952) An explanation of radio propagation at 16 kc/sec in terms of two layers below E layer. J. Atmos. Terr. Phys. 2, 216.

Friedrich, M. and Torkar, K. M. (1992) An empirical model of the nonauroral D region. Radio Sci. 27, 945.

Hargreaves, J. K. and Bagenal, F. (1977) The behavior of the electron content during ionospheric storms: a new method of presentation and comments on the positive phase. J. Geophys. Res. 82, 731.

Piggott, W. R. and Rawer, K. (1972) URSI Handbook of Ionogram Interpretation and Reduction, Chapter 4. Report UAG-23A, World Data Center A, NOAA, Boulder, Colorado.

Rishbeth, H. (1991) F-region storms and thermospheric dynamics. J. Geomag. Geoelectr. 43 suppl., 513.

VanZandt, T. E. and Knecht, R. W. (1964) The structure and physics of the upper atmosphere. Space Physics (eds. D. P. LeGalley and A. Rosen), p. 166. Wiley, New York.

Whitehead, J. D. (1970) Production and prediction of sporadic E. Rev. Geophys. Space Phys. 8, 65.

1.5 节

Akasofu, S.-I. and Chapman, S. (after K. Maeda and H. Matsumoto) (1972) Solar–Terrestrial Physics, Oxford University Press, Oxford.

Kelley, M. (1989) The Earth's Ionosphere. Academic Press, New York.

Rishbeth, H. (1988) Basic physics of the ionosphere – a tutorial review. J. Inst. Electronic Radio Engineers 58, 207.

1.6 节

Balthazor, R. L. and Moffett, R. J. (1997) A study of atmospheric gravity waves and travelling ionospheric disturbances at equatorial latitudes. Ann. Geophysicae 15, 1048.

Balthazor, R. L. and Moffett, R. J. (1999) Morphology of large-scale traveling atmospheric disturbances in the polar thermosphere. J. Geophys. Res. 104, 15.

Bristow, W. A. and Greenwald, R. A. (1997) On the spectrum of thermospheric gravity waves observed by the Super Dual Auroral Radar Network. J. Geophys. Res. 102, 11585.

Francis, S. H. (1975) Global propagation of atmospheric gravity waves: a review. J. Atmos. Terr. Phys. 37, 1011.

Gille, J. C. (1968) The general nature of acoustic-gravity waves. Winds and Turbulence in Stratosphere, Mesosphere and Ionosphere (ed. Rawer). Elsevier Science Publishers, Amsterdam.

Hall, G. E., MacDougall, J. W., Cecile, J.-F., Moorcroft, D. R. and St.-Maurice, J. P. (1999) Finding gravity wave positions using the Super Dual Auroral Radar network. J. Geophys. Res. 104, 67.

Hines, C.O. (1960) Internal atmospheric gravity waves at ionospheric heights. Can. J. Phys. 38, 1441.

Hocke, K. and Schlegel, K. (1996) A review of atmospheric gravity waves and travelling ionospheric disturbances: 1982–1995. Ann. Geophysicae 14, 917.

Huang, C.-S., Andre, D. A. and Sofko, G. (1998) High-latitude ionospheric perturbations and gravity waves: 1. Observational results. J. Geophys. Res. 103, 2131.

Hunsucker, R. D. (1982) Atmospheric gravity waves and traveling ionospheric disturbances. Encyclopedia of Earth System Science, p. 217. Academic Press, New York.

Kirchengast, G. (1996) Elucidation of the physics of the gravity wave–TID relationship with the aid of theoretical simulations. J. Geophys. Res. 101, 13 353.

Yeh, K.-C. and Liu, C-H. (1974) Acoustic-gravity waves in the upper atmosphere. Rev. Geophys. Space Phys. 12, 193.

书籍

Akasofu, S.-I. and Chapman, S. (1972) Solar–Terrestrial Physics. Oxford University Press, Oxford.

Banks, P. M. and Kockarts, G. (1973) Aeronomy. Academic Press, New York.

Bauer, S. J. (1973) Physics of Planetary Atmospheres. Springer-Verlag, Berlin.

Brasseur, G. and Solomon, S. (1984) Aeronomy of the Middle Atmosphere. Reidel, Dordrecht.

Carovillano, R. L. and Forbes, J. M. (eds.) (1983) Solar–Terrestrial Physics. Reidel, Dordrecht.

Dieminger, W., Hartmann, G. K. and Leitinger, R. (eds.) (1996) The Upper Atmosphere – Data Analysis and Interpretion. Springer-Verlag, Berlin.

Hess, W. N. and Mead, G. D. (eds.) (1968) Introduction to Space Science. Gordon and Breach, New York.

Jursa, A. S. (ed.) (1985) Handbook of Geophysics and the Space Environment. Air Force Geophysics Laboratory, US Air Force, National Technical Information Service, Springfield, Virginia.

Kato, S. (1980) Dynamics of the Upper Atmosphere. Center for Academic Publication Japan, Tokyo.

Matsushita, S. and Campbell, W. H. (eds.) (1967) Physics of Geomagnetic Phenomena. Academic Press, New York.

Ratcliffe, J. A. (ed.) (1960) Physics of the Upper Atmosphere. Academic Press, New York.

Rawer, K. (1956) The Ionosphere. Frederick Ungar Publishing Co., New York.

Rees, H. M. (1989) Physics and Chemistry of the Upper Atmosphere. Cambridge University Press, Cambridge.

Rishbeth, H. and Garriott, O. K. (1969) Introduction to Ionospheric Physics. Academic Press, New York.

VanZandt, T. E. and Knecht, R. W. (1964) The structure and physics of the upper atmosphere. In Space Physics (eds. D. P. Le Galley and A. Rosen). Wiley, New York.

Whitten, R. C. and Poppoff, I. G. (1965) Physics of the Lower Ionosphere. PrenticeHall, Englewood Cliffs, New Jersey.

Whitten, R. C. and Poppoff, I. G. (1971) Fundamentals of Aeromony. Wiley, New York.

Conference reports

McCormac, B. M. (ed.) (1973) Physics and Chemistry of Upper Atmosphere. Reidel, Dordrecht.

McCormac, B. M. (ed.) (1975) Atmospheres of Earth and Planets. Reidel, Dordrecht.

第 2 章　影响高纬电离层的地球物理现象

2.1　引　言

中纬电离层主要受太阳辐射和高层大气化学主导，同时受动力学作用的影响；而高纬电离层还受到自然地球物理环境及其内部发生的各种过程的强烈影响，特别是连接高层大气和磁层的地磁场形式。因此，极区电离层可受到磁层内被激发或来自太阳的粒子的影响，这些物质提供了另一个电离源。它还受到磁层动力学的影响，因此受到高水平运动产生的电场和电流影响。在最高纬度，电离层通过磁力线与外部磁层相连，从而使其对太阳风的变化快速响应。

因此，为了理解极向 60° 纬度的电离层形态，本章对磁层的基本特性和行为进行了总结。

2.2　磁　层

2.2.1　地磁场

在一级近似下，地球表面和附近的地磁场可以表示为偶极子场。偶极子的极点的地理纬度和经度为 79°N，70°W 和 79°S，70°E。磁通量密度为

$$B(r, \lambda) = \frac{M}{r^3}(1 + 3\sin^2 \lambda)^{1/2} \tag{2.1}$$

其中，M 为偶极矩，r 为地心径向距离，λ 为磁极纬度。这在地球表面半径两三个点上可精确到 30% 以内。尽管不是很准确，但偶极子形式对于做近似计算非常有用。

图 2.1 显示了偶极场中的力线，通常称为偶极子场中的磁力线。每根线都是作用在一个北极上的力的轨迹，用一个简单方程表示为

$$r = r_0 \cos^2 \lambda \tag{2.2}$$

若 $\lambda = 0$，则 $r = r_0$，r_0 为垂直于偶极子轴的平面上磁力线的径向距离。图 2.1 中每条线的 r_0 值不同，但由于磁场是三维的，因此每个 r_0 实际上描述了一个壳，其他坐标由磁经度提供。

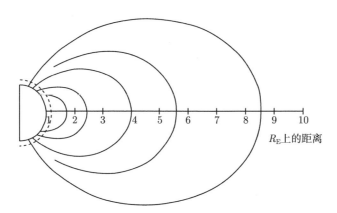

图 2.1　偶极磁力线 (D. L. Carpenter and R. L. Smith, 1964)

在磁层中，用地球半径 R_E 作为距离的单位非常方便。因此，令 $r/R_\mathrm{E} = R$，则

$$B(R, \lambda) = \frac{0.31}{R^3}(1 + 3\sin^2\lambda)^{1/2}G \tag{2.3}$$

$0.31G\ (=3.1\times10^{-5}\ \mathrm{Wb\cdot m^{-2}})$ 为地球表面上地磁赤道的通量密度。磁力线方程为

$$R = R_0 \cos^2\lambda \tag{2.4}$$

其中，R 和 R_0 都是用地球半径来衡量。磁力线与地球表面相交的纬度为

$$\cos\lambda_\mathrm{E} = R_0^{-1/2} \tag{2.5}$$

偶极子形式便于数学简化，但在很多情况下不够准确。一个更加近似的模型为位移偶极子模型，其偶极子从地球中心位移 400 km。通常从一系列球谐函数 (通量密度是磁势梯度) 表示的磁势导出磁场，偶极子形式对应于展开式的第一项。

这些系数是通过在地面和卫星上使用的磁强计对全球尺度磁元的测量进行拟合得到。由于地磁场随时间变化，即长期变化，一组与特定时期有关的新系数被不时公布。这种表示在地表和地表附近精确到 0.5% 以内。在更远的距离高阶项变得不那么重要，而场变得更加偶极。然而，距离超过三个或四个地球半径时，需要考虑太阳风引起的失真。

太阳风的压力将地磁场限制在向阳的一面，形成地磁空腔。

2.2.2　太阳风

尽管太阳风的存在很早就被理论所证实，而且在彗星研究中也推导得到了它的一些特性，但直到 20 世纪 60 年代初才通过空间探针直接观测到了太阳风。

从那时起, 有很多对太阳风的观测。它基本上是一个由日冕不断膨胀驱动的外流, 因此它由太阳物质组成。它的大多数离子为质子 (H^+), 但通常也有 5% 的 α-粒子 (He^{2+}) 成分, 异常时达到 20%。虽然较重的原子总量可能达到 0.5%, 但与轻离子相比, 它们并没有完全被电离。正离子的浓度在 $3\sim10$ cm^{-3}($3\times10^6 \sim 10^7$ m^{-3}) 之间变化, 最典型的值为 5 cm^{-3}, 而且存在相似数量的电子而维持体中性。因此, 太阳风粒子的平均质量大约为质子的一半, 约为 10^{-27} kg。在几分钟和几小时的时间里, 波动会达到 10 倍, 意味着 10^5 km 或更长距离的太阳风内有不规则性。

在地球轨道距离上, 太阳风的速度通常在 $200\sim700$ km·s^{-1} 或 800 km·s^{-1} 之间 (图 2.2), 上面叠加了一个 10^5 K 温度的随机分量。以太阳的标准看太阳风不

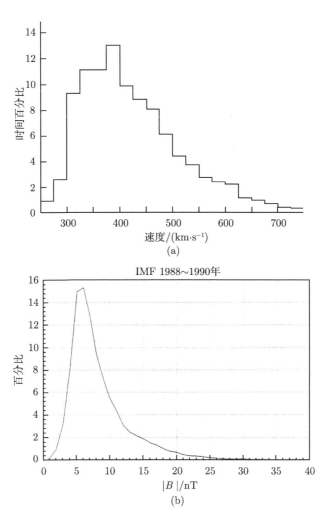

(a)

(b)

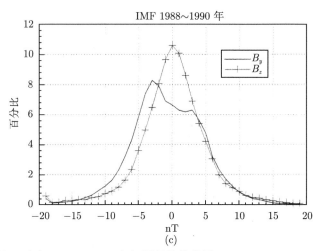

图 2.2　(a) 太阳风速度：1962～1970 年间测量的柱状图 (J. T. Gosling, 1972)；(b)、(c) 分别为 1988～1999 年间行星际磁场的大小和分量，B_y 为东西方向，B_z 为南北方向 (F. J. Rich and M. Hairston, 1994)

是很热，能量更具有方向性而不是随机的，其携带的能流约为 $10^{-4}\mathrm{W\cdot m^{-2}}$，约为太阳光谱 EUV 谱段的十分之一。

太阳风是太阳活动传递到地球附近的主要介质，它在日地关系和高纬电离层的形态中具有极为重要的作用。

这种相互作用取决于一个弱磁场，即行星际磁场 (IMF)，由等离子体携带。这个场量只有几 $\mathrm{nT}(10^{-9}\mathrm{T})$，由于电导率很大，它被冻结在等离子体中。IMF 的大小随太阳黑子略有变化 (图 1.17)。太阳风粒子的动能比磁场能量密度高出约 8 倍，因此磁等离子体的整体运动由粒子运动而不是磁场控制。

尽管太阳风几乎从太阳径向流出，但太阳的旋转使磁场呈螺旋状，如图 2.3 所示。这有时称为 “花园软管” 效应，因为它可以通过在花园浇水时旋转来模拟。注意，尽管单个水滴的轨迹是径向的，但水流沿着螺旋路径流动。在地球轨道上，IMF 磁力线沿径向约为 45°，因此，IMF 径向分量和东西分量大小大致相等。

早期最显著的成果之一，也是一个非常重要的事实是在太阳风中可以识别不同的扇区，以及在交替的扇区中磁场向内和向外。图 2.3 给出了一些原始的测量结果，其中有四个扇区，两个向内、两个向外。但由于扇区结构随时间变化，情况并不总是如此，有时只有两个扇区，有时扇区宽度不尽相同。

在一个太阳自转过程中，随着扇区的变化，质子密度的变化可以超过 10 倍，太阳风速度变化达到两倍，二者具有一定的负相关性。

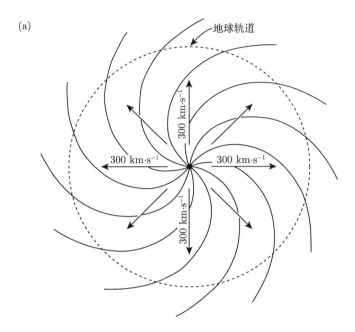

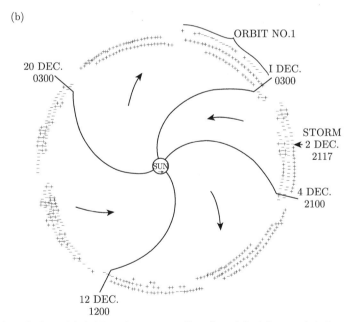

图 2.3 (a) 太阳赤道平面上行星际磁层 (IMF) 的形式，对应于太阳风速度为 300 km·s⁻¹ (T. E. Holzer, 1979)；(b) 1963 年底太阳风的扇形结构，(−) 表示向内的 IMF，(+) 表示向外的 IMF(J. M. Wilcox and N. F. Ness, 1965)

乍一看，IMF 的形式似乎很不规则，虽然可能有一个南北分量，但它同样可能是南北向的。因此，黄道平面上的一个螺旋似乎确实是 IMF 的基本形式。这与起初认为太阳磁场本质上是偶极的有何契合关系？问题在于早期的观测仅限于黄道面，而且至今对更高太阳纬度的形态知之甚少。现在认为在赤道内或附近有一个电流片，其有效地将外场 (平面以上) 从内场 (平面以下) 分开，如图 2.4 所示。如果太阳磁偶极从自转倾斜，电流片将从黄道面倾斜，靠近地球的航天器将在太阳自转时观测到一个双扇形结构。当看到两个以上扇形时，认为电流片已经发展为如旋转的芭蕾舞演员裙子上的波状起伏，因此有了形体的概念，图 2.4 通常被称为芭蕾舞者模型。从黄道平面出来的航天器观测到扇形结构消失，这与芭蕾舞者模型一致。

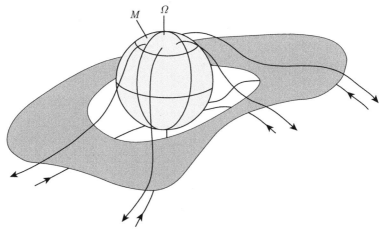

图 2.4　太阳风中电流片的芭蕾舞者模型。M 为电流片的轴，Ω 为太阳的旋转轴 (E. J. Smith et al., 1978)

1973 年 5 月至 1974 年 2 月期间，太空实验室的任务揭示了太阳风和日冕某一特定特征之间的联系。所谓的冕洞在所有波长发出的光比邻近区域少，但它在 X 射线照片中最为明显，在上面显示是黑色区域。冕洞是一个密度异常低的区域，在那里磁场具有单一极性，全部向内或全部向外。这是一个开放的磁场，其进入行星际空间而不是返回太阳。这个洞是太阳风快速流的来源，速度超过 700 km·s^{-1}，洞越大速度越大。不到 20% 的太阳表面由冕洞组成，而且在黑子周期下降阶段冕洞更多。

如图 2.5(a) 所示，快速流与较慢的太阳风相互作用，挤压前面的磁场和等离子体，有时 (尽管并不是总是) 会产生一个激波前。压缩的等离子体被加热，随后变稀薄。在该流中，磁场保持着与相应的冕洞相同的极性 (向内或向外)。来自冕洞的快速流与太阳同步旋转，而且能够持续数圈。它们可能是产生重现性磁暴的原因 (见 2.5.4 节)。

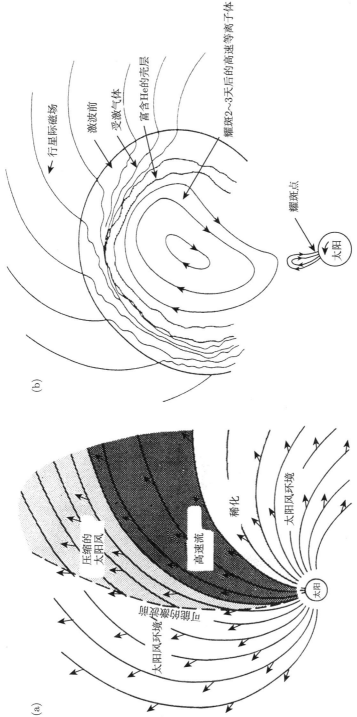

图 2.5 (a) 局部高速等离子体流和较慢的周围的太阳风之间的相互作用 (T. E. Holzer, 1979); (b) 太阳耀斑驱动一个行星际激波的高速等离子体, 这个抛射的等离子体包含一个有序的磁场, 但在激波和抛射物质之间是湍流场 (L. F. Burlaga, 1982)

太阳风的间歇性扰动可由特定的太阳事件引起,特别是日冕物质抛射 (CME)。这与太阳耀斑不同，尽管某些情况下耀斑与它发生在大约同一时间或之后不久。CME 以小于 50 km·s^{-1} 或大于 1200 km·s^{-1} 的速度远离太阳，更快的例子在太阳风中产生一个激波前。这样的扰动典型结构如图 2.5(b) 所示 (除了"耀斑"应该被 "CME" 取代)。IMF 被激波压缩，在激波和抛射物质之间形成一个湍流区域。在 CME 中磁场很强且有序，可能是一个闭环。这些磁结构，有时被称为磁云，在地球轨道上的直径约为 0.25AU。

太阳风与地磁场相互作用形成的空洞形式如图 2.6 所示。由于具有很高的电导率，太阳风不能穿透地磁场，而是围绕着其扫过。压力作用于磁场使其被扭曲并限制在地球周围一个大而有限的区域内。早在 1930 年，Chapman 和 Ferraro 在对磁暴成因的开创性研究中，预见到了此行为 (见 2.5.2 节，在现代术语中，太阳风被称为地磁场的 "冻结物")。

磁场有着复杂的结构，在本节的其余部分将描述它的一些主要特征：磁层顶、磁鞘和激波、极隙和磁尾。首先，认为它们基本上是静态的，动态方面将在 2.4 节中介绍。

2.2.3　磁层顶

在一级近似下，通过考虑边界上的压力平衡，可以推导出地磁场与入射太阳风之间的边界形式。假设当系统处于平衡状态时，在表面的每一个点，太阳风外表压力等于磁场内部表面每一个点的压力。若太阳风每立方米包含 N 个粒子，每个粒子质量为 m(kg)，以速度 v(m·s^{-1}) 移动，并以与法线夹角为 ψ 的角度撞击表面，太阳风粒子通量引起的总动量变化率为 $2Nmv^2\cos^2\psi$(N·m^{-2})。这与磁压力 $B^2/(2\mu_0)$ 相等。太阳风中所有成分都有贡献，但质子的作用最大。

沿着这些线进行简单的计算很容易给出沿着地球–太阳线边界位置的实际距离 (约 $10R_E$)，据此可估计它随太阳风改变的变化。假定 $\psi = 0$，磁通密度随 l_m^{-3} 变化。因此到磁层顶的距离为

$$l_m = \left(\frac{B_E^2}{4\mu_0 Nmv^2}\right) \tag{2.6}$$

其中，B_E 为地球表面磁赤道处的地磁密度通量。

完整的计算更复杂，因为每个点的边界方向在开始时未知，需要一个迭代过程。行星际磁场和地磁场之间也存在一定程度的耦合，这会影响边界的位置。当 IMF 有一个南向分量而不是北向分量时，航天器发现磁层顶距离地球约为 $0.5R_E$。根据 Petrinec 和 Pussell 的研究，南向的 IMF 分量每增加 7.4 nT，边界就会靠近一个 R_E，即边界越来越靠近地球，但这个距离受北向分量的影响不大。

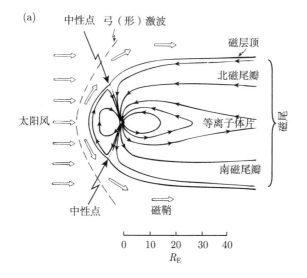

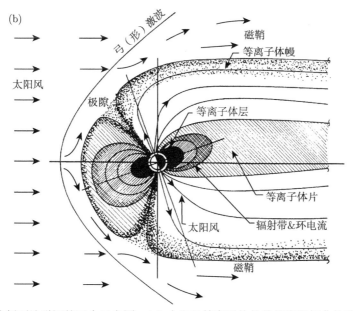

图 2.6　南北剖面地磁洞的两个示意图：(a) 太阳风等离子体的外部流和扭曲的地磁场的主要
　　　特征。注意到内部磁力线逐渐减少，表明尾部下方有一个中性线 (V. M. Vasyliunas,
　　1983)(Adapted from V. M. Vasyliunas, in Solar–TerrestrialPhysics, Reidel, 1983, p. 243,
　　with kind permission from Kluwer Academic Publishers)；(b) 显示了与磁结构有关的主要
　　等离子体层。请注意北半球夏季等离子体层的北向位移 (R. G. Johnson, 1983)(W. J. Raitt
　　and R. W. Schunk, in Energetic Ion Composition in the Earth's agnetosphere (ed. R. G.
　　Johnson), Terra Scientific Publishing Co., Tokyo, 1983, p. 99. After Bahnsen 1978)

另一种仅在磁层顶向阳侧比较成功的近似方法是镜像偶极子法，用镜像偶极子的磁压代替太阳风的动压，镜像偶极子 M_I 与地球偶极子 M_E 平行且距离为 d。由于加入了这两个偶极子，用与 M_E 有关的扭曲的磁力线 (这两个磁场没有互相连接) 来表示磁层顶内的磁场。这些镜像的参数无物理意义。由模型给出 $M_I = 28M_E$，$d = 40R_E$，这个方法在磁层两侧和逆阳侧无效。

由此产生的边界即磁层顶，如图 2.6 所示。地磁场在磁层内严重扭曲，特别注意以下几点：

(a) 起始于低纬的磁力线在南北半球形成闭环，尽管偶极子的形式有可能会有一些失真。

(b) 从极区出现的磁力线被扫回，远离太阳；在偶极子场中，其中一些会在日侧连接起来。

(c) 在这些区域的中间有两条线，每个半球一条，向外而且在白天与磁层顶连接，事实上它们到达时的磁通量密度降到了零；在这里，形成了中性点。

磁层顶厚度有限，与磁场大小相比很薄 (约 1km)。图 2.7(见 2.3.1 节) 给出了三维磁层形式的一些概念。

2.2.4 磁鞘和激波

激波前形成于磁层顶上方 $2R_E$ 或 $3R_E$ 的太阳风中 (图 2.6)。激波前和磁层顶之间的区域是磁鞘，这里的等离子体主要由太阳物质组成，但在其他方面并不是典型的太阳风而是湍流。

虽然以任何普通的标准来衡量磁层都很稀薄，但相对于太阳等离子体它却像是一个相对的固体物体，而且在地球轨道上太阳风是 “超声速” 的，这意味着它的速度超过了任何能在其中传播的波的速度。在太阳风中磁流体动力波的速度，即 Alfvén 速度为

$$v_A = \frac{B}{(\mu_0\rho)^{1/2}} \tag{2.7}$$

其中，B 为磁通量密度；ρ 为粒子密度 $(kg\cdot m^{-3})$，约 50 $kg\cdot m^{-3}$。因此，对于一个速度为 400 $km\cdot s^{-1}$ 的太阳风，Alfvén 马赫数为 8。因此，具备了产生激波前的条件，即当一个接近的障碍物的信息没有提前传输到介质中时产生的不连续性。

20 世纪 60 年代初，理论上预测出激波的存在和位置，随后通过观测得以验证。太阳风等离子体在穿越激波时，速度减慢至 250 $km\cdot s^{-1}$，而且相应的定向动能损失被耗散为热能，温度增加至 5×10^6 K。因而磁鞘等离子体比太阳风慢但却热 5~10 倍。

2.2.5 极隙

简单的磁层模型预测了磁层顶总场为零的两个中性点。这些点沿磁力线连接到地球表面接近 ±78° 磁纬度的地方。事实上这些是地球表面唯一直接连接磁层顶的点，而且所有来自磁层顶的磁场汇聚到这两点上。因此，它们是太阳风粒子 (来自磁鞘) 无需穿过磁力线就能进入磁层的区域。

测量揭示了比点更大的区域，现在称它们为极隙或裂缝。具有典型能量的鞘内离子可在 77° 纬度大约 5° 的范围和地方时中午 8 小时内观测到。这些尖端是充满磁鞘等离子体的弱磁场漏斗，而且对高纬电离层产生很大影响。粒子进入的电离层效应呈现尖端特征，其位置见 5.2.2 节和图 5.7。

2.2.6 磁尾

在逆阳侧，磁层延伸成一条长尾巴，即磁尾。航天器磁强计表明，在地球夜侧超过 $10R_E$ 的地磁场趋向于沿日地方向运动，有一个中心平面，磁场在其中反向。这是中性层，磁场指向地球的北半球，在南部远离地球。它的尾巴大致呈圆形，直径约 $30R_E(2\times10^5\ km)$，长度不确定，但已经探测到向下的风超过 $10^7\ km$。它对高纬电离层的意义在于在其地球方向的尾端映射到极盖，因此极区电离层可以直接受到尾部事件的影响。

2.3 磁层中的粒子

2.3.1 主要粒子群

地磁场内部有几个不同的带电粒子群。

(a) 在磁层深处是等离子体层，与中纬离子层紧密相连，由电子、质子和一些重离子组成，它们的能量都在热能区。

(b) 同样被俘获在闭合磁力线上的还有被发现者称为范艾伦 (Van Allen) 粒子的高能粒子。除了宇宙射线和太阳质子，只有它们通过，范艾伦粒子为磁层的最高能粒子，当它们在俘获层外沉降时，对高层大气电离有一定的贡献。

(c) 等离子体片与磁尾有关，本质上与电场方向反转的中心区域有关。等离子体片粒子在磁尾内被赋能，它们对极光活动和高纬电离层行为很重要。能量介于等离子体层和范艾伦辐射带之间。等离子体片的内边缘支撑着磁暴期间在磁层流动的环电流。

(d) 磁层的边缘称为边界层，其与磁层顶物理特性有明显的联系。它们的成分和能量受太阳风和磁鞘中的等离子体控制。

这些粒子群的位置如图 2.7 所示。它们不仅仅是磁层的偶然现象，事实上还是磁层性质和行为必不可少的部分。除了边界层外，每一个粒子群都会在后面的章节中讨论。在磁层中，大部分粒子能量密度与磁场能量密度 (β) 的比小于 1，但也有例外。

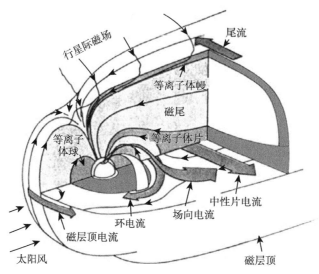

图 2.7   三维磁层等离子体种群和电流体系

起初认为磁层中的大部分粒子来自太阳风，但根据磁层中重离子观测的证据，现在认识到电离层也有主要来源：特别是极光带、极隙 (裂缝) 和极盖。在遥远的磁尾中太阳风被认为是主要的源，但电离层的源在暴期间重要且有时为主要的来源 (见 5.2.3 节中关于太阳风的讨论)。

2.3.2   等离子体层

电离层顶部 (F 层及其最上层) 的电离粒子温度高达数千开尔文，因此电子能量是电子伏特的十分之几。在 1000 km 的高度，粒子密度通常为 10^{10} m^{-3}，随着高度的增加而减小 (当氢为主要的原子时，标高大，尽管减小得不是很快速)。质子层理论显示电离层等离子体如何沿磁力线向上流动，在磁力线闭合的情况下，填充质子层直至赤道面。有些等离子体在夜间流回较低的水平，这在夜晚的几个小时有助于维持电离层，然而等离子体层仍然是内磁的一个永久性特征。等离子体层外边界称为等离子体层顶。

基于接收甚低频 (VLF) 哨声的地基技术发现了等离子体层。哨声是一种自然产生的无线电信号，沿南北半球之间的地磁场传播。如果根据频率显示哨声的传播时间，可以看到有一个频率的传播时间最小，这是所有哨声的特征。但并不是所有的哨声都能很清楚地显示，那些能显示出来的被称为 "鼻哨"。与最小传播时间相对应的频率表示哨声沿着哪条磁力线传播，其所用的时间可以解释为沿着这条磁力线所遇到的最小电子密度。哨声和其他磁层噪声的详细讨论超出了本书的范畴，对此感兴趣的读者可参考 Helliwell(1976) 的有关著作。

利用这种技术可以确定赤道平面上电子密度的变化，如图 2.8 所示。此图的显著特点是电子密度在 $4R_E$ 附近突然下降，在其后 $0.5R_E$ 或者更短的距离内，可能下降一个数量级或更多。这个边缘是等离子体层顶，有时也称为拐点。如果沿着地磁场向内追踪，发现它与电离层主槽近似对应，有效地标志了中纬度电离层极向范围 (见 5.4 节)。因此，等离子体层占据了内磁层一个环形区域，在该区域磁力线不会因偶极的形式而扭曲，而且中纬度电离层是其一部分。

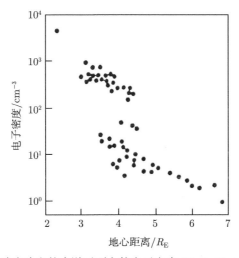

图 2.8 由哨声确定的赤道平面上的电子密度 (J. A. Ratcliffe, 1972)

等离子体层顶是动态变化的。它的位置在白天期间变化，其最显著的特征是在晚上形状像一个喇叭 (图 2.9)。而且在地磁活动增加时其整个区域收缩，在接下来的几天逐渐恢复。图 2.10 给出了以全球地磁活动指数为函数的等离子体层顶位置的测量结果 (见 2.5.4 节中的描述)。尽管接近地球 $2R_E$(例如只有高于地面 R_E 的距离) 的距离被探测到，但是在大多数情况下，它发生在 $3R_E$ 和 $6R_E$ 之间，且卫星数据显示，当在 $7R_E$ 或 $8R_E$ 范围内时，探测不到等离子体层顶。

根据哨声观测和原位测量数据 (Carpenter 和 Anderson，1992)，至等离子体层顶的平均地心距离 (以地球半径为单位)L_{pp} 与 K_p 最大前值 $K_p(\hat{K}_p)$ 有关，经验形式表示为

$$L_{pp} = 5.6 - 0.46\hat{K}_p \tag{2.8}$$

为此，$\hat{K}_p$ 是由前 24 h 推导而来，但在 6~9 h、9~12 h 和 12~15 h 内分别省略了前一、二和三个周期 (3 h) 的 K_p 值。Carpenter 和 Anderson 也给出了等离子体层顶内部电子密度及其规律变化、顶的厚度和在它之上 "槽" 内的分布的公式。

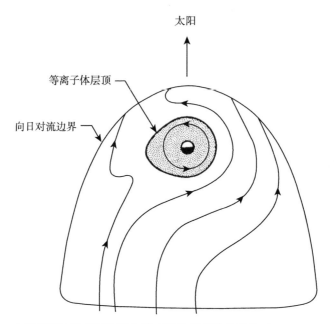

图 2.9   赤道平面的等离子体流和等离子体层顶的日变化 (J. L. Burch, 1977)

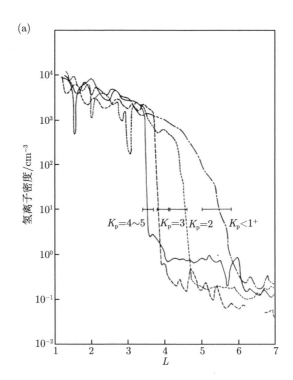

(b)

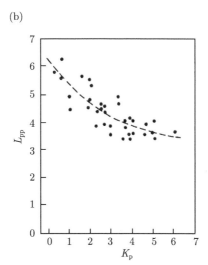

图 2.10　等离子体层顶随全球地磁活动指数 K_p 变化: (a) 离子密度的卫星观测显示了在几个等级 K_p 的等离子体层顶; (b) 等离子体层顶距离 L_{pp} 和 K_p 之间的关系

(C. R. Chappell, 1970)

2.3.3　等离子体片

在等离子体层顶外, 电子密度要小得多, 而温度要高得多。显然这是一个不同的粒子群, 电子和离子密度都只有约 $0.5\ \mathrm{cm}^{-3}$。粒子能量通常为 $10^2 \sim 10^4\ \mathrm{eV}$。电子的平均能量约 $0.6\ \mathrm{keV}$, 质子的平均能量约 $5\ \mathrm{keV}$。粒子的总能量密度约为 $3\ \mathrm{keV \cdot cm}^{-3}$。

等离子体片的特殊性在于它与磁场反转的磁尾中心平面的联系, 在一级近似下, 等离子体片粒子的压力与磁尾叶中的磁压力平衡。因此,

$$nkT = B_{\mathrm{T}}^2/(2\mu_0) \tag{2.9}$$

其中, B_{T} 为等离子体片外部的尾磁场。如图 2.6 所示, 等离子体片沿着磁场下降至极光带附近的较低高度, 并继续绕行至地球的日侧。在赤道平面上, 午夜时分, 在 $7R_{\mathrm{E}}$ 附近有一个可识别但变化的内边缘。等离子体片厚度相当于几个地球半径 (也是变化的), 其在黄昏和拂晓之间延伸穿过尾部。当地球磁轴季节性地每日向太阳倾斜时, 等离子体片尾部和中性层向黄道平面北和南振荡。

磁场在磁尾的两个叶瓣中以相反的方向运动, 存在于其间的等离子体片引起了一个不寻常的物理情况。这种结构远离偶极, 代表了一种能够在适当情况下释放的存储能量。有充分的证据表明, 在磁尾下方约 $50R_{\mathrm{E}}$ 处形成了中性线。这里的磁场局部塌缩, 等离子体同时向朝向和远离地球的方向加速。众所周知, 磁尾事件与极光和亚暴现象密切相关, 而且认为此时形成一条更加接近地球的中性线, 然后等离子体片被加速到更高的能量 (这一主题将在 6.4 节深入讨论)。

2.3.4　俘获离子

在早期，Iowa 大学的范艾伦和他的同事们在卫星上发现了磁层中存在俘获的高能粒子现象。相关信息来自盖革计数器，这台计数器由美国为第一颗成功发射的卫星"探索一号卫星"建造，其目的是研究宇宙射线。实验探测到了宇宙射线，但在部分轨道上记录的计数率很高，这说明存在一些不寻常的事情。这一发现不仅具有科学价值，而且也有很重要的政治意义，表明地球附近并不是一个空旷的空间，而至少包含了一些物质和能量，而且很有可能会需要更进一步的研究。图 2.11 再现了当时著名的插图，图中显示了从先锋 3 号偏心轨道航天器在 1958 年飞行出 107400 km 的过程中推断出的双结构，从而发现了"内部"和"外部"范艾伦辐射带。

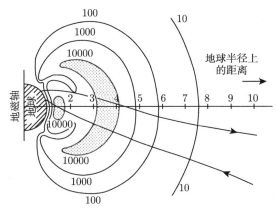

图 2.11　范艾伦的第一张辐射带图，显示了先锋 3 号上盖革计数器的计数率
(J. A. Van, 1959)

由于俘获区的结构取决于粒子的性质和能量，分成两个带有点过于简单。最初发现有关质子的能量超过 30 MeV。图 2.12 给出了俘获粒子分布的现代版本。

粒子俘获的机制很有趣。被俘获的粒子以三种方式运动 (图 2.13)。它绕着地磁场一根线旋转，沿着镜像点之间的磁力线来回弹跳，并逐渐绕地球纵向漂移。运动基于一组绝热不变量：

(a) 磁矩为常数；

(b) 在镜像点之间反弹的平行动量的积分恒定；

(c) 由漂移轨道围绕的总地磁通量恒定。

若在旋转期间磁场不变，则第一项成立；在反弹期间磁场不变，则第二项成立；在粒子环绕地球的时间内磁场没有变化，则第三项成立。因此它们的严格程度逐渐降低。

基本的俘获机制由第一个不变量决定。考虑到带电粒子在地磁场中旋转，但也有一个分量沿着磁场运动。当粒子从赤道向磁极旋转时粒子进入了一个更强的场区域。第一个不变量的结果是垂直于磁场的动能分量与磁通量密度成正比。因此粒子能量分量增加，平行分量以同等量减小。若粒子没有首先进入大气层，则所有能量为横向，向前运动停止，而且在那个点上，即镜像点，粒子被反射回赤道，然后进入另一个半球。由于没有能量损失或获取，粒子可以永远以此状态继续下去，或直到状态发生改变。镜像点与粒子的能量无关，但与粒子穿过赤道时的运动方向 (俯仰角) 直接相关。

如果镜像点在大气层内足够深，这些粒子将消失。相应地，在沿着路径的任何点上，都有一定的俯仰角，在其中的所有粒子在下一次反弹时都会损失到大气中。这就定义了损耗锥，其在赤道上通常是一个只有几度的很小的角，但随着接近地球表面，它逐渐增加到 90°。

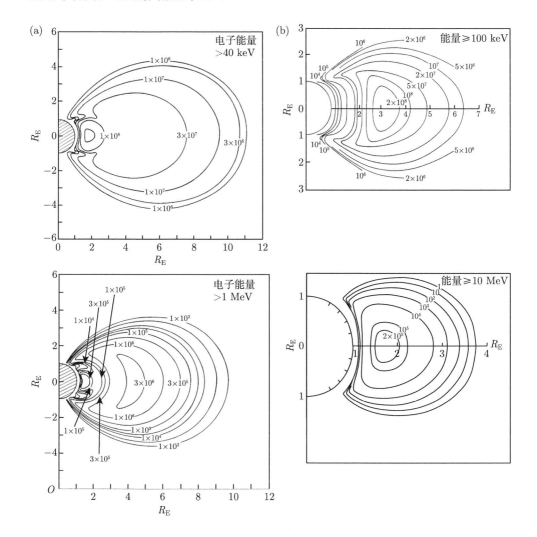

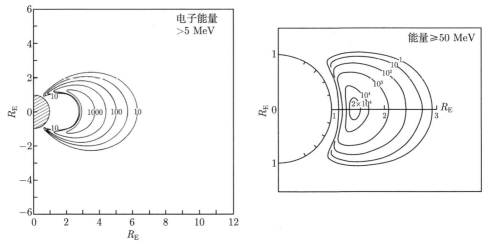

图 2.12   (a) 能量超过 40 keV、1 MeV 和 5 MeV 的俘获电子和 (b) 能量超过 100 keV、10 MeV 和 50 MeV 的俘获离子的空间分布。由于粒子通量随能量而下降，这些分布由略高于门限状态的粒子控制。通量为全向，单位为 $\mathrm{cm}^{-2} \cdot \mathrm{s}^{-1}$。它们是太阳黑子极大值时的日平均。在较低能量的电子通量中看到内区域，而且在大于 1 MeV 的电子分布中看到区域之间的槽。否则最大值发生在能量更高、离地球更近的地方 (M. Walt, 1994)

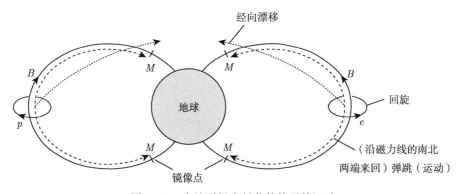

图 2.13   在地磁场中俘获的粒子的运动

　　地磁场的曲率和强度的径向变化所产生的力使得被俘获的粒子产生径向漂移。电子向东漂移，质子向西漂移，漂移的速率 (或多或少线性地) 取决于粒子的能量。各种能量和俯仰角的电子绕地球轨道运行所需时间如图 2.14 所示。

　　经度漂移路径由第二个不变量决定。俘获粒子的主要种类存在于磁层磁力线闭合且几乎是偶极的区域。要从这些轨道上移除粒子，就必须破坏其中的一个变量。这些粒子被稳定地俘获，然而由于磁层的扭曲状态，一些在外部区域开始的漂移路径将粒子带到磁尾或太阳风中。这些粒子无法完成地球的完整回路，只能暂时被俘获。

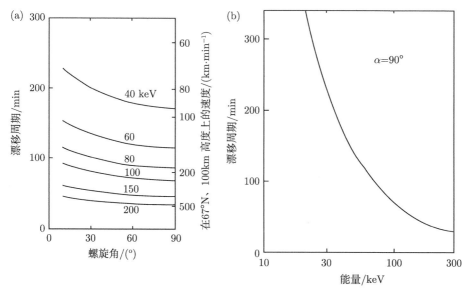

图 2.14 在地球同步卫星轨道上 (6.6R_E) 俘获电子形成一个地球回路所用的时间：(a) 各种能量以俯仰角为函数；(b) 俯仰角为 90° 时以能量为函数。(a) 也给出了地球表面 100 km 以上速度的踪迹 (在 67°N)(P. N. Collis)

范艾伦粒子在保持稳定俘获的同时，对高纬电离层没有显著的影响。然而，几乎可以肯定的是，由于它们可以在磁层不同区域传输高能粒子，然后沉降在电离层中，俘获和损失的过程在高纬很重要。

2.3.5 环电流

俘获粒子的一个重要结果是在磁层或者等离子体片内边缘附近形成环电流。从北极上空看，俘获质子的西向漂移和俘获电子的东向漂移都对顺时针方向环电流有贡献。在扰动条件下环电流增加，可以用地基的磁强计作为磁暴主相来探测 (见 2.5.2 节)。

这些粒子不是范艾伦辐射带典型的能量粒子，但通过测量显示，它们主要是能量为 10~100 keV 的质子。这个电流通常位于 4R_E ~ 6R_E 的距离 (图 2.15)，而且其存在表明，该区域存在一定浓度的带电粒子。由于被俘获粒子的漂移率与其能量成正比，而且所有的质子都携带相同的电荷，很容易证明环中的总电流与有贡献的质子总能量成正比。

可能有环电流，或环电流的一部分，它只绕地球一圈，即部分环电流。

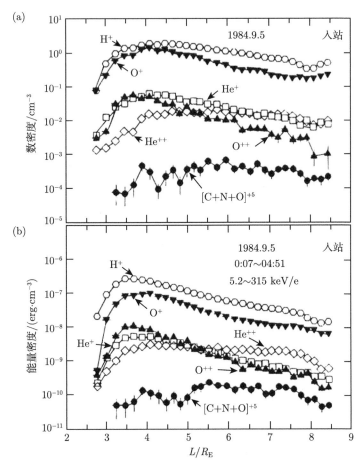

图 2.15　1984 年 9 月 5 日 AMPTE 卫星入站过程中各种重离子的径向分布: (a) 数密度;
(b) 单位电荷能量为 5~315 keV 的粒子的能量密度 (D. J. Williams, 1985)

2.3.6　Birkeland 电流

　　既然电流必须是连续的, 那么部分环电流的电路是如何完成的? 自 20 世纪 70 年代以来, 电流可能沿着磁场和电离层之间的磁力线流动已被广泛接受。1908 年 Birkeland 首次提出了这种电流, 但为了证明它们的存在, 需要原位直接测量。图 2.16 给出了典型的 Birkeland 电流 (有时称为场向电流) 分布。

　　不考虑电流的方向, 电流可分为几个不同的区域, 按照惯例, 极向的区域为 "层 1", 朝赤道方向的为 "层 2"。每个区域白天强度的变化通常高达 $1\ \mu A \cdot m^{-2}$ 或 $2\ \mu A \cdot m^{-2}$。总的场向电流为 $10^6 \sim 10^7$ A。

　　Birkeland 电流的概念对电离层和磁层中电流体系产生了深刻的影响。早期的研究认为, 在地球表面进行的磁观测通常被解释为在电离层某个高度水平流动的二维电流体系。它们实际上是等效电流系, 在数学上是正确的, 但如果存在垂直电流将不再是唯一的解。Birkeland 电流的加入导致了包括电离层和磁层部分的分布, 并在物理上更具有指导意义。

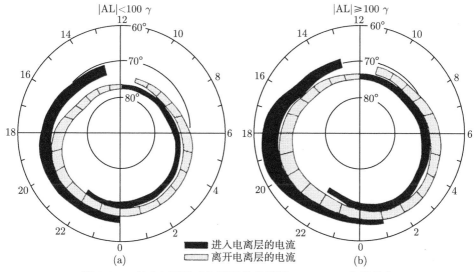

图 2.16　在 (a) 弱和 (b) 活跃扰动期间 Birkeland 电流分布
(T. Ijjma and T. A. Potemra, 1978)

2.4　磁层动力学

2.4.1　环流型

　　就目前而言, 磁层静态可描述, 但有些事实和现象仍无法解释。如果根据太阳风的压力 (见 2.2.3 节) 对磁层顶的形状进行简单的计算, 我们只需要使用边界法向的力的分量。然而, 如果太阳风也施加一个正切于边界的力, 能量就会从太阳风转移到磁层。

　　1961 年, Axford 和 Hine 提出了表面黏滞相互作用驱动的环流磁层概念。黏滞相互作用的性质没有明确确定, 但被认为是一种有效的摩擦。环流的实验支持来自对 S_q^p 电流体系 (该术语指的是在平静磁场 (q) 的条件下观测到的与太阳日 (S) 相关的磁场变化的极性部分 (p)) 的研究, 该电流体系的存在可从中高纬磁强计的观测推断得到。引起的电流体系如图 2.17 所示。电流在极区由夜间到白天流动, 在较低纬度有返回电流。这里之所以给出这种模式, 是因为它将在后续对高纬电离层的讨论中证明是基本的模式。

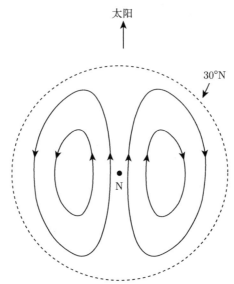

图 2.17　磁层场线环流引起的极区 S_q^p 电流体系 (J. A. Ratcliffe, An Introduction to the Ionosphere and Magnetosphere, Cambridge University Press, 1972)

　　由于电子与发电机区的磁场相连 (而正离子则随着中性大气运动)，因此 S_q^p 可以解释为磁力线以相反方向运动，也就是说，在极区从日侧至夜侧。因此，在磁层中，磁力线从地球日间到夜间在两极上空循环，并大概在黎明和黄昏区域回流。

　　图 2.18(a) 显示穿过赤道平面部分磁层环流的基本模式。图 2.18(b) 包括地球自转引起的扭曲，它携带了磁层内部的部分。2.4.4 节说明了如何处理两种环流模式的组合效应。

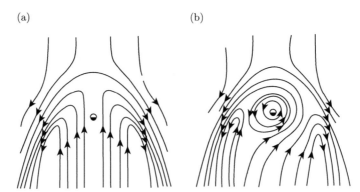

图 2.18　赤道平面的环流模式：(a) 太阳风在磁层顶的 "摩擦" 造成；(b) 包括地球自转 (A. Nishida, 1966)

　　然而，现有的证据表明，尽管黏滞相互作用在驱动磁层方面起到了一定的作用，但它并不是主要原因。一个原因是太阳风非常微弱 (碰撞之间的平均自由路

径可能为 10^9 km），很难相信磁层顶有足够的摩擦力。因此基于 J. W. Dungey 的工作，提出另一种机制，即关于星际磁层和地磁场之间的相互联系。当偶极子置于均匀磁场中时产生的各种场结构，很容易在简单的实验室实验中用一个磁条放置于外部场中来说明。当场平行时，在赤道上有中性点而且两个场之间有连接；当它们反平行时，中性点在两极上，没有连接点。图 2.19 描绘了一个扭曲的偶极子

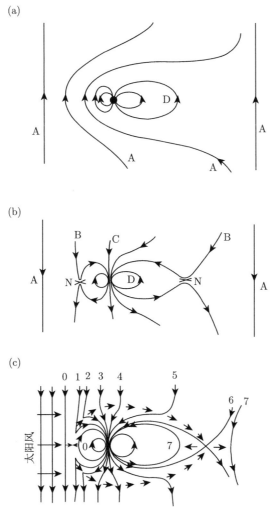

图 2.19 地球磁层和行星际磁场相互作用，见极区部分：(a) 北向 IMF；(b) 南向 IMF；(c) 由于太阳风流动引起的环流 (C. T. Russell, 1972)。图中 A：行星际磁场；B：行星际磁力线与地磁力线连接或断开；C：开放的地磁磁力线；D：封闭的地磁磁力线；N：中性点；0～7：选定的行星际磁力线的连续位置

场表示极区部分地磁场，外加北向 IMF(图 2.19(a)) 和南向 IMF(图 2.19(b))。在第二种情况下，中性点在赤道面形成，一些 IMF 线与地磁线相连。这在第一种情况下并非如此，我们已经看到 IMF 趋向于位于太阳黄道平面，朝向 "花园软管" 的角度，但通常有一个南北分量，就是这样，当它朝南向时，与地磁场相连。

IMF 被冻结在太阳风中，因而随之被携带。当地磁力线与 IMF 相连时，它们从太阳向中性点被拖过磁极，如图 2.19(c) 所示，因而从日侧至夜侧输运。然而当它们在极盖上空时，磁力线是开放的，因而它们不会以任何简单或者明显的方式连接另一半球。在尾部这些线重连并向地球回移。当然，上图为简化版。若是详细考虑，则考虑三维磁层，显示当 IMF 北向时它怎样可能在一定程度上连接，以及东-西分量对连接点如何影响和由此产生的环流模式。此外，认为黏滞相互作用确有一定贡献；当 IMF 有南向分量时贡献较小，但 IMF 北向时可能是主要贡献 (然后环流大大减小)。

磁连接和磁层环流的细节和机制仍然处于研究阶段，但毫无疑问，IMF 起着重要作用。显示磁连接的信号由通过磁层顶的航天器观测到，而且当 IMF 有一个南向分量时地球物理活动增加。此时，① 亚暴发生的频率更高；② 尾叶磁通量增加；③ 极区带和日侧极隙向赤道方向位移；④ 磁层顶日侧内移，这一切表明南向的 IMF 增加了磁层环流的速度。

磁层环流是一个非常重要的概念，不仅在磁层理论中是如此，而且在高纬电离层中也是如此。

2.4.2　场合并

在地球的日侧和夜侧，磁层环流都需要磁力线断裂，然后以不同的形式重联。该过程最简单的模型是 X 型中性线，如图 2.20 所示，显示了尾部中心区域的一种情况。这种结构无法静止，因为磁力线张力将产生朝向地球和进入尾部的净力。然而，也可以是动态平衡，其中的损耗被从裂片移入的其他磁力线所代替。当然，这些磁力线被来自地球日侧、移动在极区上空的其他磁力线代替。也可以有一条 Y 型中性线，在那里场继续向尾部方向汇聚；在那种情况下所有重联线都向地球移动。

磁重联的理论来源于太阳耀斑的研究。在磁层，这个过程被认为是几十年前 Petschek(1964) 首次提出的 "快速重联" 的过程。这种机制引起 Alfvén 波，它允许重联比只有扩散更快地进行。朝向地球的磁力线重联速度约为 $100\ \mathrm{km \cdot s^{-1}}$，朝向中性层的漂移速度约为 $10\ \mathrm{km \cdot s^{-1}}$。磁力线上的粒子穿过重联区域时，会沿着收缩方向加速。尾部的重联很可能不稳定，而是在有限的区域间歇地发生，这可能是极光发生的重要原因。

虽然环流模式显然包括夜侧的重联，但它是 IMF 与驱动环流的日侧磁力线

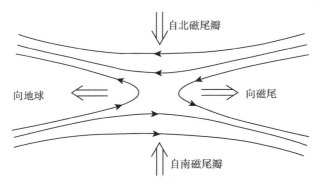

图 2.20　磁尾中的一条 X 型中性线。等离子体从南北裂片流入，并沿着等离子体片向地球和
尾部离开

之间的连接。尽管提出了各种想法，但这个过程的细节最终没有确定。显然，磁
通量管打破，与 IMF 管连接，这是由附近航天器记录的磁信号确定的事件，即通
量传递事件 (FTE)。新连接的等离子体管接着向极区方向移动进入边界层并加入
一般环流。尽管个别的持续时间短且空间范围有限 $((0.5-1)R_\mathrm{E})$，但 FTE 频繁。
当 IMF 有较强的南向分量时，有更多的 FTE，而北向时没有 FTE。推测起来，
细节也随着东西分量方向而变化。"准稳态" 也是一种可能。

2.4.3　磁层电场

有时从发电机和电动机方面考虑磁层动力学是有益的。磁层可以看作是一个
磁流体动力学发动机，其中等离子体射流 (磁层) 被一个静磁场 (IMF) 强迫通过，
与发动机作用产生电势。磁层的总电势差为

$$V_\mathrm{T} = vLB_\mathrm{n} \tag{2.10}$$

其中，v 为太阳风速度；L 为磁层宽；B_n 为与边界垂直的磁通量密度，其估值为
$60\,\mathrm{kV}$，相当于约 $0.3\,\mathrm{mV\cdot m^{-1}}$ 的电场。电场从磁层的黎明面指向黄昏面。同样的
电势差出现在高纬电离层开放场区域，该场再次从黎明指向黄昏。

磁层内的磁等离子体运动现在可以看作是这个电场对地磁场的影响，就像在
电动机中一样，根据

$$\boldsymbol{v} = \boldsymbol{E} \times \boldsymbol{B}/|B|^2 \tag{2.11}$$

其中，$\boldsymbol{v}$ 为速度，$\boldsymbol{E}$ 为电场，$\boldsymbol{B}$ 为磁场。大小很简单

$$v = E/B \tag{2.12}$$

穿过磁尾沿着磁力线进入极盖内的电势分布更容易测量，并发现了太阳风速度和
IMF 方向的关系 (见 5.1.2 节)。若极盖内的电势差为 $60\,\mathrm{kV}$，磁力线速度约为
$300\,\mathrm{m\cdot s^{-1}}$。

2.4.4　等离子体层动力学

用电场来处理磁层动力学的一个很好的例子是等离子体层顶位置，等离子体层和外磁层之间的边界问题。更高水平的等离子体层是由电离层等离子体上下运动闭合的地磁力线产生。然而，为了解释等离子体层的整体动力学，还需要考虑磁层环流。内磁层与地球共自转，而外磁层在太阳风的控制下遵循自身的环流模式。通常来说，等离子体层存在于共自转场上，等离子体层顶为内部和外部层边界的标志。

如果假设等离子体层是由一个固定在空间的人 (不随地球旋转) 观测到的，则可以证明它在赤道平面上的运动可归因于一个大小相等的共自转电场

$$E_r = BLR_E\omega \tag{2.13}$$

其中，B 为磁通量密度，L 为观测者以地球半径为单位的地心距离，R_E 为地球半径，ω 为地球角速度。等离子体层顶近似发生在越尾和共旋场相等的地方

$$E_T = \frac{B_E}{L^2}R_E\omega \tag{2.14}$$

其中，B_E 为地球赤道表面的地磁通量密度，这里使用了偶极子场中通量密度的径向变化，$B = B_E/L^3$。方程 (2.14) 表示的条件标志着内外磁层环流机制的过渡。输入数值得出

$$L^2 = 14.4/E_T \quad (\text{mV}\cdot\text{m}^{-1}) \tag{2.15}$$

若尾场为 $1\ \text{mV}\cdot\text{m}^{-1}$，则希望在大约 $4R_E$ 处发现等离子体层顶。

等离子体绕地球对流的计算如图 2.9 所示。一般来说，这些流线也是等势的。由于共转场和越尾场在晚上方向相反，所以在晚上区域的等离子体层中会出现凸起，这是一个公认的特征。

等离子体层的主要动力学是：① 沿着电离层力管填充和清空，这取决于时间；② 绕地球旋转的模式也受到磁层环流的影响。第二个因素解释了为什么等离子体层顶位置随地磁活动变化。磁层环流的增加意味着条件 (2.15) 更接近地球，那么等离子体层势必更小。人们认为环流改变会剥落等离子体层，这些层在消失于外磁层或进入太阳风前可能以分离区域的形式存在。

当活跃期恢复正常时，磁层环流和电场恢复到原来的状态，但现在磁通量的外管没有等离子体。这些等离子体在几天的时间里逐渐从电离层重新填充。填充速率由电离层顶部质子的扩散速率 (它们由氢原子和氧离子之间的电荷交换形成，见 1.4.4 节) 以及要填充的通量管的体积决定。因为后者随 L^4 变化，要填充起始于更高纬度的通量管需要更长的时间，而且由于活跃期可能每隔几天重复发生，

外部通量管将有一段时间永远不会充满。可以肯定的是等离子体层总是遭受一定程度的损失。

2.5 磁 暴

2.5.1 引言

第 1 章介绍了电离层暴，但磁暴可能更为基础，其主要部分是由环电流引起的。与电离层暴一样，它可能持续几个小时到几天，而且通常呈现几个阶段。从 18 世纪开始人们就认识到磁暴现象 (尽管当时还没有对其命名)，因为它对指南针有影响，但对任何磁暴现象的所有认识进展都是从近代开始的。鉴于磁暴利用磁强计较易监测，而且此测量手段已经成熟，磁暴已成为地球物理研究中的一个共同的参考点。

尽管磁暴和 F 层暴表面上有相似之处，但两者物理上的联系并不那么明显。这些现象无法简单解释，而且一些主要问题依然没有得到解决，部分问题涉及一系列的事件。最主要的原因几乎可以肯定是太阳风，它影响着磁层。磁层的结果会影响高层大气，在某些情况下，甚至可能有来自对流层或平流层的贡献。

2.5.2 经典的磁暴与 D_{st} 指数

典型的磁暴如图 2.21 所示，与电离层暴一样，其由三个阶段组成：

(a) 磁场增加只持续几个小时，称为初始相；

(b) H 分量大幅减小，约一天的时间达到最大值，称为主相；

(c) 接下来几天缓慢恢复正常，即恢复相。

正如 1930 年 Chapman 和 Ferraro 的理论所述，初始相是由突发的太阳等离子体到达磁场前端的压缩引起的 (见 2.2.2 节)。主相是由 2.3.5 节介绍的环电流引起的。恢复相只是在环电流衰减时恢复到暴前状态。

磁暴 D_{st} 指数是由低纬磁照图导出，以 nT$(= \gamma)$ 为单位，其简单地表示由于环电流引起赤道处磁 H 分量的减小，它是单个磁暴强度和持续时间的一个有用指标。若假定环电流的距离，从方程导出其大小为

$$\Delta B \approx 3\pi I/(10r) \approx Ir \tag{2.16}$$

其中，ΔB 为磁通量的变化 (nT)，I 为电流 (A)，r 为设定的距离 (km)。方程 (2.16) 是从环电流中性通量密度的标准公式推导而来，但对地面感应电流进行了修正。

2.5.3 高纬磁湾扰；极光带电集流

磁暴以不同的形式在高纬出现。与低纬记录相比较，在低纬由于坏流增长和衰减造成的磁暴影响是以小时和天为单位测量的，而在极光带记录的磁照图显示

具有更快的变化。典型的模式为一系列磁湾扰事件，其典型的持续时间为几十分钟至一两个小时，如图 2.22 所示。水平分量 (H) 扰动大小可达 1000 nT，其符号在子夜前趋向于正，而子夜后为负。子夜后变化称为哈朗间断。

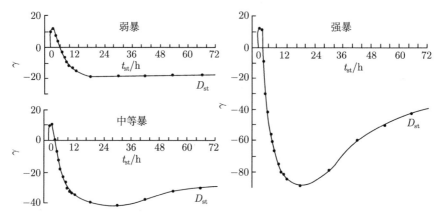

图 2.21   赤道磁强计记录的典型磁暴 (M. Sugiura and S. Chapman, 1960)

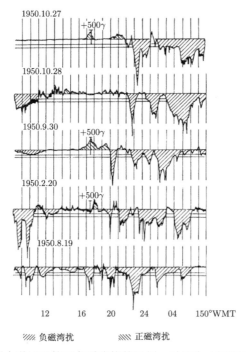

图 2.22   阿拉斯加州大学记录的正负磁湾扰的示例。时区为 150°W(S.-I. Akasofu, 1968)

磁湾扰由电流 (极光带电集流) 引起，电流不在磁层而是在极区 E 层流动。为了解释磁湾扰现象，电流必须在子夜前向东流动，之后向西流动，即汇聚在子夜子午线。很明显为了连续性也必须有回流电流。Chapman 最初的解释是假设电流只是水平流动，于是产生了一个称为水平流动 (surface distribution，SD) 电流体系的模式，它由高纬和低纬回流的两个电集流组成，如图 2.23 所示。这个模式通过一些磁暴前两天的平均日磁变化得到，这是一种将推断出的电流集中到极光带的过程。若允许三维电流体系，则其他分布成为可能；现代解释包括 Birkeland 电流 (见 2.3.6 节和 6.4.4 节)。

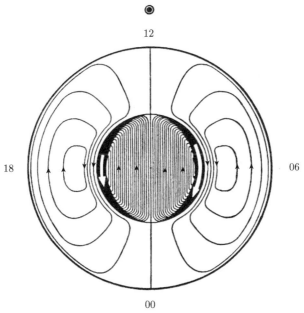

图 2.23　Chapman 初始 SD 电流体系。SD 分析采用了在多个站同时观测到的磁扰矢量，并推断出可能引起磁扰的电流系统 (S.-I. Akasofu, 1968)

2.5.4　磁指数

图 2.22 所示的磁湾扰是定期编制和发布的若干磁指数的基础。这些指数的主要目的是量化地磁扰动强度，从而为不同观测之间的比较提供一个共同的参考点和基础。磁湾扰，当然还有引起它们的电集流，都是亚暴现象的一部分，见 6.4 节，这可能也与亚暴强度和发生频率有关。最有用的可能是称为 K_p、A_p 和 AE 的指数。

K_p 和 A_p

基于挑选的十几个磁观测站，观测记录 UT 日 3 h 内变化范围得到 K_p。经过局部加权和平均，获得一天内每 3 h 的 K_p 值，尺度范围为 0(平静)~9(强扰)。这个尺度为准对数，整数值使用 "+" 和 "−" 符号细分：2，2+，3−，3，3+ 等。

A_p 为日指数，从相同的基本数据获得，但转换成一个线性标度 (3 h 的 a_p)，然后在 UT 日平均。中间 a_p 值约为以 nT 为单位测量的最大磁扰动分量变化范围的一半。表 2.1 给出了 K_p 和 a_p 之间的关系。

表 2.1　K_p 和 a_p 之间的关系

K_p	a_p
0	0
1	3
2	7
3	15
4	27
5	48
6	80
7	140
8	240
9	400

以 Bartels 曲线图表示 K_p 比较方便，如图 2.24 所示，在这种形式下，它经常显示活动随着 27 日太阳旋转而复发。在这种情况下图表有一些预测值，但 27 日复发并不总是那么明显，在太阳活动周期下降阶段更为明显。

早期的太阳风测量获得太阳风速度和 K_p 之间的经验关系为

$$v(\text{km} \cdot \text{s}^{-1}) = (8.44 \pm 0.74) \sum K_p + (330 \pm 17) \tag{2.17}$$

其中，$\sum K_p$ 为 UT 日内 8 个 K_p 值的总和。这是一个重要的早期结果，因为它证明了太阳风和地磁场扰动之间的关系。

AU、AL 和 AE

对 K_p 和 A_p 有贡献的磁观测站位于不同的经度和纬度，但在中高纬具有优势，例如向赤道一侧的极光带。为了使指数与极区更加紧密地联系以及提供更好的时间分辨率，Davis 和 Sugiura(1966) 提出了 AU、AL 和 AE。这些指数通过不同的过程获得。极光带周围数个不同经度的磁照图叠加并读取上下包络线，上包络是 AU，下包络为 AL，包络线之间的差异为 AE。AL 表示极光带最大正振幅 (可能是子夜前)，AU 为最大负振幅 (可能是子夜后)，而且 AE 在这三者中使用最为广泛，被认为是与地方时无关的极光带活动的常规指标，图 2.25 所示为给出的一个示例。AU 和 AL 的平均值被绘制为 AO。这些值以每小时一次的间隔在打印的报告中发布，并根据要求以 2 min 的间隔提供。

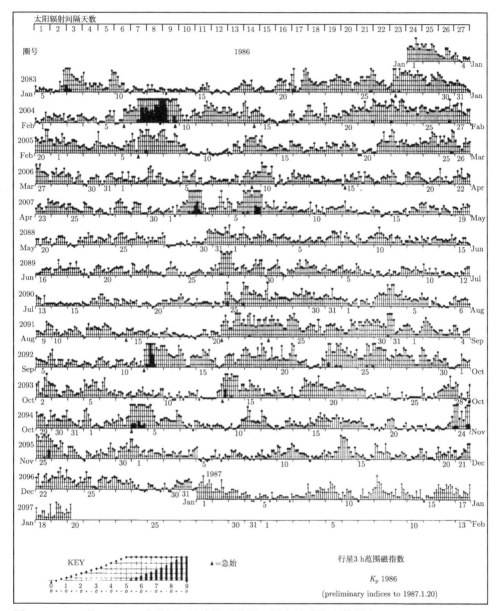

图 2.24　K_p 的 Bartels 曲线图 (日地物理数据，国家地球物理数据中心，NOAA, Boulder, Colorado, 1987)

　　原则上，AU 为东向极光带电集流的度量，AL 为西向电集流度量。但这两个指数都可能受到环电流的影响。与 AU 和 AL 不同，AE 的优点在于其独自取决于东向和西向电集流，而与环电流和任何其他纬向电流无关。AE 特别有助于显示磁亚暴发生的时间。它还和太阳风耦合到磁层的能量密切相关 (见 6.4.6 节)。

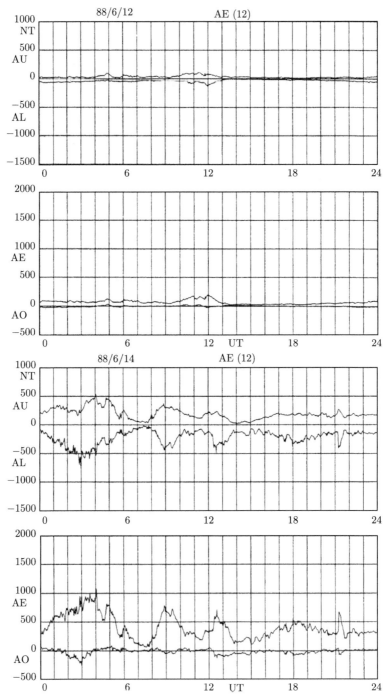

图 2.25　1988 年 6 月 12 日和 14 日的 AU、AL、AE 和 AO 指数。第一个为平静日 $(A_{\mathrm{p}} = 4)$，第二个为扰动 $(A_{\mathrm{p}} = 20)$(数据书，1994 年 9 月 23 日，世界数据中心–C2，京都大学，京都)

像 AE 这样的指数明显比 K_p 复杂, 它们的准备需要相应的更大的努力, 因此, 这些值在一年或更长的时间内可能无法普遍获得; 相反, K_p 可以在几天内通过世界数据中心获得。

Maynaud(1980) 详细讨论了磁指数的历史、由来和优缺点等。一些老的指数继续受到关注, 它们的编制仍保持连贯性。其中第一个为 C 指数, 是一个简单的字符指数, 0、1 和 2 分别表示 "平静""中度扰动" 和 "扰动"。R 和 Q 指数范围与 K 一样, 但分别以每小时和 15 min 的间隔导出, 而不是每 3 h 导出一次。

在后续的章节中我们在讨论高纬受扰电离层行为时, 将经常参考不同种类的磁指数。它们是地球物理扰动的普遍指标, 由于易于测量以及多年的积累, 其在磁扰动这个有限话题之外也很有用。

2.5.5 大磁暴和一个案例

有些磁暴是如此强烈且影响巨大, 以至于引起了科学家和公众的关注。尽管这种磁暴很罕见, 但可以说明在极端情况下影响有多大。表 2.2 给出了十大磁暴, 按磁暴期间发生的 A_p 大小排序。根据测量环电流强度的赤道指数 D_{st}(由于 H 分量减小, 结果为负值), 最大磁暴为 1989 年 3 月 13 日磁暴 (表 2.2 中最早的磁暴的数值不可用, 因为自 1957 年以来才得到 D_{st})。

表 2.2　现代十大磁暴 (J. A. Joslyn, 私人交流)

序列	日期	D_{st} 最大值	A_p	太阳周期
1	1960.11.13	−301	280	19
2	1989.3.13	−599	246	22
3	1960.4.1	−327	241	19
4	1959.7.15	−429	236	19
5	1941.9.18		230	17
6	1941.7.5		220	17
7	1946.3.28		215	18
8	1941.3.1		205	17
9	1960.10.6	−287(7 h)	203	19
10	1986.2.8	−307	202	21

从更多的磁暴列表中可以看出: (1) 大部分磁暴发生在太阳活动最大值之后而不是在最大值时或之前; (2) 超过一半的大磁暴发生在一年中最接近分点的四个月内, 即 3 月、4 月、9 月和 10 月。

1989 年 3 月 13 日的磁暴

1989 年 3 月的磁暴 (Joslyn, 1990) 是有记录以来最大的或仅次于最大磁暴的一次, 根据所采用的标准, 它产生了显著的影响。它与自 1982 年以来日侧中看到的最大一组太阳黑子有关，其不仅具有磁性，还在中性大气、电离层、无线电通信、不寻常的极光显示和电力传输中探测到其影响。

磁效应

磁暴于世界时 3 月 13 日 01:27 突然开始，当天晚些时候在一个中纬度站 (Boulder, Colorado) 磁偏转超过了 1300 nT，这几乎是典型磁偏 K(指数为 9) 的三倍，显然这个磁暴远远超过了测量磁暴的正常范围。3 月 13 日指数 A_p 为 246(这是自 1932 年开始记录该指数以来 57 年中的第二大值)，从赤道电离图得到的指数 D_{st} 一度达到近 600 nT。这个磁暴持续了两天左右。

磁变非常大，对磁性勘探有很大影响。然而地球物理探测技术只涉及半角变化，而在阿拉斯加磁倾角变化高达 5°。磁强计数据分析显示，电集流 (通常称为极区电集流) 流向弗吉尼亚州的弗雷德里克斯堡南部，其地磁纬度为 49°N。

极光、磁层和太阳风

据报道，极光在异常低纬度上的几个国家出现过。在西半球，从南至佛罗里达、墨西哥和开曼群岛都观测到了红色极光。由地球同步卫星上的磁场测量提供的电集流和光度信息，是证明极光带明显位移的关键所在。GOES-6 和 GOES-7 都在 $6.6R_E$ 的距离离开磁层，并在地方时 3 月 13 日 7:00~8:00 进入太阳风。根据对磁层形状的合理假设，推断磁层顶在中午是 $4.7R_E$ 而不是 $10R_E$。显然磁层被严重压缩，以至于它的内部和外部边界都移动到了非常规的区域。

遗憾的是，在这场磁暴期间，没有太阳风中的直接测量结果。2.2.3 节显示，磁层顶的位置与太阳风的压力有关 (见方程 (2.6))；在最简单的例子中，距离取决于压力六次方根的逆 $(2Nmv^2)$。因此，如果亚太阳磁层从 $10R_E$ 移动至 $4.7R_E$，太阳风压力必将增加 60 倍。其中 IMF 的南向分量可能导致磁层移动一个 R_E(见 2.2.3 节)，尽管如此，也可以肯定地说，在 3 月 13 日太阳风压力至少增加了 $(10/5.7)^6 = 30$ 倍。

电离层

当天还发生了一次严重的电离层暴。在电离层暴开始后，中纬度电子含量在晚上异常低。日出后，电子含量在大部分时间依然保持在夜间值的水平，然后在日落前迅速恢复到白天值的水平。赤道电离层实际上已消失，HF 无线通信在很多链路上 (特别是高纬地区的链路) 不可用。平常仅限于视距传播的 VHF 通信由于高纬偶发 E 层而实现非常远距离的传播。Yeh 等 (1992) 对全球电离层的显著影响进行了分析。

卫星拖曳

对中性高层大气的主要影响是由于大气层的加热使空气密度增加 (因此增加了对卫星的拖曳)。那些从事卫星追踪工作的人们发现，与通常相比，由于卫星没有在所被期望的位置而不能立即被识别 (通常，磁暴增加了卫星衰减速度，导致它们比预期更快地重返大气层)。

电力配电

然而, 这场磁暴最严重的结果可能是对电力配电的影响。众所周知, 地磁场扰动在长金属线中引起感应电流 (电力线和石油管道)。在电力配电系统中, 这可能会导致电压冲击、使变压器饱和, 并使保护继电器跳闸。在 3 月 13 日, 魁北克电力系统遭受了持续 9 h 的断电, 美国东北部的用户也受到了影响, 瑞典的几条配电线路发生了失压。

大的磁暴可能不常见, 但因为它们可能会对许多实际活动产生严重影响, 因而吸引了人们的注意, 从而需要科学解释这些磁暴现象的极端情况。

2.5.6 磁层波现象

磁流体动力波和磁声波

在声波中, 恢复力是由于介质具有可压缩性, 介质为气体的情况下恢复力为压力。在最低频率, 重力也很重要, 产生声重力波 (见 1.6 节)。在磁场中, 另一种恢复力发挥作用, 即穿过磁场的磁压和沿磁力线的磁张力。

在磁层中可能存在电离不会穿过磁力线的情况, 因而在横向运动中它们必须一起移动。因为气体位移是纵向的, 因而普通声波允许沿着磁力线传播, 但在横穿磁力线的波中须包括气体压力和磁压。这种结合使得一系列磁流体动力波成为可能。

基本的磁流体动力波是 Alfvén 波, 其沿磁场传播但位移为横向。Alfvén 类似于拉紧的绳子上的横波, 张力为磁张力 (B^2/μ_0), 单位长度的质量是等离子体的质量密度。横波速度由方程 (2.7) 给出: $v_A = B/(\mu_0\rho)^{1/2}$, 其中 B 为磁通量密度, μ_0 为自由空间的磁导率, ρ 为以 kg·m^{-3} 为单位的等离子体密度。

Alfvén 波与声波沿场方向传播时相互独立, 但在其他角时它们相互作用产生混合磁声波。除了垂直于场时只有一种波, 通常有两种这样的波, 速度为 $(v_A^2 + s^2)^{1/2}$, s 为声速。

微脉动

如果磁强计的灵敏度足够高, 就可以探测到周期为数分和数秒的地磁场微小扰动, 即微脉动。它们的成因不是电磁波而是磁层中的磁流体动力波, 其大小小于总磁场的 10^{-4}, 与电离层无线电有间接联系, 但由于它们是高纬电离层的一个重要现象因此还是有必要介绍一下。在某些情况下它们与极光活动有关, 而且也存在一些能够显示磁层状态的诊断应用。

微脉动按周期和持续时间分类, 如表 2.3 所示。脉冲变化 (Pi) 主要发生在晚上, 然而更加规律和持续有规律的脉动 (Pc) 更可能在早上和白昼发生。

微脉动的磁层起源可由磁共轭区域的相似性来证明, 但变化机制涉及它们的产生。Pc 脉动产生于磁层表面或磁层内部, 而且以磁流体动力波模式传播。Pc1

归因于质子束在反射点之间来回移动 (见 2.3.4 节)。可能涉及质子和离子回旋波之间的共振, 其以相同的方式在地磁场中旋转。Pc2~Pc5 可解释为磁层内不同的振荡模式, 一些穿过磁力线, 一些沿着磁力线传播。Pc3 和 Pc4 的周期可以用 Alfvén 波解释, Alfvén 波速度取决于等离子体密度和磁场强度。由于粒子密度的锐变化, 穿过磁层顶时特征频率发生变化。

表 2.3　微脉动

持续性和规律性		无规律性	
类型	周期/s	类型	周期/s
Pc1	0.2~5	Pi1	1~40
Pc2	5~10	Pi2	40~150
Pc3	10~45		
Pc4	45~150		
Pc5	150~600		

Jacobes(1970) 详细讨论了微脉动的问题。

不稳定性

磁层波和磁层粒子群之间的相互作用是一个复杂的问题, 我们在这里只简要地说明。对于电离层物理来说, 其重要性是波和离子可以交换能量, 并且这个过程可能变得不稳定。例如, 俘获电子在 VLF 频段产生哨声模式的波 (见 3.4.7 节), 在适当的条件下, 其与被俘获的电子群相互作用并把它们散射至损耗的锥内 (见 2.3.4 节)。因此这种机制可能导致被俘获的电子自发地沉降到大气层中。有大量关于磁层中波–粒子相互作用的文献, 感兴趣的读者可从 Lyons 和 Williams(1984) 的书的第 5 章开始阅读。

纯粹的电离层不稳定性是双流不稳定性或 Farley-Buneman 不稳定性, 当离子和电子流在速度上的差异超过临界值时, E 层电集流中产生静电波。这是一种导致极区雷达可能观测到的电离不规则体的机制 (见 3.5.1 节和 4.2.2 节)。

Kelvin-Helmholz 不稳定性是一种常见的现象, 与在有风的天气池塘表面产生波动的原因一样。其作用的原理是在水平面上的凸起都会改变气流, 从而增加扰动, 这是正反馈的情况。磁层也有分界面, 最明显的是在磁层顶有太阳风, 在那里可能产生 Kelvin-Helmholz 波和旋涡。

关于磁层波较为深入的介绍见 Hargreaves(1992) 的第 9 章。

2.6　高能粒子电离

高层大气电离的主要源是 X 射线和 EUV 波段的太阳辐射。然而, 还有另一种完全不同的源, 即高能粒子。尽管它们在中纬也存在部分影响, 但在高纬尤为重要，在那里它们有时可能成为主要的电离源。正如我们将在后面章节看到的那样，在高纬有两个非常重要的源：一个是与极光有关的电子，另一个是在太阳耀斑期间从太阳发射出来的质子 (和一些 α 粒子)。

2.6.1 电子

对于大气上方某个源的高能电子流产生的离子速率的计算，存在多种不同的方法。通常最有用的方法是通过实验室测量空气中电子的射程。电子向与它碰撞的中性气体粒子损失能量，而损失的速率显然取决于遇到的气体粒子的数量。因此，在均匀大气中，运动的距离与气压成反比，因此，射程 (r_0) 的单位是 [压力]×[距离]。能量进入到受激和电离的中性粒子中，在这种情况下我们对电离感兴趣。

从上面进入大气的高能粒子进入一种密度不断增加的介质中，它所穿透的高度为 h_p，压力和距离的积在 h_p 以上的积分等于射程 r_0。显然，这种粒子只会在高度 h_p 以上电离，产生的离子–电子对总数量取决于 $E/\Delta E$，其中 E 为粒子的初始能量，ΔE 为每一电离所需的能量 (通常为 34 eV 或 35 eV)。

必须考虑的第三个事实是，能量损失率和电离产生率在路径上是粒子速度的函数。为了量化这一点，实验室测量再次以 "效率" 的形式出现，它是沿轨道上某一点的大气深度除以粒子终止点时大气深度的函数，即 s/s_p(大气深度是沿着粒子路径的单位截面积柱中气体的总质量)。效率在整个路径上 (从 $s/s_p = 0$ 到 $s/s_p = 1$) 标准化，对于一个直接沿着磁场传播的单能电子束，在 $s/s_p = 0.4$ 时达到最大值。如果电子到达一个角度范围内，如在自然界中的情况那样，一些粒子在螺旋路径中传播，从而覆盖更大的距离；在这种情况下，在较小的 s/s_p 值，诸如 0.1 或 0.2 时效率达到峰值。这些因素对大气中离子的产生分布，特别是最大产生率的高度有明显的影响。

图 2.26 给出了不同初始能量的单能电子在大气模型中计算的产生率。注意，产生率峰值在较低高度以及对于较高初始能分布更窄。为了获得更为真实的光谱效果，必须在能量上对产生率积分。

2.6.2 轫致辐射 X 射线

当高能电子与中性气体粒子碰撞时，它们的一小部分能量通过轫致辐射过程 (字面意义为 "制动辐射") 迅速衰减而转化为 X 射线。X 射线比初始电子穿透大气层更深，可由气球携带的探测器在 30~40 km 的高度探测到。一些 X 射线也被散射回大气层外，可能在卫星上被探测到。

因为能量为 E 的电子可产生能量小于或等于 E 的光子，而且 X 射线的辐射角度范围很宽，这导致轫致辐射 X 射线通量的计算相当复杂。要把观测到的 X 射线谱转化成初始电子的谱更加困难。通常的做法是根据一组计算得出特定能量的单个电子的轫致辐射，即使如此，通常也需要假定一种光谱形式 (如指数)。

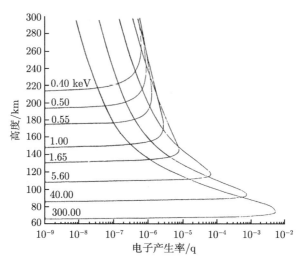

图 2.26　由不同初始能量的单能电子引起的产生率 (M. H. Rees, 1963)

当 X 射线被大气阻挡时它们会在这个水平产生电离。虽然韧致辐射产生的电离率要比由于初始电子向上升导致的电离率小十倍，但是在所考虑的高度上 (很可能在 50 km 或以下)，存在极光电子沉降时它是主要的电离源。表 2.4 比较了几种初始电子能量下直接电离和韧致辐射电离的高度及最大产生率。

表 2.4　直接电离和韧致辐射电离的最大产生率

E/keV	最大产生率高度/km		最大产生率 (离子对/(cm^{-3}/电子))	
	直接	X 射线	直接	X 射线
3	126	88	2.5×10^{-5}	5.9×10^{-10}
10	108	70	1.4×10^{-4}	1.3×10^{-8}
30	94	48	5.6×10^{-4}	2.3×10^{-7}
100	84	37	1.9×10^{-3}	1.3×10^{-5}

图 2.27 阐明了由于特征能量为 10 keV 的入射电子光谱引起的直接电离和 X 射线电离 (实际上是能量的沉降速率) 的相对高度和大小。

2.6.3　质子

高能质子也可能导致显著的电离，特别在高纬极盖事件期间，这是在太阳耀斑时从太阳释放出的质子流造成的。更小的 α 粒子流通常会同时到达。这些粒子比上述讨论的极光电子能量更高，与大气层大气碰撞失去能量并留下电离踪迹。有关气体主要是中间层气体，其成分本质上与对流层相似，因而能量损失率可从实验室测量中很好地了解。一个表示能量损失率与传播距离之比的曲线图称为 Bragg 曲线。在我们感兴趣的能量范围内，损失率随着质子的减速而增加，在 $10 \sim 200$ MeV 范围内，损失率几乎与能量成反比。当能量为 100 MeV 时，在标准的温度和气压下空气中每米路径的典型值为 0.8100 MeV。可以假设能量完全用于产生离子电子对，每个需要约 35 eV。

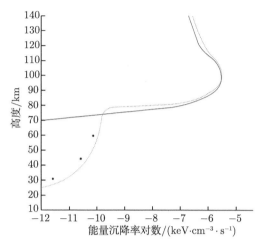

图 2.27　特征能量为 10 keV 的指数谱的入射电子通量的直接电离和 X 射线能量沉淀率对比。实线表示电子沉降 (J. G. Luhmann, 1976)；虚线 (M. J. Berger et al., 1974) 和圆点 (Luhmann, 1977) 表示轫致辐射 X 射线

　　Bragg 曲线的性质加上大气密度分布，意味着质子从太空进入大气所产生的电离在路径的末端非常集中。例如，垂直入射的 50 MeV 的质子，在最后 2.5 km 的路径上损失其一半的能量，仅在最后的 100 m 上损失 10%。一个结果是，除了接近 90° 外，穿透水平并不强烈地依赖入射角。不同初始能量的质子产生率剖面如图 2.28 所示。注意到更多的高能粒子可能到达的低海拔。对于一个质子能量

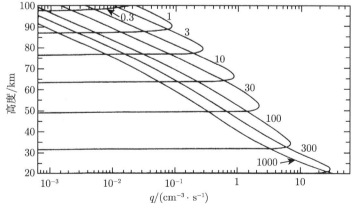

图 2.28　单能质子入射的产生率。初始能量的单位为 MeV，在每种情况下通量为 1 质子 $cm^{-2}\cdot s^{-1}\cdot sr^{-1}$(G. C. Reid, 1974)

谱，总效应将通过在每个高度上对这些曲线进行适当的求和来计算。

α 粒子电离具有类似的处理步骤。

2.7　参 考 文 献

2.2 节

Burlaga, L. F. (1982) Magnetic fields in the interplanetary medium. Solar System Plasmas and Fields (eds. J. Lemaire and M. J. Rycroft), p. 51. Pergamon Press, Oxford.

Carpenter, D. L. and Smith, R. L. (1964) Whistler measurements of electron density in the magnetosphere, Rev. Geophys. 2, 415.

Gosling, J. T. (1972) Predicting the solar wind speed. Solar Activity Observations and Predictions (eds. P. S. McIntosh and M. Dryer), p. 231. MIT Press, Cambridge Massachusetts.

Holzer, T. E. (1979) The solar wind and related astrophysical phenomena. Solar System Plasma Physics (eds. C. F. Kennel, L. J. Lanzerotti and E. N. Parker), Vol. I, p. 103. Elsevier Science Publishers, Amsterdam.

Pertinec, S. M. and Russell, C. T. (1993) External and internal influences on the size of the dayside terrestrial magnetosphere. Geophys. Res. Lett. 20, 339.

Raitt, W. J. and Schunk, R. W. (1983) Composition and characteristics of the polar wind. Energetic Ion Composition in the Earth's Magnetosphere (ed. R. G. Johnson), p. 99. Terra Scientific Publishing Co., Tokyo.

Rich, F. J. and Hairston, M. (1994) Large-scale convection patterns observed by DMSP. J. Geophys. Res. 99, 3827.

Smith, E. J., Tsurutani, B. T. and Rosenberg, R. L. (1978) Observations of the interplanetary sector structure up to heliographic latitudes of $16°$: Pioneer 11. J. Geophys. Res. 83, 717.

Vasyliunas, V. M. (1983) Large-scale morphology of the magnetosphere. Solar–Terrestrial Physics (eds. R. L. Carovillano and J. M. Forbes), p. 243. Reidel, Dordrecht.

Wilcox, J. M. and Ness, N. F. (1965) Quasi-stationary corotating structure in the interplanetary medium. J. Geophys. Res. 70, 5793.

2.3 节

Burch, J. L. (1977) The magnetosphere. Upper Atmosphere and Magnetosphere, p. 42. National Academy of Sciences, Washington DC.

Carpenter, D. L. and Anderson, R. R. (1992) An ISEE/whistler model of equatorial electron density in the magnetosphere. J. Geophys. Res. 97, 1097.

Chappell, C. R., Harris, K. K. and Sharp, G. W. (1970) A study of the influence of magnetic activity on the location of the plasmapause as measured by OGO-5. J. Geophys. Res. 75, 50.

Helliwell, R. A. (1976) Whistlers and Related Ionospheric Phenomena. Stanford University Press, Stanford, California.

Iijima, T. and Potemra, T. A. (1978) Large-scale characteristics of field-aligned currents associated with substorms. J. Geophys. Res. 83, 599.

Potemra, T. A. (1983) Magnetospheric currents. Johns Hopkins APL Tech. Digest 4, 276.

Ratcliffe, J. A. (1972) An Introduction to the Ionosphere and Magnetosphere. Cambridge University Press, Cambridge.

Van Allen, J. A. (1959) The geomagnetically trapped corpuscular radiation. J. Geophys. Res. 64, 1683.

Walt, M. (1994) Introduction to Geomagnetically Trapped Radiation. Cambridge University Press, Cambridge.

Williams, D. J. (1985) Dynamics of the Earth's ring current: theory and observation. Space Sci. Rev. 42, 375.

2.4 节

Dungey, J. W. (1963) The structure of the exosphere or adventures in velocity space. In Geophysics, The Earth's Environment (eds. C. De Witt, J. Hieblot, and A. Lebeau). Gordon and Breach, New York.

Levy, R. H., Petschek, H. E., and Siscoe, G. L. (1964) Aerodynamic aspects of the magnetospheric flow. Am. Inst. Aeronaut. Astronaut. J. 2, 2065.

Nishida, A. (1966) Formation of plasmapause, or magnetospheric plasma knee, by the combined action of magnetospheric convection and plasma escape from the tail. J. Geophys. Res. 71, 5669.

Petschek, H. E. (1964) Magnetic field annihilation. The Physics of Solar Flares (ed. W. N. Hess), Report SP-50, p. 425. NASA, Washington DC.

Ratcliffe, J. A. (1972) An Introduction to the Ionosphere and Magnetosphere. Cambridge University Press, Cambridge.

Russell, C. T. (1972) The configuration of the magnetosphere. Critical Problems of Magnetospheric Physics, p.1. IUCSTP Secretariat, National Academy of Science, Washington D.C.

2.5 节

Akasofu, S.-I. (1968) Polar and Magnetospheric Substorms. Reidel, Dordrecht.

Davis, T. N. and Sugiura, M. (1966) Auroral electrojet activity index AE and its universal time variations. J. Geophys. Res. 71, 785.

Hargreaves, J. K. (1992) The Solar–Terrestrial Environment. Cambridge University Press, Cambridge.

Jacobs, J. A. (1970) Geomagnetic Micropulsations. Springer-Verlag, Berlin.

Joslyn, J. A. (1990) Case study of the great magnetic storm of 13 March 1989. Astrodynamics (eds. Thornton, Proulx, Prussing and Hoots).

Lyons, L. R. and Williams, D. J. (1984) Quantitative Aspects of Magnetospheric Physics. Reidel, Dordrecht.

Maynaud, P. N. (1980) Derivation, Meaning and Use of Geomagnetic Indices. American Geophysical Union, New York.

Sugiura, M. and Chapman, S. (1960) The average morphology of geomagnetic storms with sudden commencement. Abhandl. Akad. Wiss. Göttingen Math.-Phys. Kl. Special Issue 4, 53.

Yeh, K. C., Lin, K. H. and Conkright, R. O. (1992) The global behavior of the March 1989 ionospheric storm. Can. J. Phys. 70, 532.

2.6 节

Berger, M. J., Seltzer, S. M. and Maeda, K. (1974) Some new results on electron transport in the atmosphere. J. Atmos. Terr. Phys. 36, 591.

Luhmann, J. G. (1976) Auroral electron spectra in the atmosphere. J. Atmos. Terr. Phys. 38, 605.

Luhmann, J. G. (1977) Auroral bremsstrahlung spectra in the atmosphere. J. Atmos. Terr. Phys. 39, 595.

Rees, M. H. (1963) Auroral ionization and excitation by incident energetic electrons. Planet. Space Sci. 11, 1209.

Reid, G. C. (1974) Polar-cap absorption – observations and theory. Fundamentals Cosmic Phys. 1, 167.

书籍

Akasofu, S.-I. and Chapman, S. (1972) Solar–Terrestrial Physics. Oxford University Press, Oxford.

Baumjohann, W. and Treumann, R. A. (1996) Basic Space Plasma Physics. Imperial College Press, London.

Carovillano, R. L. and Forbes, J. M. (eds.) (1983) Solar–Terrestrial Physics. Reidel, Dordrecht.

Carovillano, R. L., McClay, J. F. and Radoski, H. R. (1968) Physics of the Magnetosphere. Springer-Verlag, New York.

Hess, W. N. (1968) The Radiation Belt and Magnetosphere. Blaisdell, Waltham, Massachusetts.

Hess, W. N. and Mead, G. D. (eds.) (1968) Introduction to Space Science. Gordon and Breach, New York.

Hundhausen, A. J. (1972) Coronal Expansion and Solar Wind. Springer-Verlag, New York.

Jacobs, J. A. (1970) Geomagnetic Micropulsations. Springer-Verlag, New York.

Jursa, A. S. (ed.). (1985) Handbook of Geophysics and the Space Environment. Air Force Geophysics Laboratory, US Air Force, National Technical Information Service, Springfield, Virginia.

Kamide, Y. (1988) Electrodynamic Processes in the Earth's Ionosphere and Magnetosphere. Kyoto Sangyo University Press, Kyoto.

Le Galley, D. P. and Rosen, A. (eds) (1964) Space Physics. Wiley, New York.

Lyons, L. R. and Williams, D. J. (1984) Quantitative Aspects of Magnetospheric Physics. Reidel, Dordrecht.

Nishida, A. (ed.) (1982) Magnetospheric Plasma Physics. Reidel, Dordrecht.

Parks, G. K. (1991) Physics of Space Plasmas. Addison-Wesley Publishing Co., Redwood City, California.

Roederer, J. G. (1974) Dynamics of Geomagnetically Trapped Radiation. SpringerVerlag, Berlin.

Schulz, M. and Lanzerotti, L. J. (1974) Particle Diffusion in the Radiation Belts. Springer-Verlag, New York.

Treumann, R. A. and Baumjohann, W. (1997) Advanced Space Plasma Physics. Imperial College Press, London.

会议报道

Akasofu, S.-I. (ed.) (1980) Dynamics of the Magnetosphere. Reidel, Dordrecht.

Beynon, W. J. G., Boyd, R. L. F., Cowley, S. W. H. and Rycroft, M. J. (1989) The Magnetosphere, the High-Latitude Ionosphere, and their Interactions. The Royal Society, London.

Johnson, R. G. (ed.) (1983) Energetic Ion Composition in the Earth's Magnetosphere. Terra Scientific Publishing Co., Tokyo.

Kamide, Y. and Slavin, J. A. (eds.) (1986) Solar Wind–Magnetosphere Coupling. Terra Scientific Publishing Co., Tokyo.

King, J. W. and Newman, W. S. (eds.) (1967) Solar–Terrestrial Physics. Academic Press, London.

Lemaire, J. F., Heynderickx, D. and Baker, D. N. (eds.) (1996) Radiation Belts: Models and Standards. American Geophysical Union, Washington DC.

McCormac, B. M. (ed.) (1966) Radiation Trapped in the Earth's Magnetic Field. Reidel, Dordrecht.

McCormac, B. M. (ed.) (1968) Earth's Particles and Fields. Reinhold, New York.

McCormac, B. M. (ed.) (1970) Particles and Fields in the Magnetosphere. Reidel, Dordrecht.

McCormac, B. M. (ed.) (1972) Earth's Magnetospheric Processes. Reidel, Dordrecht.

McCormac, B. M. (ed.) (1974) Magnetospheric Physics. Reidel, Dordrecht.

McCormac, B. M. (ed.) (1976) Magnetospheric Particles and Fields. Reidel, Dordrecht.

Olsen, W. P. (ed.) (1979) Quantitative Modeling of Magnetopheric Processes. American Geophysical Union, Washington DC.

Potemra, T. A. (ed.) (1984) Magnetospheric Currents. American Geophysical Union, Washington DC.

Song, P., Sonnerup, B. U. O. and Thomsen, M. F. (eds.) (1995) Physics of the Magne-
　　topause. American Geophysical Union, Washington DC.

Tsurutani, B. T., Gonzalez, W. D., Kamide Y. and Arballo, J. K. (1997) Magnetic Storms.
　　American Geophysical Union, Washington DC.

第 3 章　无线电传播基础

3.1　引　　言

既然我们关心无线电波在高纬整个无线电频谱上的传播，因此我们需要回顾无线电波传播的基本物理学和术语知识。无线电频谱从极低频 (ELF) 延伸到微波毫米波。表 3.1 给出了从 30 Hz 到 30 GHz 的无线电频谱以及国际电联 (ITU) 的频带名称。

表 3.1　无线电频谱 (由国际电联定义)、主要传播模式及电离层影响

ITU 命名	频率范围	主要传播模式	主要用途
极低频 (ELF)	30～300 Hz	地波, 地球–电离层波导模式	潜艇通信
甚低频 (VLF)	3～30 kHz	地波, 地球–电离层波导模式	导航, 标准频率和时间分发
低频 (LF)	30～300 kHz	地波, 地球–电离层波导模式	导航, 罗兰–C [a]
中频 (MF)	300～3000 kHz	主要为地波, 晚上为天波 [b]	调幅广播, 海上和航空通信
高频 (HF)	3～3 MHz	主要为天波, 部分为地波	短波, 广播, 业余和固定业务
甚高频 (VHF)	30～300 MHz	主要为视距, VHF 低频段为天波	调频广播, 电视, 航空通信
特高频 (UHF)	300～3000 MHz	主要为视距, 部分电离层折射和散射	电视, 雷达, 导航和航空通信 [c]
超高频 (SHF)	3～30 GHz	主要为视距, 部分电离层折射和散射	雷达, 空间通信

注:
a 罗兰–C 系统可能会被 GPS 系统所取代。
b "天波" 表示地球–电离层–地球反射模式。
c 卫星星座的全球定位系统。

3.2　电　磁　辐　射

3.2.1　真空中的视距传播基础

视距 (LOS) 传播的一个例子是在深空中两个航天器之间的传播，其传播介质实际上为真空，折射率为 1，电磁 (EM) 波速度与频率无关，等于光速。

根据定义，各向同性辐射是指在所有方向上均等辐射。若功率 P 被辐射，与辐射源距离为 d 的功率密度 S(单位面积穿过的功率) 为

$$S = P/(4\pi d^2) \tag{3.1}$$

根据 EM 理论，S 为坡印亭矢量

$$S = E \times H \tag{3.2}$$

其中，E 为电矢量，H 为磁矢量。因此

$$E/H = 120\pi \tag{3.3}$$

对于电磁波，E 和 H 分别为电场强度和磁场强度

$$S = E^2/(120\pi) \tag{3.4}$$

因此

$$E = \sqrt{30P}/d \tag{3.5a}$$

在国际单位制中，P 的单位为瓦特 (W)，d 的单位为米 (m)，S 的单位为 W·m^{-2}，E 的单位为 V·m^{-1}。而实际上，当 d 的单位为 km、P 的单位为 kW 和 E 的单位为 mV· m^{-1} 时更实用，这种情况下

$$E(\mathrm{mV \cdot m^{-1}}) = 173\sqrt{P(\mathrm{kW})}/d(\mathrm{km}) \tag{3.5b}$$

若天线不是各向同性辐射，则有增益 (G)，由轴上一点坡印亭矢量的比例除以在同一接收点相同功率的各向同性辐射。若发射功率为 P_t，发射天线增益为 G_t，接收天线孔径为 $A_\mathrm{r}(\mathrm{m^2})$，那么接收功率为

$$P_\mathrm{r} = A_\mathrm{r}S = A_\mathrm{r}G_\mathrm{t}P_\mathrm{t}/(4\pi d^2) \tag{3.6}$$

和

$$E_\mathrm{r} = \sqrt{30P_\mathrm{t}A_\mathrm{r}G_\mathrm{t}}/d \tag{3.7}$$

天线理论表明增益和孔径的关系为

$$G = 4\pi A/\lambda^2 \tag{3.8}$$

其中，若天线为有效的碟形天线形式，则 A 为真孔径，否则为有效面积。一个各向同性辐射 (对于 EM 波而言，在任何情况下都是假设的) 具有统一增益和有效面积 $\lambda^2/(4\pi)$。对于可以作为参考的半波偶极子，$G = 1.64$，$A = 1.64\lambda^2/(4\pi) = 0.1305\lambda^2$。

由于收发天线分离 (d)，在点到点链路中，通常很方便地把信号减小表示为自由空间的衰减

$$L_\mathrm{b} = 20\log(4\pi d/\lambda) \tag{3.9}$$

由方程 (3.6) 和 (3.8) 导出，假设两个天线皆为各向同性辐射。增益 (有时称为方向性) 近似给出

$$G = 30000/(\theta\phi) \tag{3.10}$$

其中，θ 和 ϕ 分别为 E 和 H 平面中假定没有旁瓣的半功率波束宽度 (单位为 °)。这个公式仅仅适用于 20° 以下的波束宽度。

　　尽管天线增益是无线电传播中的一个重要主题，但对天线的全面讨论超出了本书的范围。关于辐射模式的信息和选址建议见参考文献中美国无线电中继联盟 (ARRL) 的出版物。关于菲涅耳区域设定的基本原理、带宽和地形效应见文献 (Hunsucker, 1991) 的附录 7 (Freeman, 1997; Wolff, 1988)。天线设计和性能分析的计算程序列于表 3.2，也可参考 Balanis(1997)。

表 3.2　天线设计和性能分析程序

软件名称	描述	来源
NEC	数值电磁代码	Brian Beezley 3532 Linda Vista, Dr., San Marcos, CA 2069, USA
NEC/WIRES 1.5	NEC 的一个版本	
NEC/Yagis 2.0	用 NEC 对八木及其阵列建模	
YO 6.0	优化八木–宇田天线设计	
AO 6.0	优化线天线或管状天线	
ELNEC		
MININEC		
GAP、BIA、ACP 和相控阵天线	通用天线程序 波束互调设计 天线覆盖程序 相控阵程序	COMSAT 天线实验室组 http://www.comsat.com/ corp/lab/labs.html
XFDTD 4.0	用户友好型电磁软件，涵盖更深奥的天线和散射等	REMCOM 公司 http://www.remcominc.com

3.2.2　雷达原理

　　在雷达探测时，发射的信号被目标反射，然后被接收系统探测到，接收与发射系统不必在同一个位置，可分别为单站和双站系统。目标可以是一个固体物 (图 3.1) 或一个分布散射介质 (如相干和非相干散射雷达——4.2.2 节和 4.2.3 节)。对雷达的处理从雷达方程开始。

　　若发射机使用增益为 G 的天线，辐射功率为 P_t，距离 R 处目标的功率 (见方程 (3.6)) 密度为

$$S = GP_t/(4\pi R^2) \tag{3.11}$$

若目标的散射截面为 σ，且截获的能量在各个方向均匀散射，则雷达接收能量为

$$\begin{aligned} P_r &= GP_t/(4\pi R^2) \times \sigma \times A_e/(4\pi R^2) \\ &= GP_t A_e \sigma/[(4\pi)^2 R^4] \end{aligned} \tag{3.12}$$

其中，A_e 为雷达天线的有效面积 (若散射不是全向的，则在 σ 中考虑这一点)。根

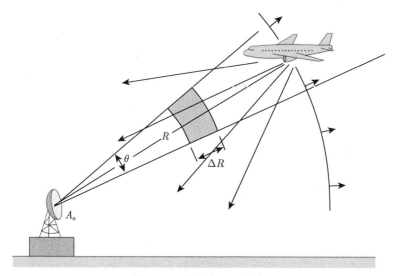

图 3.1   雷达原理示意图

据方程 (3.8) 可以将雷达方程写成

$$\frac{P_{\mathrm{r}}}{P_{\mathrm{t}}} = \frac{G^2 \sigma \lambda^2}{\left(4\pi\right)^3 R^4} \tag{3.13}$$

超过目标可被探测的距离为最大雷达范围，接收回波功率的极限恰好等于最小可探测信号 S_{min}。因此，根据方程 (3.12)，

$$R_{\mathrm{max}} = \{P_{\mathrm{t}} G A_{\mathrm{e}} \sigma / [(4\pi)^2 S_{\mathrm{min}}]\}^{1/4} \tag{3.14a}$$

为雷达范围方程最常见的形式。

运用方程 (3.8) 给出另外一种形式为

$$R_{\mathrm{max}} = \{P_{\mathrm{t}} G^2 \lambda^2 \sigma / [(4\pi)^3 S_{\mathrm{min}}]\}^{1/4} \tag{3.14b}$$

及

$$R_{\mathrm{max}} = [P_{\mathrm{t}} A_{\mathrm{e}}^2 \sigma / (4\pi \lambda^2 S_{\mathrm{min}})]^{1/4} \tag{3.14c}$$

上述讨论适用于图 3.1 中目标小于发射机波束宽度的情况。目标越大，回波功率越大。若散射区域比波束宽度大 (满波束目标)，如电离层作为目标发生的那样，所有的入射能量被截获，那么雷达接收回波功率的表示形式为

$$P_{\mathrm{r}} = P_{\mathrm{t}} \sigma A_{\mathrm{e}} / (4\pi R^2) \tag{3.15}$$

其中，σ 表示目标介质的散射特性。回波功率随着 R^{-2} 而不是 R^{-4} 变化。若目标为电离层，那么回波可能来自大量单独的散射体，σ 将包括雷达脉冲和波束宽度内的散射体数量以及它们的散射特性。

发射脉冲的实际长度 (图 3.1) 为

$$\Delta R = c\tau \tag{3.16}$$

其中，c 为真空中光波的速度，τ 为脉冲持续时间。探测范围内的分辨率为 $\Delta R/2$。

Skolnik(1980) 和 Hunsucker(1991) 讨论了雷达方程的各种形式和它们的应用，包括可应用于 "软目标" 的定理。

3.2.3 折射率的意义

一种简单的波的传播

若一个无线电源产生电场 $E = E_0 \cos(\omega t)$，其以速度 v 沿 z 方向传播，则距离源 z 处的场为

$$
\begin{aligned}
E &= E_0 \cos[\omega(t - z/v)] \\
&= E_0 \cos[\omega(t - kz)] \\
&= E_0 \cos[2\pi(t/T - z/\lambda)]
\end{aligned}
\tag{3.17}
$$

其中根据定义，$\omega = 2\pi f$，$v = \lambda f$，$k = 2\pi/\lambda$，T 为周期，f 为频率，ω 为角频率，k 为波数、传播常数或相移系数。E 是电场在 (t, z) 处的瞬时值，E_0 为电场的振幅。很明显，同一相位每 $T(= 1/f)$ 的时间和每 $\lambda = 2\pi/k$ 的距离重复一次。对于三维平面波的传播，k 可被认为是沿着传播方向的矢量，具有的分量 k_x、k_y 和 k_z，分别给出了 x、y 和 z 方向的波长，因而相位速度分别为 $v_x = \lambda_x f$、$v_y = \lambda_y f$ 和 $v_z = \lambda_z f$。

折射率

我们用 v_p 表示相速度，对于电磁波它的值取决于介质的性质

$$v_\mathrm{p} = 1/(\mu\varepsilon)^{1/2} \tag{3.18}$$

其中，μ 和 ε 分别为介质的磁导率和介电常数。在自由空间中有

$$c = 1/(\mu_0\varepsilon_0)^{1/2} = 3 \times 10^8 \mathrm{m \cdot s^{-1}} \tag{3.19}$$

其中，μ_0 和 ε_0 分别为自由空间的磁导率和介电常数。比值 $n = c/v$ 为介质的折射率，波传播可写为

$$E = E_0 \cos(t - nz/c) \tag{3.20}$$

若折射率随波频率变化，则介质为色散介质。调制波不是单色的，在色散介质中调制波不是以相速度传播，而是以群速度 (u) 传播，其与相速度的关系为

$$u = (\partial k/\partial \omega)^{-1} \tag{3.21}$$

只有当 v_p 独立于 ω 时，才能由 $k = \omega/v_p$，得到 $u = v_p$。

有损介质中的传播

若介质从波中吸收能量，则振幅随距离以 $\exp(-\kappa z)$ 减小，其中 κ 为吸收系数，振幅在距离 $1/\kappa$ 上以 e 的倍数减小。这里使用符号 j 更方便，则

$$E = E_0 \exp\left[j\omega\left(t - nz/c\right)\right] \tag{3.22}$$

其中，$j = \sqrt{-1}$，并理解为取实部（因为 $e^{j\theta} = \cos\theta + j\sin\theta$）。则复折射率为

$$n = \mu' - j\chi \tag{3.23}$$

（在 μ 上加 "$\prime$" 是为了避免与磁导率混淆），得到

$$E = E_0 \exp\left[j\omega\left(t - \mu' z/c\right)\right] \exp\left(-\chi\omega z/c\right) \tag{3.24}$$

因此，折射率的实部决定了波的速度，虚部给出了吸收系数

$$\kappa = \omega\chi/c = 2\pi\chi/\lambda_0 \tag{3.25}$$

λ_0 为自由空间的波长。

或者引入复传播常数

$$\gamma = jk = \alpha + j\beta \tag{3.26}$$

得到

$$\begin{aligned}
E &= E_0 \exp\left[j\left(\omega t + j\gamma z\right)\right] \\
&= E_0 \exp\left[j\left(\omega t - \beta z\right)\right] \exp(-\alpha z)
\end{aligned} \tag{3.27}$$

因此比较方程 (3.24) 和方程 (3.25)，可得 $\beta = \omega\mu'/c$；$\alpha = \omega\chi/c = \kappa$。

电导率

对于部分导体，吸收与电导率 σ 有关，可以表示为 (Hunsucker, 1991)

$$\gamma = \omega\sqrt{\mu(j\sigma/\omega - \varepsilon)} \tag{3.28}$$

平方并且使实部和虚部相等得到

$$\alpha = \frac{\omega\sqrt{\mu\varepsilon}}{\sqrt{2}}\left[\left(1 + \frac{\sigma^2}{\omega^2\varepsilon^2}\right)^{1/2} - 1\right]^{1/2} \tag{3.29}$$

和

$$\beta = \frac{\omega\sqrt{\mu\varepsilon}}{\sqrt{2}}\left[\left(1+\frac{\sigma^2}{\omega^2\varepsilon^2}\right)^{1/2}+1\right]^{1/2} \tag{3.30}$$

α 和 β 的单位分别为 Np·m^{-1}(1 Np=8.686 dB) 和 rad·m^{-1}。

在方程 (3.28) 中,若 $\varepsilon \gg \sigma/\omega$,则介质近似为一个纯绝缘体;若 $\varepsilon \ll \sigma/\omega$,则介质近似为一个导体。有一个交叉频率为

$$\omega = \sigma/\varepsilon \tag{3.31}$$

隐失波

回到方程 (3.23),折射率为纯虚数是可能的,因此 $n = -\mathrm{j}\chi$,那么

$$E = E_0 \exp(\mathrm{j}\omega t) \exp(-\chi\omega z/c) \tag{3.32}$$

这是一个隐失波,因为相位不随距离变化,它延伸到介质约 $c/(\chi\omega)$ 时不再传播。当一个传播的波在两个介质之间的边界面完全反射时,隐失波只存在于第二个介质内部。

3.2.4 无线电波与物质的相互作用

基本的相互作用为反射、折射、色散、衍射、散射、极化变化和衰减;这些单独或结合起来的过程构成了各种电波传播现象的基础。它们也为研究传播介质及其行为提供了许多经过充分验证的技术,这些知识对于理解无线电通信及其问题至关重要。

反射发生在两种介质的边界处,在垂直入射的情况下将能量返回到源处;而折射导致任何透射射线与入射射线呈一定角度出现。电离层反射、斜入射和垂直入射的关系将在 3.4.2 节和 3.4.3 节讨论。

色散,即速度随频率变化,对信息的传输有影响 (见 3.4.1 节)。

当传播的波前存在不规则性时,发生衍射现象,导致波前演化为波传播。这是无线电闪烁的基础 (见 3.4.5 节)。

相对于入射波波长较小的介质中,结构的散射使入射信号的一部分在较宽的方向上发生偏移。这是散射链路的基础 (见 8.5 节)。此外,在发射点也可探测到回波 (通常很弱),这被应用于 3.5 节、4.2.2 节和 4.2.3 节所述的相干和非相干散射雷达技术中。

在考虑地磁场作用的电离介质中,极化会发生变化。这对发射和接收天线的设计有影响,极化可应用于电离层测量 (见 3.4.1 节和 3.4.4 节)。

当然衰减在通信中是不受欢迎的,经常设置可用频带的下限。吸收测量可提供有用的信息特别是关于低电离层的信息 (见 3.4.4 节和 4.2.4 节)。

3.3　中性大气中的传播

3.3.1　中性大气的折射

尽管本书主要关注高纬电离层及其对无线电传播的影响，但也有一些高纬特有的对流层的影响，即其在视距和地球–卫星模式中对无线电传播的影响。因此，我们简要讨论这些模式的一些基础内容。这里将考虑对流层散射模式，在对流层 (3~8 km 高度)，前向散射通信路径长度可达 300~600 km，其频率为 200 MHz~10 GHz(Norton and Wiesner, 1955; Collin, 1985)。无线电波传播受折射率 n 影响，折射率是大气压力、温度和湿度的函数，在 VHF/UHF 频段，地表附近的 n 近似为 1.0003。可以很方便地定义无线折射率 N 为

$$N = (n - 1) \times 10^6 \tag{3.33}$$

由于陆地大气随高度呈指数变化，那么折射率可表示为

$$N(h) = N_s \exp(-ch) \tag{3.34}$$

其中，N_s 为地面折射率；h 为高于地表的高度，单位为 km；$c = \ln(N/N_s) + \Delta N$；$\Delta N$ 为高于地表 1 km 与地面之间 N 的差值。

可估计得到 N_s 的值

$$-\Delta N = 7.32 \exp(0.005577 N_s) \tag{3.35}$$

无线电波传播中，地球的有效半径 (校正为 "正常" 大气折射的实际地球半径) 是一个有用的参数，为

$$K = \left(1 - \frac{r_0}{n_s} C N_s \times 10^{-6}\right)^{-1} \tag{3.36}$$

其中，$n_s = 1 + N_s \times 10^{-6}$，$r_0$ 为地球半径 (6373.02 km)，$N_s = 289$，$C = 0.136$，因此 $K = 1.3332410$ 或 4/3。

基本指数参考大气由该关系式定义

$$N(h') = 289 \exp(-0.136 h') \tag{3.37}$$

其中，h' 为地表以上的高度，单位为 km。

表 3.3 给出了大气无线电折射率 CRPL(原中央无线电传播实验室，现在为电信科学研究所 (ITS) 指数，在美国科罗拉多州的 Boulder)。大气标准模型是通过假定 N 在地表上方 1 km 线性减小来获得的：

$$N = N_s + \Delta N(h - h_s), \quad h_s < h < (h_s + 1) \tag{3.38}$$

其中，ΔN 来自方程 (3.34)；h 为海拔；h_{s} 为主要海平面以上的地表高度，单位为 km；ΔN 是距离地球表面 1 km 的 N_{s} 和 N 之间的差值，标准大气采用的常数见表 3.4，N 可根据无线电探空仪数据计算

$$N = 77.6P/T + 3.73 \times 10^5 e/T^2 = \text{“干燥项”} + \text{“湿项”} \tag{3.39}$$

其中，P 为以 mbar(1 mbar=100 Pa) 为单位的大气压，e 为以 mbar 为单位的蒸汽压，T 为以 K 为单位的温度。

表 3.3　大气无线电折射率 CRPL 指数

N_{s}	ΔN	K	C
200	22.33177	1.17769	0.118399
250	29.33177	1.25016	0.125626
289	36.68483	1.33324	0.135747
300	39.00579	1.36280	0.139284
320	43.60342	1.42587	0.146502
350	51.55041	1.55105	0.159332
400	68.12950	1.90766	0.186719
450	90.01056	2.77761	0.223256

表 3.4　标准参考大气常数

N_{s}	$h_{\mathrm{s}}/\mathrm{ft}$①	a'/mi②	$-\Delta N$	K	$a_{\mathrm{e}}/\mathrm{mi}$	c/km
0	0	3960.0000	0	1.0000	360.00	0
200	10000	3961.8939	22.3318	1.16599	4919.53	0.106211
250	5000	2960.9470	29.5124	1.23165	4878.50	0.114559
301	1000	3960.1894	39.2330	1.33327	5280.00	0.118710
313	900	3960.1324	41.9388	1.36479	5403.88	0.121796
350	0	3960.0000	51.5530	1.48905	5896.66	0.130579
400	0	3960.0000	68.1295	1.76684	6996.67	0.143848
450	0	3960.0000	90.0406	2.34506	9286.44	0.154004

注：

a_{e} 为地球有效半径，等于 aK 的乘积。

$a' = a + h_{\mathrm{s}}$，其中 h_{s} 为地球表面高于海平面的高度，$a = 3960$ miles。

$c = \dfrac{1}{8 - h_{\mathrm{s}}} \ln\left(\dfrac{N_1}{105}\right)$。

一组 "标准大气" 显示无线电折射率的高度依赖性，以定义的其地表面的值 N_{s} 为函数。在近地面处，距地表高 1km 处 N_{s} 与 N 之间的折射率差值 ΔN 与 N_{s} 的关系式

$$\Delta N(\mathrm{km}) = -7.32 \exp(0.005577 N_{\mathrm{s}}) \tag{3.40}$$

由式 (3.37) 得到以 ΔN 为函数的 N_{s}

$$N_{\mathrm{s}} = 412.87 \log|\Delta N| - 356.93 \tag{3.41}$$

---

① 1 ft=3.048×10^{-1} m。

② 1 mi=1.609 km。

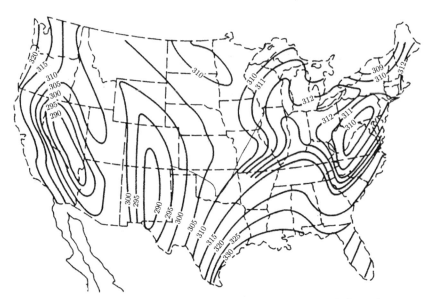

图 3.2 最小地表折射率值 N_s(美国大陆冬季下午的平均海平面)

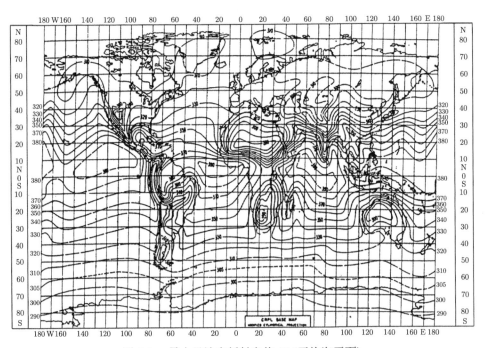

图 3.3 最小月地表折射率值 N_s(平均海平面)

图 3.2 和图 3.3 给出了北半球中纬冬季午后和全球变化的 N_s 估计值。适用于高纬地区的类似于图 3.2 的图可从适当的国家气象部门获得。高纬地区无线电折射率值与中纬部分地区的情况完全不同。例如，阿拉斯加州的费尔班克斯有着世界上一些最陡峭的温度逆温，导致一些 VHF/UHF 频段无线路径折射异常。这些影响将在第 8 章和第 9 章中描述。

3.3.2 地形影响

地球影响地面无线电波传播的最明显特征是地球曲率。地球对流层在视距路径上以这种方式折射无线电波，因而在规划这些传播路径时可用修正的地球半径。从 3.2.1 节，我们用图 3.4 所示的 "4/3 地球曲率"。

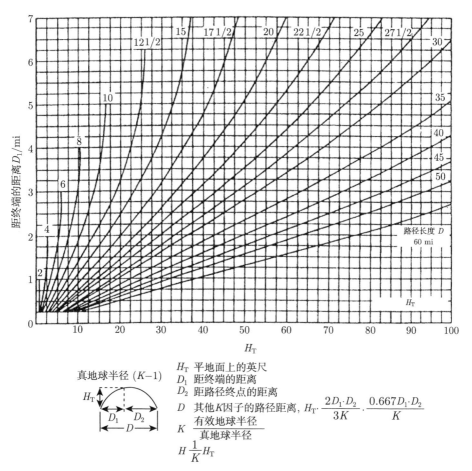

图 3.4   0.5~7mi 内 D_1 的地球曲率修正曲线 (Freeman, 1997)

通常山脉和深谷等地形特征也会影响无线电波传播，特别是它们阻挡了低发射角的短波路径, 或者当天波模式的地面反射区域出现较大地形特征时。对于长距离 HF 天波链路, 一个 "经验法则" 是, 在所需的传播方向上, 无线电波水平角不应高于约 5°。对于视距传播, 在 VHF 至微波频段, 通常利用山区的优势作为有源或者无源中继器。

天线方向图的理论计算通常假定有一个良导体反射面, 而实际上地球表面的电导率和介电常数有很大的变化, 如表 3.5 所示。实际天线的垂直辐射方向图取决于天线地平面的电特性。对于天线, 运用地球表面作为地平面, 除了地球的电特性外, 地球的相对 "平滑度" 也很重要。菲涅耳区的概念在计算传播路径、地形的关系和最佳路径特性方面是非常重要的。广泛应用于电波传播的菲涅耳区可在标准电气工程教科书和手册 (Jordan and Balmain, 1968; Hall and Barclay, 1989; Hunsucker, 1991) 中找到。最近, 几个处理地形效应和视距链路性能的计算机程序已经问世 (见表 3.6)。还应当指出, 某些大气和电离层条件可以在视距范围内产生信号。

表 3.5　各种类型地形的电导率和介电常数

地表类型	电导率$\sigma/(\Omega^{-1}\cdot m^{-1})$	介电常数ε(相对介电常数)
海岸干沙	0.002	10
平坦潮湿的海岸	0.01~0.02	4.0~30.0
岩石地 (陡坡)	0.002	10.0~15.0
高湿土	0.005~0.02	30.0
沼泽	0.1	30.0
丘陵 (至约 1000m)	0.001	5.0
淡水	0.001	80.0~81.0
海水	3.0~5.0	80.0~81.0
海冰	0.001	4.0
极区冰	0.000025	3.0
极区冰盖	0.0001	1.0
北极地区	0.0005~0.001	23~34(泥沙) 约 12(干沙)
冻土带下的永久冻土表面	$10^{-3}\sim10^{-2}$	5~70

表 3.6　衍射/地形预测的计算机程序

名称	说明	来源	参考
EREPS	工程折射效应预测系统	http://trout.nosc.mil/ NraDMosaicHome.html	Patterson(1994) BLOS 会议论文集
IFDG/GTD	有限差分 ⋯⋯/ 衍射广义理论	4.0~30.0	Anderson et al. (1993) Marus(1994)
GELTI/ATLM	GTD 估计地形 损耗相互作用/ 自动化地形线性模型	Kent Chamberlain 博士 美国新罕布什尔州大学 电子与计算机工程系	Chamberlain and Luebbers(1992)

续表

名称	说明	来源	参考
HARPO	哈密顿函数球坐标方程		Brent and Ormsby(1994)
EFEPE/SSP IRT	用于城市数字广播系统的传播模型 Rundfunktechnik für 研究所	R. Großkopf 博士 München Rundfunktechnik für 研究所	Ditto Grosskopf(1994)
VTRPE	复杂真实环境中微波传播的多变地形射电抛物线方程	Frank Ryan 博士 SAN DIEGO NCCOSC/ RDT&E 公司	Ryan(1991)
MSITE	多发射信号二维和三维图形，微波链路研究与干扰预测，城市和室内环境射线追踪，无线等	http://www.edx.com	
TIREM/DUCTAPE	粗糙球地形积分模型/管道和反常的传播环境	Homer Riggins 和 David Eppink 博士 IIT 研究所	Eppink and Kuebler(1994)

3.3.3 噪声与干扰

噪声是无线通信中的限制因素之一，在通信链路的设计中必须加以考虑。噪声由宇宙噪声、大气噪声和人为噪声三部分组成。接收机的噪声系数及噪声温度、宇宙噪声、大气噪声和人为噪声在 Collin(1985)、Kraus(1988)、Spaulding 和 Washburn(1985) 以及 CCIR 报告 322 中广泛讨论；在 Hunsucker(1991) 中简要论述。

宇宙噪声来自宇宙源，例如，我们的太阳、银河射电源和银河外源，其频率和图 3.5 所示的天线指向方向有关。从图 3.5 中可以看到宇宙无线噪声随着频率的增加而降低，并随着天线的指向方向而变化。电离层起着"高通"滤波器的作用，衰减或者折射 ELF 至低 HF 频段的宇宙噪声。

太阳射电噪声的频率、强度和时间各不相同。图 3.6 给出了从 15 MHz 至微波频率的平静太阳的大爆发、暴和斑块等平静太阳行为的一个例子。太阳射电突发频率和强度的动力学特性在图 3.7 和图 3.8 中给予了较好的解释。来自银河系源的无线电噪声的例子如图 3.9 所示。如图 3.10 所示，为外银河无线电源随频率变化的一些例子。

大气噪声源于闪电、雨雪静电等大气放电，可通过视距路径或者电离层传播到达接收天线。地球最强雷暴发生在热带，这个高频噪声通过视距和电离层传播到数千千米的距离。最低的大气噪声区域在南北高纬 (> 55° 地理纬度)。

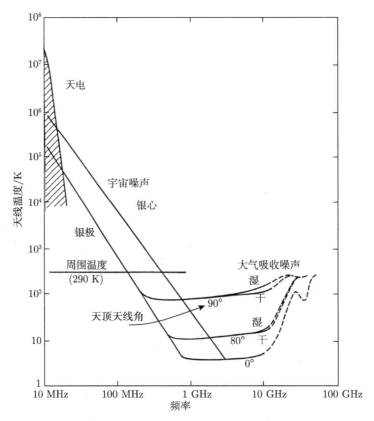

图 3.5　"天线温度" 随频率 (10MHz~100GHz) 的变化 (Freeman, 1997)

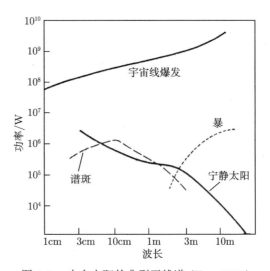

图 3.6　来自太阳的典型无线谱 (Hey, 1983)

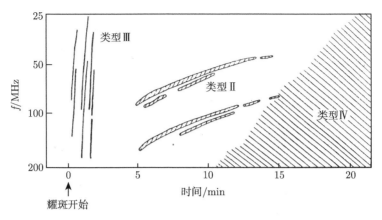

图 3.7　太阳射电爆发的动态谱 (Hey, 1983)

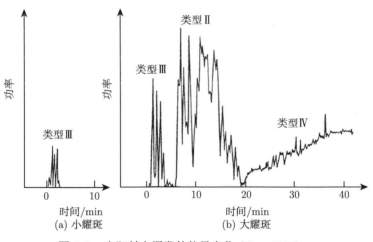

图 3.8　太阳射电爆发的能量变化 (Hey, 1983)

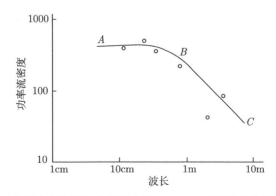

图 3.9　猎户星云的射电源光谱与电子温度为 10000K 时计算的曲线比较 (Hey, 1983)

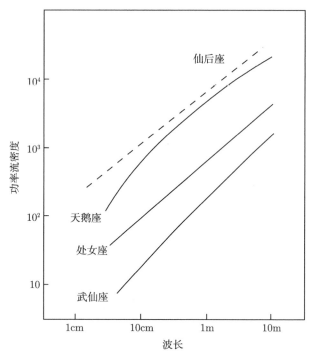

图 3.10   星系天鹅座 A、处女座 A 和武仙座 A 射电谱与超新星余迹仙后座 (虚线) 的比较
(Hey, 1983)

一些报告和论文涉及全球大气噪声水平，其中引用最多的是 Spaulding 和 Washburn(1985)、CCIR 322-3c 报告 (1988)。Sailors(1993) 注意到 CCIR 322-3c 报告中的一些主要问题，并得到 "应谨慎使用该模型，特别是在南北半球的高纬地区、阿拉伯半岛、北非和大西洋中部区域。在这些区域，考虑使用最初的 CCIR 322 报告模型" 的结论。他同时建议认真修改并发展该模型，并对特定位置使用修正因子。图 3.11～ 图 3.15 给出了以频率为函数的大气模型和噪声示例。

人为噪声通常来源于旋转电机、大电流开关电路和电弧电源线组件。显然在工业领域这种噪声最为严重，正如 Vincent 和 Munsch(1996) 在报告中概括的那样，此类噪声的问题需要根据具体情况解决。

来自其他发射机的干扰有时在频谱中起主导作用，例如，在 HF 频段——频率分配似乎被忽略了很多。通过维持发射机的频率稳定性和最大限度地提高接收机的选择性，能够使干扰最小化，通过在接收机处进行大量的干涉测量，最终确定工作频率和时隙前。

在接下来的章节中将讨论垂直和斜向 HF 传播的基本理论。

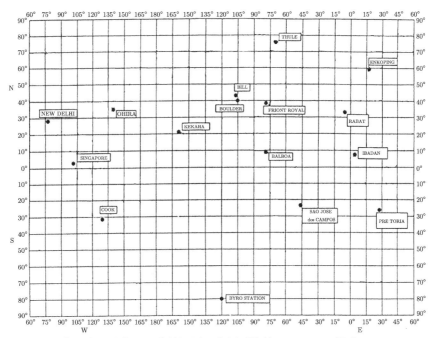

图 3.11　无线噪声记录台站，其数据用于发展原始的 CCIR 322 报告 (Sailors, 1993)

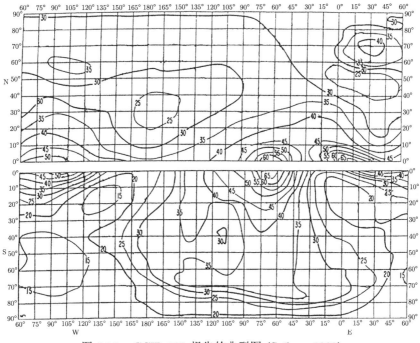

图 3.12　CCIR 322 报告的典型图 (Sailors, 1993)

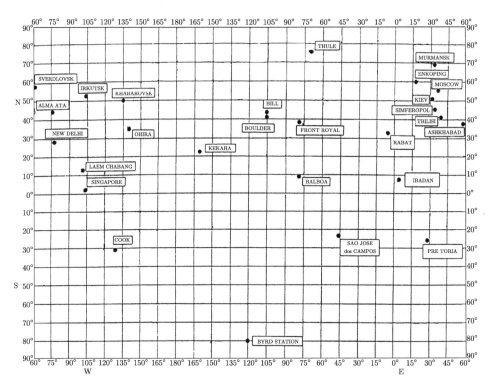

图 3.13   无线噪声记录位置 (Sailors, 1993)

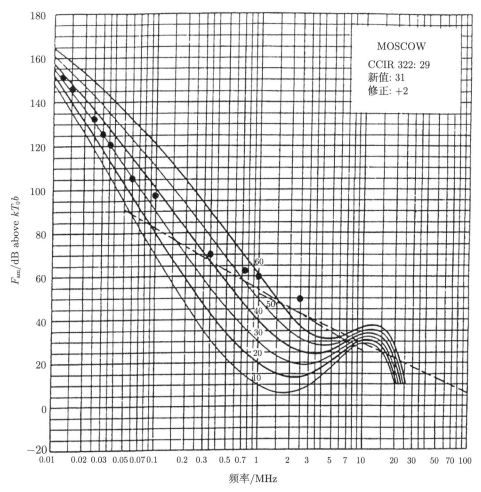

图 3.14 莫斯科 6 月、7 月和 8 月 1MHz 测定的 F_{am} 值 (Spaulding and Washburn, 1985)

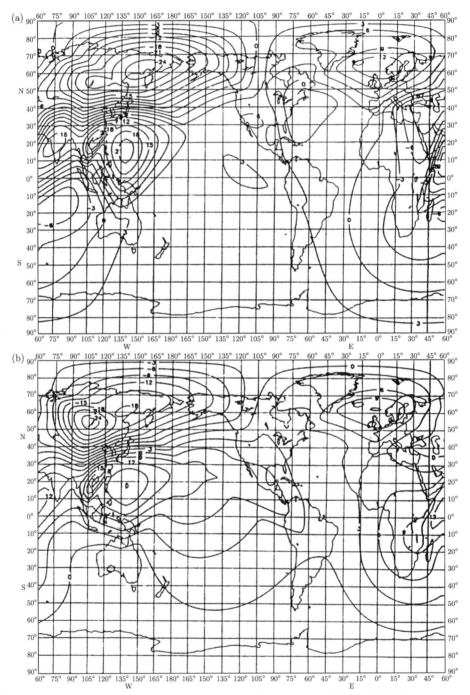

图 3.15　(a) 和 (b) 为 Spaulding 和 Washburd 对 CCIR 322 报告修正的例子 (Spaulding and Washburd, 1985)

3.4 电离层传播

3.4.1 磁离子理论

阿普尔顿方程

对于电离介质，折射率用阿普尔顿方程表示。在其完整的形式中，这是一个使用无量纲 X、Y 和 Z 的复杂表达式，其中每一个量都定义为波频率与介质的特征频率之比。后者为等离子体频率

$$\omega_N = \left[\frac{Ne^2}{\varepsilon_0 m_e}\right]^{1/2} \tag{3.42}$$

回旋频率为

$$\omega_B = \frac{Be}{m_e} \tag{3.43}$$

碰撞频率为 ν，其中 N 为电子浓度 (通常称为电子密度)，e 为电子的电荷 (取正)，m_e 为电子质量，ε_0 为自由空间的介电常数，B 为介质中的磁通量密度。对于等离子体中的静电扰动来说，等离子体频率为振荡的固有频率。回旋频率为电子在磁通量密度 B 中的旋转频率，ν 为给定电子与其他粒子碰撞频率。那么无量纲的量为

$$X = \omega_N^2/\omega^2 \tag{3.44}$$

$$Y = \omega_B/\omega \tag{3.45}$$

和

$$Z = \nu/\omega \tag{3.46}$$

在这些术语中，对于具有 N 个电子 (cm^{-3}) 的电离介质的折射率阿普尔顿方程来说，被磁通量密度 $(\mathrm{W \cdot m}^{-1})$ 渗透，其中电子碰撞频率 ν 为

$$n^2 = 1 - \frac{X}{1 - \mathrm{j}Z - \dfrac{Y_T^2}{2\left(1 - X - \mathrm{j}Z\right)} \pm \left(\dfrac{Y_T^4}{4\left(1 - X - \mathrm{j}Z\right)^2} + Y_L^2\right)^{1/2}} \tag{3.47}$$

其中，"+" 表示寻常波，"–" 表示非寻常波。在式 (3.47) 中，Y 分为纵向和横向分量

$$Y_L = Y \cos\theta \tag{3.48a}$$

和

$$Y_T = Y \sin\theta \tag{3.48b}$$

θ 为传播方向和磁场的夹角。注意到折射率为负数，包含实部和虚部部分：$n = \mu - \mathrm{j}\chi$。

极化

为了计算各向异性介质对穿过该区域的无线电波极化的影响，可以方便地定义极化率 R 为

$$R = -H_y/H_x = E_x/E_y \tag{3.49}$$

其中，H_y、E_y、H_x、E_x 分别为 H 和 E 的 y 和 x 分量。然后我们获得磁离子极化方程 (Kelso, 1964; Ratcliffe, 1959)

$$R = -\frac{\mathrm{j}}{Y_{\mathrm{L}}} \left[\frac{Y_{\mathrm{T}}^2}{2\left(1 - X - \mathrm{j}Z\right)} \mp \left(\frac{Y_{\mathrm{T}}^4}{4\left(1 - X - \mathrm{j}Z\right)^2} + Y_{\mathrm{L}}^2 \right)^{1/2} \right] \tag{3.50}$$

极化方程给出的 R 值为复数。一般来说，这意味着椭圆极化。若 R 是纯实数，则极化为线性；若 R 是纯虚数，则极化为圆形，如图 3.16 所示。

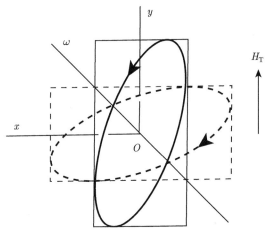

图 3.16　波前平面上的电场极化。Ox 和 Oy 为主要方向，外加磁场的投影沿 Oy 方向。正的波法向方向垂直纸面向里，沿 Oz 方向。寻常波椭圆用实线，而非寻常波椭圆用虚线表示
(Ratcliffe, 1959)

对于一个普通人来说，几乎不可能完全理解方程 (3.47) 和 (3.50) 的全部含义 (见 Ratcliife, 1959 或 Budden, 1985)，但当采用特殊情况时则变得清晰起来。幸运的是，很多应用可以使用这些特殊情况来处理。

特例 1　忽略碰撞和磁场。

若没有碰撞且忽略磁场，则折射率 n 为实数

$$n^2 = 1 - X = 1 - \omega_N^2/\omega^2$$
$$= 1 - Ne^2/(\varepsilon_0 m_e \omega^2) \tag{3.51}$$

那么相速度为

$$v_p = \frac{c}{n} = \frac{c}{\left(1 - \dfrac{Ne^2}{\varepsilon_0 m_e \omega^2}\right)^{1/2}} \tag{3.52}$$

利用方程 (3.21)，群速度为

$$u = \frac{c}{n_g} = c\left(1 - \frac{Ne^2}{\varepsilon_0 m_e \omega^2}\right)^{1/2} \tag{3.53}$$

其中，n_g 为群折射率 (注意，在本例中 $n_g = 1/n$)。

特例 2 磁场的影响。

若包括磁场以及传播几乎沿着磁矢量方向，则 Y_T 可忽略，那么

$$n^2 = 1 - X/(1 \pm Y_L)$$
$$= 1 - \omega_N^2/[\omega(\omega \pm \omega_L)] \tag{3.54}$$

且 $R = \pm j$。现在有两个波，在相反的方向圆极化，具有两个不同的速度。这些是特征波，类似于晶体中的双折射，称为寻常波和非寻常波 (分别用上符号和下符号)。一般来说，这里 $Y_T \neq 0$，特征波为椭圆极化。

特例 3 碰撞影响。

若碰撞显著 (但没有磁场)，那么

$$n^2 = 1 - X/(1 - jZ)$$
$$= 1 - \omega_N^2/[\omega(\omega - j\nu)] \tag{3.55}$$

取虚部 (χ) 并应用方程 (3.25)，给出吸收系数为

$$\kappa = \frac{\omega}{c}\frac{1}{2\mu}\frac{XZ}{1 + Z^2}$$
$$= \frac{e^2}{2\varepsilon_0 m_e \mu}\frac{1}{c}\frac{N\nu}{\omega^2 + \nu^2} \tag{3.56}$$

折射率 (n) 被电子和重粒子之间的碰撞所改变，以及波遭受吸收——这在物理上是由于碰撞后粒子的有序动量转化为随机运动。每次碰撞中，一些能量从波转移到

中性分子并以热能的形式出现。电离层吸收的微观过程由 Ratcliffe(1959, Ch. 5) 详细讨论，Davies(1963, Ch. 6) 给出了描述宏观吸收特征的推导方程。

我们可以很方便地将吸收分为两种极限类型，通常称为非偏移吸收和偏移吸收。非偏移吸收发生在 $N\nu$ 较大和 $\mu = 1$ 的区域，其特征是在 D 层吸收 LF、MF 和 HF 波。相反，偏移吸收发生在射线轨迹顶部附近或射线路径发生显著弯曲的任何其他位置 (较小的 $N\nu$ 和 μ)。

当折射率接近 1 时，则

$$\kappa = 4.6 \times 10^{-2} \frac{N\nu}{\omega^2 + \nu^2} \ (\text{dB} \cdot \text{km}^{-1}) \tag{3.57}$$

在 VHF 情况下进一步简化方程 (3.57)，由于 $\omega^2 \gg \nu^2$，所以

$$\kappa = 4.6 \times 10^{-2} \frac{N\nu}{\omega^2} \ (\text{dB} \cdot \text{km}^{-1}) \tag{3.58}$$

在偏移吸收中，$\mu < 1$，那么

$$\kappa \approx \frac{\nu}{2c\mu} \ (1 - \mu^2) \tag{3.59}$$

在反射水平附近，$\mu^2 \ll 1$，那么前面的方程变为

$$\kappa \approx \frac{\nu}{2c} \ \mu' \tag{3.60}$$

其中，μ' 为群折射率。

一个重要的例子是非偏移吸收和准纵向 (QL) 近似，当

$$\kappa \approx \frac{e^2}{2\varepsilon_0 mc} \frac{N\nu}{(\omega \pm \omega_{\text{L}})^2 + \nu^2} \tag{3.61}$$

因而对于寻常波来说吸收系数比非寻常波小。对于给定的电子密度值，吸收系数最大的水平位置为

$$\nu = \omega \pm \omega_{\text{L}} \tag{3.62}$$

当频率接近于回旋频率时，寻常波吸收在较高水平处 (ν 小) 变得非常强。

3.4.2　无线电波电离层反射

垂直入射反射

若频率为 $f = \omega/(2\pi)$ 的无线电波脉冲从下面垂直入射进入电离层，它将以群速度 (u) 传播。忽略磁场，u 由方程 (3.53) 给出，且随着电子密度随高度的

增加而减小。若该层足够强，群速度最终会在一个高度水平达到 0(相速无穷大)，在这里能量被反射。在这个位置等离子体频率 ($f_N = \omega_N/(2\pi)$) 等于波频率 (f)，以及

$$N = 4\pi^2 \varepsilon_0 m_{\mathrm{e}} f_N^2 / e^2 \tag{3.63}$$

数值上为

$$N(\mathrm{m}^{-3}) = 1.24 \times 10^{10} \left[f\,(\mathrm{MHz}) \right]^2 \tag{3.64}$$

在这一高度以上，波消失 (见方程 (3.32))。

到达反射点和返回的时间为

$$t = \frac{2}{c} \int_0^h \frac{\mathrm{d}z}{n} \tag{3.65}$$

以及虚高为

$$h' = \frac{ct}{2} = \int_0^h \frac{\mathrm{d}z}{\left[1 - (f_{\mathrm{n}}/f)^2\right]^{1/2}} \tag{3.66}$$

虚高是假定信号以光速传播 (真空中) 计算得到的高度。事实上，由于脉冲在层中传播较慢，虚高总是大于实高。

若在这一层的电子密度最大值为 $N_{\max}$，垂直入射时可反射的最大无线频率是该层的临界频率 f_{c}，其对应的最大电子密度为

$$N_{\max} = 1.24 \times 10^{10} f_{\mathrm{c}}^2 \tag{3.67}$$

Kelso(1964) 对 Abel 方程 (3.66)(Appleton, 1930) 的解作了一个很好的讨论。通常情况下 (包括地磁场)，已经成功地采用几个数值技术使寻常波电离图描迹转化为一个等效的单调电子密度剖面 (见 Radio Science, 1967, 特刊)。最全面的数值实高程序之一为 POLAN 程序，由 Titheridge(1985) 开发，Davies(1967) 对该程序进行了讨论。

在真实的电离层中，需要考虑地磁场的情况下，有两种反射条件，非寻常波反射发生在

$$f_N^2 = f(f - f_B) \tag{3.68}$$

以及寻常波发生在

$$f_N = f \tag{3.69}$$

第一种反射的发生与 QL 近似有关，而第二种与准横向 (QT) 近似有关。若 $f_B \ll f_N$，则两个临界频率的差为 $f_B/2$，其中非寻常波较大。

3.4.3　斜入射与垂直入射的关系

当信号斜入射至电离层时，信号返回地面的过程可以理解为：认为电离层是由许多薄而均匀的平层组成，其电子密度随高度增加而增加。若连续的平薄层具有折射率 n_1 和 n_2，斯涅尔 (Snell) 定律将入射角 (ψ_1) 和折射角 (ψ_2) 联系起来

$$n_1 \sin\phi_1 = n_2 \sin\phi_2 \tag{3.70}$$

将这一定律依次应用于各边界，很容易表明，若一射线以 ϕ_0 的入射角进入电离层，其与折射率为 $n_{\rm r}$ 的平薄层法线的夹角可简化为

$$\sin\phi_{\rm r} = \sin\phi_0 / n_{\rm r} \tag{3.71}$$

低于此层的折射率为 1，因此当满足下式时射线水平传播

$$n_{\rm r} = \sin\phi_0 \tag{3.72}$$

这是斜入射信号的反射条件 (忽略磁场)。然后射线通过类似的路径返回地面。这个过程为其中的一个弯曲而不是边界反射。

结合本节中 f_N 的两个方程，得到与垂直和斜向传播相关的割线定律：

$$f_{\rm ob} = f_{\rm v}\sec\phi_0 \tag{3.73}$$

$f_{\rm ob}$ 和 $f_{\rm v}$ 为从同一实高反射的信号频率，其中 $f_{\rm ob}$ 为以角度 ϕ_0 斜入射，$f_{\rm v}$ 为垂直入射。

为了从垂直入射探测确定 $\sec\phi_0$ 和 $f_{\rm ob}$ 的值 (其测量值为虚高 h')，需要另外两个定律的结果。Breit 和 Turve 定律指出，以群速度 u 穿过图 3.17 中的实际曲线路径 $TABCR$ 所需的时间等效于以自由空间速度 c 穿过直线路径 TER 所需的时间。参考图 3.17 几何示意图，可以得到表达式

$$t = \frac{1}{c}\int_{TER}\frac{{\rm d}x}{\sin\phi_0} \tag{3.74}$$

$$\phi_0 = \frac{D}{c\sin a_0}$$
$$= (TE + ER)/c \tag{3.75}$$

Martyn 定理提出，如果 $f_{\rm v}$ 和 $f_{\rm ob}$ 分别为垂直和斜入射频率，从相同的高度 (h) 反射，那么频率 $f_{\rm ob}$ 反射的虚高等于频率 $f_{\rm v}$ 等效三角形路径的高度。参考图 3.17，将频率为 $f_{\rm ob}$ 的斜入射等效路径定义为

$$P'_{\rm ob} = 2TE \tag{3.76}$$

我们得到

$$P_{\mathrm{v}}' = \cos\phi_0 P_{\mathrm{ob}}' = 2DE \tag{3.77}$$

Martyn 定理可以更简洁地表示为

$$h_{\mathrm{ob}}' = h_{\mathrm{v}}' \tag{3.78}$$

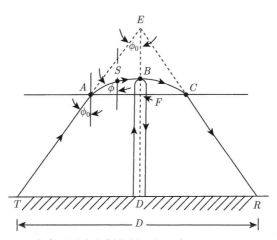

图 3.17   电离层垂直和斜传播几何示意图 (Hunsuker, 1992)

Newbern Smith(1939) 设计了一组地球曲线在距离上的对数传输曲线参数,如图 3.18 所示,其表示的距离足够准确。有关使用这些曲线的详细信息由方程 (3.76)~(3.78) 中的有关参数给出,可在 Davies(1990) 和 URSI 电离图分析手册 (1972) 中找到。

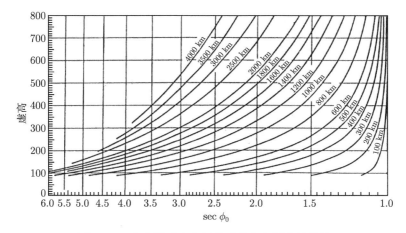

图 3.18   曲率地球电离层的对数电离层传输曲线

3.4.4　穿越电离层传播

如果无线电频率超过了电离层临界频率，信号不会被反射而是继续进入太空。同样，如果频率足够高，电离层之上的信号也可被地面接收。然而，这些信号也受电离层影响：它们的相位、极化和强度可能会有显著的以及可测量的变化。在每种情况下，随着频率的增加这种影响将变弱，实际上，从 HF 频段的上部，通过 VHF 频段，再到 UHF 频段下部很显著。另一个共同的特征为积累效应，总的效应取决于沿传播路径的积分。

相位效应

在折射率的阿普尔顿方程中，设 $X \ll 1$(无线电频率远大于等离子体频率)，$Y_{\rm L} = Y_{\rm T} = 0$(忽略地磁场)，$Z = 0$(忽略碰撞)，则方程 (3.47) 中的第二项远小于 1，那么

$$
\begin{aligned}
n &= 1 - X/2 \\
&= 1 - Ne^2/(2\varepsilon_0 m_{\rm e}\omega^2)
\end{aligned}
\tag{3.79}
$$

代入常数值，并使用 f 替代 ω，给出

$$
n = 1 - 40.30N({\rm m}^{-3})/[f({\rm Hz})]^2
\tag{3.80}
$$

折射率小于 1，在数量上与电子密度成正比，与无线电频率的平方成反比。

若无线电波在电离介质中传播一段距离 ${\rm d}l$，如 ${\rm d}l/\lambda$，相位滞后 $2\pi{\rm d}l/\lambda = (2\pi fn{\rm d}l/c)$ rad。因此，在路径 l 上相位超前为

$$
-\frac{2\pi f}{c}\int n{\rm d}l = -\frac{2\pi fl}{c} + \frac{2\pi \times 40.30}{cf}\int N{\rm d}l
\tag{3.81}
$$

第一项是由于频率为 f 的波以光速传播距离 l 导致的相位延迟。第二项是由于折射率小于 1 和相位速度大于 c 而引起的相位超前。这一项为累积的而且仅仅与电子含量成正比，$I = \int N{\rm d}l$，即沿着传播路径的单位截面柱中的电子数量。从数值上讲，由于介质作用，相位超前为

$$
\phi = (8.45 \times 10^{-7})I/f \ ({\rm rad})
\tag{3.82}
$$

f 的单位为 Hz，I 的单位为 ${\rm m}^{-2}$。

以下是几个重要的应用：

(a) 由于相位超前取决于无线电频率，电子含量可由来自卫星相干发射的两个频率的影响确定。

(b) 由于频率是相位变化率，另一种方法是观测从上空经过的卫星接收到的信号频率的多普勒频移。

(c) 如果频率为 f_c 的载波在频率 f_m 上被调制，则相位调制通过下式改变

$$\phi_m = -8.45 \times 10^{-7}(f_m/f_c^2)I \tag{3.83}$$

这种情况下相位延迟是因为调制以低于光速的群速度传播。

(d) 对应于相位延迟，脉冲的时间延迟为

$$\Delta t = 8.45 \times 10^{-7}I/(2\pi f_c^2) \ \ \text{(s)} \tag{3.84}$$

(e) 如果在 x 方向垂直于传播方向有电子含量的梯度，射线就会偏离，这就是楔折射。波会偏离一个角度

$$\alpha = [c/(2\pi)](8.45 \times 10^{-7}/f^2)\delta I/\delta x \tag{3.85}$$

在式 (3.82)~(3.85) 中，常数 8.45×10^{-7} 给出了三位有效数字，因而误差为 0.12%；为了准确，四位有效数字的常数为 8.448×10^{-7}。式 (3.81) 中，常数 40.30 的准确率在 0.025% 以内；五位有效数字的常数为 40.302。

法拉第效应

当考虑地磁场并且传播几乎是沿着磁场方向时，就会有两个以不同速度传播的特征波。这些波在相反方向上是圆极化的，而且它们的和为线性极化。若圆极化的分量与参考方向成瞬时的角 θ_O 和 θ_E，那么线性波偏角为

$$\Omega = (\theta_O + \theta_E)/2 \tag{3.86}$$

如图 3.19 所示。

在源处设 $\theta_O = \theta_E = 0$，那么在介质中经过一段距离 l 后

$$\begin{aligned} \theta_O &= 2\pi f[t + n_O l/c] \\ \theta_E &= 2\pi f[t + n_E l/c] \end{aligned} \tag{3.87}$$

则

$$\Omega = (\pi f/c)(n_O - n_E)l \tag{3.88}$$

频率足够高时 (如大于 50MHz)，回旋频率 $f_B \ll f$，那么寻常和非寻常折射率差为

$$n_O - n_E = XY = (f_N^2 f_B)/f^3 \tag{3.89}$$

得到

$$\Omega = \frac{1}{2c}\frac{f_N^2 f_B}{f^2}l \tag{3.90}$$

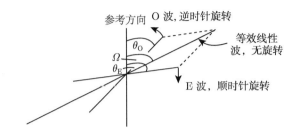

图 3.19　沿地磁场固定观测，两个圆极化波相加得到一个线性波

因此，极化角随着波穿过电离介质而逐渐变化。代入数值并考虑电子密度和磁场强度变化时，得到

$$\Omega = \frac{8.448 \times 10^{-7}}{f^2} \int f_{\mathrm{L}} N \mathrm{d}l$$
$$= \frac{2.365 \times 10^4}{f^2} \int B_{\mathrm{L}} N \mathrm{d}l \qquad (3.91)$$

由于 $f_{\mathrm{L}} = 2.799 \times 10^{10} B_{\mathrm{L}}$，$B_{\mathrm{L}}$ 的单位为 Wb·m^{-2}。转向 QL 近似，以允许在一定程度上横穿场传播。事实上，QL 近似在法拉第效应中有广泛的应用，对于场法线方向一定角度有效。当地面观测者仰视时，在北半球极化逆时针旋转，而在南半球极化顺时针旋转，与波的传播方向无关。最近，对法拉第效应广泛的讨论见 Yeh 等 (1999)。

吸收

方程 (3.61) 给出了在非偏移吸收和 QL 近似情况下的吸收系数。信号振幅在距离 κ 上以 e 的倍数下降。若无线电频率远大于临界频率，则此公式适用于穿过整个电离层的传播 (穿越电离层传播)。然而 κ 的单位为奈培 (Np)，通常用分贝 (dB) 表示信号衰减，由初始 (P_1) 和最终 (P_2) 功率之比定义

$$\text{吸收 } A(\mathrm{dB}) = 10 \log_{10}(P_1/P_2) \qquad (3.92)$$

奈培和分贝之间的关系为

$$1 \, \mathrm{Np} = 8.686 \, \mathrm{dB} \qquad (3.93)$$

在输入适当的值时，对于整个路径吸收，方程 (3.92) 给出

$$A(\mathrm{dB}) = 4.611 \times 10^{-5} \int \frac{N \upsilon}{\upsilon^2 + (\omega \pm \omega_{\mathrm{L}})^2} \mathrm{d}l \qquad (3.94)$$

由于碰撞频率随着高度急剧下降，大部分非偏移吸收发生在较低电离层中，并且当方程 (3.94) 分母中的项相等时，达到最大值。若 υ 为较大项时，吸收随 $1/\upsilon$

变化，因此在较低高度上减小。然而，在大部分受影响的高度范围内，第二项占主导，于是总吸收与 Nv 的积分成正比。此外，如果回旋频率远小于无线电频率，则可忽略不计，因此，当无线电频率大于 30MHz 时，可忽略电离层吸收损耗。那么方程 (3.94) 在整个路径上的总吸收简化为

$$A(\mathrm{dB}) = \frac{1.168 \times 10^{-18}}{[f(\mathrm{MHz})]^2} \int Nv\mathrm{d}l \tag{3.95}$$

高纬通信的极限往往由电离层吸收决定，宇宙无线噪声的吸收测量在高纬研究中是一项有价值的技术。

3.4.5 无线电闪烁原理

介绍

闪烁现象主要出现在穿越电离层信号中，它由传播波前的相对相移和随后的衍射引起。相移是介质中特别是电子含量中的空间不规则的直接结果，与之相关的方程为式 (3.82)。需要注意的是，在其他条件相同的情况下，电子含量的不规则分量在路径长度上 (薄层) 不是线性变化，而是平方根变化。

根据惠更斯原理，波前的每一部分都可认为是次级子波的来源，其叠加使得在更远处的一个点上形成波前。在衍射理论中，这一原理用于确定接收信号的振幅和相位是如何受穿过不规则区域的影响。衍射理论适用于 "小" 不规则体，其准则为在第一菲涅耳区的距离内至少有几个不规则体 (见下文)。

弱不规则体薄屏衍射和角谱概念

最简单的例子是一个薄的、浅的、相位变化的屏。在这个模型中，不规则体假定位于一个无限波的层中，并沿着穿过它的波的波前产生小的相位扰动 (小于 1 rad)，如图 3.20 所示。

入射波是平面波 (源位于无限远处)，但出现的波前是不规则的。要获得观测平面 OO' 中 P 点的场，需要将出现的波前 EE' 每个点的贡献相加。由于 EE' 在相位上的不规则性，OO' 的场也将是不规则的，一般来说，相位和振幅都会受到影响。

由于观测平面的波场是由沿衍射屏各点的贡献组成，很明显电离层的不规则和地面波场之间不一定存在一对一的关系。尽管如此，还是有一些统计特征的关系。

屏的特性与地面观测到的变化之间的联系是离开屏的波的角谱。正如一个波时域特征可由傅里叶变换得到的频谱表示，因此，在距离上调制的波可以用角度上的谱表示。屏的周期谱 $F(d)$ 通过傅里叶变换与波的角度谱 ($f(\sin\theta)$) 相关，其中 d 为不规则的空间波长，θ 是从法向测量的传播角。尽管每一个正弦波的相位

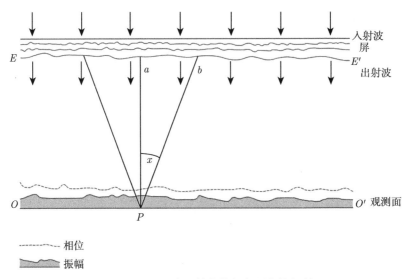

图 3.20　平面波入射在薄相变屏上的衍射

随传播距离而改变，相同的谱到达地面，但在观测平面其可转换回一个波场。F 和 f 都是复数，因此只有通过同时观测振幅和相位才能获得完整的信息。

现在的问题是虽然容易测量接收信号的振幅，但是相位测量要困难得多。实践证明，若观测距离屏足够远 (并假定屏很浅，即初始调制很小)，那么不规则振幅和相位的统计特性在地面上彼此相同，并与屏上一样。在这种情况下，仅振幅观测就足以给出电离层屏的统计特性。

不规则体不太可能是正弦或者任何其他的解析形式，它们更像是随机噪声。这种不规则可以用相关函数 ρ 来处理。

若 $a(x)$ 是变量 $A(x)$ 与其均值 $\overline{A}$ 之间的差，而 σ^2 是 $a = \overline{\left[A(x) - \overline{A}\right]^2}$ 的方差，在区域 y 上 A 的相关函数为

$$\rho(y) = \overline{[a(x)a(x + y)]}/\sigma^2 \tag{3.96}$$

相关函数有时可假定为高斯形式

$$\rho(d) = \exp[-d^2/(2d_0^2)] \tag{3.97}$$

这种情况下角功率谱也是高斯的

$$\rho(\sin\theta) = \exp[-\sin^2\theta/(2\sin^2\theta_0)] \tag{3.98}$$

其中

$$\sin\theta_0 = \lambda/(2\pi d_0) \tag{3.99}$$

图 3.21 说明了本例中 ρ 和 P 之间的关系。

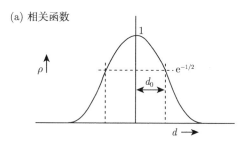

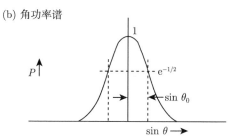

图 3.21 相关函数 (a) 和随机衍射屏的角功率谱 (b)

菲涅耳区效应

因为菲涅耳区域的大小取决于距离和波长，因而屏和观测者之间的距离很重要。回想一下，根据定义，第一菲涅耳区延伸到距离观测者超过最小距离 $\lambda/2$ 的点，得到的相位差为 $180°$。参考图 3.20，如果头顶点为 a，可以选择一个点 b，那么 $P_b - P_a = \lambda/4$。若屏仅仅改变相位，那么在 EE' 的信号如图 3.22(a) 所示，其中 A 是未受影响的信号，α_E 是由于屏引起的扰动。

在观测平面的 P 点，若 a 引起的扰动改变了信号的相位，因为额外传播了 $\lambda/4$，那么 b 点则会影响信号的振幅。产生的信号可能类似于图 3.22(b)，包括相位和振幅起伏。

若它们在角谱范围内，作用可能只影响振幅，因此

$$(\lambda D/2)^{1/2} > \pi d_0 \tag{3.100}$$

对于幅度闪烁出现在距离纯相位屏 D 的观测平面上，源则在无穷远处。如果观测者距离相位屏足够远，使得第一菲涅耳区包含几个典型尺寸的不规则区域，则从相位屏接收到的信号将同时包含振幅和相位扰动。在无穷远处，衰落功率被平均分配

$$\sigma(A)/\overline{A} = \sigma(\phi)$$
$$= \sigma_\varepsilon(\phi)/\sqrt{2} \tag{3.101}$$

其中，$\sigma(A)$ 和 $\sigma(\phi)$ 是振幅和相位的标准偏差。

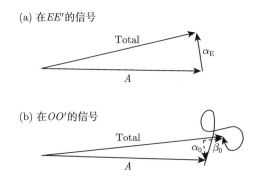

图 3.22　从初始扰动发展的相位 (a) 和振幅 (b) 扰动

在较短距离会出现相位波动，但幅度相位不会完全发展，这是实际中经常出现的情况。若无线电波长 λ 为 6m，不规则屏在 400km 的距离，第一菲涅耳区半径为 $\sqrt{\lambda D}$ = 1.5km。许多不规则体将大于此值，因此幅度波动不会完全发展。

相位屏的特性很重要，因为电离层在大多数情况下表现为相位屏，不规则体的整体运动导致在固定位置接收到的信号闪烁。若通过特别设计的实验，观测到相位和幅度闪烁是可能的。菲涅耳效应可通过比较相位和振幅起伏谱来直接研究，如图 3.23 所示。

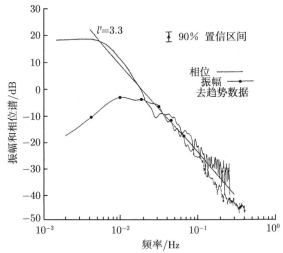

图 3.23　地球同步卫星传输在 40MHz 下记录的振幅和相位谱。功率谱以分贝为单位绘制在相对值的对数刻度上。由于去趋势，相位谱 (在 3×10^{-3}Hz) 趋于平缓 (W. J. Myers et al., J. Geophys. Res. 84, 2039, 1979)

电离层的不规则体通常表现为幂律谱 k^{-p} 的形式，其中 k 为波数 ($2\pi/d$，其中 d 为不规则体的空间波长)。我们通常假定电离层中的相位屏在地面上产生一种振幅和相位起伏的模式，这种模式与不规则体本身的谱有关，这种闪烁之所以被观测到是因为这种模式移动穿过观测点。通过这种方式距离变化转换成了时间的变化。由于相位闪烁到振幅闪烁的转换取决于不规则体的大小，所以低频 (从大尺度上) 末端的谱减弱。衰减在小于 $u/\sqrt{2\lambda D}$ 的频率下工作，其中 u 为速度 (假设所有的不规则体一起运动)，$\sqrt{\lambda D}$ 为第一菲涅耳区半径。因为 λ 为已知，D 可以假设 (大约 350km)，所以 u 可通过这种方式确定。这种效应如图 3.23 中的谱所示。当谱确定后，可以获得有关不规则体及它们运动的进一步信息，特别是在 "菲涅耳频率" 可确定的情况下。

如果源不在无穷远处，则上述结果会改变 (因为到达屏的波前是弯曲的)，与/或相位屏引入深度调制，$\sigma_s(\phi) > 1$ rad(因为这会展宽角谱)。

关于闪烁有大量的文献。Hargreaves(1992) 在导论的层次上给出了更详细的内容。Ratcliffe(1956) 回顾了闪烁的基本的理论和早期的工作，Yeh 和 Liu(1982) 则回顾了后期发展。

闪烁指数与简单统计

振幅闪烁的强度通常用四个指数中的一个来表示 (Briggs and Parkin, 1963)。若 A 为振幅，$\overline{A}$ 是平均振幅，P 为功率，$P = A^2$，$\overline{P}$ 是平均功率，$a = A - \overline{A}$，$p = P - \overline{P}$，则

$$S_1 = |\overline{a}| / \overline{A} \tag{3.102}$$

$$S_2 = (\overline{a^2})^{1/2} / \overline{A} \tag{3.103}$$

$$S_3 = |\overline{p}| / \overline{P} \tag{3.104}$$

$$S_4 = (\overline{p^2})^{1/2} / \overline{P} \tag{3.105}$$

这些都是无量纲的。S_1 是平均振幅归一化的振幅平均偏差；S_2 为振幅的均方根偏差除以平均振幅；S_3 为平均功率归一化的功率平均偏差；S_4 为功率的均方根偏差，类似归一化。注意 S_3 和 S_4 类似于 S_1 和 S_2，但是，是用功率而不是振幅表示。这些指数中 S_4 最常用。

Chytil(1967) 已经证明以下近似关系适用：

$$\begin{aligned} S_1 &= 0.42 S_4 \\ S_2 &= 0.52 S_4 \\ S_3 &= 0.78 S_4 \end{aligned} \tag{3.106}$$

弱闪烁的例子如图 3.24 上部的三个图所示。

在信号频率 360 MHz、140 MHz 和 40 MHz 时，S_4 的值分别为 0.016、0.076 和 0.54，所有这些值都小于 1。图 3.24 的下图给出了振幅谱，为了便于比较，对

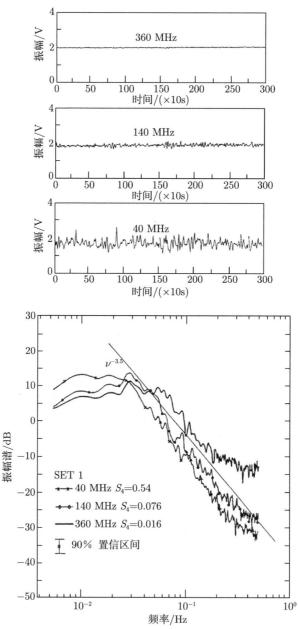

图 3.24　地球同步卫星在三个频率下的幅度闪烁及其频谱示例 (R. Umeki et al., J. Geophys. Res., 82,2752, 1997b)

振幅进行了归一化。转换点分别表示 0.07Hz、0.045Hz 和 0.025Hz 的菲涅耳频率，以无线电频率平方根近似变化。衰落频谱以衰落频率的 -3.5 次幂变化。为了进行比较，图 3.25 给出了出现深闪烁的记录。这里 S_4 的值分别为 0.13、0.54 和 1.42。当调制变深时，记录的特征会发生巨大的变化。

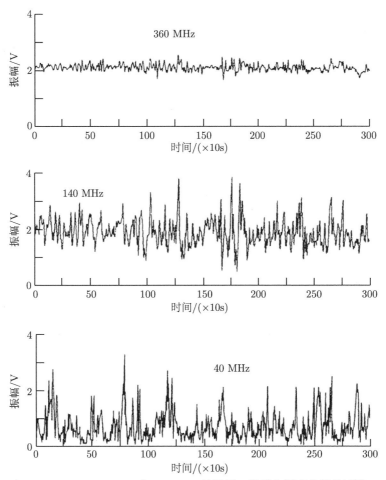

图 3.25　在 360 MHz、140 MHz 和 40 MHz 的闪烁，显示向深度衰落的过渡，S_4 分别为 0.13、0.54 和 1.42(R. Umeki et al., Radio Science, 12 311,1997a)

　　在图 3.22(b) 中，衰落信号表示为一个稳定分量加上随机同相分量和正交分量。若随机分量相对于稳定分量很小，则总信号的幅度将以高斯分布的平均值波动。在另一个极端，若稳定分量相对于随机分量较小，振幅分布将是以瑞利形式的 "随机游走"。在这些极端之间，应用 Nakagami 米分布 (Nakagami, 1960) 系列。图 3.26 给出了各种 S_4 值的幅度分布，涵盖高斯 ($S_4 = 0.1$) 和瑞利之间的范围。

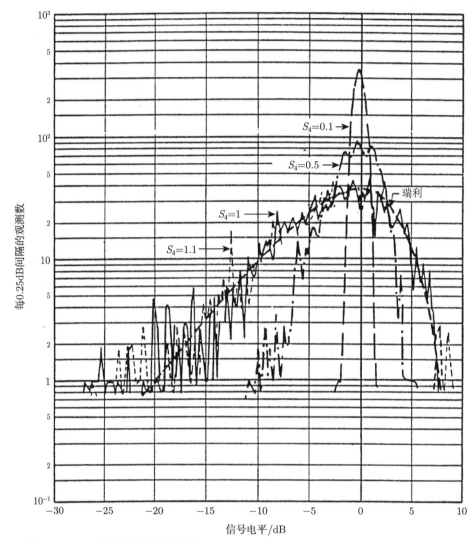

图 3.26　S_4 的经验振幅分布范围 (R. K. Crane, Technical Note 1974-26, Lincoln
Laboratory, 1974)

　　图 3.27 给出了相位分布范围，当然，所有的相位分布都是对称的，大约为零，米分布的特征是一个单独的参数，与 S_4 和相位标准差相关。

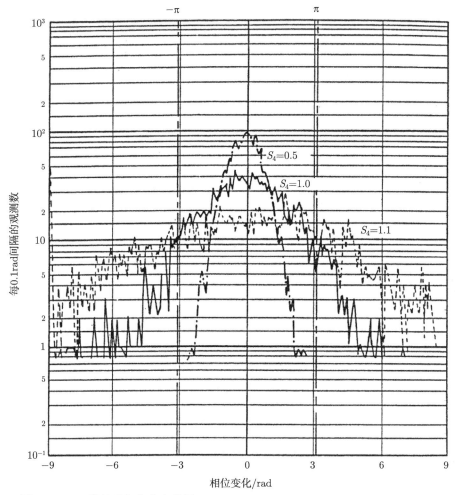

图 3.27 S_4 的经验相位分布范围 (R. K. Crane, Technical Note 1974-26, Lincoln Laboratory, 1974)

3.4.6 包括陡峭边界反射和全波解的传播

边界反射

上述章节中概述的基于折射率概念的传播处理是假定介质为均匀介质。当然，这种情况很少，但在实际中，只要在几个波长距离内介质的变化都不太大，就可使用这种假设。这种介质被认为是慢变化。然而，实际情况显然并非如此，需要不同的处理方式。

如果介质在一个波长内变化显著，那么我们可以在锐利边界处使用反射，如在部分镜反射处使用反射。如果波在一个锐利边界处正常入射，反射系数和透射

系数由矢量 $\boldsymbol{E}$ 和 $\boldsymbol{H}$ 的切向分量穿过边界时必须连续这一条件决定。

如图 3.28 所示,其中下标 i、t 和 r 分别表示入射、透射和反射,波从下面入射,

$$E_\iota - E_i + E_r \tag{3.107}$$

和

$$H_t = H_i - H_r \tag{3.108}$$

由于波向下传播而产生负号,在非磁介质中

$$H/E = n/(\varepsilon_0 \mu_0)^{1/2} \tag{3.109}$$

通过替换,反射系数 ρ 为

$$\rho = E_r/E_i = (n_2 - n_1)/(n_2 + n_1) \tag{3.110}$$

反射功率因数为 $(E_r/E_i)^2$。

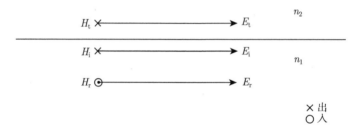

图 3.28　电磁矢量在锐边界的连续性

当波以一定角度入射到边界时,必须应用进一步的条件,即电磁通量 (εE 和 μH) 的正交分量在边界上也是连续的。一个常见的结果是斯涅尔定律

$$n_1 \sin \theta_i = n_2 \sin \theta_t \tag{3.111}$$

其中,θ_i 是折射率为 n_1 的介质的入射角,θ_t 是射线传播到折射率为 n_2 的介质的角。

我们现在考虑两种特殊情况。首先,使极化平面 (电场方向不变) 垂直于入射平面,应用连续性条件给出

$$\rho_\perp = \sin(\theta_i - \theta_t)/\sin(\theta_i + \theta_t) \tag{3.112}$$

或

$$\rho_\perp = \frac{\sqrt{(n_2/n_1)^2 - \sin^2 \theta_i} - \cos \theta_i}{\sqrt{(n_2/n_1)^2 - \sin^2 \theta_i} + \cos \theta_i} \tag{3.113}$$

这是第一菲涅耳反射方程。

若极化平面位于入射平面内，则反射系数为

$$\rho_{\parallel} = \tan(\theta_i - \theta_t)/\tan(\theta_i + \theta_t) \tag{3.114}$$

或

$$\rho_{\parallel} = \frac{(n_2/n_1)^2 \cos\theta_i - \sqrt{(n_2/n_1)^2 - \sin^2\theta_i}}{(n_2/n_1)^2 \cos\theta_i + \sqrt{(n_2/n_1)^2 - \sin^2\theta_i}} \tag{3.115}$$

这是第二菲涅耳方程。当 $\theta_i + \theta_t = 90°$ 时，$\tan(\theta_i + \theta_t) = \infty$，那么 $\rho_{\parallel} = 0$。这是布儒斯特 (Brewster) 角，由 $\tan\theta_B = n_2/n_1$ 给出，实际上，若 $\boldsymbol{E}$ 矢量在入射平面上，反射系数将变为 0，波为垂直极化。当 Brewster 角交叉时，相位相反，如果波是水平极化，则没有此影响。

在垂直入射下，方程 (3.113) 和 (3.115) 都恢复为方程 (3.110)。在切向入射时，随着 $\theta_i \to 90°$，$\rho_{\parallel} \to 1$，但 $\rho_{\perp} \to -1$，这意味着在反射上相位反转。

这些备注适用于边界面间电介质 n_1 和 n_2 都为实数的反射。如果反射是部分导体，菲涅耳方程仍然适用，但折射率现在为复数。一般情况下，反射包括相位和振幅的变化。只要满足陡峭边界的条件并应用适当的折射率，菲涅耳公式在电磁频谱中有着广泛的应用。

全波解

在其他情况下，介质在一个无线电波长内发生变化，但这种变化不够陡峭而不足以算作一个陡峭的边界。这些情况下，唯一的方法是开发全波解，即用数值的方法在穿过层的每一步都求解麦克斯韦方程。在空间变化的介质上下施加条件，使其与入射波相对应，进而推导出透射波和反射波。尽管该方法一般情况下都适用，但显然应优先选择那些简单有效的方法。关于这项技术的更多信息，可参考 Budden(1985)。

超低频和甚低频电离层传播

在频率低于 30kHz 的情况下，电离层底部离地面只有几个波长，而且在一个波长范围内电离层边界发生很大的变化。现在可以把电离层的传播看作是一个陡峭的边界反射。斜入射时反射损耗相对较小，因此信号可以传播很长的距离，其衰减仅为每 1000 km 2~3 dB。它们表现出一些有趣的特性，其中之一是 (除了高纬) 日变化比在更高频率时更加容易预测，这使得它们特别适合诸如导航和授时这些需要高稳定性的应用。

在低电离层，碰撞频率 (在 70 km 高度为 2×10^6 s^{-1}) 大于 VLF 频段波的频率。忽略磁场，那么方程 (3.55) 给出折射率为

$$n^2 = |1 - jX/2| = 1 - \omega_N^2/(j\omega v) \tag{3.116}$$

电离层现在表现为金属特性而不是电介质，具有电导率

$$\sigma = (\varepsilon_0 \omega_{\mathrm{N}}^2)/\nu = Ne^2/(m_e\nu) \tag{3.117}$$

其中，ν 为碰撞频率。

　　研究不同传播距离的 VLF 接收信号的振幅和相位, 可得到有效反射高度 (每天约 70 km) 和电离层电导率。反射系数通常为 0.2~0.5。由于地磁场的存在，实际上有四个反射系数，导致反射时极化以及振幅和相位的变化。

　　将典型值代入方程 (3.31) 的判据中可以看出，在 VLF 和 ELF 频段低电离层表现为导体。然后将条件代入方程 (3.29) 中，得到趋肤深度为

$$1/a = \sqrt{\varepsilon_0 \lambda c/(\pi\sigma)} \tag{3.118}$$

趋肤深度随波长的平方根而变化, 与电导率的平方根成反比。地面也是一个部分导体，而且甚至在部分地球表面电导率最高的海水中，也有足够的穿透力允许 VLF 和 ELF 与水下潜艇通信。

　　在长达几百千米的距离内，VLF 传播可通过叠加地面波和前几跳 (图 3.29) 来处理。这是折射几何光学或射线理论的基础。

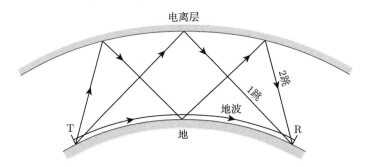

图 3.29　一个地波和两个天波的传播

　　对于长距离传播，必须使用 Budden(1961) 和 Wait(1970) 发展的波导理论，如图 3.30 和 3.31 所示。这种波导理论是适用的，因为地球和电离层都是由几个波长分开的部分导体。在图 3.30 中，假设某一点的信号由来自源映像的子波分量组成。

　　对于长距离 VLF 传播，电离层表现类似于反射系数为 −1 的导体，地面的反射系数为 +1. 如图 3.30 所示，映像位于 $z = \pm 2h, \pm 4h, \cdots$，但现在它们符号交替，这相当于相位变化为 π，共振发生在

$$2hC_n = (n - 0.5)\pi \tag{3.119}$$

其中，C_n 为 $n\lambda/(2h)$, $n = +1, +2, \cdots$。

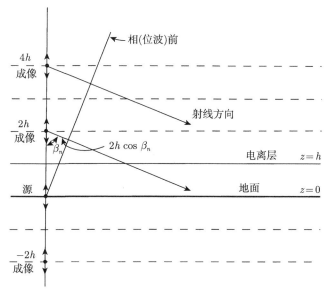

图 3.30 使用映像方法构造一对波中的一个，这对波将在波导中产生干涉的场模式，如图 3.31 中，第二个波 (未显示) 来自反面 (Davies, 1990)

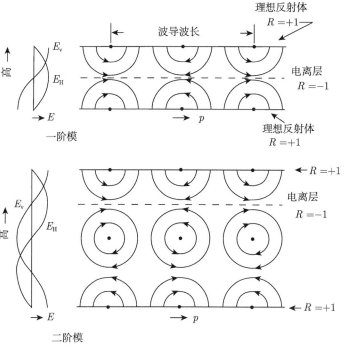

图 3.31 地球–电离层波导中的理想化电场，波极化电场在垂直面，磁场横切传播平面 (Davies, 1990)

在图 3.30 和图 3.31 中没有零阶，而且垂直波长 $\lambda_g = \lambda/S_n$ 为

$$(1/\lambda_g)^2 = (1/\lambda)^2 - [n/(2h)]^2 \tag{3.120}$$

式中，S_n 为菲涅耳系数，当 $\lambda > 2h/n$ 时，S_n 为虚数，表示该模式是渐逝的。所以存在一个最小截止频率 f_n，低于该频率的波将不会传播，其中 $f_n = nc/(2h)$。

在白天，当电离层 D 层的高度较低时，一阶模式的截止频率约为 2kHz。对于导电电离层，截止频率为

$$f_n = (n - 0.5)c/(2h) \tag{3.121}$$

因此，注意到反射系数 R 从 $+1$ 到 -1 的变化，截止频率 (对于 $n = 1$) 从约 2Hz 改变为 1kHz。当它们与具有理想导电壁的波导模式进行比较时，理想的地球–电离层模式应表示为 $n - 0.5$，而不是 n。对于 VLF 波导模式，更全面的分析必须包括地球–电离层不规则体、电离层高度变化、地磁场和电子碰撞的影响。有大量关于 VLF 传播的文献供参考，如 (Budden, 1985; Davies, 1990, pp. 371~379)。

ELF 的主要自然来源是电闪放电，而 ELF 传播信号的实际应用相当受限，因为构造数千米长的天线在实用中受到约束。ELF 的另一个重要特征是源和接收点之间的距离可以与波长相比较 (例如，300 Hz ELF 信号的波长为 1000 km)。在这些超低频率下，电离层更像一个导体而不是导电电介质，而且位移电流很小。由于 ELF 在 D 层有很大的趋肤深度 (Ramo et al. 1965, pp. 249~299)，反射高度约 90 km。

作为一个实际的例子，美国海军 Wisconsin 试验设施 (WTF) 的辐射频率范围为 40~50 Hz 和 70~80 Hz。在 WTF 中，天线为两个 22.5 km 的准正交天线。在中纬地区，75 Hz 的衰减率在白天约为 1.2 dB·mm^{-1}，晚上约为 0.8 dB·mm^{-1}。ELF 传播在 1974 年 6 月的 IEEE 汇编中进行了详细的讨论。在对跖区，也受到了异常强 ELF 信号 (Fraser-Smisth and Banister, 1997)。

MF 和 HF 部分反射

低电离层湍流在高达约 100 km 的高度上产生空间不规则体，其尺度恰好可在 2~6 MHz 波段被监测到部分反射。这种情况下反射非常微弱，仅为全反射振幅的 $10^{-3} \sim 10^{-5}$，但可使用大功率发射机和用于发射和接收的大型天线阵进行观测，尽管它们不适用于通信，但这些部分反射可用于测量低电离层的电子密度剖面。

3.4.7　哨声

哨声是由闪电引起的 VLF 频段内的电磁辐射。这些低频波通过电离层和磁层传播，传播管道与地磁场中的磁力线大致平行，可以使用带有短天线的低噪声

放大器进行探测。自 1951 年以来，人们对这些信号进行了科学研究，从而获得了它们所揭示的电离层和磁层等离子体的信息。其他的自然 VLF 辐射 (称为晨合音、立管和嘶声等) 被认为起源于电离层，也可以在哨声探测设备上听到。人们之所以对哨声现象如此着迷，是因为它在音频频段内是一种非凡的声音，类似于人的哨声，在某些情况下可以在灵敏的音频设备和电话线上听到。哨声的科学研究起始于 20 世纪 20 年代 (Eckersley, 1925, 1928, 1929, 1931, 1932; Helliwell, 1965, 1988; Davies, 1990; Hunsucker, 1991)，Park 和 Carpenter(1978)、Carpenter(1988) 对此进行了综述回顾。

哨声理论的起始点为关于色散和极化的 Appleton 方程和 QL 近似。图 3.32 是在源附近和源的共轭区域 (即磁力线的另一端) 附近获得的基本哨声的简化表示。

另一个基本特征是如图 3.33 所示的 "鼻子"(Helliwell, 1965)。

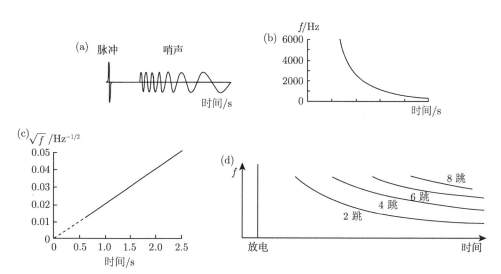

图 3.32　哨声的基本表现形式和初始扰动略图：(a) 色散；(b) 典型哨声的频率–时间曲线；(c) $\sqrt{f}$ 随时间的曲线；(d) 当源和接收器位于地磁力线的同一端时的初始扰动和多跳 (Helliwell, 1965)

Helliwell 指出，哨声的能流将按照以下关系沿地球物理磁等离子体中的波导传播，其关系如下：

$$\tan(\theta - \alpha) \approx 0.5 \tan\theta / (1 + 0.5 \tan^2\theta) \tag{3.122}$$

其中，α 是哨声射线路径与波法线之间的夹角；θ 是范围为 $0 < \theta < \theta_{\max}$ 的传播角，且 $f_{\mathrm{H}} \cos\theta_{\max} = f$，其中 f_{H} 为电子回旋频率。

哨声波包的另一个重要特征是群速度 v_g，为

$$v_\mathrm{g} = 2c[f^{1/2}(|f_\mathrm{L}| - f)/|f_\mathrm{L}|f_\mathrm{N}] \tag{3.123}$$

其中，f_L 是 f 的纵向分量，且 $f_\mathrm{L} \gg f$，方程 (3.123) 简化为

$$v_\mathrm{g} = 2cf^{1/2}f_\mathrm{L}^{1/2}/f_\mathrm{N} \tag{3.124}$$

哨声的色散定律是

$$T = \frac{1}{2c}\int_s f_\mathrm{N}f_\mathrm{L}\mathrm{d}s/[f^{1/2}(f_\mathrm{L} - f)^{3/2}] \tag{3.125}$$

可用于沿着磁力线确定 $\int N\mathrm{d}l$。

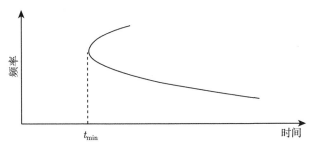

图 3.33   "鼻子哨声" 频率–时间特征的理想化略图 (Helliwell, 1965)

3.5   电离层散射

　　根据接收雷达天线上散射波的接收信号强度，可以定性地描述电离层散射的强或弱。例如，前者为从极光或赤道电离层的电子密度梯度接收的 VHF/UHF 后向散射回波，后者是来自受扰 E 层或 F 层的 VHF/UHF 雷达非相干后向散射。

　　另一种散射回波是根据脉冲雷达系统的后向散射截面 (σ，单位为 m^2) 及其时间稳定性进行分类。相干回波表现出从一个脉冲到另一个脉冲的振幅和相位的统计相关性，并源自电子密度的准确定性梯度，其相关时间大于 1 ms，这对应雷达回波的谱宽小于 1000 Hz(有时小于 100 Hz)。它的后向散射截面比来自非相干雷达回波的后向散射截面大 $10^4 \sim 10^9$ 倍。

3.5.1 相干散射

在相干后向散射情况下，其他主要考虑的因素是散射不规则体大小与后向散射探测器自由空间波长之间的关系、散射的电子密度均方值偏差，以及雷达 LOS 和不规则体长轴之间的视线角。图 3.34 给出了典型电离层雷达探测高度–频率域。

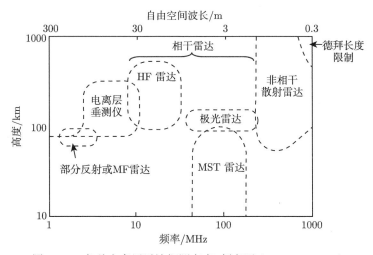

图 3.34　各种电离层雷达探测高度–频率区 (Schlegel, 1984)

Booker(1956) 首次定量地描述了电离层不规则体相干散射 (Booker-Gordon (1950) 对流层散射理论的扩展)，并提出了一种描述极区 E 层场向不规则体后向散射的理论，该结果也适用于 F 层不规则体后向散射。电离层不规则体的散射几何示意图如图 3.35 所示。

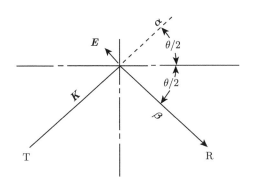

图 3.35　电离层不规则体的散射几何示意图

从图 3.35 所示的几何关系中，可以得到 Booker 的电离层–不规则体散射方

程的一种形式，用电离层参数表示为

$$\sigma(\theta, \chi) = (\Delta N/N)^2 (2\pi L/\lambda_N)^2 \sin^2 \chi / \{\lambda_N[1 + (4\pi L/\lambda)^2 \sin^2(\theta/2)]\} \qquad (3.126)$$

其中，$\sigma(\theta, \chi)$ 为不规则体后向散射截面，$(\Delta N/N)^2$ 是电子密度的均方值偏差，λ_N 是等离子体振荡的波长，L 是不规则体沿 $\boldsymbol{B}$ 的尺度。

在 Hunsucker(1991, pp. 56) 的书中，推导了不同不规则体尺度的后向散射截面关系式。Walker 等 (1987) 根据 Booker 散射方程推导出了在接收端的后向散射功率更为普遍的表达式 (Hunsucker, 1991, pp. 56~58)。

3.5.2　前向散射

由于在电离层 75~90 km 区域的湍流形成的不规则体，可设计 VHF 单跳通信链路 (Bailey et al., 1955; Norton and Wiesner, 1955)。电离层散射模式通常使用的频率为 30~60 MHz，在 1000~2000 km 的距离上系统损耗为 140~210 dB，可用带宽约为 10 kHz。因为系统损耗高，需要较高功率的发射机、高增益天线和灵敏的接收机前端。电离层散射系统还具有非常高的可靠性和安全性，但应用该带宽可能是所有无线电系统中成本最高的一个。在 20 世纪 50 年代末和 60 年代初，由于其 99.9% 的可靠性和安全性，电离层散射模式得以大量使用，但随着星地无线系统的出现，电离层散射模式的应用急剧减少。

3.5.3　非相干散射

非相干散射雷达技术的发展为电离层的研究提供了一种非常有力的方法。Evans(1969, 1972) 提出了非相干散射理论和实践的要点，显式方程的严格推导由 Krall 和 Trivelpiece(1973) 提出。

自由电子电磁波散射的基本理论由电子的发现者 J. J. Thomson 提出，他在 1960 年指出单个电子的散射能量为

$$W = (r_e \sin \psi)^2 \qquad (3.127)$$

其中，W 是单个电子散射到每单位入射电磁通量 (1 W·m^{-2}) 的单位立体角的能量；r_e 是典型电子半径，$r_e = e^2/(\varepsilon_0 m_e c^2) = 2.82 \times 10^{-15}$ m；ψ 是入射电场方向和观测者方向之间的角度。

单个电子的雷达截面为

$$\sigma_e = 4\pi (r_e \sin \psi)^2 \approx 10^{-28} \sin^2 \psi \ (\text{m}^2)$$

对于后向散射 ($\psi = \pi/2$)，则

$$\sigma_e = 4\pi r_e^2 \qquad (3.128)$$

Fejer(1960) 指出单位体积的雷达截面为

$$\sigma = N\sigma_e \tag{3.129}$$

其中, N 为电子密度, Buneman(1962) 表明非相干散射有效雷达截面 (σ_{eff}) 可写成

$$\sigma_{\text{eff}} = 1/[(1 + \alpha^2)(1 + T_e/T_i) + \alpha^2] \tag{3.130}$$

对于 $T_e/T_i < 3.0$, T_e 是电子温度, T_i 是离子温度, $\alpha = 4\pi D/\lambda$, 其中 D 是德拜长度, $D = 6.9(T_e/N_e)^{1/2}$, 单位为 cm, λ 是雷达信号的自由空间波长。

由于电子处于随机热运动中, 它们会散射相位随时间变化的信号且彼此不相关。在雷达接收天线处, 信号功率将相加, 因此就平均而言, 单位体积的横截面由 "非相干散射" 的方程 (3.129) 给出。

非相干散射理论和实践发展的有趣历史开始于二战结束不久, Davies(1990, pp. 106~111) 和 Hunsucker(1991, pp. 58~64) 对此进行了记述。Dougherty 和 Farley(1960) 解释了回波谱的多普勒展宽在雷达波长、电子及离子温度、德拜长度之间的差异,

$$D = 69(T_e/N_e)^{1/2} \text{ (m)} \tag{3.131}$$

其中, T 的单位为 K, N 的单位为 m^{-3}。

非相干散射是由尺度为 D 的电子密度起伏引起的。后向散射实际上是由局部电子密度的起伏引起的, 而不是纯粹的自由电子的散射; 更准确地说, 应该称之为准非相干散射, 但 "非相干" 这个术语一直存在。由于各种原因, 一些作者继续将非相干现象称为汤姆孙散射; 然而, 汤姆孙散射一词通常被用于不受离子影响的自由电子散射的情况下。

实际上, 这种非相干散射主要在 $\lambda \gg D$ 时从电离层探测到, 尽管在 Acrecibo 的实验中已经探测到 $\lambda = D$ 时的非相干散射。不规则体的空间尺度 λ_p 由布拉格公式给出

$$\lambda_p = \lambda/[2\sin(\theta/2)] \tag{3.132}$$

几何示意图如图 3.35 所示。

非相干散射回波谱含有丰富的所探测的磁等离子体信息, 其中一些等离子体特性很容易获得, 大多数只需要简单的数据分析技术, 但一些需要使用电离层区域的特定模式进行复杂处理。

图 3.36 为来自电离层的非相干散射回波频谱的理想示意图, 显示了左侧的离子线和右侧的等离子体线。离子线的中心是工作频率 f, 德拜长度所表征的不规则体尺度所产生的后向散射能量随机运动; 而等离子体线以等离子体频率 f_N 为

中心，是由于电子在不受离子影响的情况下热运动。除非被 "热" 光电子增强，否则等离子体线是一条弱线；当等离子体线增强时，电子密度和光电子通量可测量。

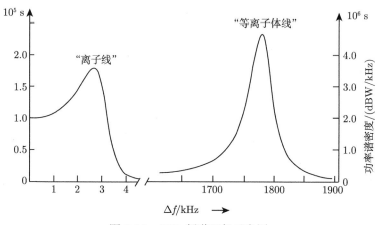

图 3.36   ISR 频谱理想示意图

在较低电离层，离子的运动 (离子又控制这些电子) 受中性大气碰撞的影响越来越大。那么频谱变成了单峰，宽度与 $T/(m_i\nu_i\lambda^2)$ 成正比，其中 T 为温度，m_i 和 ν_i 为离子的质量和碰撞频率，λ 为雷达波长。如果 $\lambda = 70$ cm，$T = 230$ K，那么在 100 km 的高度上，这个线是 1000 Hz 宽，但是由于碰撞频率的增加，在 75 km 处只有几赫兹宽。

在这个以碰撞为主导的区域，返回的频谱具有洛伦兹形式

$$S(f) = A/[1 + f^2/(\Delta f)^2] \tag{3.133}$$

(A 只是一个常数) 该频谱完全由其半带宽来描述

$$\Delta f = 16\pi kT/(m_i\nu_i\lambda^2) \tag{3.134}$$

如果散射体朝向雷达或者远离雷达移动，多普勒频域将会叠加。如果存在负离子，则频谱会有所展宽。方程 (1.134) 还是假设离子和电子温度相等。

3.6 HF 传播预测程序

在过去的二十年中，已经开发了十几个用于个人计算机的短波传播程序，一些代表性的例子见表 3.7。需要强调的是，所有这些程序都输入中值数据，产生 MUF、LUF 和信号强度等中值作为输出，基本上是用于 HF 链路规划而不是实时预测。

表 3.7 典型的基于 PC 的 HF 传播预测程序

程序名称	说明	来源	参考文献
AMBCOM	包括一些高纬电离层的影响		Hatfield(1980)
ASAPS 2			IPS(1991)
FTZMUF2	foF2 和 M3000 MUF-LUF		Dambolt 和 Sussman(1988a, b)
FTZ4	改善了几个参数的计算		
HFBC84			
HFMUFES4			Barghausen 等 (1969)
ICEPAC	包括一些高纬电离层的影响		Stewart(1990), 私人交流 W1FM(Lexington, MA)
IONOSOND MINIFTZ4	场强		Dambolt 和 Sussman(1988a, b)
MINIMUF	MUF, LUF		Rose(1982)
PROPHET			Rose(1982)
PROPMAN	MUF/LUF,信号强度		Roesler(1990)
VOACAP	IONCAP 用户友好界面		Lane(1993)

注:
MUF(maximum usable frequency, 最高可用频率)。
LUF(lowest usable frequency, 最低可用频率)。

表 3.7 中的大多数程序通常都会把发射机和接收机的位置、时间、月、年以及太阳黑子数作为输入,提供中纬 HF 路径的 MUF、LUF、天线方向图、大圆路径距离和均方根场强中值。信号强度的计算特别困难,因为在特定路径上的准确模式并不明确,并且所有的路径损耗 (在 D 层,在天线的传输线中,来自失配和地面反射等) 很难准确地描述 (Sailors and Rose, 1991; AGARDograph No.326, 1990)。而且,在高纬地区 HF 传播模式结构和损耗几乎无法描述,因此包括电离层反射、极光和极区电离层 D 层穿透点在内的路径预测几乎没有用处 (Hunsucker, 1992)。

有几本书涵盖了天线的基本原理、所有频率的无线电传播以及相关主题,比如,Jordan 和 Balmain(1968)、Sanders 和 Reed(1986)、Rao(1977)、Stutzman 和 Thiele(1981)、Kraus(1988)、Collin(1985)、Hall 和 Barclay(1989)、Freeman(1997)、Balmain(1997)、Hansen(1998) 和 Kildal(2000) 等。最近还有几本书涵盖了电离层无线电传播和磁离子理论所有方面的知识,如 Maslin(1987)、Davies(1990)、Mc-Namara(1991) 和 Goodman(1992)。

3.7 总 结

当然,不可能在一章中涵盖无线电传播的整个主题,但我们试图列出有关陆地传播模式和天线系统的基本要素。幸运的是,最近有些书籍,其中相当详细地描述了这些模式 (Budden, 1985; Hall and Barclay, 1989; Davies, 1990; Goodman, 1992; Freeman, 1997)。一个非常重要的新发展是基于 PC 或工作站的软件,可用于分析天线、地形和传播预测,如本章表格所列。另一个新发展是互联网的数据便利性,可给出以无线电预测为目的的接近实时的数据。一个很好的例子是空间天气、磁层和电离层的数据库,可从美国 NOAA 空间环境中心(http://www.sec.noaa.gov) 获得。

3.8　参　考　文　献

3.2 节

ARRL (1999) The ARRL Antenna Book. The American Radio Relay League, Newington, Connecticut.

ARRL (2000) The ARRL Handbook, 77th edition. The American Radio Relay League, Newington, Connecticut.

Balanis, C. A. (1997) Antenna Theory, Analysis and Design. Wiley, New York.

Hunsucker, R. D. (1991) Radio Techniques for Probing The Terrestrial Ionosphere. Springer-Verlag, Heidelberg.

Skolnik, M. F. (1980) Introduction to Radar Systems, 2nd edition. McGraw-Hill, New York.

Wolf, E. A. (1988) Antenna Analysis. Artech House, Norwood, MA.

3.3 节

AGARDograph No. 326 (1990) Radio Wave Propagation Modeling, Prediction and Assessment, pp. 69–72. AGARD/NATO.

Andersen, J. B., Hvid, J. T., and Toftgard, J. (1993) Comparison between different path loss prediction models, COST 231-TD(93)-06, January, Barcelona.

Brent, R. I. and Ormsby, J. F. A. (1994) Electromagnetic propagation modeling in 3D environments using the Gaussian beam method. Joint Electronic Warfare Center Technical Report JDR 3-94.

CCIR Report 322-3c (1988) Characteristics and applications of atmospheric noise data. XVth Plenary Assembly, Dubrovnik. International Telecommunications Union, Geneva.

Chamberlain, K. and Luebbers. R. (1992) GELTI Propagation Model: Theory of Operation and Users' Manual. Available through the authors.

Collin, R. E. (1985) Antennas and Radiowave Propagation. McGraw-Hill Book Co., New York.

Eppink, D. and Kuebler, W. (1994) TIREM/SEM Handbook. DoD ECAC, Annapolis, Maryland.

Freeman, R. L. (1997) Radio System Design for Telecommunications. Wiley, New York.

Grosskopf, R. (1994) Propagation of urban propagation loss. IEEE Trans. Antennas Propagation 42, 1–7.

Hansen, R. C. (1998) Phased Array Antennas. Wiley, New York.

Hey, H. S. (1983) The Radio Universe, 3rd Edition. Pergamon Press, Oxford.

Hunsucker, R. D. (1992) Auroral and polar cap ionospheric effects on radio propagation. IEEE Trans. Antennas Propagation 40, 818–828.

Jordan, E. C. and Balmain, K. G. (1968) Electromagnetic Waves and Radiating Systems, 2nd Edition. Prentice-Hall, Inc., Englewood Cliffs, New Jersey.

Kraus, J. D. (1988) Antennas, 2nd Edition. Cygnus-Quasar Books, Powell, Ohio.

Marcus, S. (1994) Duct propagation over a wedge-shaped hill, BLOS Proc. Applied Research Laboratory, University of Texas, Austin, Texas.

Patterson, W. (1994) EM propagation program at NCCOSC, BLOS Proc. Applied Research Laboratory, University of Texas, Austin, Texas.

Rao, N. N. (1977) Elements of Engineering Electromagnetics. Prentice-Hall, Inc., Englewood Cliffs, New Jersey.

Ryan, F. J. (1991) Analysis of Electromagnetic Propagation Over Variable Terrain Using the Parabolic Wave Equation. Naval Ocean Systems Center, San Diego, California.

Sailors, D. B. (1993) A Discrepancy in the CCIR Report #22-3 Radio Noise Model. NCCOSC/NRaD, San Diego, California.

Sanders, K. F. and Reed, G. A. L. (1986) Transmission and Propagation of Electromagnetic Waves. Cambridge University Press, Cambridge.

Spaulding, A. D. and Washburn, J. S. (1985) Atmospheric Radio Noise: Worldwide Levels and Other Characteristics. ITS, Boulder, Colorado.

Vincent, W. R. and Munsch, G. F. (1996) Power-line Noise Mitigation Handbook for Naval Receiving Sites, 3rd Edition. COMMNAVSECGRU, Meade, Maryland.

3.4 节

Appleton, E. V. (1930) Some notes on wireless methods of investigating the electrical structure of the upper atmosphere. Proc. Phys. Soc. 42, 321.

Budden, K. G. (1961) Radio Waves in the Ionosphere. Cambridge University Press, Cambridge.

Budden, K. G. (1985) The Propagation Of Radio Waves: The Theory of Radio Waves of Low Power in the Ionosphere and Magnetosphere. Cambridge University Press, Cambridge.

Carpenter, D. L. (1988) Remote sensing of the magnetospheric plasma by means of whistler mode signals. Rev. Geophys. 26, 535–549.

Crane. R. K. (1974) Morphology of ionospheric scintillation. Technical Note 1974–26, Lincoln Laboratory, MIT.

Davies, K. (1969) Ionospheric Radio Waves. Blaisdell Publishing Co., Waltham, Massachusetts.

Eckersley, T. L. (1925) Note on musical atmospheric disturbances. Phil. Mag. 49: (5), 1250–1259.

Eckersley, T. L. (1928) Letter to the editor. Nature 122,768–769.

Eckersley, T. L. (1929) An investigation of short waves. J. Inst. Electr. Engineers 67, 992–1032.

Eckersley, T. L. (1931) 1929–1930 developments in the study of radio wave propagation. Marconi Rev. 5: 1–8.

Eckersley, T. L. (1932) Studies in radio transmission. J. Inst. Electr. Engineers. 71, 434–443.

Fraser-Smith, A. C. and Bannister, P. R. (1997) Reception of ELF signals at antipodal distances. Radio Sci. 32.

Hargreaves, J. K. (1992) The Solar–Terrestrial Environment. Cambridge University Press, Cambridge.

Helliwell, R. A. (1965) Whistlers and Related Ionospheric Phenomena. Stanford University Press, Stanford, California.

Helliwell, R. A. (1988) VLF wave stimulation experiments in the magnetosphere for Siple Station, Antarctica. Rev. Geophys. 26, 551–578.

Hunsucker, R. D. (1999) Electromagnetic Waves in the Ionosphere. In Wiley Encyclopedia of Electrical and Electronics Engineering (ed. J. Webster), pp. 494–506. Wiley, New York.

Kelso, J. M. (1964) Radio Ray Propagation in the Ionosphere. McGraw-Hill, New York.

Park, D. and Carpenter, D. (1978) Very low frequency radio waves in the magnetosphere. In Upper Atmospheric Research in Antarctica (ed. L. J. Lanzerotti and C. G. Parr). American Geophysical Union, Washington, DC.

Radio Science (1967). Special issue on analysis of ionograms for electron density profiles. Radio Sci., 2, 1119–1282.

Ratcliffe, J. A. (1956) Some aspects of diffraction theory and their application to the ionosphere. Rep. Prog. Phys., 19, 188.

Ratcliffe, J. A. (1959) The Magneto-ionic Theory and its Application to the Ionosphere. A Monograph. Cambridge University Press, Cambridge.

Smith, N. (1939) The relation of radio sky-wave transmission to ionosphere measurements. Proc. IRE 27, 332–347.

Titheridge, J. E. (1985) Ionogram Analysis with the Generalized Program POLAN. World Data Center-A, NOAA, Boulder, Colorado.

Umeki, R., Liu, C. H. and Yeh, K. C. (1997a) Multifrequency studies of ionospheric scintillations. Radio Science 12, 311.

Umeki, R., Liu, C. H. and Yeh, K. C. (1997b) Multifrequency spectra of ionospheric amplitude scintillations. J. Geophys. Res 82, 2752.

URSI (1972) URSI handbook on ionogram interpretation and reduction, 2nd Ed., NOAA WDC-A, Rep. UAG-23, Boulder, Colorado.

Wait, J. R. (1970) Electromagnetic Waves in Stratified Media, 2nd Edition. Pergamon Press, New York.

Yeh, K.-C., Chao, H. Y. and Lin, K. H. (1999) A study of the generalized Faraday effect in several media. Radio Sci. 34, 139.

Yeh, K.-C. and Liu, C.-H. (1982) Radio wave scintillation in the ionosphere. Proc. IEEE 70, 324–360.

3.5 节

Bailey, D. K., Bateman, R. and Kirby, R. C. (1955) Radio transmission at VHF by scattering and other processes in the lower in the lower ionosphere. Proc. IRE 43, 1181.

Booker, H. G. (1956) A theory of scattering by nonisotropic irregularities with application to radar reflection from the aurora. J. Atmos. Terr. Phys. 8, 204–221.

Booker, H. G. and Gordon, W. E. (1950) A theory of radio scattering in the troposphere. Proc. Inst. Radio Engineers 38, 401–402.

Buneman, O. (1962) Scattering of radiation by the fluctuations in a non-equilibrium plasma. J. Geophys. Res. 67, 2050–2053.

Dougherty, J. P. and Farley, D. T. (1960) A theory of incoherent scatter of radio waves by a plasma. Proc. R. Soc. A 259, 79.

Evans, J. V. (1969) Theory and practice of ionospheric study by Thomson scatter radar. Proc. IEEE 57, 496.

Evans, J. V. (1972) Ionospheric movements measured by incoherent scatter: A review. J. Atmos. Terr. Phys. 34, 175.

Fejer, J. A. (1960) Scattering of radiowaves by an ionized gas in thermal equilibrium. J. Geophys. Res. 65, 2635.

Hagen, J. B. and Behnke, R. A. (1976) Detection of the electron component of the spectrum in incoherent scatter of radio waves by the ionosphere. J. Geophys. Res. 81, 3441–3443.

Krall, N. A and Trivelpiece, A. W. (1973) Principles of Plasma Physics. McGraw-Hill, New York.

Nakajima, M. (1960) The m-distribution – A general formulation of intensity distribution of rapid fading. In Statistical Methods in Radio Propagation (ed. W. C. Hoffman). Oxford, Pergamon.

Norton, K. A. and Wiesner, J. B. (1955) The scatter propagation issue. Proc. IRE 43, 1174.

Schlegel, K. (1984) HF and VHF Coherent Radars for Investigation of the High-latitude Ionosphere. Max Planck Institut für Aeronomie, Katlenburg-Lindau.

Walker, A. D. M, Greenwald, R. A., and Baker, K. D. (1987) Determination of the fluctuation level of ionospheric irregularities from radar backscatter measurements. Rad. Sci. 22: 689–705.

3.6 节

Barghausen, A. F., Finney, J. W., Proctor, L. L. and Schultz, L. D. (1969) Predicting Long-term Operational Parameters of High Frequency Skywave Telecommunications Systems. ESSA, Boulder, Colorado.

Damboldt, T. and Suessmann, P. (1988a) FTZ High Frequency Sky-wave Field Strength Prediction Method for Use on Home Computers. Forschungsinstitut der DBP beim FTZ.

Damboldt, T. and Suessmann P. (1988b) A Simple Method of Estimating foF2 and M3000 with the Aid of a Home Computer. Forschungsinstitut der DBP beim FTZ.

Davies, K. (1990) Ionospheric Radio. Peter Peregrinus, London.

Hatfield, V. E. (1980) HF communications predictions, 1978. (An economical up-todate computer code, AMBCOM). In Solar–Terrestrial Predictions Proc. (ed. R. F. Donnelly), Vol. 4, D2 1–15. US Government Printing Office, Washington DC.

Jordan, E. C. and Balmain, K. G. (1968) Electromagnetic Waves and Radiating Systems, 2nd Edition, Prentice-Hall, Englewood Cliffs, New Jersey.

Lane, G. (1993) Voice of America Coverage Analysis Program (VOACAP). US Information Agency, Bureau of Broadcasting, Washington DC.

Maslin, N. M. (1987) HF Communications: A Systems Approach. Plenum Press, New York.

McNamara, L. F. (1991) The Ionosphere: Communications, Surveillance, and Direction Finding. Krieger Publishing Co., Malabar, Florida.

Roesler, D. P. (1990) HF/VHF Propagation resource management using expert systems. In The Effect of the Ionosphere on Radiowave Signals and Systems Performance (IES90) (ed. J. M. Goodman), pp. 313–321. USGPO, available through NTIS, Springfield, Virginia.

Rose, R. (1982) An emerging propagation prediction technology. In Effects of the Ionosphere on Radiowave Systems (IES81) (ed. J. Goodman). US Government Printing Office, Washington, DC.

Sailors, D. B. and Rose, R. B. (1991) HF Sky Wave Field Strength Predictions. NC-COSC/NRaD, San Diego, California.

3.7 节

Briggs, B. H. and Parkin, J. A. (1963) On the variation of radio star and satellite scintillation with zenith angle. J. Atmos. Terrestr. Phys. 25, 339.

Goodman, J. (1992) HF Communications – Science and Technology. Van Nostrand Reinhold, New York.

Hall, M. P. M. and Barclay, L. W. (eds.) (1989) Radiowave Propagation. Peter Peregrinus Press for the IEE, London.

Nakajima, M. (1960) The m-distribution – A general formulation of intensity distribution of rapid fading. In Statistical Methods in Radio Propagation (ed. W. C. Hoffman). Oxford, Pergamon.

General reading

Kildal, P.-S. (2000) Foundations of Antennas – A Unified Approach. Studentlitteratur, Lund.

Ramo, S., Whinnery, S., and van Duzer, T. (1965) Fields and Waves in Communication Electronics. Wiley, New York.

第 4 章 电离层探测技术

4.1 引 言

本章的目的是回顾研究地基电离层探测的基本技术 (以及这些技术的最新改进和适配)，特别强调了这些技术在高纬电离层探测时的能力和局限性。1989 年以来，我们很荣幸有几本应用无线电技术进行电离层研究的书和报告 (Kelley, 1989; Liu, 1989; Davies, 1990; Hunsucker, 1991; Hargreaves, 1992; Hunsucker, 1993, 1999)。因此在本章中，我们将重点研究这些技术的局限性和能力，并更新高纬地区电离层仪器部署的相关信息。第 3 章图 3.33 展示了各种选定无线电技术可探测的频率–高度方式。

4.2 地 基 系 统

4.2.1 电离层测高仪

在最简单的形式下，电离层测高仪由一个发射机、接收机及耦合的调谐电路组成，采用扫频工作模式 (通常在 0.5~25 MHz 的频率范围内)。它可以是脉冲或者 CW-FM(连续波–调频) 系统，发射机和接收机可以共址 (单站) 或分离 (双站) 布设。射频信号经电离层反射后，由接收端接收并处理产生电离图。接收信号的基本信息包括电离层和地球之间的传输时间、频率、幅度、相位、极化、多普勒频移和频谱形状 (见 3.2.4 节)。从这些量中，我们能够获得电离图，即反射虚高–频率图。以频率、视距 (LOS) 速度、一些通信参数和电离层不规则体矢量速度 (使用多个天线阵) 为函数，可以推断出电离层的真实高度。历史上，电离层测高仪被 Appleton 和 Barnett(1926)、Breit 和 Tuve(1926) 用于确定电离层的存在。在3.1 节和 3.2 节中 Hunsucker(1991) 和 Bibl(1998) 简要介绍了原始的和第一代电离层测高仪的发展。

所谓的 "标准" 电离层测高仪使用真空管和机电调谐装置，体积大而且重，如图 4.1 所示。日本 Yamagawa"标准" 的电离层测高仪得到的典型电离图如图 4.2 所示，而理想的电离图如图 4.3 所示。

这些标准的电离层测高仪大量生产，而且从 1942 年至 1975 年在全球部署。这些探测仪提供的照片记录数据极大地促进了对电离层的了解。然而，这些数据

图 4.1　NBS 模型 C-3 电离层测高仪装置，左边是电源，右边是实际的测高仪

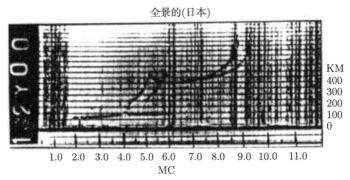

图 4.2　"标准"的"典型电离图"(频率范围 0.5~12 MHz，高度范围 1000 km，功率 10 kW，扫描时间 20 s，线性频率标度，注意 MF 和 HF 干扰噪声的粗垂线)

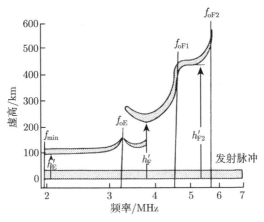

图 4.3　理想电离图

必须由训练有素的标定员手动分析，并且将数据胶片存档在温控存储设施里。到1982 年为止，电离层测高仪全球分布如图 4.4 所示。

电离层垂测探测站点地图

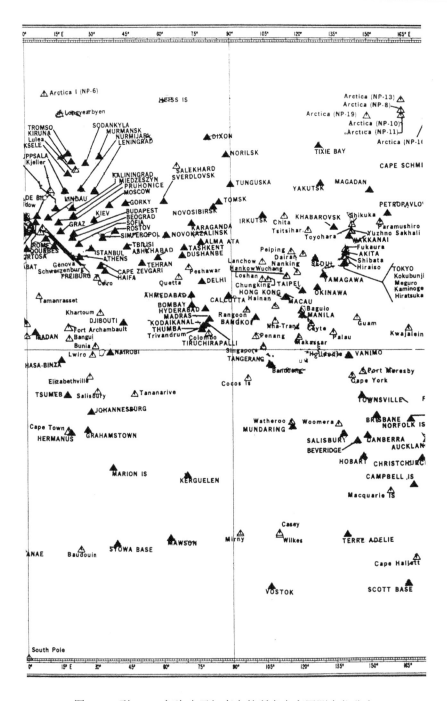

图 4.4 到 1982 年为止已知存在的所有电离层测高仪分布

随着价格合理的小型个人计算机、数字信号处理、新的调制编码技术和超大规模集成电路 (VLSI) 的出现，从 20 世纪 60 年代中期到 21 世纪，一种新的电离层测高仪被开发出来。许多电离层测高仪都是便携式的，而且体积、重量和功耗比 "标准" 的电离层测高仪要小，而且产生的电离图要好得多。现代探测仪还允许删除受干扰污染的离散频率以及可能干扰其他服务的频率。天线阵理论的进步也使部署接收阵列天线成为可能，这样可以确定回波的到达方向 (DOA)，并为选定的高度制作 "天空图"(skymaps)。代表性的新型探测仪示例如表 4.1 所示，典型的现代电离层测高仪获得的电离图如图 4.5 所示。

表 4.1 典型的可用电离层测高仪

探测仪名称	规格说明	来源
数字便携式探测仪 (DPS)	频率范围：1~32 MHz； 功率：300 W 脉冲； 高度范围：90~1000 km； 多普勒探测等； 通过互联网实时传输数据； 可自动标校	马萨诸塞州大学大气研究中心 www.uml.edu
加拿大先进数字电离层测高仪	频率范围：1~20 MHz； 功率：600 W 脉冲 (13 位巴克码)； 高度范围：90~1024 km； 多普勒探测等； 通过互联网实时传输数据	科学仪器有限公司 (美国)
电离层测高仪：高频诊断模块，01-2000	频率范围：1~30 MHz； 功率：1 kW CW 和峰值； 多普勒探测等	远程传感中心公司 (美国)
高级数字电离层测高仪	详细说明见 www.kel.gov.au	KEL 航空有限公司 (澳大利亚)

性能和局限性

所有电离层测高仪的一个局限性是它们只能产生电离层底部到 F2 层最大电离高度间的信息 (电离层的 "底部一侧")。此外，除非通过增加发射天线塔的高度和使用相对较高的功率，将扫频的低频段扩展 (至少延伸到 250kHz)，否则难以获得 D 层信息。这与非相干散射雷达 (ISR) 技术形成了鲜明的对比，然而 ISR 昂贵得多且不是便携式的。另外一个局限是，在强 E 层电离期间 (遮蔽 E 层)，将无法获得 F 层的很多信息。新的 "现代" 电离层测高仪价格目前在 30000~250000 美元之间。

在极光纬度，所有电离层测高仪都受到若干相当严重的限制，即在一些最 "有趣事件" 的时期，极光 E 层电离或 D 层吸收阻止了获得这些层以上的电离层信息！这些 "有趣" 的事件包括磁暴、亚暴，以及相关的极光、极盖吸收、强极光事件和极端扩展 F 情况。

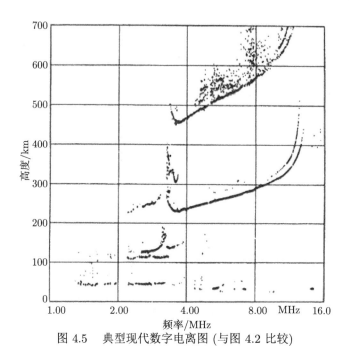

图 4.5　典型现代数字电离图 (与图 4.2 比较)

4.2.2　相干斜向无线电探测系统

基于电离层对入射电波的直接后向散射，或者地面再反射的后向散射原理进行电离层探测的系统称为斜向返回散射探测仪 (OBS)。这个系统在构造上可以是双站，也可以是单站。OBS 在文献中也被称为电离层雷达、相干散射雷达、后向散射探测仪和极光雷达。Greenwald 等 (1978)、Liu(1989，第 11 和 12 章)、Hunsucker(1991，pp. 94~109) 和 Hunsucker(1993，pp. 441~450) 对它们进行了详细讨论。具体来说，由 Liu(1989) 编辑的 WITS 手册在第 11 和 12 章专门讨论了附录 A1.2 中的两种 OBS 系统：极光雷达和 HF 地基散射雷达，以及在第 2、3、5 和 6 章中讨论了赤道、中纬和高纬电离层等离子体动力学和电动力学基础知识。

基本原理

相干散射回波显示了从一个脉冲到另一个脉冲的振幅和相位的统计相关性，以及源自相关时间通常大于 1ms 的准确定性电子密度梯度。与非相干散射回波相比，可以将相干后向散射描述为 "强" 回波 (相干后向散射的 "散射截面" 比非相干大 $10^4 \sim 10^9$ 倍)。通常，当来自发射天线的射线路径在近垂直入射下与大的电子密度梯度或场向不规则体相交时，获得相干后向散射。因此，相干后向散射比非相干散射强 40~90 dB，且在性质上与镜反射相似。然而，为了全面了解电离层物理机制，需结合很多等离子体理论。等离子体理论的实质是，当在电离层中存在等离子体不稳定性时, 介质中的幅度起伏比热背景高得多。当介质中的波矢量幅度 (k_{m}) 等于发射波矢量 (k_{t}) 幅度的两倍时, 发生相干散射。

Croft(1972) 在 WITS 手册中和 Hunsucker(1991, 4.1.1 节、4.2.1 节和 4.3.1 节) 对 OBS 技术和各种系统的基础知识进行了较为完整的论述。值得注意的是, Mogel 在 1926 年第一次使用相干后向散射 (来自地面) 观测, 但直到 1951 年, Dieminger(1951) 和 Peterson(1951) 各自独立地给出解释时 OBS 才被真正理解。另一类探测仪称为斜电离层探测仪或同步探测仪, 主要用于评估短波通信链路电离层的传播特性 (Goodman, 1992)。OBS 通常被称为超视距 (OTH) 雷达, 主要被军事部门和其他政府机构用于探测飞机、船只和导弹等。该系统的软硬件相当复杂, 这一课题一直高度保密, 直到最近, 一些系统才用于电离层和海洋学研究。Barnum(1986) 和 Brookner(1987) 在 IEEE 海洋工程专刊 (1986) 及 *Radio Science*(1998) 专版描述了 OTH 雷达系统及结果。

现代 OBS 系统通常工作在 HF 和 VHF 波段, 使用连续波 (CW)、脉冲编码或调频连续波 (FMCW) 调制。它们直接从场向不规则体后向散射或不规则体后向散射经地面反射模式获得电离层信息, 理想化示意图如图 4.6 所示。

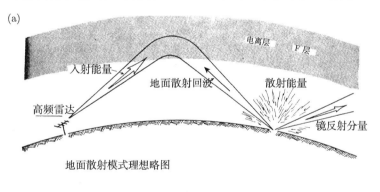

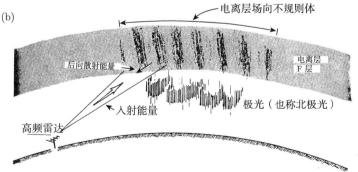

图 4.6　地面后向散射模式示意图 (a) 和在极光卵形环中场向不规则体 (FAI) 直接后向散射示意图 (b)。实际上 HF 射线通常被电离层折射, 与 FAI 正交

在地面散射模式 (图 4.6(a)) 中，返回到接收端的回波受电离层反射点附近的不规则体、地表特性和第二跳进入电离层的场向不规则体 (FAI) 的影响。有必要分析多普勒速度、相位特性和回波的谱形状，以识别感兴趣的散射回波。FAI 直接后向散射如图 4.6(b) 所示，其可能受到电离层折射的显著影响 (取决于探测仪的频率)。图 4.7 总结了等离子体物理学家可能感兴趣的 OBS 信息类型。

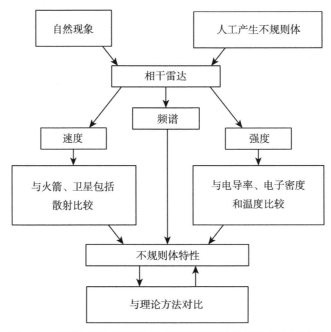

图 4.7　从等离子体物理学的角度对相干散射雷达研究的总结

目前使用的斜向探测仪类型

在 4.2.1 节中对探测仪进行了一般性描述，我们将继续按照其工作频率对其进行分类，并描述当前全球部署的几个系统。Kossey 等 (1983) 描述了最低频率 OBS 的 VLF 探测仪，在 5~30 kHz 间扫频，脉冲宽度 < 100 ms。图 4.8 阐明了基本系统配置，图 4.9 给出了在极区较低电离层在扰动期间获得的数据。

据作者所知，目前还没有 VLF 探测仪投入使用。然而，VLF 探测仍然是一种可详细探测电离层 D 层和 E 层的实用技术，特别是在高纬度地区。

在无线电频谱的高频 (3~30 MHz) 频段，OBS 技术从 20 世纪 20 年代中期就开始使用。有关 OBS 系统的历史和理论见 Hunsucker(1991)。高频 OBS 技术最成功的实例为 SuperDARN(Dual Auroral Radar Network，极光雷达网) 系统 (Greenwald et al., 1995) 和 PACE(Polar and Conjugate Network，极区和共轭网

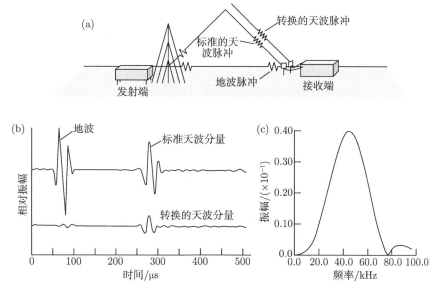

图 4.8 VLF 脉冲-电离层测高仪技术 (a)、典型的观测波形示例 (b) 及典型的发射脉冲谱 (c)(Kossey et al., 1983)

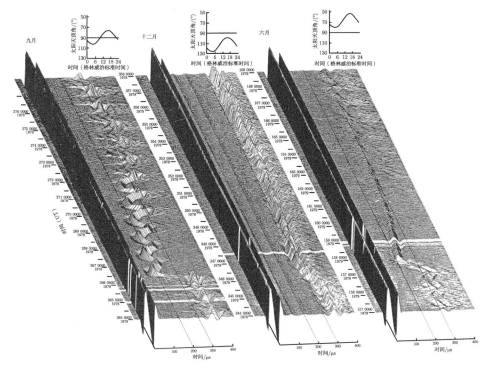

图 4.9 极区扰动期间的 VLF 脉冲反射数据 (Kossey et al., 1983)

络) 系统 (Greenwald et al., 1989)。这些高频雷达工作频率为 8~20 MHz，方位角覆盖范围为 52°，范围从几百千米延伸至 3000 km 以上。电离层不规则体后向散射通常可从该范围间隔的 10%~60% 观测到。该类型的第一个高频雷达位于拉布拉多州的 Gosse Bay(Greenwald et al., 1985)，并自 1983 年起连续观测。

目前的 SuperDARN 系统覆盖了大部分北极电离层和部分南极电离层。北半球 SuperDARN 雷达现有的视场图、资助和协议如图 4.10 所示 (见表 4.2)，南半球高频雷达覆盖如图 4.11 所示。

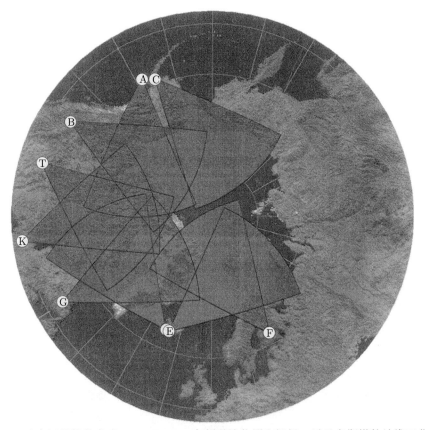

图 4.10　八个运营的北半球 SuperDARN 高频雷达位置和视场，以及在斯堪的纳维亚北部的 STARE 雷达和苏格兰 Wick 的 SABRE 雷达。King Salmon(C) 由日本通信研究实验室运营；Kodiak(A) 由美国地球物理研究所 UAF 运营；Prine Geoge(B) 由加拿大萨斯喀彻温大学运营；Saskatoon(T) 由加拿大萨斯喀彻温大学运营；Kapuskasing(K) 由美国 JHU/APL 运营；Goose Bay(G) 由美国 JHU/APL 运营；Stokkseyri(W) 由法国 CNRS/LPCE 运营；Pykkvibær(E) 由英国莱斯特大学无线电和空间等离子体团队运营 (也称 Cutlass/冰岛)；Hankasalmi(F) 由英国莱斯特大学无线电和空间等离子体团队运营 (也称 Cutlass/芬兰)

表 4.2　北半球的 SuperDARN

雷达	ID	位置	隶属	纬度/°N	经度/°E	运行
CUTLASS[a]/芬兰	F	芬兰 Hankasalmi	莱斯特大学	62.32	26.61	1995.4
CUTLASS[a]/冰岛	E	冰岛 Pykkvibær	莱斯特大学	63.77	−20.54	1995.12
Iceland West	W	冰岛 Stokkseyri	CNRS[b]	63.86	−20.02	1994.10
Goose Bay	G	加拿大 Labrador	JHU/APL[c]	53.32	−60.46	1983.6
Kapuskasing	K	加拿大 Ontario	JHU/APL[c]	49.39	−83.32	1993.9
Saskatoon	T	加拿大 Saskatchewan	萨斯卡通大学	52.16	−106.53	1993.9
Prince George	B	加拿大 British Columbia	萨斯卡通大学	53.98	−122.59	2000.3
Kodiak	A	Kodiak Island, Alsaska	UAF[d]	57.62	−152.19	2000.1

注:

a 英国双定位极光探测系统共同运行。

b 国家科学研究中心。

c 约翰霍普斯金大学应用物理实验室。

d 阿拉斯加大学费尔班克斯分校。

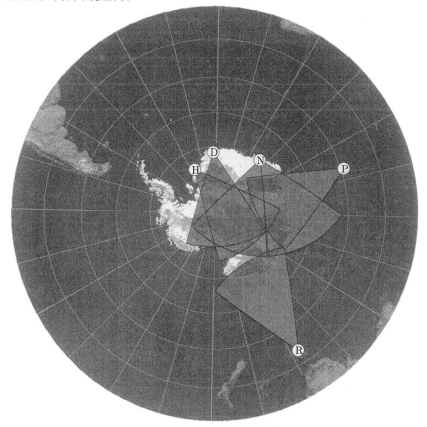

图 4.11　南半球 SuperDARN 高频雷达的视场 (Greenwald et al., 1995)。Halley(H)(也称为南半球极光雷达 (SHARE)) 由英国南极调查局运营；SANAE(D) 由南非共和国 Natal 大学和 PUCIIE 联合运营。Syowa 东 (N) 由日本国家极区研究所运营；Kerguelen(P) 由法国基地研究所运营；TIGER(R) 由澳大利亚筹伯大学运营

　　SuperDARN 雷达利用电离层折射来实现与高纬 F 层的场向不规则体正交，频率范围为 8~20 MHz，可以在电子密度超过 6 倍的情况下实现正交。它们还具有频率捷变性，允许两个或更多频率交织在一起观测。一个源自 SuperDARN 雷达的等离子体对流模式如图 4.12 所示。SuperDARN 天线阵列由主阵列中的 16 个对数周期天线 (LPAs) 和 4 个 LPA 组成，形成一个用于仰角测定的小型干涉仪阵列，如图 4.13 所示。

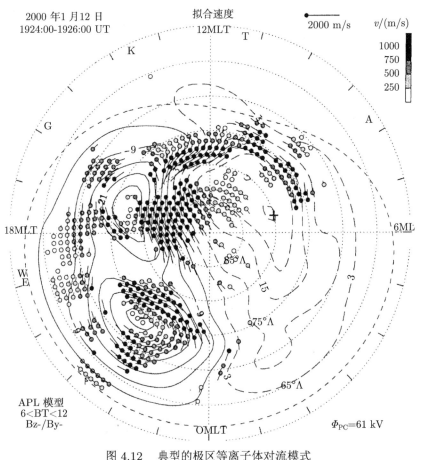

图 4.12　典型的极区等离子体对流模式

　　从这些天线或到这些天线的射频信号由电子控制的时延相位元件进行相位控制，该单元可使波束转向 16 个方向，覆盖 52° 的方位扇区。测量的方位分辨率取决于雷达工作频率，范围从 20 MHz 的约 2.5° 至 8 MHz 的 6°。由于大部分观测是在 10~14 MHz 的频率范围内进行的，雷达标称的方位分辨率约为 4°。在 1500 km 的范围内，对应于约 100 km 的横向空间维度。

图 4.13 位于 Kapuskasing Ontario 的 SuperDARN 高频天线阵列 (Greenwald et al., 1995)

在主阵前 100 m 处,使用四个 LPA 的二次平行天线阵来确定后向散射信号的垂直到达角。该二次天线阵也使用相位矩阵和干涉仪来确定到达这两个阵列的后向散射信号的相对相位。相位信息被转换成仰角,它以距离和散射体近似高度为函数用于确定后向散射信号的传播模式。在图 4.13 中,也可看到这个二次天线阵列。SuperDARN 测量的距离分辨率由发射脉冲长度 (200~300 ms) 决定,相当于 30~45 km。

SuperDARN 天线阵的电控为微秒量级,这使得雷达可通过多个波束进行快速扫描,或者在单个波束上停留较长时间。通常情况下,雷达将按顺序扫描,每个波束停留时间为 6 s,全扫描时间为 96 s。

尽管使用单个 HF 雷达获得了非常有用的信息,但很明显,雷达间隔大于 500 km 的双向共体积观测是推进 HF 雷达高纬对流研究的最佳途径 (Ruohoniemi et al., 1989)。一对 HF SuperDARN 雷达天线的共同视场覆盖了 15°~20° 的不变纬度和 3 h 的磁地方时。数对 HF 雷达的视场在磁地方时许多小时内扩展到了高纬极光带和极盖边界的空间覆盖范围。如果电离层不规则体出现这个共同的视场区域,那么将使在对流单元的重要部分上监测等离子体对流动力学成为可能。Ruohoniemi 和 Greenwald(1997) 给出了太阳活动最大值期间高频散射的发生率。

图 4.14 给出了 VHF 和 HF 雷达捕获高纬 E 层和 F 层场向不规则体方式的示意图,图 4.15 显示了 Sonderstrom ISR 和 Goose Bay 高频雷达同时获得的 F 层多普勒速度之间的比较。更多关于 SuperDARN 系统的详情见 Greenwald 等 (1995) 的综述文章及互联网上有关 SuperDARN 的主页。

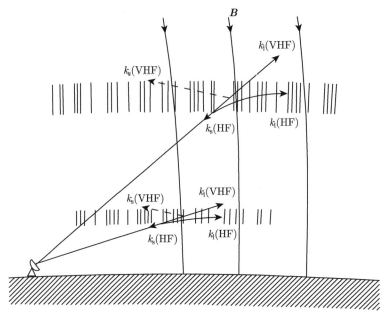

图 4.14　对于 E 层和 F 层场向不规则体观测 VHF 和 HF 雷达的理想射线路径 (Greenwald et al., 1995)

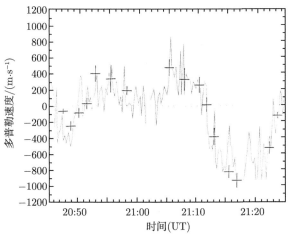

图 4.15　Goose Bay 高频雷达获得的 F 层多普勒速度与 Sonderstrom ISR 获得的速度之间的比较 (Greenwald et al., 1995)

　　在 VHF 和 UHF 频率, OBS 系统主要用于极光雷达, 有时在近赤道纬度, 用来研究与赤道电集流有关的不规则体结构。极光和赤道 VHF/UHF 回波物理学特征见 Kelley(1989)。VHF/UHF 雷达用于研究极光和赤道电离层不规则体的例子为康奈尔大学便携式干涉仪 (CUPRI)(Providakes, 1985) 及萨斯喀彻温省极光测定偏振相控电离层雷达实验 (SAPPHIRE)(Kustov et al., 1996, 1997)。极光雷达以斯堪的纳维亚双极光雷达实验 (STARE) 为例，Greenwald 等 (1978) 首次描述了该实验。STARE 系统由两个位于挪威马尔维克和芬兰汉卡萨尔米的脉冲双基相控阵雷达组成。雷达的波束指向为一个大的公共视场范围 (约 $16000km^2$)，以斯堪的纳维亚北部极光带为中心，如图 4.16 所示。

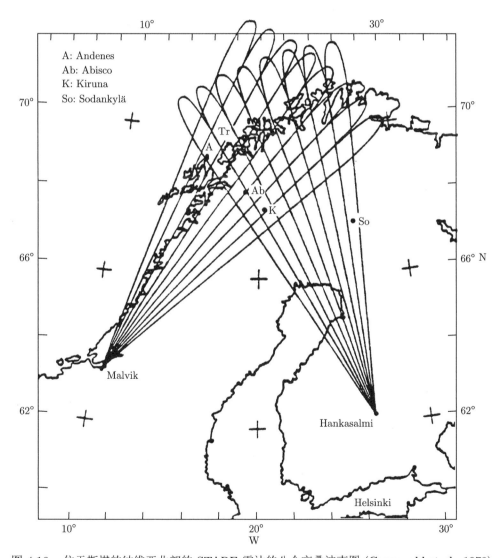

图 4.16 位于斯堪的纳维亚北部的 STARE 雷达的八个交叠波束图 (Greenwald et al., 1978)

将两个雷达的多普勒数据组合在一起，以 20 km× 20 km 的空间和 20 s 的时间分辨率确定不规则体的矢量速度。图 4.17 为 STARE 系统和全天空摄像机同步获得的数据示例，说明了向西移动的极光日浪。表 4.3 列出了截至 2000 年全球部署的 OBS(相干雷达) 清单 (见 6.4 节)。

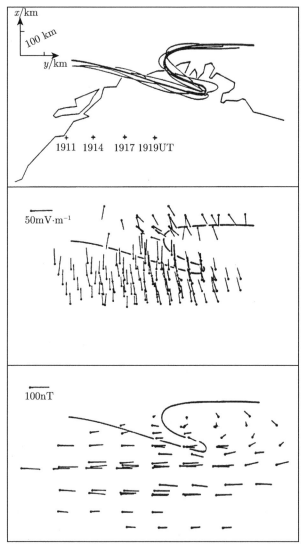

图 4.17　1977 年 3 月 27 日约 19:11 UT 在西向移动日浪期间，极光光度 (上图) 和等效电流
(中图) 空间分布的叠加历元分析 (Inhester et al., 1981)

表 4.3 当前 OBS 系统 (HF/VHF/UHF) 部署

位置	雷达 名称	雷达 类型	参考说明
芬兰	COSCAT/XMTR[a]	极光/脉冲/双基	McCrea 等 (1991)；929.5MHz
芬兰和瑞典	COSCAT/RCVRS[b]	双基/脉冲和连续波	0.5kW，4° 仰角，2° 方位角
英国和瑞典	SABRE	极光/脉冲	Jones 等 (1981)；150MHz；双雷达
斯堪的纳维亚	STARE	极光/脉冲/双基	Greenwald(1987)
加拿大北极地区	SAPPHIRE[a]	极光和极盖/连续波/双基	Kustov 等 (1996)；50kW
加拿大东北	SHERPA	极光和极区/脉冲	Hanuise 等 (1992)
极区	SuperDARN	极盖和极光/脉冲	Greenwald 等 (1995)；6~16MHz；每根天线 1kW
克里特岛	SESCAT	中纬，E 层/连续波/双基	Haldoupis 和 Schlegel(1993)；50.52MHz，1kW，四个八木天线
(便携式)	CUPRI	E 层/单基	Providakes 等 (1985)；49.92MHz，25kW，五个天线
(便携式)	FAR	D、E 和 F 层/脉冲	Tsunoda(1992)；2~50MHz，各种脉冲宽度
南极 Halley Bay	PACE	F 层极盖/脉冲	Baker 等 (1989)；8~20MHz，16 个天线，每根 1kW；52° 方位扇区
南极	SYOWA	极光/脉冲	50MHz 和 112MHz，15kW，3~14 单元同轴天线
秘鲁	Jicamarca	赤道/脉冲/单基	Kelley(1989，第 4 章)；50MHz(斜向和垂直入射)，49.9MHz
夸贾林环礁	Altair	赤道/单基/脉冲	Tsunoda(1981)；155.5MHz
日本	MU 雷达	中纬，单基/脉冲	Kato 等 (1989)；46.5MHz

注：

雷达缩写：COSCAT：相干雷达；CUPRI：康奈尔大学便携式雷达干涉仪；PACE：极区英美共轭实验；SABRE：斯堪的纳维亚和英国雷达实验；SAPPHIRE：萨斯喀彻温省极光测定偏振相控电离层雷达实验；SESCAT：E_s 散射；SHERPA：HF 极光雷达系统 (System HF d'Etude Radar Polaires Auroral)；STARE：斯堪的纳维亚双雷达实验；DARN：起初称为双极光雷达网络，现在 SuperDARN 是指 HF 后向散射探测仪网络，主要探测 F 层；FAR：频率捷变雷达。SABRE：在瑞典的 SABRE 雷达已退役，但在苏格兰威克的雷达仍在使用。

　　一些先进的 OBS 系统采用与射电天文学类似的干涉天线阵列 (Farley et al., 1981)。对来自不同天线的数字化信号进行傅里叶变换，并在时域中确定每对天线的复相关谱。空域分析也可在频域内进行 (Briggs and Vincent, 1992)，与时域分析相比提供了一些优势。

　　在 OBS 系统设计中有两种新方法：一种为频率捷变雷达 (FAR)(Tsunoda et al., 1995) 和 Ganguli 等 (1999) 描述的多用途系统，该系统可用于 OBS 以外的模式；另一种为 Manatash Ridge 雷达，该雷达利用来自标准调频广播电台的传输 (用于高层大气无线电科学的一种无源双基雷达)(Sahr and Lind，1997)。

极光和 HF 雷达的一些优缺点

极光雷达

　　这些雷达的无线电射线路径必须与地磁场在近垂直入射点相交，因此雷达的位置至关重要。这就要求发射机和接收机位于高纬地区，这些地区有时不宜居住且比较荒凉，从而使后勤保障复杂化。同时，为了实现窄方位波束宽度的需求，需要很大的天线阵，这导致了成本的提高。

HF 雷达

　　HF 雷达系统需要比 VHF/UHF 系统更大的天线面积。雷达选址虽然不如极光雷达那么关键，但很重要。为了覆盖整个极盖 (如 SuperDARN 系统)，需要大量的国际合作。由于它们的位置偏远，有些地点的维护费用很高。在极光或极盖吸收严重期间，较低的 HF 频率可能无法使用。

4.2.3　非相干散射雷达

　　与相干散射技术相比，非相干散射雷达技术相对较新——它们在 20 世纪 60 年代首次开发和部署。电离层非相干散射基础理论在 Evans(1969)、Davies(1990) 的 4.7 节、Hunsucker(1991) 的 2.3.2 节和本书的 3.5.3 节中均有涉及。非相干雷达技术已经成熟并被证明是探测电离层和热层甚至在特定条件下探测中间层最强大的地基无线电技术之一。目前有九部非相干雷达在运行 (有些只是偶尔运行)。

　　目前在用的 ISR 在 Hunsucker(1991) 的第 7 章和 Hunsucker(1993) 的第 5 节进行了详细描述。安装于斯瓦尔巴特群岛的朗伊尔城 (挪威斯匹次卑尔根群岛首府) 的雷达 (图 4.18) 是全球 ISR 的最新补充，也是 EISCAT 系统的重要组成部分，其参数见表 4.4。Wannberg 等 (1997) 对斯瓦尔巴特群岛 ISR 技术方案和性能进行了详细论述，当前 ISR 的地址和联系人信息已列于 NCAR CEDAR 数据库的最新版本中。

图 4.18　位于斯瓦尔巴特群岛的朗伊尔城的 EISCAT ISR 最新照片 (EISCAT 许可)

表 4.4　EISCAT 雷达系统参数 (EISCAT 许可)

	位置				
	特罗姆瑟		基律纳	索丹屈莱	朗伊尔城
地理坐标	69° 35′N 19° 14′E		67° 52′N 20° 26′E	67° 22′N 26° 38′E	78° 09′N 16° 02′E
地磁倾角	77° 30′N		76° 48′N	76° 43′N	82° 06′N
不变纬度	66° 12′N		64° 27′N	63° 34′N	75° 18′N
带宽	VHF	UHF	UHF	UHF	UHF
频率 (MHz)	224	931	931	931	500
最大带宽 (MHz)	3	8	8	8	10
发射	2 速调管	1 速调管			16 速调管
通道数目	8	8	8	8	6
峰值功率 (MW)	2× 1.5	1.3			1.0
平均功率 (MW)	2× 0.19	0.16			0.25
脉冲持续时间 (ms)	0.001~2.0	0.001~1.0			< 0.001~2.0
相位编码	二进制	二进制	二进制	二进制	二进制
最小脉冲间时间 (ms)	1.0	1.0			0.1
接收	模拟	模拟	模拟	模拟	模拟–数字
系统温度	25~350	70~80	30~35	30~35	55~65
数字处理	8 位 ADC 32 位复数	ACF，并行通道			12 位 ADC，滞后配置 32 位复数
天线	柱面 120m× 40m	碟形 32m	碟形 32m	碟形 32m	碟形 32m　碟形 42m 固定
馈电系统 卡塞格仑系统	线路馈电	卡塞格仑系统	卡塞格仑系统	卡塞格仑系统	卡塞格仑系统
增益 (dBi)	46	48	48	48	42.5　45
极化	圆极化	圆极化	任意	任意	圆极化　圆极化

4.2.4　D 层吸收测量

无线电波在距离发射机一定距离 d 处的功率密度因几何效应、折射、大气吸收以及射线路径中物体的散射和衍射而降低。对于电离层技术中使用的频率 (ELF/UHF)，大部分吸收发生在 D 层，其特征是偏移或非偏移吸收。电离层吸收理论在 Davies(1990, pp. 65~66, 215~217)、Hunsucker(1991, pp. 50~53)、Hargreaves(1992, pp. 65~66, 71~72) 和本书的 3.4.1 节中均有介绍。

当前状态和全球部署

由于存在多种测量电离层吸收的无线电技术，我们采用 URSI 命名法对最常用的几种技术进行命名。Rawer(1976)、Davies(1990, pp. 217~219) 和 Hunsucker(1991, Chapter 7, pp. 165~183) 对这些技术进行了广泛的描述。其中某些技术目前正在使用中，而另一些则因各种原因而被废弃。

URSI A1a 和 A1b 方法

由于使用的频率 (2~5 MHz) 在极光和极区吸收较高，因此 URSI A1a 方法通常在中纬度使用。基本上，这个方法使用一个稳定的、恒定输出的脉冲发射机，一个具有均匀的垂直方向的主瓣 (和低副瓣) 的天线，加上一个稳定的灵敏的接收机来分析穿过 D 层并被 E 层反射两次的信号。这项技术需要非常精细、频繁的校准系统以及一个 E 层反射系数的测量方法，即 URSI A1b 方法，其为短距离斜入射应用了相同的基本设备和修正的方程。URSI A1a 和 URSI A1b 技术从 20 世纪 50 年代中期至 70 年代中期广泛应用，但据作者所知，目前只有少数装置依然在运行。然而，这仍然是一种有用的方法，特别在考虑到 VLSI、DSP、天线理论和计算机技术进展的情况下。

URSI A2 方法

Davies(1990, pp. 218~219) 和 Hargreaves(1992, pp. 71~72) 对测量吸收的 URSI A2 宇宙噪声方法进行了简要介绍，Hunsucker(1991, pp. 169~178) 对此进行了相当广泛的讨论。用于 URSI A2 吸收测量的设备被称为宇宙噪声吸收仪 (相对电离层吸收仪，地球外电磁辐射)。它是由阿拉斯加大学地球物理研究所设计和建造 (Little and Leinbach, 1959)，1957~1959 年国际地球物理年 (IGY) 期间首次在全球部署。基于极光研究人员在 20 世纪 50 年代早期所做的工作，发现宇宙噪声吸收仪被发现非常适合测量高纬地区强 D 层吸收。事实上，极盖和极区吸收都是运用该仪器来进行验证的 (Hargreaves, 1969)。

本质上，宇宙噪声吸收仪只是一个稳定的无线电接收器，通常这种稳定性是通过在信号和稳定的局部噪声源之间快速切换接收器输入来实现的，这一原理首先由 Machin 等 (1952) 提出。宇宙噪声吸收仪工作频率高于电离层穿透频率，以便接收来自外太空的信号，即宇宙无线电噪声。由于宇宙噪声源的强度几乎没有变化, 接收强度的降低被解释为信号在电离层的某处被吸收。

以分贝为单位的宇宙噪声吸收计算为

$$A = 10 \log 10 (P_0/P) \tag{4.1}$$

其中, P_0 为电离层不存在时的输入功率, P 是宇宙噪声吸收仪的输出功率。宇宙噪声吸收仪的典型结果图如图 4.19 所示。

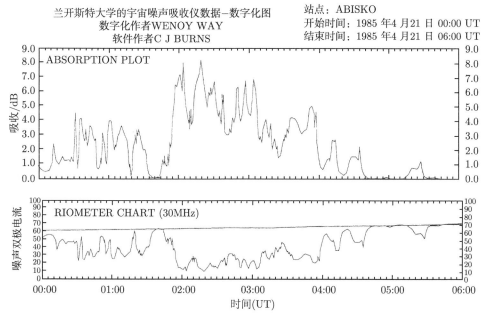

图 4.19 在 6 h 内, 频率为 30 MHz 的无线电极光吸收。下图中 "噪声二极管电流" 与接收的宇宙噪声功率成正比, 直线是 "平静日曲线", 表示没有吸收情况下的接收功率

虽然宇宙噪声可以假定为随时间而恒定, 但它在天空中不是恒定的。当地球自转时, 从观测点指向固定的方向 (如天顶) 的宇宙噪声吸收仪天线在射电天空中被扫描, 每一恒星日 (24 小时 4 分) 返回到同一位置。为了测量吸收率, 必须清楚在没有吸收情况下的强度是多少。这通常通过将一段时间内的测量值作为恒星时间的函数叠加来估计, 并在无吸收的情况下沿着顶部画一条线来表示强度。得到的曲线通常称为平静日曲线 (QDC), 虽然这个想法很简单, 但 QDC 的准确推导可能是宇宙噪声吸收仪技术吸收测量中最困难的部分 (Krishnaswamy et al., 1985)。

大多数宇宙噪声吸收仪都是用一个波束很宽的小大线工作, 如半功率点约 $60°$。这样做是出于实际原因, 但缺点是天线方向图在 D 层的投影约 100 km 的区域。因此标准的宇宙噪声吸收仪安装没有很好的空间分辨率。然而，近年来窄波束工作和宇宙噪声吸收成像仪的使用有所增加。

吸收取决于无线电频率，与其平方成反比 (见 3.4.1 节)，这是影响宇宙噪声吸收仪频率选择的一个因素。在较高的 VHF 频率下，天线可以更小 (对于给定的波束带宽)，但仪器对弱吸收的敏感度变小。对于较低的 VHF 频率，天线需很大且有更多来自电离层传播的干扰信号。这种折中通常导致使用 30~50 MHz 的带宽。使用多个频率的数据时，通常将结果调整至 30 MHz 以进行比较

$$A(30 \text{ MHz}) = A(f)(30)^2/f^2 \tag{4.2}$$

20 世纪 60 年代，第一代宇宙噪声吸收仪采用了真空管和固态电路，这使得其被封装成一个低功耗的小单元。然而，固态宇宙噪声吸收仪存在的一个问题是对前端干扰缺乏识别能力，但这已通过使用陶瓷滤波器和集成电路得到解决 (Chivers, 1999, 私人交流)。

宇宙噪声吸收成像仪

当前，技术的发展使得建造可同时产生大量的窄波束的宇宙噪声吸收仪成为可能，其足以在距离安装装置 150 km(水平) 的范围内构造出吸收区的图像。国际上已有几个这样的系统正在运行，并计划再运行几个。这些系统称为宇宙噪声吸收成像仪。

第一台用于电离层研究的宇宙噪声吸收仪 (IRIS) 于 1988~1989 年安装在南极 (Detrick and Rosenberg, 1990)，它形成 49 个电子束，在 90 km 水平上的最佳分辨率约为 29 km(图 4.20)。

原则上，可以使用 49 个宇宙噪声吸收仪来记录信号，但为了减少数量，该系统在 7 个宇宙噪声吸收仪系统之间顺序切换信号；尽管这意味着会损失一些灵敏度，但它仍然足以在 10 s 的时间分辨率下进行观测。它的工作频率为 38.2 MHz。

宇宙噪声吸收成像仪已经证明可观测到尺度更精细的吸收特征以及运动。这个类型的系统预计将产生许多关于极光无线电吸收的结构和动力学的新信息，并且更精细尺度吸收的发生必将蕴含着极光吸收对高分辨率系统 HF 无线电波传播的影响。

URSI A3a 和 A3b 方法

URSI A3 技术在中纬度使用 LF 至 HF 频率的短、单跳电离层模式，其基本几何结构如图 4.21 所示。A3a 方法使用 2~3 MHz 和 6 MHz 的频率，在 200~400 km 的地面距离上的斜入射处进行连续波场强测量。垂直平面的天线方向图必须非常均匀，以便反射层高度的微小变化不会影响系统损耗，而且必须使用一种主模式。发射机输出和接收机灵敏度必须稳定且经过标校，而且不应存在显著

的地波污染。该方法可能最适用于中纬地区 D 层吸收的季节变化和太阳黑子变化的长期测量。

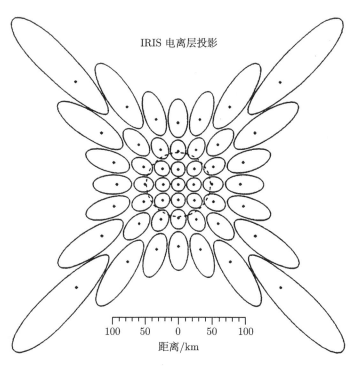

图 4.20 在 90km 高度上的 IRIS 波束投影 (Detrick and Rosenberg, 1990)。波束中心标记为点，3 dB 水平为实线。虚线圆是典型的宽波束宇宙噪声吸收仪的投影

与 URSI A3b 模式的主要区别是，它使用的频率低于 MF 频带，其中地波相当强。因此，使用一个垂直于发射机方向的垂直环形天线消除地波，而用另一天线接收天波。URSI A3a 和 URSI A3b 方法在 URSI 手册 (Rawer, 1976) 中进行了详细的描述。

Gardner 和 Pawsey(1953)、Belrose 和 Burke(1964) 开创了部分反射实验 (PRE) 技术的发展。这包括一个高功率发射机和灵敏的接收机，工作频率不等于等离子体频率。接收天线阵列具有垂直指向的波瓣，其可以辨别下行的 X 和 O 极化。因此，通过两个磁离子分量的振幅，可以获得 D 层电子密度、碰撞频率和吸收等信息。通过测量下行波的振幅和相位，进一步增强了 PRE 技术。这是一种相位差分测量。Belrose(1970)、Meek 和 Manson(1987) 在干涉测量模式中使用 MF 雷达获得了更多关于中层大气和 D 层较低区域的信息。PRE 理论和实验结果在 Hargreaves(1992, pp. 28~29, 76~77) 和 Hunsucker(1991, pp. 180~182) 的

书中进行了概述。Hunsucker(1991, pp. 182~183; 1993, pp. 459~464) 描述了用于测量 D 层吸收的其他技术。表 4.5 总结了绝大部分吸收测量技术。

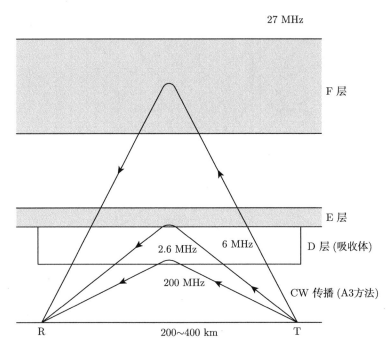

图 4.21   A3 吸收测量方法的几何图。短画线是 A2 方法从 R 到极星的理想射线路径 (Rawer, 1976)

表 4.5   吸收测量技术的能力和局限性

URSI 名称或其他名称	能力	局限	备注
A1 方法	相当敏感	干扰，不能测量高值	中纬或低纬
A2 方法	大动态范围	没有其他一些方法敏感	无源，低成本，可被用于测量极盖和极光吸收
A3a 方法	相当敏感	干扰，比 A1 复杂	中低纬
A3b 方法	敏感	干扰	中低纬
PRE 方法	可获得电子和碰撞频率剖面	干扰，复杂系统，比其他敏感	MF 雷达可被用于探测中层大气
f_{min} 方法	可以给出吸收变化的定性指示	对设备参数非常敏感	不太有用
LOF	给出一个可以直接应用于 HF 链路的值	干扰，难以解释	不是很常用
卫星 HF 信标	全球覆盖	变量太多	不太有用

4.2.5 HF 发射改变电离层

在无线电广播早期，Butt(1933) 和 Tellegin(1933) 发表论文介绍了从一个发射信号到另一个信号的调制转移的观测结果，Tellegen 将这种现象描述为电离层中无线电波的相互作用。这在随后的出版物中被称为 "卢森堡效应"(或 "卢森堡–高尔基效应")。Bailey(1937) 第一个提出电离层可被一个大功率 HF 发射机加热，且这种加热可以产生有关电离层的新信息。"电离层加热" 直到 20 世纪 60 年代才被实验证实，直到 1970 年，才由 Utlaut 公布结果。

然而，"电离层交叉调制" 的实验和理论研究从 20 世纪 40 年代一直持续到 70 年代，由于当时这种设施的运行和维护成本高昂，同时出现了费用较低廉的其他实验设施，因此对电离层交叉调制研究的支持被缩减。

Davies(1990) 和 Hunsucker(1991) 各自用了整整一章的篇幅 (分别是第 506∼537 页和第 142∼164 页) 来讨论电离层的 (人工) 改变问题。前者强调电离层改变实验的结果，而后者则强调技术本身。关于电离层改变的另一描述 (主要是理论上的) 见 Erukhimov 和 Mityakov 在 WTTS 手册 (Liu, 1989) 第 10 章 (第 267∼284 页) 的介绍。Hargreaves(1992, pp. 93∼94) 也讨论了无线电波相互作用和电离层加热。

基本原理

通过大功率高频加热、化学物质释放、使用等离子体束注入、爆炸、对流层 (严重的天气——Davies(1990, pp. 507∼511)) 和 VLF 波注入等可以改变电离层。这里我们将讨论高频电波与电离层的相互作用。

图 4.22 描述了一般的波相互作用的实验及说明。同样，图 4.23 给出了一般的高频加热实验示意图，加热过程的各个阶段如图 4.24 所示。

Hunsucker(1991, pp. 146∼152) 概述了交叉调制理论；在第 152∼155 页给出了高频加热理论；Erukhimov 和 Mityakov 在 WITS 手册 (Liu, 1989) 中也介绍

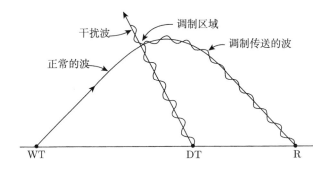

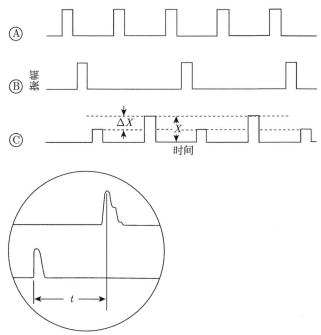

图 4.22　描述通常电离层交叉调制实验的几何示意图和命名法 (Hunsucker, 1991)。WT：发射；DT：干扰发射；R：接收；A，WT：键控序列；B，DT：键控序列；C：在接收端检测到回波幅度。下图显示测量衰减高度的技术。上面的迹线是接收到的回波；下面的迹线是 DT 脉冲

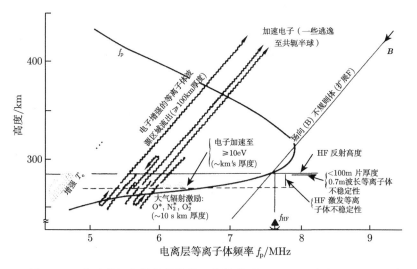

图 4.23　大功率加热设施产生的一些效应 (Carlson and Duncan, 1977)

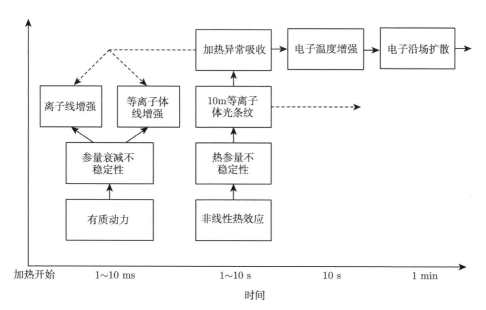

图 4.24 电离层加热四个阶段的示意图 (Jones et al., 1986)

了交叉调制和高频加热理论。Stubbe 等 (1985) 及 Wong 等 (1990) 改编的 *Radio Science* 特别版中介绍了一些适用于高纬电离层高频加热的特殊理论。表 4.6 列出了自 1970 年到目前运行的改变电离层的设施。

表 4.6　1970 年以来运行的电离层设施

高频加热及其位置	参数	备注及参考资料
NAIC；阿雷西博， 波多黎各，美国	18° N/67° W； 300MW/3～15MHz	1971 年开始运行； Gordon 等 (1971)
EISCAT；特罗姆瑟，挪威	69.6°；1200MW	
HIPAS 加利福尼亚大学 洛杉矶分校，美国	64.9° N/146.9° W； 50MW/2.8～4.9MHz	Wong 等 (1983)
由苏联吉萨尔 (杜尚别) 建立	38° N；6～8MW/4～6MHz	1981 年投入使用； Erukhimov 等 (1985)
哈尔科夫	50° N；6～12MHz	Bogdan 等 (1980)
莫斯科	56° N；1000MW/1.35MHz	Schluyger(1974)
苏拉无线电物理研究所 下诺夫哥罗德	56° N；4.5～9MHz	Belov 等 (1981)
齐门基	56° N；20MW/4.6～5.7MHz	Getmatsey 等 (1973)
蒙切戈尔斯克	68° N；10MW/3.3MHz	Kaputsin 等 (1977)
HAARP，阿拉斯加，美国	63° N/145.1° W； 2.8～10MHz	www.haarp.alaska.edu

注:

1. 通常在加热点采用多种诊断技术来探测加热引起的电离层变化。一些典型的诊断包括 ISR、电离层测高仪、相干雷达和分光光度计。

2. 本表中设施的说明包含了作者在撰写本书时获得的最新信息。

电离层 (人工) 改变技术的能力和限制

高频激励电离层等离子体产生线性和非线性效应、宽频谱尺度和寿命的不规则体以及调制电离层电流体系产生的 VLF 和 ELF 传播, 这已被证明是一项极其重要的技术, 促进了许多实验和理论的进步 (Carlson and Duncan, 1977; Hunsucker, 1991, pp. 162~163; Proceedings of the AGARD Conference on Ionospheric Modification, 1991), 还证明了高频调制激励可改变极光带电集流, 产生 VLF 和 ELF 辐射。这项技术耗费非常高, 无论是在初期成本方面还是在运行和维护成本方面, 都意味着大多数运行都处在 "活动" 的模式。此外, 由于有效辐射功率高和高增益天线阵列面积大, 环境影响可能会推高成本, 需采取特殊措施减少可能的有害辐射影响。

4.3   天 基 系 统

4.3.1   地球卫星和无线电火箭探测的历史

Hey 等 (1946) 可能是第一批意识到可以利用地球外部的源来研究电离层的科学家。随后, Smith 等 (1950)、Little(1952) 和 Hewish(1952) 指出, 射电星辐射可以用于研究电离层自然不规则体。来自月球的雷达回波成功接收促使了电离层法拉第旋转效应的发现 (Murray and Hargreaves, 1954; Browne et al., 1956; Evans, 1956)。随着人造地球卫星时代的到来 (Sputnik, 1957 年 10 月), 卫星无线电信标被用于研究电离层。随着电子技术和火箭助推器能力的进步, 始于 1962 年加拿大–美国的 Alouette I 型顶部探测器, 使将小型化的电离层测高仪送入轨道成为可能。

自 20 世纪 40 年代末以来, 利用火箭和卫星对电离层等离子体进行了原位测量, 并使用了不同的射频 (RF) 探针。朗缪尔探针、延迟位势分析仪和等离子体漂移计等不是真正的 RF 装置; Kelley(1989, pp. 437~454) 对此进行了描述, 但不会在本书中涉及。

在过去的十年中, 出版了几本讨论地球卫星和火箭无线电技术探测地球电离层的著作 (Liu, 1989, pp. 44~147; Davies, 1990, pp. 260~296; Hunsucker, 1991, pp. 197~207; Hargreaves, 1992, pp. 64~65, 67~71)。

4.3.2   无线电信标实验的工作原理和当前部署

第一类卫星试验携带一个星载发射机 (无线信标), 并利用一个地面网络 (有时全球覆盖) 来接收传输信号。从 20 世纪 60 年代初以来, 已从各种无线电信标实验 (RBE) 卫星获得了全球电离层总电子含量 (TEC) 的日、季节、地理和磁暴时间的变化。这些 TEC 的研究提供了电离层大尺度变化的信息, 如 TEC 的数量级变化和由大气重力波 (AGW) 导致的中等尺度的变化。另一类实验测量稳定 (通常是多频) 信标发射机的相位和振幅闪烁, 从而提供电离层不规则体的精细结构信息。

利用 RPE 卫星, 通过测量两个信号之间的多普勒效应 (Bowhill, 1958)、电子矢量的多普勒旋转、两个不同频率之间的相位调制 (群时延) 或两个宽间隔频率之间的载波相位差, 确定 TEC。从 20 世纪 60 年代初到 70 年代中期, 大多数 TEC 研究只是简单地监测卫星上的无线电信标的传输, 其主要目的是跟踪卫星, 近极轨道卫星和地球静止卫星都被用作 "机会目标"。

Garriott 等 (1965) 报道了使用地球静止卫星 RBE 获得的第一个结果。Hargreaves 提出了专门为电离层研究设计的地球同步 RBE 的第一个建议, Davies 等在 1975 年对此进行了描述。更多最近的 RBE 研究涉及地球静止卫星 ETS-1 和 ETS-2、美国海军 NNSS(TRANSIT) 卫星和 GPS 星座。其他用于研究 TEC 和闪烁的 RBE 卫星为宽带 (WIDEBAND) 和北极熊 (POLAR BEAR) 卫星。

最近, 基于 TEC 和层析方法, GPS 卫星星座提供了许多关于电离层形态学和不规则体结构的新信息 (Davies, 1990; Grain et al., 1993)。关于法拉第旋转、闪烁和其他 TEC 方法论的几何和方程详述见 Fremouw 等 (1978)、Basu 等 (1988)、Ho 等 (1996)、Pi 等 (1997) 的文献及本书的 3.4.4 节和 3.4.5 节。

4.3.3 顶部 (电离层) 探测器

正如本节导言部分所述, 在 1960 年初, 将微型探测仪放置在卫星上成为可能, 从而开启了利用顶部 (电离层) 探测器对电离层进行连续全球监测的时代。在过去的三十年中, 已经发射了几种顶部 (电离层) 探测器, 并且超预期完成了任务: Alouette I(1962); Explorer(1964); Alouette II(1965); ISIS-I(1969); Cosmos-381(1970); ISIS-B(1964); ISS-B(1978); EXOS-B(1978); Intercosmos-19(1979); EXOS-C(1984); Cosmos1809(1984); ISEE-1 和 ISEE-2(1979)。严格来说, EXOS-B、EXOS-C 和 ISEE-1 不是电离层感知意义上的顶部 (电离层) 探测器, 而是用于原位激发等离子体波的 "弛豫探测仪"(relaxation sounder)。同样, 我们有幸在文献中进行了扩展描述: 由 Liu(1989)、Davies(1990, pp. 261~273)、Hunsucker(1991, pp. 200~203) 和 Hargreaves(1992, pp. 64~65) 改编的 WITS 手册。大量的数据通过顶部 (电离层) 探测器获得, 其中一些数据还没有被分析。例如, Alouette/ISIS 系列探测仪提供了 50 个卫星的年测量数据, 支持发表了 1000 多篇的论文 (Jackson, 1986; Benson, 1997)。

4.3.4 卫星和火箭的原位技术

在 WITS 手册中, Hunsucker(1991, pp. 205~207) 和 Hargreaves(1992, pp. 52~53) 详述了火箭和卫星上的原位 RF 探针。这些穿越电离层传播的方法可适

用于研究低电离层。因为信号不必穿透电离层电子密度较高部分，它的频率可以降低使得观测更加敏感。火箭上升和下降时，可认为电子密度和碰撞频率为高度的函数。

一种基本仪器是 RF 阻抗探针，由 Jackson 和 Kane(1959) 首次提出。它工作的基本原理是短路天线的输入阻抗由自由空间中的一个容抗 $(1/(\omega C_0))$ 给出，当它浸入等离子体中时偏离 C_0。

另一个基本的原位探针是谐振探针，其与 4.3.3 节提到的弛豫探针相同。如 Benson 和 Vinas(1988) 所述，它由一个发射器和一个浸没在等离子体中的接收器组成，它以一种方式激发等离子体使其在各种磁离子频率下振荡。其他传感器包括朗缪尔探针系列、质谱仪、粒子探测仪、磁场和电场仪器等 (Hargreaves, 1992, pp. 49~58)。

4.3.5　能力和局限

本节中讨论的三种技术 (包括 RBE、顶部 (电离层) 探测器和原位探针) 在一些方面很好，但在另一些方面却不尽如人意。然而，当这三种技术仪器同时使用时，它们可提供有关电离层等离子体的大量信息。表 4.7 试图总结了这些技术的显著功能。

表 4.7　无线电信标和顶部 (电离层) 探测器的优点和局限性

技术	优点	局限
用于 TEC 研究的无线电信标	极轨卫星电离层全球覆盖； 恒定的信标参数； 不太复杂的接收系统； 地球静止卫星大面积连续覆盖； 可研究 TIDS	(1) 相当昂贵； (2) 相当复杂的校准问题；产生大量的数据 (有时超强)；还需要相当艰苦的数据分析；目前，适合电离层研究的 RBE 很少； (3) 极轨卫星总是以地球为参考移动，从而使时空效应复杂化
用于闪烁研究的无线电信标	上述列出的全球和时间覆盖也分别适用于极轨和地球同步卫星，用于闪烁研究；许多地球站可以使用相同的信标进行 TEC 和闪烁研究	在现有理论背景下解释这些数据是一项非常重要的任务。注意：上述 1、2 和 3 也适用于此
顶部 (电离层) 探测器	由于所有顶部 (电离层) 探测器都使用相对高倾角的轨道，所以它们具有良好的全球覆盖。它们也不受 D 层吸收效应的影响，并提供电离层 F_2 峰值以上的许多信息	设备比大多数信标更加复杂

4.4 其他技术

本节所讨论的技术与前几节讨论的技术同等重要。然而，其中一些技术是某些基本方法的改进，而另一些相当新且正处在实现的过程中。

4.4.1 HF 阵列接收机和多普勒系统

遗憾的是，测量电离层不规则体运动的空间接收技术 (SRT) 和多普勒技术之间存在一些混淆。部分原因是这两项技术都使用多个接收天线，尽管多普勒方法的天线间距通常远小于 SRT。SRT 概念由 Ratcliffe 和 Pawsey(1933)、Pawsey(1935) 构思，Mitra(1949) 首次在实验中应用。Kelley(1989, pp. 431~434)、Davies(1990, pp. 243~245)、Hunsucker(1992, pp. 207~211) 和 Hargreaves(1992, pp. 300~302) 以及最近的一些论文对这些技术进行了讨论。

SRT 通常包括一个发射机和多个接收机，接收天线的位置由特定电离层不规则体的水平尺度来确定。图 4.25 给出了地基电离层中不规则体的宽度范围。

Hargreaves(1992, pp. 300~302) 和 Hunsucker(1993, pp. 470~273) 对 SRT 进行了扩展讨论。

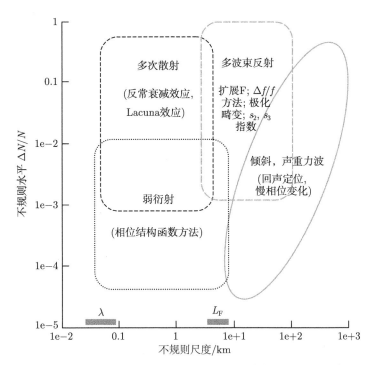

图 4.25 在大空间尺度上，将电离层不规则体强度概括为波数函数的复合谱 (Booker，1979)

4.4.2   HF 多普勒技术

该项技术对监测电离层中微小瞬态的变化非常有用。它已被多个现代数字电离层测高仪和相干雷达作为独立技术而采纳。基本上，在其第一次实现中，这项技术使用一个非常稳定的发射机、一个或多个稳定的接收机及本地振荡器。这些外差测量接收到的天波信号，其拍频信息通常以低速记录到磁带上。将数据磁带的速度提高几千倍，并对多普勒随时间的幅度和相位变化进行频谱分析。这种独立的高频/连续多普勒探测仪于 20 世纪 60 年代在科罗拉多州的博尔德市率先使用 (Watts and Davies, pp. 1960; Davies, 1962; Davies and Baker, 1966)。现代多普勒技术利用数字信号处理和计算机代替了磁带记录。Davies(1969) 对电离层相位和频率变化以及 HFD(HF Doppler) 技术进行了系统的介绍，其他描述见 Jones(1989, Chapter 4, pp. 383~398)、Liu(1989) 改编的 TTTS 手册、Hunsucker(1991, pp. 211~213)、Hargreaves(1992, pp. 66~67)、Haldoupis 和 Schlegel(1993)。

4.4.3   电离层成像

40 多年来，电离层物理学家和工程师们一直在讨论和使用无线电方法对电离层进行成像。Rogers(1956) 可能首次提出了使用波长重构方法实现这一目的的。Schmidt(1972) 提出使用来自卫星的 VHF 信号定位电离层不规则体，Parthasarathy(1975)、Schmidt 和 Taurianen(1975) 描述了一种二维技术。Stone(1976) 开发了一种更复杂的全息无线电相机，使用一个垂直于信标卫星路径的 32 单元的天线阵列，进而从测量数据中进行三维重构。关于 1975 年至今无线电成像技术(包括计算机电离层层析成像) 发展的更多细节，可在文献 Nygren 等 (1997)、Pryse 和 Kersley(1992)、Hunsucker(1993, 1999) 综述、Kunitsyn 和 Tereschenko(1992) 中找到。

4.5   总   结

进入 21 世纪，全球已经广泛部署了用于探测电离层的最先进、复杂的地基和天基无线电设备，可能超过了在 IGY/IGC 期间的部署。互联网上的这些无线电装置提供的近实时和存档数据也发生了巨大的变化。因此，电离层科学家可以快速地访问史无前例的数据集合，以及使用电子邮件与各观测站人员快速沟通。

当前，现代化地基仪器已遍布全球，如数字电离层测高仪、相干 VHF/UHF 雷达 (CUPRI、COSCAT、STARE、SABRE CANOPUS 等)、非相干散射雷达 (EISCAT、Millstone Hill、Jicamarca、Arecibo、MU 雷达和俄罗斯设施)、宇宙噪声吸收器成像 (IRIS) 和电离层 HF 加热 (HIPAS、HAARP、Acrecibo、EISCAT 等)。

我们现在第一次可以几乎实时地获取新一代科学卫星 (如 ACE、WIND、POLAR 和 FAST) 提供的太阳、行星际和磁层数据。

当我们分析高纬地区数据时，必须记住一些使用限制，特别是使用 HF 仪器时。在某些扰动条件下 (如磁暴)，电离层测高仪可能受到 D 层吸收和 E 层电离的强烈影响，HF 雷达也可能受到这些现象的影响。

位于科罗拉多州博尔德市的美国国家大气研究中心 (NCAR) 发布的 CEDAR (大气层的耦合、能量学和动力学) 数据库包含了本章列出的大多数无线电技术的细节和宝贵数据的汇编。CEDAR 是由美国国家研究基金会 (NSF) 资助的一个项目，该基金会资助了许多美国机构的研究项目，并于 6 月在科罗拉多州博尔德市召开一次年度会议，更新其数据目录。

4.6 参考文献

4.1 节

Hargreaves, J. K. (1992) The Solar–Terrestrial Environment. Ch. 3, Techniques for observing geospace. Cambridge University Press, Cambridge.

Hunsucker, R. D. (1991) Radio Techniques for Probing the Terrestrial Ionosphere – Physics and Chemistry in Space, Vol. 22 – Planetology. Springer-Verlag, Berlin.

Hunsucker, R. D. (1993) A review of ionospheric radio techniques: present status and recent innovations, Ch. 22. In The Review of Radio Science, 1990–1992 (ed. W. R. Stone). Published for the International Union of Radio Science (URSI) by Oxford University Press, Oxford.

Hunsucker, R.D. (1999) Electromagnetic waves in the ionospheric. In Wiley Encyclopedia of Electrical and Electronic Engineering (ed. J. Webster), Vol. 6, pp. 494–506. Wiley, New York.

Kelley, M. C. (1989) Appendix A – ionspheric measurement techniques. In The Earth's Ionosphere – Plasma Physics and Electrodynamics. Academic Press, New York.

Liu, C.-H. (1989) World Ionosphere/Thermosphere Study. WITS Handbook, Vol. 2, Instrumentation. SCOSTEP, University of Illinois Champaign-Urbana, Illinois.

4.2 节

Appleton, E. V. and Barnett, M. A. F. (1925) On some direct evidence for the downward atmospheric reflection of radio waves. Proc R. Soc. A 109, 621–641.

Bailey, V. A. (1937) Interaction by resonance of radio waves. Nature 139, 68–69. Baker, K. B., Greenwald, R. A., and Ruohoniemi, J. M. (1989) PACE: Polar AngloAmerican conjugate experiment. Eos 22, 785–799.

Barnum, J. R. (1986) Ship detection with a high-resolution HF skywave radar. IEEE J. Oceanic Eng. 11, 196.

Belrose, J. S. and Burke, M. J. (1964) Study of the lower ionosphere using partial reflection. J. Geophys. Res. 69, 2779–2818.

Belrose, J. S. (1970) Radio wave probing of the ionosphere by the partial reflection of radio waves (from heights below 100 km). J. Atmos. Terr. Phys. 32, 567–596.

Booker, H. G. (1979) The role of acoustic gravity waves in the generation of spread-F and ionospheric scintillations. J. Atmos. Terr. Phys. 41, 501–515.

Breit, G. and Tuve, M. A. (1926) A test of the existence of the conducting layer. Phys. Rev. 28, 554.

Briggs, B. H. and Vincent, R. A. (1992) Spaced antenna analysis in the frequency domain. Radio Sci., 27, 117–129.

Brookner, (1987) Array radars: an update. Microwave J., February, 117–137.

Butt, A. G. (1933) World Radio, April, 28.

Carlson, H. C. and Duncan, L. M. (1977) HF excited instabilities in space plasmas. Radio Sci., 12, 1001.

Croft, T. A. (1972) Skywave backscatter: a means for observing our environment at great distance. Rev. Geophys. Space Phys. 10, 73–155.

Davies, K. (1990), Ch. 4, Radio soundings of the ionosphere. In Ionospheric Radio, Peter Peregrinus on behalf of the IEE, London.

Detrick, D. L. and Rosenberg, T. J. (1990) A phased-array radiowave imager for studies of cosmic noise absorption. Radio Sci. 25, 325.

Dieminger, W. (1951) The scattering of radio waves. Proc. Phys. Soc. B 64, 142–158.

Evans, J. V. (1969) Theory and practice of ionospheric study by Thomson scatter radar. Proc. IEEE 57, 496.

Ganguli, S., Von Bavel, G., and Brown, A. (1999) Imaging of electron density and magnetic field distributions in the magnetosphere: a new technique. Proc. IES99, 563–574.

Gardner, F. F and Pawsey, J.L. (1953) Study of the ionospheric D-region using partial reflections. J. Atmos. Terr. Phys. 3, 321.

Goodman, J. (1992) HF Communication: Science and Technology. Van Nostrand Reinhold, New York.

Greenwald, R. A., Weiss, W., Nielson, E., and Thomson, N. R. (1978) Stare: a new radar auroral backscatter experiment in Northern Scandinavia. Radio Sci. 13, 1021–1039.

Greenwald, R. A., Baker, K. B., Hutchins, R.A., and Hanuise, C. (1985) An HF phased array radar for studying small-scale structure in the high-latitude ionosphere. Radio Sci. 20, 63–74.

Greenwald, R.A., Baker, K. B., Dudeney, J. R. Pinnock, M. Jones, T. B., Thomas, E. C., Villain, J.-P., Cerisier, J. C., Senior, C., Hanuise, C., Hunsucker, R. D., Sofko, G., Koehler, J. Nielsen, E., Pellinen, R., Walker, A. D. M., Sato, N., and Yamagishi, H. (1995) The Sapphire North radar experiment: Observation of discrete and diffuse echoes. Space Sci. Rev. 71, 761–796.

Haldoupis, C. and Schlegel, K. (1993) A 50 MHz radio Doppler experiment for midlatitude E-region coherent backscatter studies. Radio Sci. 28, 959.

Hargreaves, J. K. (1969) Auroral Absorption of HF radio waves in the ionosphere: a review of results from the first decade of riometry. Proc. IEEE 57, 1348–1373.

Kossey, P. A., Turtle, J. P., Pagliarulo, R. P., Klemetti, W. I., and Rasmussen, J. E. (1983) VLF reflection properties of the normal and disturbed polar ionosphere in northern Greenland. Rad. Sci., 18, 907–916.

Krishnaswamy, S., Detrick, D. L., and Rosenberg, T. J. (1985) The inflection point method of determining riometer quiet day curves. Radio Sci. 20, 123–130.

Kustov, A.V., Koehler, J. A., Sofko, G. J., and Danskin, D. W. (1996) The SAPPHIRENorth radar experiment: Observations of discrete and diffuse echoes. J. Geophys. Res., 101, 7973–7986.

Kustov, A.V., Koehler, J. A., Sofko, G. J., Danskin, D. W., and Schiffler, A. (1997) Relationship of the SAPPHIRE -North merged velocity and the plasma convection velocity derived from simultaneous SuperDARN radar measurements. J. Geophys. Res. 102, 2495–2501.

Machin, K. E., Ryle, M., and Vomberg, D. D. (1952) The design of an equipment for measuring small radio-frequency noise powers, Proc. IEE 99, 127.

McCrea, K., Schlegel, K., Nygren, T., and Jones, T. B. (1991) COSCAT, A new auroral radar facility on 930 MHz – system description and first results. Ann.Geophysicae 9, 461–469

Meek, C. H. and Manson, A. H. (1987) Medium frequency interferometry of Saskatchewan, Canada. Can J. Phys. A 35, 917–921.

Peterson, A. M. (1951) The mechanism of F-layer propagated backscatter. J Geophys. Res. 56, 221–237.

Rawer, K. (1976) Manual on Ionospheric Absorption Measurements. World Data Center A for Solar–Terrestrial Physics, Boulder, Colorado.

Ruohoniemi, J. M., Greenwald, R. A., Baker, K. B., Villain, J.-P., Hanuise, C., and Kelly, J. (1989) J. Geophys. Res. 13, 463.

Sahr, J. D. and Lind, F. D. (1997) The Manatash Ridge radar: passive bistatic radar for upper atmospheric radio science. Radio Sci. 32, 2345–2358.

Schlegel, K. (1984) HF and VHF Coherent Radars for Investigation of the High Latitude Ionosphere. Max-Planck-Institut für Aeronomie, Katlenburg-Lindau.

Stubbe, P., Kopka, H. and Rietveld, M. T. (1985) Ionospheric modification experiment with the Tromsø heating facility., J. Atmos. Terr. Phys. 47, 1151–1163.

Tellegin, B. D. (1933) Interaction between radio waves? Nature 131, 840.

Tsunoda, R. T., Livingston, R. C., Buoncore, J. J., and McKinley, A. V. (1995) The frequency-agile radar: a multi-functional approach to remote sensing of the ionosphere. Radio Sci. 30, 1623.

Utlaut, W. F. (1970) An ionospheric modification experiment using very high power, high frequency transmission. J. Geophys. Res. 73, 6402–6405.

Wannberg, G., Wolf, I., Vanhainen, L.-G., Koskenniemi, K., Rottger, J., Postila, M., Markkanen, J., Jacobsen, R., Stenberg, A., Larsen, R., Eliassen, S., Heck, S., and Huuskonen, A. (1997) The EISCAT Svalbard radar: A case study in modern incoherent scatter radar system design. Radio Sci. 32, 2283–2307.

Wilkinson, P. (ed.) (1995) Ionosonde Networks and Stations. World Data Center A for Solar–Terrestrial Physics, National Geophysical Data Center, Boulder, Colorado.

Wong, A. Y. (1990) Foreword: Ionospheric modification in the polar region (IMPR). Radio Sci. 25, 1249.

4.3 节

Basu, Su., Basu, Sa., Weber, E. J., and Coley, W. R. (1988) Case-study of polar cap scintillation modeling using DE2 irregularity measurements at 800 km. Radio Sci. 23, 545–553.

Benson, R. F. and Vinas, F. (1988) Plasma instabilities stimulated by HF transmitters in space. Radio Sci. 23, 585–590.

Benson, R. F. (1997) Evidence for the stimulation of field-aligned electron density irregularities on a short time scale by ionospheric topside sounders. J. Atmos. Solar–Terr. Phys. 59, 2281–2293.

Bowhill, S. A. (1958) The Faraday-rotation rate of a satellite radio signal. J. Atmos. Terr. Phys. 13, 175–176.

Browne, I. C., Evans, J.V., Hargreaves, J. K., and Murray, J. A. W. (1956) Radio echoes from the moon. Proc.Phys.Soc. B 69, 901–920.

Burke, G. J. and Poggio, A. J. (1981) Numerical electromagnetics code (NEC) – Method of Moments. NOSC, San Diego, California.

Crain, D. J., Sojka, J. J., Schunk, R. W., nd Klobuchar, J. A. (1993) A first-principle derivation of the high-latitude total election context distribution. Radio Sci. 28, 49.

Davies, K. (1962) The measurement of ionospheric drifts by means of a Doppler shift technique. J. Geophys.Res. 67, 4909–4913.

Davies, K. (1969) Ionospheric Radiowaves. Blaisdell, Waltham, Massachusetts.

Davies, K. (1980) Recent studies in satellite radio beacon studies with particular emphasis on the ATS-6 radio beacon experiment. Space Sci. Rev. 25, 357–430.

Davies, K. and Baker, D. M. (1966) On frequency variations of ionospherically propagated HF radio signals. Radio Sci. 1, 545–556.

Davies, K., Fritz, R. B., Grubb, R. N., and Jones, J. E. (1975) Some early results from the ATS-6 Radio Beacon experiments. Radio Sci. 10, 785–799.

Doherty, P. H., Decker, D. T., Sultan, P. J., Rich, F. J., Borer, W. S., and Daniell, R. E. (1999) Validation of PRISM: the climatology. Proc. IES99, pp. 330–339.

Evans, J. V. (1956) The measurement of electron content of the ionosphere by the lunar radar method. Proc. Phys. Soc. B 69, 953–955.

Farley, D. T., Ierkic, H. M., and Fejer, B. G. (1981) Radar interferometry. A new technique for studying plasma turbulence in the ionosphere. J. Geophys. Res. 86.

Fremouw, E. J., Leadabrand, R. L., and Livingston, R. C. (1978) Early results from the DNA wideband satellite experiment – complex signal scintillation. Radio Sci. 13, 167–187.

Garriott, O. K., Smith, F. L., and Yuen, P. C. (1965) Observations of ionospheric electron content using a geostationary satellite. Planet. Space Sci. 13, 829–838.

Hewish, A. (1952) The diffraction of galactic radio waves as a method of investigating the irregular structure of the ionosphere. Proc. R. Soc. A 214, 494–514.

Hey, J. S., Parsons, S. J., and Phillips, J. W. (1946) Fluctuations in cosmic radiation at radio frequencies. Nature 158, 234.

Ho, C. M., Mannucci, A. J., Lindqwister, U. J., Pi, X., and Tsuratani, B. T. (1996) Global ionosphere perturbations monitored by the worldwide GPS network. Geophys. Res. Lett. 23, 3219–3222.

Hunsucker, R. D. and Owren, L. (1962) Auroral sporadic-E ionization. J. Res. NBS Radio propagation D 66, 581–592.

Inhester, W., Baumjohann, B., Greenwald, R. A., and Nielsen, E. (1981) J. Geophys. Res. 49, 155.

Jackson, J. E. (1986) Alouette-ISIS Program Summary. NationaL Space Science Data Center/World Data Center A for Rockets and Satellites, NASA/GSFC, Greenbelt, Maryland.

Jackson, J. E. and Kane, J. A. (1959) Measurements of ionospheric electron densities using a RF probe technique. J. Geophys. Res. 64, 8.

Jones, T. B. (1989) The HF Doppler technique for monitoring transient ionospheric disturbances. WITS Handbook vol. 22, p. 383.

Jones, T. B., Spracken, C. T., Stewart, C. P., and Thomas, E. C. (1981) SABRE, a UK/German auroral radar. IEE Conf. Proc., 195, 269–271.

Kunitsyn, V. E., and Tereschenko, E. D. (1992) Radio tomography of the ionosphere. IEEE Antennas Propagation Mag. 34, 22–32.

Little, C. G. (1952) The origin of the fluctuations on galactic radio noise. Ph. D. Thesis, University of Manchester, Manchester.

Little, C. G. and Leinbach, H. (1959) The riometer – a device for the continuous measurement of ionospheric absorption. Proc. IRE 47, 315–320.

Mitra, S. N. (1949) A radio method of measuring winds in the ionosphere. Proc. IEE 96, 441.

Murray, W. A. S. and Hargreaves, J. K. (1954) Lunar radio echoes and the Faraday effect in the ionosphere. Nature 173, 944.

Nygren, T., Markkanen, M., Lehtinen, M., Tereshehrnko, E. D., and Khudukon, B. Z. (1997) Stochastic inversion in ionospheric radiotomography. Radio Sci. 32, 2359–2372.

Parthasarathy, R. (1975) Ionospheric Photography at Radio Wavelengths. Geophysical Institute, University of Alaska-Fairbanks, Fairbanks, Alaska.

Pawsey, J. L. (1935) Further investigations of the amplitude variations of downcoming wireless waves. Proc. Camb. Phil. Soc. 31, 125.

Pi, X, Mannucci, A. J., Lindqwister, U. J., and Ho, C. M. (1997) Monitoring of global ionospheric irregularities using the worldwide GPS network. Geophys. Res. Lett. 24, 2283–2286.

Providakes, J. F. (1985) Radar interferometer observations and theory of plasma irregularities in the auroral ionosphere. Ph.D. Thesis, Cornell University.

Pryse, S. E. and Kersley, L. (1992) A preliminary experimental test of ionospheric tomography. J. Atmos. Terr. Phys., 54, 1007–1012.

Ratcliffe, J. A. and Pawsey, J. L. (1933) A study of the intensity variations of downcoming radio waves. Proc. Camb. Phil. Soc. 29, 301.

Rodgers, G. L. and Ireland, W. (1980) Ionospheric holography I: the holographic interpretation of ionospheric data. J. Atmos. Terr. Phys. 42, 385–396.

Rogers, G. L. (1956) A new method of analyzing ionospheric movement records. Nature 177, 613–614.

Ruohoniemi, J. M. and Greenwald, R. A. (1997) Rates of scattering occurrence in routine HF radar observations during solar cycle maximum. Radio Sci. 32, 1051.

Schmidt, G. (1972) Determination of the height of ionospheric irregularities with the holographic method. Z. Geophys. 38, 891.

Schmidt, G. and Taurianen, A. (1975) The localization of ionospheric irregularities by the holographic method. J. Geophys. Res., 80, 4313–4324.

Smith, F. G., Little, C. G., and Lovell, A. C. B. (1950) Origin of the fluctuations in the intensity of radio waves from galactic sources. Nature 165, 422–423.

Stone, W. R. (1976) A holographic radio camera technique for the 3D reconstruction of ionospheric inhomogeneities. J. Atmos. Terr. Phys. 38, 583–592.

Swider, W. (1996) E-region time-dependent chemical model. In STEP Handbook of Ionospheric Models (ed. R. Schunk). SCOSTEP Secretariat, NOAA/NGDC, Boulder, Colorado.

Taurianen, A. (1982) Application of wave field reconstruction of VHF radio waves in investigating single, isolated ionospheric irregularities. Radio Sci. 17, 684–692.

Watts, J. M. and Davies, K. (1960) Rapid frequency analysis of fading radio signals. J. Geophys.Res. 65 2295–2302.

第 5 章　高纬 F 层和槽

5.1　高纬 F 层环流

5.1.1　引言

高纬电离层受外部磁层和太阳风影响很大，其本质关联是通过地磁场。通过这种联系，高纬 F 层暴露在行星际的介质中，并受到来自太阳的干扰。磁层环流 (见 2.4.1 节) 导致在高纬 F 层建立了一套相对应的环流模式。尽管太阳 EUV 辐射对高纬 F 层基本特征形成依旧很重要，但一些附加的因素导致高纬 F 层更为复杂，展现出它与中低纬电离层一些显著的差异。因此，在描述高纬 F 层时，应特别关心两个基本因素：

(a) 高纬电离层的动力学特征，F 层环流的模式主要受太阳风及其变化的控制；

(b) 来自磁层和太阳风的高能粒子影响，该区域通常比低纬度的电离层更容易到达。

出现在高纬地区的极光带尤为复杂，而位于极光带赤道侧因耗尽电离形成的槽则有其自身的行为模式。本章主要讨论高纬 F 层的行为、环流模式及其结果。极光现象在第 6 章讨论。

5.1.2　环流模式

在 F 层，离子–中性粒子的碰撞频率相对于回旋频率较小，因此等离子体是沿着磁力线运动，而不是伴随中性风运动。这种运动可以看作是从磁层映射到跨极区电场的马达效应。等离子体速度 v、电场 E 和磁通强度 B 由 $v = E/B$ (见方程 (2.12)) 关联。由于极区磁场几乎垂直，其值约为 5×10^{-5} Wb·m^{-2}，$200 \sim 1000$ s^{-1} 的典型等离子体速度对应于 $10 \sim 50$ mV·m^{-1} 的电场。

通过卫星测量，能够得到穿过极盖的电场积分，进而可以估算出穿越晨昏两侧的总电势差。由太阳风速度 (v_{sw})、行星际磁场 (IMF) 总通量密度 (B) 和从地球来观测 IMF 的 "时钟角" (θ)，已推导出多个极盖位势 (ϕ) 公式。假设 B_z 和 B_y 是 IMF 的北向分量和西向分量，那么，若 $B_z > 0$ (北向)，则 $\theta = \arctan |B_y/B_z|$；若 $B_z < 0$ (南向)，则 $\theta = 180° - \arctan |B_y/B_z|$。

最近分析 (Boyle et al., 1997) 给出

$$\phi = 10^{-4}v_{\text{sw}}^2 + 11.7B\sin^3(\theta/2) \tag{5.1}$$

其中，v_{sw} 的单位为 km·s^{-1}，B 的单位是 nT，ϕ 的单位为 kV。如果 v_{sw} 为 400 km·s^{-1}，B 为 5 nT，则第一项为 16 kV，第二项为 0~58.5 kV，这取决于 IMF 的方向。根据完全由地基数据得出的磁活动指数 K_p（见 2.5.4 节），则

$$\phi = 16.5 + 15.5K_p \tag{5.2}$$

极盖电场引起的基本流型非常简单。在极区上空等离子体直接从正午扇区越过极点流到子夜扇区，在极盖的低纬度边缘有一个回流，因此回到正午，如图 5.1(a) 所示。

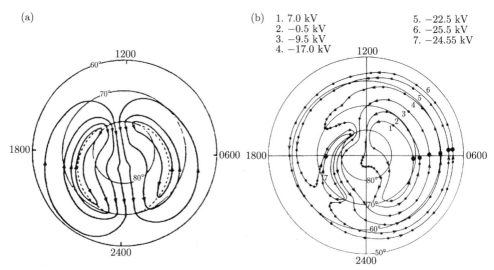

图 5.1　高纬等离子体对流。(a) 无旋转的极区对流模式 (R. W. Spiro et al., 1978)；(b) 北半球 300 km 高的等离子体在磁层和共自转复合电场作用下的对流路径示例。大点表示计算中使用的起点；除了返回起点，连续点之间的时间为 1 h。每一路径都是一个等电势，其值均有表示。极盖边界是一个半径为 15° 的圆 (非标记)，从地磁极到子夜以 5° 为中心 (S. Quegan et al., 1982)

高纬 F 层环流速度通常为几百米每秒。极盖上方的流对应于从极隙到尾部的开放磁力线的运动 (见 2.4.1 节)，而回流对应于磁层侧面下部的闭合磁力线的朝向太阳的流。然而，还必须考虑到共转效应，其可由共自转的电场 (见 2.4.4 节) 来表示，因此流型发生如图 5.1(b) 所示的扭曲。这两个环流单元现在变得有所不同，特别是夜间单元受到了显著影响，因为这里的回流和共转作用方向相反。有些磁力线沿着长而复杂的路径，而另一些则可能在小漩涡中无休止地循环。所有这些特征都有电离层的响应。此外，整个环流模式也随着太阳风的变化而不断变化。

IMF 对极区电离层环流模式发挥主要影响。由于磁层顶的强耦合，当 IMF 具有南向分量时，磁层环流最强 (图 2.19)，这就是图 5.1 中的情况。当卫星正好在

弓形激波外的太阳风中时, IMF 对漂移的控制已被高纬漂移的测量所证明 (Willis et al., 1986; Todd et al., 1986)。

当 IMF 具有北向分量时, 环流模式更为复杂, 但其特性更加备受争议, 各种不同的二、三和四单元模式被提出, 下列几种公认的特征将其与向南的 IMF 区别开来。

(1) 结构更紧凑, 但速度更低;

(2) 等离子体运动区域仅限于高纬地区;

(3) 在高纬有一个向阳对流区。

可能是由于磁层顶连接区域的变化, IMF 东西分量也会影响环流 (图 5.2)。

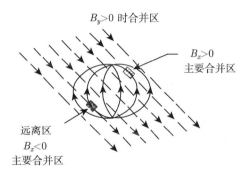

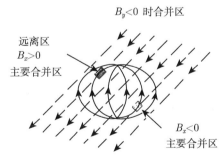

图 5.2 从太阳看 IMF 和地磁场的几何图。IMF 不同方向的首选合并区域用阴影表示。主要合并区域根据 IMF 的 "日地" 东 (B_x) 和西 (B_y) 分量改变其位置 (R. A. Heelis, 1984)

根据 IMF 北南和东西分量的方向, 图 5.3 给出了北极地区不同版本的环流模式。其中 (a) 和 (b) 尽管细节有所不同, 但在当 B_z 为正 (即向北) 时, 在环流一般比较弱, 这方面二者是一致的。IMF 东西分量对环流单元形状和大小的影响, 在图 5.3(a) 中很明显, 但在图 5.3(b) 中则不那么显著。后者在整个过程中均显示为两个单元环流模式, 而在图 5.3(a) 中, 当 IMF 向北时, 呈现三种或四种单元环流模式。

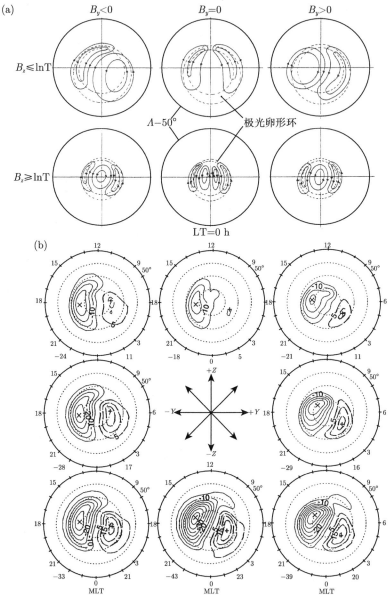

图 5.3   对于 IMF 的各种方向，北半球高纬 F 层的环流模式。视角为观测者俯视极区。在每
幅图中，正午在顶部，地磁极在中心。(a) 一种基于各种研究 (包括欧洲非相干散射雷达数据)
的概念上的图像 (S. W. H. Cowley and M. Lockwood，1992)。IMF 向南 (顶部行) 的两个单
元模式在向北 (底部行) 时被三个或四个单元模式取代。这些列分别对应于当东西分量指向西、
零和东时的模式。(b) 来自北美 HF 雷达的结果，为中等程度的干扰 (K_p 为 2– 至 3+)。在这
些模式中，在顶部 IMF 向北，底部向南，左边向西，右边向东 (J. M. Ruohoniemi and R. A.
Greenwald，1996)。两个单元模式占主导地位，尽管大小不同

Rich 和 Hairston (1994) 根据 1988~1990 年间记录的卫星测量数据, 发展了一个综合复杂的电势分布 (等效于环流图), 能区分不同季节、IMF 的强度和方向的影响。利用加拿大北部极盖区先进的电离层测高仪, Jayachandran 和 MacDonald (1999) 证实了环流图中显著的季节变化。当 IMF 向南时, 观测到环流中心越过极点后, 在冬季流向磁子夜位置, 而在夏季流向磁地方时 20 点位置, 两者之间有一个逐渐的过渡。对于向北的 IMF 而言, 上述时间大约提前 2 h (即 22:00~18:00 LT)。当然, 对具体某天而言, 这个流向时间位置会有一个较大的分布范围。

IMF 东西分量的影响在南北两个半球的环流流向是相反的。Dudeney 等 (1991) 利用 HF 相干雷达 (见 4.2.2 节) 观测的案例似乎证明了这一点。Lu 等 (1994) 运用地磁图并结合非相干雷达观测进行解释, 归纳为三种情况:

(1) 当 IMF 南向时, 南北两个半球环流图为镜像;

(2) 当 IMF 存在一个比东西分量小的北向分量时, 两个半球的环流图是相似的, 但两者强度不同;

(3) 当 IMF 北向分量较强时, 在夏季和冬季的极盖上环流图大相径庭。
如图 5.4 所示。

Cowley 和 Lockwood 指出极区环流由两部分驱动, 一个是白天的太阳风和地磁场间的 (行星) 耦合, 另一个是夜间电离层对磁尾变化的反应。后者预计在 IMF 变化后延迟 30~60 min。因此, 随着 IMF 的变化, 转换进入一个新的环流模式需要一段时间也就不足为奇了。根据 Hairston 和 Heelis (1995) 对有限数量的示例进行分析, 在 IMF 由北向转为南向后, 一种新的对流模式出现的时间延迟 17~25 min。对于 IMF 由南向转为北向时, 则延迟滞后时间为 28~44 min。由于 IMF 总是在一定程度上发生变化, 因此极区环流显然会有一段时间处于过渡状态, 而且也不存在任何特定的模式。

Kelley (1989) 对高纬环流观测进行了详细讨论。

跨越环流单元边界, 特别是当 IMF 为向北时, 等离子体速度可能会发生突变甚至方向反转。等离子体漂移等效于电场 (如固定观测得到), 其沿磁力线传到 E 层。因此 E 层 Pedersen 电流 (见 1.5 节) 也会突然改变。为了保持连续性, 电流以 Birkeland 电流的形式向上流动, 如图 5.5 所示。当 IMF 北向时, 下行电子流可能是极盖区观测到日向排列极光弧的原因 (见 6.3.2 节)。

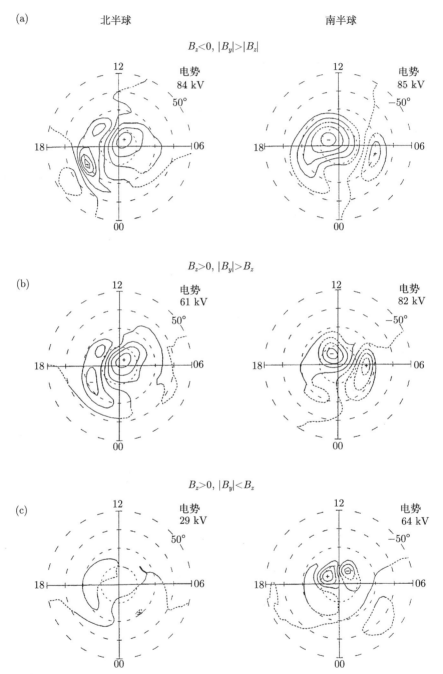

图 5.4　在 IMF 不同条件下的南北半球对流：(a) 南向分量，但东西向分量更大；(b) 北向分量，但东西向分量更大；(c) 北向分量，而东西向分量较小。图中显示为等势线，也是极区流的流线 (Lu et al., 1994)

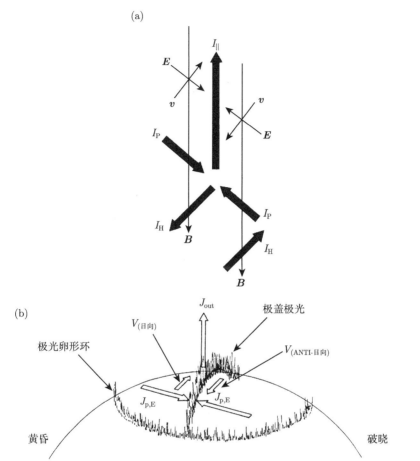

图 5.5 (a) 由于磁等离子体中的速度剪切而产生的场向电流。$\boldsymbol{B}$：磁场；$\boldsymbol{v}$：速度；$\boldsymbol{E}$：电场；I_{H}、I_{P} 和 $I_{\parallel}$：Hall、Pedersen 和场向电流。(b) 位于环流单元之间边界处，与极盖极光有关的场向电流 (H. C. Carlson et al., 1988)

5.2　高纬 F 层的状态

5.2.1　极盖 F 层

舌状结构

图 5.6 给出了北半球极盖区电离层测高仪测量得到的 F 层临界频率。正如预期的那样，临界频率观测值在日侧区域通常比夜侧大得多。这种情况下，有一个电离舌状结构从白天一侧伸出，越过极点延伸到夜晚扇区。这破坏了我们可能预期的电子密度分布图形，它应该在日侧和夜侧区域之间呈现出一个明显的梯度。舌状结构在两分季最为显著，此时舌尖末端越过极盖区。舌状结构可能破裂成动力

学补片 (patch)，这将在本章后面部分进行更详细的讨论。

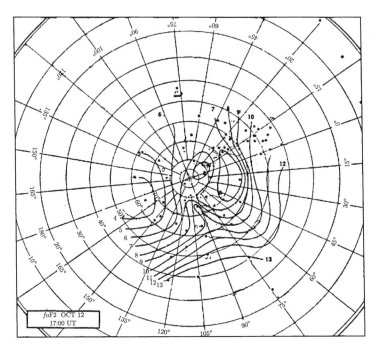

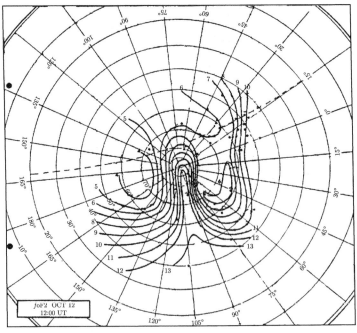

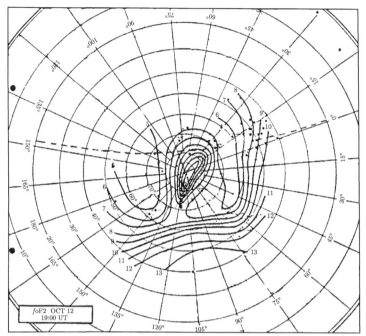

图 5.6 显示 1957 年 10 月 12 日 "偶发 F" 事件发展的 F 层临界频率 (*f*oF2) 图 (G. E. Hill, 1963)。这些图依次为 17:00、18:00 和 19:00，光照半球位于每个图的底部，等值线范围在 4～13 MHz 之间

在冬季最黑暗期间，且当地磁极为地理极逆阳向时，极区 F 层的变化最大。临界频率可能很低，*f*oF 的值通常为 2～3 MHz (电子密度从 10^4 cm^{-3} 的几倍至 10^5 cm^{-3})，从电离层测高仪数据中曾观测到 *f*oF = 1 MHz (意味着峰值密度低至 1.4×10^4 cm^{-3}) (Whitteker et al., 1978)。最低值出现在黑夜、逆阳侧、部分极盖和通常接近当地子夜的地方 (也可见 5.5 节)。

UT 效应

值得注意的是，F 层的日变化不仅与地方时有关，而且还与世界时有关。例如，南极的日变化，尽管那里的太阳天顶角在 24 h 内几乎保持不变。那里的电子密度和南极洲其他地方一样，在大约 06:00 UT 时达到峰值，这恰好接近磁子夜。

UT 变化的解释取决于地理和磁极的分离。热层中的中性风一般从远离太阳的极区吹过。在南极 06:00 UT 和北极 18:00 UT 时，地理极位于地磁极的子夜一侧，因此，中性粒子对离子的拖曳起到提升电离层的作用 (见 1.3.4 节)，从而降低了离子的复合率，增加了净离子密度。这是一天中太阳照射到地磁极盖最多的时间，此时，也是环流模式最有效地将太阳产生的离子带到极点上空的时间。值得注意的是，在极点间隔较小的北半球，UT 效应不如南半球明显。

在极盖区，F1 层几乎和 F2 层一样强，甚至有时 F1 层更强。这在电离层图上产生了所谓的 "G 现象"。

5.2.2   极隙效应

地球的日侧有两个极隙区域，每个半球一个，在那里地磁力线提供电离层和磁鞘 (见 2.2.5 节) 之间的直接连接。在最简单的磁层模型中没有环流，它们对应于磁层表面的中性点。磁力线在较低纬度地区是封闭的，而在较高纬度是 "开放的"，与太阳风和 IMF 连接或者扫回磁尾。在更为真实的动力学模型中，极隙是指在扫过极点前日侧的磁力线开放的地方 (图 5.7(a))。极隙是磁层和电离层中的重要区域。

在电离层中极隙有几个特征：

(1) 与磁鞘中能量类似的带电粒子可被检测到。虽然极隙通常位于地磁纬度 ±78° 附近，约 5° 宽，但粒子观测显示极隙延伸到整个白天，并合并到极光卵形环中 (见 6.2.1 节)。极隙还有一个较小的区域，从当地中午开始仅持续几个小时。磁鞘的粒子通量在短时间内变化很大 (或在很短的距离上变化很大，因为这些观测来自轨道卫星)。

(2) 630 nm 的发光增强，表明高层大气出现了低能激发。典型的极光辐射 (见 6.3.3 节) 实际上减少了，这一特征有时被称为中午间隙。光度计观测揭示了极隙纬度相当大的变化范围，从非常平静的地磁条件的 84° 至强烈扰动条件下的 61°。

(3) 由于来自磁鞘粒子的流入，电离层的密度和温度都增加，而且存在更为丰富的不规则体。由于磁力线的开放，电离层等离子体可能会流入磁层，从其温度和成分可以看出源于电离层。

(4) Pi2 类型的磁脉动 (周期约 30 s) 得到增强 (见 2.5.6 节)。

图 5.7(b) 中的图像由层析成像技术获得 (见 4.4.3 节)，显示由于磁重联而产生的极隙区 F 层特征。封闭和开放磁力线的边界被标记，根据扫描光度计的观测，Walker 等 (1998) 能够识别电离层效应，这是由于：(1) 最后一条闭合磁力线上的环电流电子沉降；(2) 第一条开放磁力线下行的场向电流；(3) 沉降软离子在极向对流的通量管上的扩散。最后一个效应表现为最大层高的增加。

5.2.3   极风

磁层环流将磁力线从封闭区域通过极隙进入极区，在那里对太阳风开放，或深入磁尾。这些力管缺乏有效的外边界。此外，高温下轻离子的标高较大 (见方程 (1.3) 和方程 (1.46))。因此电离层等离子体很容易向上流动，而且在没有边界的情况下，只要管保持打开，流动就可能继续。

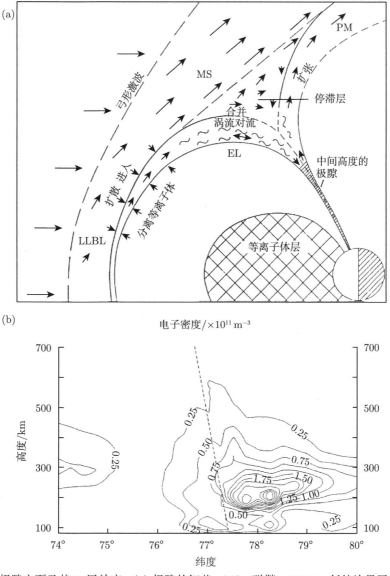

图 5.7 极隙方面及其 F 层效应。(a) 极隙的细节: MS, 磁鞘; LLBL, 低纬边界层; EL, 入口层; PM, 等离子体地幔 (G. Haerendel et al., 1978)。(b) 1996 年 12 月 14 日 10:46 UT, F 层线断层成像显示磁重联引起的特征。虚线标记了闭合和开放磁力线的边界, 其他特征见文中描述 (I. K. Walker et al., 1998)

  稳定外流是方程 (1.43) 的解之一, 描述了少数气体在压力梯度和重力作用下的运动。如 1.3.4 节所述, 重离子 (氧) 和电子之间的分离产生一个方向向上的电场。当轻离子 (氢和氦) 也存在时, 它们会被这个电场加速, 趋向于向上运动。地球引力能够使氧离子处于动态平衡状态 (见方程 (1.47)), 但对于电场来说, H^+ 足够轻, 从而导致动态平衡状态在一定高度以上有一个稳定的流出。He^+ 也可以流出, 尽管程度较小。

轻离子等离子体的这种连续外流称为极风。理论上, 这种流甚至可以达到超声速, 但实际上还取决于远距离流速的设定。术语 "极风" 有时仅限于超声速的范畴, 在这种情况下亚声速流是一种 "极微风"。这种流受与静止离子的碰撞以及在顶部电离层中氧离子和中性氢原子 (见方程 (1.69)) 之间的电荷交换的 H^+ 产生率的限制。因此在极盖上 O^+ 的浓度远不是均匀的, 极风也必然是类似变化的。

较轻的离子受外流影响最大, 在卫星测量中经常观测到, 相对于极盖顶部电离层中的 O^+, H^+ 浓度大大降低, 上行流速可达几千米每秒。由于与重离子碰撞, H^+ 流被加热, 其温度显著上升。Raitt 和 Shunk (1983) 对极风理论进行了综述, 在外边界各种假设下, 图 5.8 给出了在不同外边界假设下顶部离子密度减小和 H^+ 向上漂移速度的计算结果。

卫星观测得到的一个重要的结论为: 极风是磁层等离子体的一个重要来源。然后这种物质与磁层环流对流, 最终到达离地球一定距离的等离子体片, 该距离取决于离子的性质, 但通常估计在 $50R_E$ 以内。图 5.9 说明了电离层和磁层之间等离子体交换的一些情况。

显然, 极风是一种从上面消除极区电离层电离的机制。H^+ 典型的损失率为 $3\times10^8\ cm^2\cdot s^{-1}$, 而 He^+ 为 $3\times10^7\ cm^2\cdot s^{-1}$。它仅次于在较低 F 层最有效作用的复合损失, 其中在中纬电子含量观测预计在 $10^9\sim10^{10}\ cm^{-2}\cdot s^{-1}$ 内。

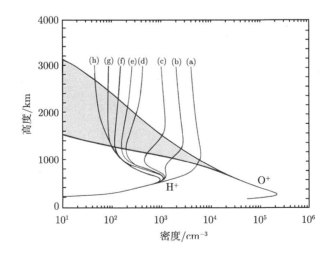

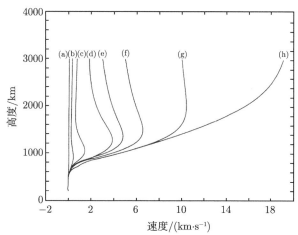

图 5.8 极风的理论特性，显示了 H^+ 密度和场向漂移速度。在 3000 km 时，H^+ 逃逸速度在 $0.06{\sim}20\ km{\cdot}s^{-1}$ 范围的不同曲线。O^+ 的范围由阴影部分给出 (W. J. Raitt and R. W. Schunk，1983，pp. 99)

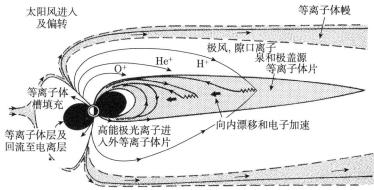

图 5.9 磁层的电离层等离子体源。离开高纬的离子趋向于按质量分离。它们随后可能被等离子体层捕获并向地球漂移，被电子感应加速而活跃。计算表明电离层是磁层等离子体的一个重要的源 (C. R. Chappell, 1988)

5.2.4 极光卵形环内和附近的 F 层

从长期来看，极光带电离层 F 层具有与中纬地区相似的典型特性。图 5.10 显示了峰值附近平均电子密度在太阳黑子数极大值和最小值时的冬季和夏季日变化。这些测量通过位于挪威特罗姆瑟的非相干散射雷达进行 (地理纬度 69.6°，不变纬度 67°，$L = 6.5$)。与中纬度情况一样，冬季异常出现在太阳黑子极大值时而不是最小值时 (见 1.4.5 节)。电子密度在冬至的前后月份较大，表明存在半年异常 (Farmer et al., 1990)。

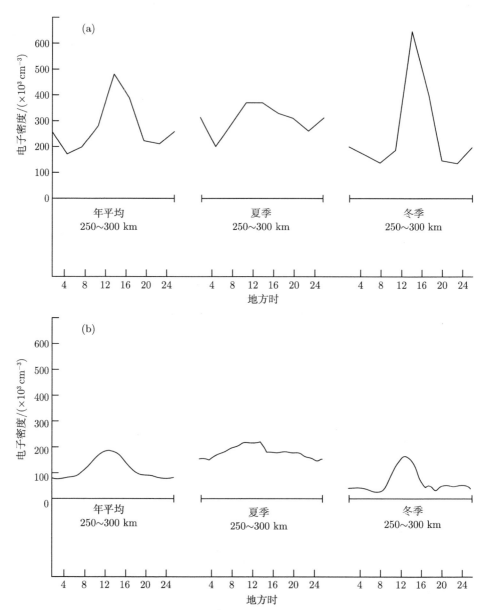

图 5.10   特罗姆瑟 F 层峰值附近电子密度的年平均、夏季和冬季的日变化。(a) 太阳黑子极大值 (1981 年 8 月至 1983 年 8 月);(b) 太阳黑子极小值 (1986 年 4 月至 1987 年 3 月) (A. D. Farmer et al., 1990)

　　此外,还有一些额外的因素使电离层在时间和距离上都更加无规律。在极光卵形环极向部分和延伸到极盖的几度处,低能电子的沉降 (使 F 层的穿透频率至少保持在 3 MHz) 可以增强电子密度。可能由于粒子沉降强度的不规律性,导致在短距离内电子密度可能会有很大的变化。

沉降 (能量小于 300 eV 的粒子) 在极隙区域 (磁纬 75°~80°) 特别强烈，这里的沉降频率可能增加几兆赫。这种沉降产生数十千米宽的不规则体，然后在一般的对流中随着漂移分解成更小的结构 (数十米宽大小)。

毫无疑问，等离子体在极点上方的输运也对近子夜极光卵形环附近观测到的电离有重要的贡献。在极点上方移动的结构，如果它们在对流模式中 (图 5.1) 继续漂移，那么在到达哈朗间断时预计会变形，并沿着卵形环向东或向西转移 (Robinson et al., 1985)。如 5.3.2 节所述，从它们的特性可以清楚地看出，至少卵形环的一些结构不是源自本地。

在极光卵形环赤道向一侧，F 层趋向于电离耗尽。这是 "主槽"，有时也被称为 "中纬度槽"。尽管槽中的电离损耗通常不是很大，但有时可高达 10 倍。这是一个复杂的特征，由高、中纬电离层交汇区域的损耗过程和环流模式组合而成。5.4 节将详细讨论槽。

5.3 高纬 F 层不规则体

5.3.1 引言

空间不规则体是大气和电离层的一个共同特征，其尺度变化在时间和距离上都有很宽的范围。由于它影响穿越电离层的电波传播，所以最初是在对射电星的观测中被发现的。人们在至少 40 年前就已认识到它们的存在了，但对 F 层不规则体的认识还不够全面。本书关注的是影响 F 层的两种主要类型：一是在数十甚至数百千米范围内的增强，可通过非相干散射雷达和其他电离层技术观测；二是小于 10 km 的不规则体，通过衍射机制，在无线电波传播时产生闪烁现象。

5.3.2 增强：补片和斑块

首先需要考虑的是发生在极盖和极光带区域的大尺度增强。它们的直径可能在 50~1000 km，并且等离子体密度明显较高。即使在极区的冬季夜晚也能观测它们，其密度更像典型的中纬日昼电离层。可以通过几种技术进行观测。最初的一些报告来自极盖电离层测高仪数据，当时它们被描述为 "偶发 F 层"。图 5.6 展示了一个很好的例子，可以看到一个补片的演变。据报道，其速度为 2000~5000 km·h^{-1} (500~1400 m·s^{-1})。关于运动的原因，正确的解释是由电场引起的，但它曾错误地被认为起因于 E 层而不是磁层。

虽然关于补片的大量信息来自电离层测高仪，但它们也可通过 630 nm 的气辉米探测。其他技术，例如，非相干散射雷达和层析技术，在最近的增强研究中具有重要意义。

补片

极盖内的增强通常被称为补片。它们在扰动条件下，在冬季夜晚能被看到，F 层电子密度可能比背景高出 10 倍，通常约为 10^5 cm^{-3}。它们趋向于在太阳黑子数高的时候更强。

显然，这种增强不是在当地产生的，而是在一段距离外形成，然后在极区对流中漂移到观测点。因为 F 层只通过复合而缓慢衰减，这些补片的寿命应该足够长，从而使它们在白天从源点以数倍于 100 m·s^{-1} 的速度穿过极盖。这种可能性已被计算所证实，例如，由于太阳风的流的增加或 IMF 的突然变化 (Anderson et al., 1988; Sojka et al., 1993)，极区环流可以从日侧极隙区分离并携带等离子体，沿着如图 5.1(b) 所示的某一路径越过极点到达子夜扇区。Lockwood 和 Carlson (1992) 将补片的形成归因于通量传输事件过程中等离子体流的增强 (见 2.4.2 节)。当增强到达夜晚区时发生了什么不太清晰，但可能在回流中沿极光带延伸或并入中纬电离层 (Robinson et al., 1985)。

高纬 F 层的计算机模拟 (Sojka et al., 1994) 表明，在冬至时，补片结构在 08:00~12:00 UT 应该非常稀少，而在 20:00~24:00 UT 最多。直到两分 (春分和秋分) 季，才有全天都较强的补片结构。在夏季，补片明显减弱。

虽然人们对极区电离层这些大的结构还不甚了解，但关于它们的大量观测事实已经建立。

(a) 大致呈圆形，大小在 200~1000 km。

(b) 这些补片比它们之间的间隙要小，表明应该把它们看作是低背景上的电离增强，而不是较高背景内的电离损耗。

(c) 典型的补片的增强程度是背景离子密度的 2~10 倍。

(d) 补片边缘的梯度相当陡峭，几千米至 100 km 的尺度范围，且这些梯度在所有水平方向上相同。

(e) 当 IMF 向南时，补片出现。

(f) 在极盖，它们以相同的速度随着等离子体整体漂移而运动，既不超过整体流动也不滞后。

(g) 它们在一年四季都会发生，但冬季更为频繁。

当 IMF 具有向北分量和受到较小扰动条件时，在较弱的环流中可以看到不同的模式。这时，气辉辐射会形成从中午到子夜方向排列的细条纹状，并且在黄昏到黎明的方向上缓慢漂移越过极盖。在这些拉长的结构中，电子密度在太阳黑子数高的时候增强了 5~8 倍，但在接近太阳黑子数极小值时仅小量增加 (2 倍) (Buchau et al., 1983)。图 5.11 比较了 IMF 北向和南向时的典型结构。

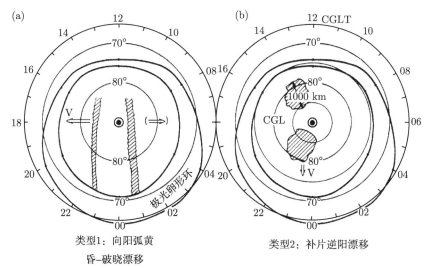

图 5.11 极区 F 层的典型不规则体结构。(a) 在 IMF 北向 ($B_z > 0$) 时，中午到子夜排列和黄昏到破晓漂移的弧；(b) 在 IMF 南向 ($B_z < 0$) 时，向子夜漂移的补片。坐标为校正后的地磁纬度 (CGL) 和地方时 (CGLT)，粗线表示极光卵形环 (H. C. Carlson, 私人交流)

斑块

在极光带，这种增强通常被称为斑块。它们在水平上比补片要小，延伸数十千米而不是数百千米。其中一些在电离层 E 层或较 F 层达到峰值。图 5.12 显示了由两种不同技术观测到的电离层结构，其中 (a) 图由来自斯堪的纳维亚扇区电子含量数据的层析成像技术导出 (见 4.4.3 节)；(b) 图由阿拉斯加非相干散射雷达扫描获得 (见 4.2.3 节)。图 5.12(a) 给出了一个全景，左边是中纬电离层，右边是更为结构化的极光带，主槽介于两者之间 (见 5.4 节)，而图 5.12(b) 显示的特征类似于不规则体现象的等值线图。

极光带中斑块的成因尚不确定。它们的大小似乎差别很大。有一些证据表明，尽管可能还不太确定，它们是随着整个极光 F 层的等离子体漂移而移动。显然，它们不止一个源，因为它们可以出现在不同的高度范围，如图 5.13 所示。此外，在更高层的斑块其温度通常比周围环境温度低约 10%，而在较低的 F 层其峰值温度往往比周围环境温度高约 20% (根据 Burns 和 Hargreaves (1996)，两种类型的典型电子温度分别约为 1280 K 和 1540 K，而外部斑块等离子体约 1410 K——所有这些值都是众多独立测定的中值)。一般认为，更高层的结构是随着补片从极盖漂移而来的 (因为它们也比周围温度低)，但它们之间的确切联系和分解机制尚不清楚。那些温度更高并且出现在较低高度的斑块更有可能是由接近观测点的粒子沉降产生的。图 5.12 给出了其中一个较低的斑块和位于主槽极向边界上斑块的例子。边界斑块具有长寿命的特征，可能会持续几个小时。

(a)

层析成像: 1993.10.15 21:36 UT

电子密度/(×10^{11} m^{-3})

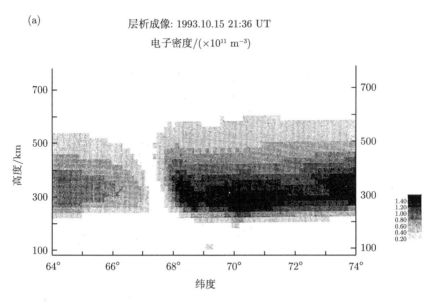

(b)

1981.11.11

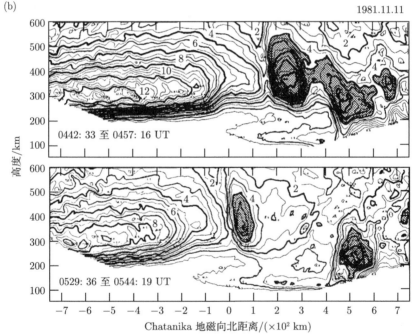

Chatanika 地磁向北距离/(×10^2 km)

图 5.12　(a) 1993 年 10 月 15 日子夜前斯堪的纳维亚区的电离层层析成像，显示中纬电离层、主槽 (见 5.4 节) 和结构化极光电离层 (L. Kersley, 1998)；(b) 1981 年 11 月 11 日利用 Chatanika 非相干散射雷达观测到的斑块及其他特征。每次扫描时间有标记，主槽、边界斑块、极光斑块和 E 层极光 (6.5.4 节) 可以从南到北看到。100 km 的距离约为纬度的 0.9°。由于阿拉斯加时间是 UT−10 h，这些是在傍晚时分 (C. L. Rino et al., 1983)

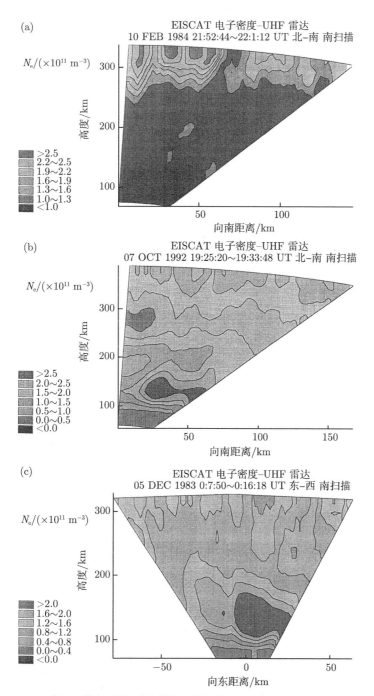

图 5.13 EISCAT 非相干散射雷达观测到的三种斑块。(a) 峰值在 250~400 km 的 F 层增强 (比周围温度低)；(b) 具有 F 层峰值和相关 E 层结构的中间类型；(c) 低于 200 km 的低高度 斑块峰值 (比周围温度高) (C. J. Burns and J. K. Hargreaves, 1996)

表 5.1 比较了各种类型增强的主要特性。

Tsunoda (1988) 对 F 层高纬增强进行了综述。相关论文集作为《无线电科学》(1994)(Radio Science) 的一个专刊出版。

表 5.1　高纬大尺度、不规则结构总结

不规则体类型	位置	典型尺寸	大小	高度	持续时间	起源	运动
极盖补片，Buchau 等 (1983, 1985)，Weber 等 (1984; 1986)，Weber 和 Buchau (1985)	当 B_z 是向南和 $K_p > 4$ 的极盖	水平范围为 100 多千米至 1000 多千米，半径 500 km	$>10^6$ cm^{-3}，约为背景 F 层的 8 倍	F 层	2～3 h	日侧极隙的亚极光纬度朝赤道方向	以 250～700 m·s^{-1} 逆阳通过极盖
边界斑块，Kelley 等 (1980)，Vickrey 等 (1980)，Muldrew 和 Vickrey (1982)，Rino 等 (1983)，de la Beaujardiere 和 Heelis (1984)，Robinson 等 (1985)	极光带赤道向边界。在子夜扇区以及延伸到早上和傍晚	极端纵向范围，但在纵向宽度上限定 100 km	$>4 \times 10^5$ cm^{-3}	300～500 km	非常持久，> 12 h	重构为补片或由轻粒子沉降形成的半持久结构增强	随着时间朝赤道方向和沿着极光带赤道方向边界向太阳方向运动
极光斑块，Rino 等 (1983)，Robinson 等 (1984)，Hargreaves 等 (1985a; 1985b)	晚上和午后扇区的极光带	10～100 km 北-南场向排列，有时东-西 100km。波状结构的波长约为 15km	3×10^5 cm^{-3}	< 200 km 和 > 350 km，孤立的斑块在 700 附近	断断续续地约 1 h	极向极光边界。轻粒子沉降和可能的空间共振。波张结构的源未知	区域漂移速度 250 m·s^{-1}
日向排列弧，Weber 和 Buchau (1981)，Carlson 等 (1984)	极盖。以中午到子夜排列，B_z 为北		2×10^5 cm^{-3}			中心极盖的"极区淋雨"沉降	拂晓向黄昏的缓慢运动

5.3.3　不规则体产生的闪烁

小尺度的不规则体导致穿越电离层的无线电信号产生了闪烁现象。闪烁理论已在 3.4.5 节中进行了概述，从中可以注意到第一菲涅耳半径是一个重要的参数。

对于 100 MHz 的无线电频率，若有效衍射屏位于 300 km 的高度，第一菲涅耳区半径约为 1 km；因此小于约 1 km 的不规则体会使无线电信号产生振幅和相位闪烁，而大于 1 km 的不规则体则只会产生相位闪烁。

分布与发生

闪烁发生在所有的纬度地区，包括极区，但在极光带及其周围往往特别严重 (Aarons, 1982; Yeh and Liu, 1982)，如图 5.14 所示，另一个重闪烁区域在赤道。极光闪烁区从磁极偏移，通常与极光卵形环对应 (见 6.2.1 节和 6.3.5 节)，在夜间扇区更接近赤道。在极光带和极区，发生率和强度在夜间最大，且仅在极光带有一个白天最大值。季节变化取决于经度。图 5.15 给出了欧洲扇区 (Kiruna) 极光站的季节和日发生率分布。闪烁的发生率和强度随太阳黑子数增加而强烈增加；发生率也会随着磁活动 (K_p) 的增加而增加，但这种影响在极盖中很小。

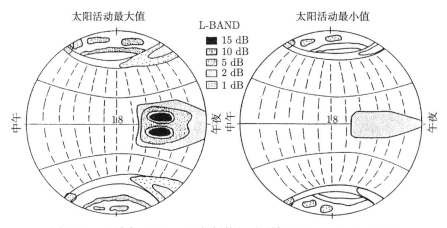

图 5.14 　L 波段 (1.6 GHz) 闪烁的主要区域 (S. Basu et al., 1988)

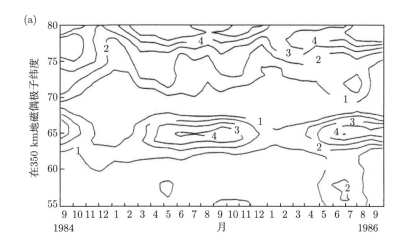

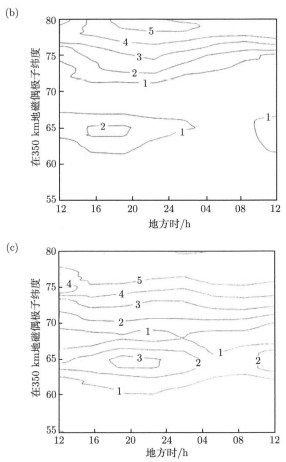

图 5.15　1984 年 9 月至 1986 年 9 月从基律纳观测的地磁纬度 55°~80° 发生的闪烁。等值
线表示频率为 150 MHz，闪烁超过 $S_4 = 0.2$ 的时间百分比。等值线 1~5 分别表示 25%、
35%、45%、55% 和 65%。(a) 随月变化，注意夏季最大值；(b) 随地方时变化，低磁活动
($K_p \leqslant 1$)；(c) 随地方时变化，中等高地磁活动 ($K_p \geqslant 4$) (L. Kersley et al., 1988)

衰落周期和深度

衰落周期变化很大，但通常在数秒到几分钟的范围内。它取决于不规则体的
视运动以及衰减的深度。图 5.16 给出了振幅闪烁的一个示例。

振幅衰落的强度通常使用指数 S_4 (定义见 3.4.5 节) 测量。在这些条件下，如
果衰落不太严重，它取决于无线频率 $f^{-1.5}$，但如果强闪烁则不那么陡峭。

观测到的闪烁深度还取决于发射机和接收机 (如从卫星至地面站) 之间的传
播方向。因为射线穿过电离层的路径变长，总体上遇到的不规则体更多，增加倾
斜度往往会使衰减更加严重。细节取决于单个结构的形式，可以假设沿地磁场将

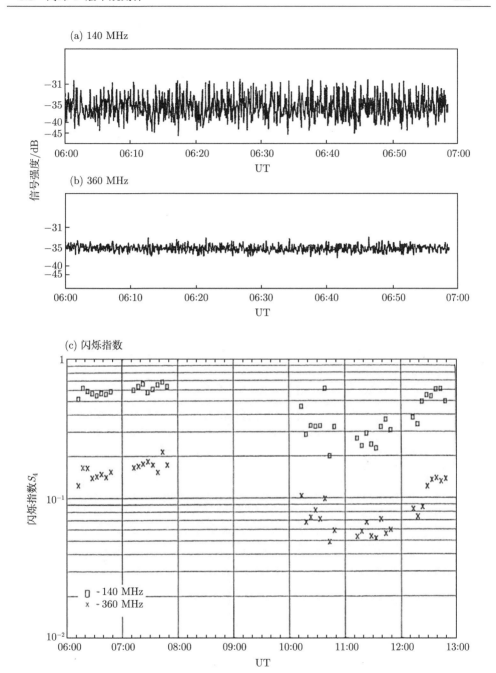

图 5.16 1979 年 3 月 30 日在阿拉斯加从地球同步轨道卫星 (ATS-6) 以 (a) 140 MHz 和 (b)360 MHz 传输中观测到的闪烁衰落的例子。卫星位于南面的低海拔地区，射线在约 60° 的地磁纬度穿过 F 层。(c) 在较低频率下衰落要大得多，闪烁指数之间的比率几乎为 4

会有相当长的延伸，根据 Rino (1978) 的研究，极光不规则体东西延伸，呈片状形式。由于单个不规则体沿地磁场分布，所以射线直接沿地磁场方向传播有另一个最大值 (因为射线极化直接沿磁场传播趋向于保持在单个不规则体内)。这些效应见图 5.15。

图 5.17 给出了一定纬度范围内和一天中不同时间 (磁地方时) 的 137 MHz 的 S_4 平均值。所有的测量都是在斯瓦尔巴特群岛的霍恩松德 (不变纬度 73.4°) 的秋天和初夏之间 (上一年十月至下一年五月) 进行，其位置在图中用箭头标识。由于

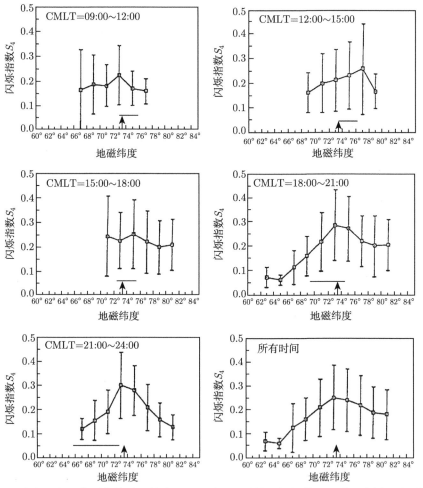

图 5.17　在斯瓦尔巴特群岛的霍恩松德，不同磁地方时的闪烁指数 S_4。条形图表示标准偏差。接收站的纬度用箭头表示，水平线表示极光卵形环在地方时的典型纬度 (A. W. Wernick et al., 1990)

磁场在极盖处近乎垂直，所以当卫星与接收站处于同一纬度时，传播路径最接近磁场方向。在霍恩松德纬度上，S_4 最大值出现在夜间。

S_4 的值为 0.25，对应于约 1 dB 标准偏差的衰落。然而，衰落有时可能更严重，尤其是在极光带。表 5.2 给出了 Narssarssuaq (格陵兰) 极光台站两个无线电频率的强闪烁发生率。

表 5.2   在 Narssarssuaq 的闪烁深度

K_p	发生百分比			
	$\geqslant$ 12 dB 137 MHz		$\geqslant$ 10 dB 254 MHz	
	白天	夜晚	白天	夜晚
0~3+	2.9	18	0.1	2.6
> 3+	19	45	0.9	8.4

请注意，在磁扰条件下和夜间，严重的衰落更为常见。在最高纬度上 (> 82° 磁纬度) 闪烁与极弧有关 (见 6.3.2 节)，在 250 MHz 下观测到 28 dB (峰–峰值) 的衰减。

谱

引起闪烁的不规则体被认为是一种漂移且随着时间演化的不规则空间分布。在单个点上观测到的时间变化包括内在的时间变化，但变化的主要部分可能是由于不规则体和探测信号之间的相对运动。低轨卫星根据轨道速度将沿轨道的空间谱转换为时间谱。对于地球静止卫星来说，时间的变化是由通过卫星–地面射线的不规则体漂移引起的。

在 Hornsund 记录的 137 MHz 闪烁的强度谱示例如图 5.18 所示。因为发射信号的卫星 Hilat 在 800 km 的轨道上，我们预计时间变化主要是卫星运动穿过空间不规则体导致的，尽管准确的转换也需要不规则体运动的信息。图 5.18 中的最大值是由于衍射的影响 (见 3.4.5 节)，其阻止了大尺度相位不规则体在地面产生振幅闪烁。峰值标记菲涅耳频率。谱的下降部分表示 700~130 m 的空间大小范围 (当卫星在头顶时)。这些是幂律谱，也是通常的情况，在 Hornsund 数据集中，平均谱指数 q 通常在 2~3 之间。也就是说，当衰落频率增加一个量级时，强度下降 2~3 个量级。振幅衰落往往由菲涅耳频率控制。

直接测量

电子密度的空间起伏可由星载探测器原位测量，但轨道卫星的高速限制了可由这种方式解决的结构细节。在图 5.19 中，显示了轨道卫星上产生的离子 (和电子) 密度的测量，起伏高达平均值的 20%。

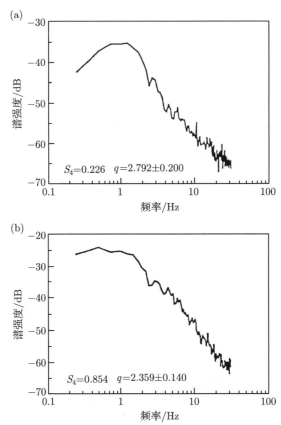

图 5.18　在 Hornsund，接收 HiLat 卫星 137 MHz 信号的振幅闪烁典型谱：(a) 1986 年 4 月 24 日和 (b) 1985 年 10 月 28 日。q 是谱指数 (A. W. Wernick et al., 1990)

在一些情况下，观测到产生闪烁的小尺度不规则体位于大尺度增强的边缘，图 5.19 就是这样一个例子。有一些机制 (例如梯度漂移和开尔文–亥姆霍兹不稳定性) 可导致大的补片在边缘处破裂，从而产生较小的结构，这些结构可能依次分解。通过这种方式，较大的结构可逐渐分解，在级联过程中形成较小的结构。Buchau 等 (1985) 讨论了极盖中大的结构与入射的无线电闪烁之间的关系。

建模

为了预测，人们开发了经验模型来表示高纬 (和其他纬度) 的闪烁强度。闪烁取决于电子含量的空间变化 (而非其实际值) (见 3.4.5 节)，其随诸如磁纬度和经度、时间、季节、磁活动和太阳黑子数等参数而变化。Secan 等 (1997) 提出的高纬模型是根据 1976~1988 年间，在格陵兰、挪威、加拿大和美国 (华盛顿州) 接收站，接收到以频率 137.67 MHz 传输的几个轨道卫星 (Wideband，Hilat 和 Polar BEAR) 观测到的闪烁而得出的。图 5.20 给出了一个称为不规则强度参数

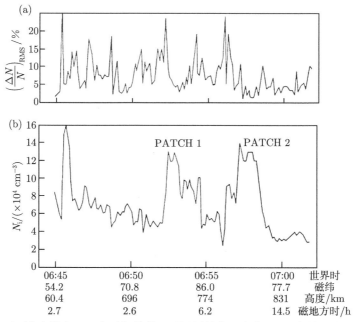

图 5.19　(a) 相对不稳定性和 (b) 穿过极盖的卫星测量的离子密度。(a) 中关于线性最小二乘法拟合的 3 s 内测得的电子密度的变化 ΔN；图中 $\Delta N/N$ 指的是小于约 25 km 的不规则体
(S. Basu et al., 1987)

的量 (定义为 1 km 波数处，电子密度变化的功率谱密度乘以不规则区域的厚度)，其正比于垂直电子含量的变化。闪烁深度的计算是基于相位屏理论和假设的幂率谱强度。导出的闪烁指数取决于传播方向、无线电信号的频率、传播路径穿过等离子体不规则区域的速度，以及关于有效相位屏高度和不规则体结构的假设。

该模型的数据汇编揭示了几个重要的特征：

(1) 高纬闪烁区有一个明确的边界，其不规则强度增加超过 10 倍。

(2) 与极光带有关的增强峰在子夜位于离子沉降边界的极向 2° 处，但其在中午的极向为 14° (根据 Gussenhoven 等 (1983) 的测定，沉降边界是极光电子能为 50 eV~20 keV 赤道向区域边缘)。另参见图 6.6。

(3) 在不规则强度假定为中纬典型的较低值之前，在闪烁边界的赤道方向有一个过渡区，在磁地方时 8:00~16:00 最明显。

(4) 近子夜和中午时极光增强有一个最大值，两者均随着 K_p 的增加而变得更强。夜间最大值发生在 K_p 增加后，白天的最大值发生在太阳黑子数增加后。

(5) 极盖在午后有一个强增强，在子夜有一个最小值。极盖的不规则的整体水平随太阳黑子数的增加而增加，随 K_p 的增加而减小。

这些特征在图 5.20 中没有清楚地显示出来，但在 Secan 等 (1997) 的图 1 中有说明，读者可以参考该图了解模型及其应用的更多细节。

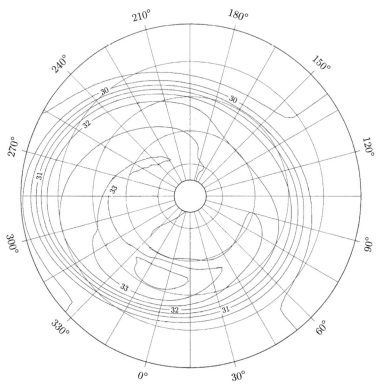

图 5.20　在太阳最大值 (太阳黑子数 175) 和高地磁活动 ($K_p = 6$) 时，7 月 21 日 23:00 UT 不规则体参数 $C_k L$ 等值线，来自模型版本 13.04。$C_k L$ 是周期性为 1 km 的不规则体高度积分功率谱，这里显示为对数，与电子含量方差成正比 (S. Basu et al., 1987)

5.4　主　　槽

5.4.1　引言

　　电离层槽是一个电离耗尽的区域，其宽度有限但东西方向延伸，北部和南部更强烈。这里只讨论定期观测到的损耗，考虑到损耗强度和位置的变化，该损耗似乎具有 F 层永久或半永久特征。没有被拉长的损耗将被描述为极洞。

　　应当提醒读者的是，当现象还没有完全定义时，在一些文献中关于槽和洞的术语一直存在一些模糊性。关于 F 层槽的大多研究似乎标志着中纬和高纬电离层的边界。最初这被称为 "中纬" 槽，一个继续使用的术语。它也被称为 "主槽"，这个术语在这里使用，首先强调它作为 F 层主要槽状特征的重要性，其次因为它的出现绝不局限于中纬。根据中高纬的笼统定义，槽有时出现在一个地方，有时出现在另一个地方, 把它看作高纬和中纬电离层区域之间变化的边界 (至少在地球的夜侧) 可能更为有用。观测到完全在高纬区域的各种其他槽和洞, 这些将视情况而定, 将被简单地称为高纬槽和洞。

电离层槽重离子的损耗主要是 O^+。重离子与顶部电离层以及远至赤道面上的质子层的轻离子 (H^+ 和 He^+) 损耗有关, 但不完全相同 (等离子层中的主要损耗的内缘当然是等离子层顶, 见 2.3.2 节)。

5.4.2　主槽的观测特性和状态

观测

当卫星穿过加拿大和美国的边界时, 作为电子密度的局部损耗, 在 20 世纪 60 年代初期, 主槽第一次由顶部 (电离层) 探测器 Alouette1 观测到。在早期, 它有时被称为加拿大边界效应。从那时起, 人们通过各种地面技术, 特别是电子含量测量、非相干散射雷达和电离层测高仪进行研究。

图 5.21 给出了 DE-2 (动力探索者 2 号) 的一个例子, 显示了在卫星高度 (733~371 km) 穿过北部高纬地区电子密度和温度的变化。主槽 (中纬) 出现在 09:31 UT 后 60° 不变纬度附近, 另外两个槽出现在更高纬度。在主槽中电子温度被提高, 而且这比较典型。在图 5.22 的例子中主槽更宽, 该图来源于 ISIS-2 的顶部探测电离图, 其槽的宽度大于 15°, 并指出了槽区细节的复杂性, 图中数字 1~8 代表了许多特征, 即

(1) 中纬电离层的纬向变化;

(2) 槽的赤道壁;

(3) 槽最小值;

(4) 槽的极向壁 (通常很锐利);

(5) 极光增强;

(6) 极光卵形环的极向面下降;

(7) 极盖内的结构。

在电子含量中也可以观测到槽, 但通常不像星载探测器或者顶部 (电离层) 探测器观测的那样具有锐利梯度或更多的细节。图 5.23 给出了一些例子。不同的外观可能是由于电子含量是电子密度的积分, 而不是在某一高度上的值。图 5.23 给出了一些明确定义槽的挑选的例子。一些槽结构更复杂, 而一些还有次最小值。

图 5.24 给出了槽结构的示意图, 因为其影响了地磁 60° 附近电离层底部的电子等值线, 在图 5.25 中, 可看到通过对电子含量数据进行层析分析获得的顶部和底部的电子等值线。

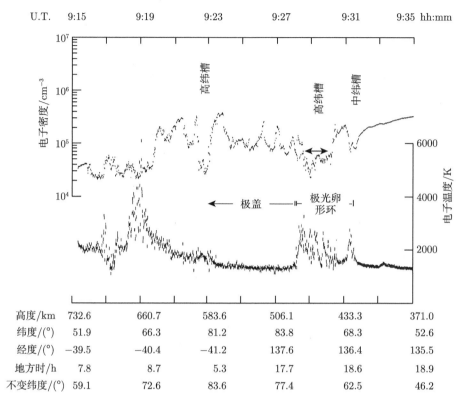

图 5.21   1981 年 11 月 22 日在 DE-2 卫星上测量的电子密度 (左刻度) 和电子温度 (右刻度)
的纬度剖面图，显示中纬 (主) 和高纬槽 (A. S. Rodger et al., 1992)

主要特征概述 (北半球)

继 Moffett 和 Quegan (1983) 之后，槽的位置和事件 (在北半球) 总结如下：

■ 槽主要是一种夜间现象，从黄昏一直延伸至黎明。有时在所有地方时都会
观测到。

■ 这种现象在冬季和二分点最为常见。在夏季较为罕见，仅在当地子夜附近
发生。

■ 槽的极向边缘通常比较陡峭，靠近弥散极光带的赤道向边缘。

■ 随着夜晚的来临，槽向较低纬度区移动。在地磁平静条件下，它可以在清
晨回到更高纬度地区。

■ 它也随着地磁活动的增加而向低纬移动。太阳活动似乎没有影响。

■ 关于槽的深度或宽度，或这些特性如何随一天中的时间变化，没有普遍
共识。

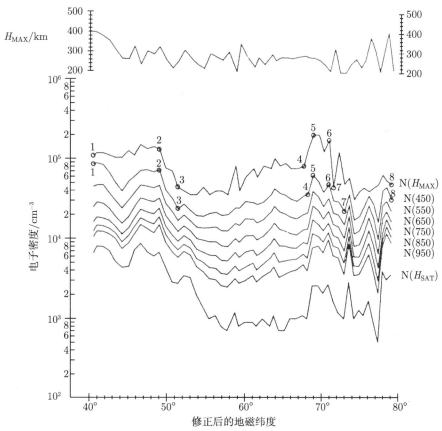

图 5.22   主槽特征，由顶部 (电离层) 探测器 ISIS-2 于 1971 年 12 月 18 日记录。地方时接
近子夜 (M. Mendillo and C. C. Chacko, 1977)

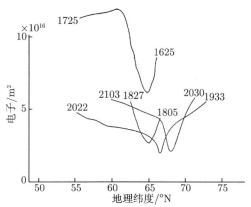

图 5.23   当槽窄而且定义明确时，四种不同情况下槽的电子含量。这些观测在斯堪的纳维亚
进行，时间为 UT (L. Liszka, 1967)

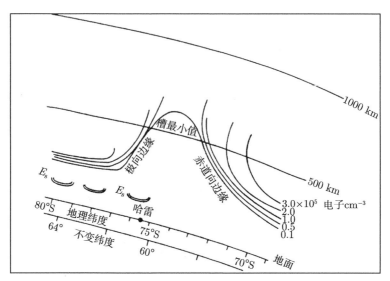

图 5.24　经常出现在南极哈雷附近槽的示意图 (J. R. Dudeney et al., 1983)

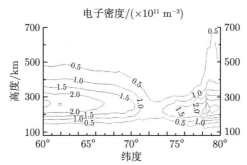

图 5.25　层析所见的槽。结果来自斯堪的纳维亚地区，1995 年 11 月 17 日下午早些时候。注意在极向一侧狭窄向上延伸 (L. Kersley, 1992)

随时间和磁活动变化的公式

对于高纬通信和跨极路径来说，了解槽的最小值和极向边缘位置非常重要。槽最小值的位置作为地方时和 K_p 的函数，用线性关系表示为

$$\Lambda_T = \Lambda_0 - aK_p - bt \tag{5.3}$$

其中，Λ_T 为槽最小值的不变纬度；若 $K_p = 0$ 时，Λ_0 为在子夜 $(t = 0)$ 的不变纬度，t 是以小时为单位从子夜计算的地方时 (前为负，后为正)，a 和 b 是系数。表 5.3 中 Λ_0、a 和 b 的值是从独立的系列观测中得到的。

这些公式的优点是简单，但由于它们没有提供早晨的极向运动，不能说明全部的情况。Halcrow 和 Nisbet (1977)、Spiro (1978) 推导出了非线性形式的方程。

表 5.3 方程 (5.3) 的系数

参考文献	数据源	Λ_0	$a/(^\circ \cdot K_{\mathrm{p}}^{-1})$	$b/(^\circ \cdot \mathrm{h}^{-1})$	LT
Rycroft 和 Burnell (1970)	Alouette-1 卫星	62.7	1.4	0.7	19:00~05:00
Kohnlein 和 Raitt (1977)	ESRO-4 卫星	65.2	2.1	0.5	20:00~07:00
Best 等 (1984)	Intercosmos18 卫星	64.0	0.5	0.13	未说明
Collis 和 Häggsröm(1988)	EISCAT	62.2	1.6	1.35	13:00~01:00

方程 (5.3) 意味着在给定纬度上，若 K_{p} 更高，则槽最小值出现得更早。表 5.3 中系数的相关性 (每小时的 K_{p}) 正好是 a/b，或者分别为 2.0、4.2、3.8 和 1.2。

图 5.26 中的电子含量观测 (Liszka, 1976) 显示了约 07:00 LT 后槽纬度的增加。然而，在子夜前后几个小时内，这些数据通过 Kohnlein 和 Raitt 公式拟合得非常好 (Liszka 的观测主要是在 K_{p} 较低的时候)。对于范围为 0~3 的 K_{p} 组，相同的数据给出了 K_{p} 对纬度约 2° 的依赖关系 (图 5.27)，这再次符合 Kohnlein 和 Raitt 公式。但是请注意，个别值的分布趋势范围为 2°~3° 的纬度。Rodger 等 (1986) 认为槽极向边缘位置的预测能力较差，除了统计意义外，其所有特征可能都是如此。

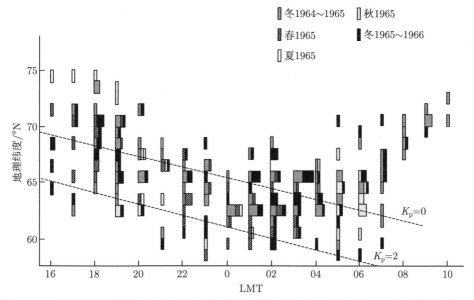

图 5.26 根据瑞典基律纳一年的电子含量观测，槽纬度与地方时相对应。时间为地方时 (L. Liszka, 1967)

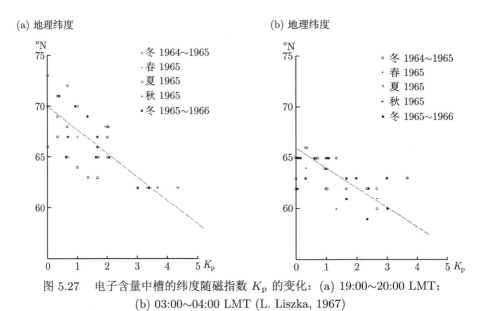

图 5.27   电子含量中槽的纬度随磁指数 K_p 的变化：(a) 19:00~20:00 LMT；
(b) 03:00~04:00 LMT (L. Liszka, 1967)

Collis 和 Häggsröm (1988) 的非相干散射结果是通过对太阳黑子数极小值的一年内的观测资料进行总结得到的。在下午和晚上观测到槽，但在 4 月初和 8 月下旬的夏季没有记录。他们的公式给出了一天中最强槽的纬度变化，而且下午槽的纬度明显高于 Kohnlein 和 Raitt 的结果。请注意，图 5.25 中的槽发生在 72°~74° 的下午。

除了他们给出了槽最小值的纬度公式，Best 等 (1984) 也提出了依据 L 和电子温度的表达式：

$$L\ (槽最小值) = 5.4 - 0.5K_p - 0.13t \tag{5.4}$$

$$L\ (T_e\ 最大值) = 5.2 - 0.4K_p - 0.12t \tag{5.5}$$

$$T_e\ (最大值) = 3250 - 8.06/D_{st} \tag{5.6}$$

其中，D_{st} 为磁暴指数 (见 2.5.2 节)，单位为 nT (10^{-9} T)。

南半球

主槽主要源自北半球的观测资料。Mallis 和 Essex(1993) 研究了南半球观测的电子含量的槽，并得出两个半球之间存在一些显著差异的结论。在南半球，槽在所有季节和一天中的所有时间都可以被观测到。槽在冬季比在春分或夏季出现的频率要低，白天出现的频率相对较高。与北半球比较，南半球白天有更多的槽，而晚上则更少。这些差异被认为是极区环流的半球差异造成的。

5.4.3   槽的极向边缘

引言

5.4.2 节的结果主要是关于槽中电子密度的最小值，但极向边缘也具有特别有趣的特征。如对于极向的一侧为什么电子密度再次增加，以及为什么这样的增加如此剧烈。极向边缘的锐度也可以使用，因为它通常是最容易探测和最精确定位的槽状特征。

方向

运用极向边缘研究了槽的方向。夜间槽的赤道向漂移表明，在给定的时间，槽不应正好处于不变纬度的等值线上，而应以较小的角度指向不变纬度的等值线。Rodger 等 (1986) 在南极哈雷站 (76°S，27°W，$L = 4.2$) 使用先进的电离层探测仪 (AIS) 对此特性开展了研究。AIS 可以测量电离层回波的到达方向及其距离。假设反射是镜反射，那么可以绘制出从探测仪到槽边缘的垂直位置，从而观测到方向。

结果如图 5.28 所示，绘制了 16 次观测到的槽回波的位置。从哈雷站看，不变纬度等值线的垂线方向为南偏东，并且接近 00:00~01:59 LT (如 5.28(c) 图中的线 4) 期间确定的方向。因此，在这一时间之前，在地方时晚些时候 (如向东)，极向边缘向较低纬度倾斜，而在 02:00 LT 后则相反。这些倾斜的感觉，与前半夜期间的一般赤道向运动和后半夜极向运动一致。

在图 5.28(d) 中，方向被映射到 $L = 4.2$ 的赤道面上，并与表示等电势的 Kavanagh 等 (1968) 的 "泪斑块模型" 相比较，该等电势由一个简单的磁层电场产生。槽似乎与等电势一致，因此与等离子体漂移方向一致。

电子沉降和极向边缘

在 Bates 等 (1973) 第一次观测之后，经常注意到槽最小值位于极光沉降区域边缘的朝赤道几度的方向，很自然地假设极光电离是槽的极向一侧电子密度增加的成因。支持证据来自粒子测量 (Rodger et al., 1986) 和非相干散射雷达 (Jones et al., 1997)。在 22:30 磁地方时前，动力学探测器-2 (DE-2) 通过的每个槽上几乎都存在电子沉降。雷达证据表明，在槽极向的一侧电子温度升高。这些观测证实了 Pike 等 (1977) 发表的早期的研究结果。

然而到了深夜，在哈朗间断 (见 2.5.3 节) 通过之后，这种关联不再明显。还观测到另外两种情况，一种是极向边缘伴随着软电子沉降 (50 eV)，另一类是电子沉降水平在槽内没有改变。在 DE-2 研究中，这三类在子夜后发生的频率几乎相同。雷达研究也无法确定与下半夜的电子沉降有任何关联。因此，在子夜后部分，形成极向边缘的电离源不太清楚。人们认为极区环流中的电离输运很重要。

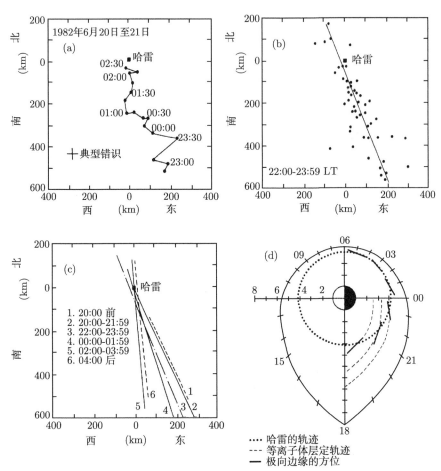

图 5.28　在主槽方向上。(a) 1982 年 6 月 20 日至 21 日，相对于哈雷的极向边缘的位置，时间为地方时；(b) 22:00~23:59 LT 期间，所有观测的极向边缘的位置，其中有最佳拟合直线；(c) 6 个 2 h 周期的最佳拟合直线；(d) 在赤道面上投影到 $L = 4.2$ 垂直于 (c) 的线，与 Kavanagh 的磁层等势线模型比较 (A. S. Rodger et al., 1986)

5.4.4　单个槽运动

大多数研究都是基于 (或信号来自) 轨道卫星的观测结果得出槽纬度以时间和 K_p 为函数的公式 (见方程 (5.3))。因此，数据由一系列在不同场合拍摄的快照组成；没有机会连续观测任何一个槽。因此，这些公式不一定能描述槽的瞬时运动。例如图 5.28(a) 所示的槽以 1.3°/h 的速度向赤道方向运动，除了表 5.3 中最后一个公式，其漂移速度比表中任何公式所示的都要快，当然，表 5.3 中的最后一个公式是基于单个实例追踪 (通过非相干散射雷达)。

AIS 从 Halley 站 ($L = 4$) 跟踪极向边缘的结果也趋向于表明相对较高的速

度。在图 5.29(a) 的例子中，显示了不变纬度随时间的变化，许多斜率超过 $1° \cdot h^{-1}$。若更高的速度维持几个小时，这些槽将覆盖比实际观测更广的纬度范围。然而，更重要的是，在一些情况下，倾斜变平表明漂移不均匀。漂移速度在不同例子之间也有很大的差异。图 5.29(b) 中所示的例子也是来自哈雷站，涵盖了 21:30~08:00 LT 的全部时间，尽管每个事例都延伸到 00:00~04:00 LT 的时段。漂移速度变化范围相差 10 倍 (从 $60\ km \cdot h^{-1}$ 到 $600\ km \cdot h^{-1}$)，一半事例的速度在 $100~300\ km \cdot h^{-1}$ 之间，中间值在 $200\ km \cdot h^{-1}$ $(1.8° \cdot h^{-1})$。

图 5.29(c) 的事例来自极光带中一个地点的电子含量测量。在这个更高纬度地区 (地方时是 UT-1 h)，在下午可观测到槽，但要注意的是，这些地点和速度

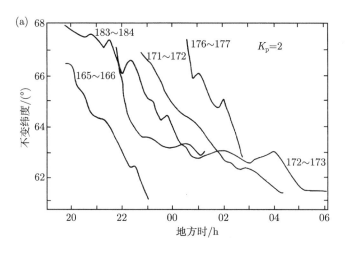

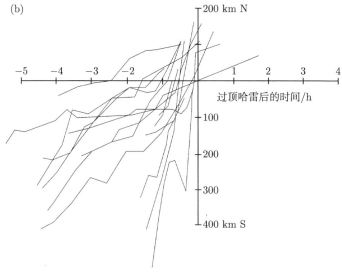

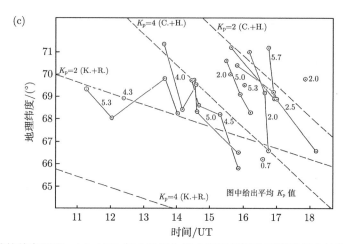

图 5.29　主槽的纬向漂移。(a) 1982 年由哈雷先进电离层探测仪观测的极向边缘的 5 个晚上。每种情况 $K_p = 2$ (A. S. Rodger et al., 1986)；(b) 1982~1983 年哈雷槽的收集，显示赤道向漂移的速度变化 (时间从与极向边缘有关的弱沉降出现开始计算) (W. G. Howarth and J. K. Hargreaves, 私人交流)；(c) 斯堪的纳维亚极光带电子含量测量的最小值。标记了 K_p，并叠加了 Kohnlein 和 Raitt、Collis 和 Häggsröm 的公式 (J. K. Hargreaves and C. J. Burns, 1996)

再次符合 Collis 和 Häggström (C.+H.) 的公式，而不是 Kolnlein 和 Raitt (K.+R.) 的公式。若这些槽继续以相同的速度向赤道方向移动，它们将不会与图 5.29(a) 所示的槽连接起来。因此，证据表明，虽然基于卫星数据的公式可以表达可见槽的纬度，但单个槽的移动速度比这些公式显示的要快得多。

　　一种解释 (Rodger et al., 1986) 是基于亚暴的影响，在某些情况下，其被认为与极向一侧槽的部分填充有关。图 5.30 说明了这一点，显示了在 DE-2 卫星两个连续轨道之间极边缘变得陡峭，而两轨期间发生了一次亚暴。这个填充很可能是由于亚暴导致的粒子沉降增强。这是一个新的因素，没有包含在方程 (5.3) 的假设中，但不清楚这是否是整个解释。

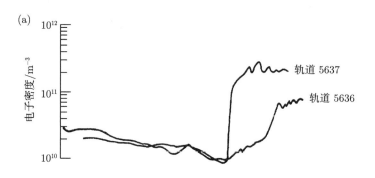

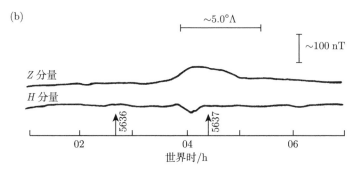

图 5.30 (a)1982 年 8 月 14 日，在哈雷附近连续两次通过的 DE-2，表明极向边缘变陡；
(b) 哈雷磁强计显示了两个轨道之间发生了一次亚暴 (A. S. Rodger et al., 1986)

5.4.5 机制和模型

等离子体衰减引起的主槽

由于主槽位于中高纬度电离层之间，人们可以合理地认为其起因与这两个地区不同的环流模式有一定的联系。通过电离层数学建模，人们进行了各种尝试来预测槽的位置 (Moffett and Quegan, 1983)。这些模型表示了稳定状态的高纬对流，尽管它们可能不包括所有可能相关的物理过程，但它们确实预测了主槽的正确位置。一个基本的原因是有一些对流路径 (如图 5.1(b) 中的路径 5) 在几个小时内没有遇到一个产生区域，这一时间足够使等离子体密度衰减到一个低值。非相干散射雷达 (Collis and Haggstrom，1988) 的测量支持这一结论，表明槽最小值通常位于等离子体流 (相对于地球) 强烈向西的区域。这种西向流趋向于抵消地球自转效应，从而延长了等离子体留在暗区的时间。

一个可能的复杂情况是，由于驱动极区对流的太阳风不断变化,稳定状态的对流模式不太可能持续很长时间。虽然电离衰减现在被认为是主槽的根本原因，但距能够预测任何给定一天槽的细节还有一段距离。

其他机制

Rodger 回顾了产生或者有助于产生电离槽的机制，并推断不同离子和中性粒子之间速度的不同有可能是一个重要的因素。复合系数表达式中的速率系数 k_1 和 k_2

$$\beta = k_1 \left[N_2 \right] + k_2 \left[O_2 \right] \tag{5.7}$$

与温度有关，如图 5.31 所示，离子和中性粒子间的相对漂移加热了气体。图 5.31 显示了作为第二横坐标的相对速度。加热通过复合增加了损失率，并导致等离子体向上流动，也使 F 层损耗。因此，有人认为等离子体损耗预计发生在因离子和中性粒子间较大的速度差异而加热的区域中。

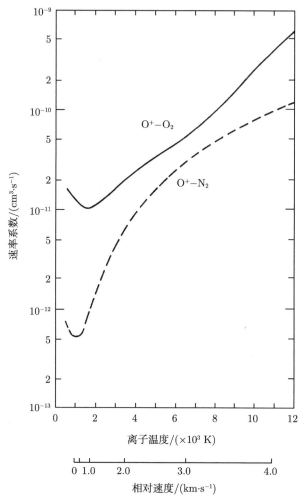

图 5.31　复合反应在 F 层的温度依赖性。离子和中性种类显示在第二比例尺上 (A. S.
　　　　 Rodger et al., 1992)

5.5　高纬槽和洞

非相干散射雷达和穿过的卫星观测到了主槽极向方向 (即极光卵形环和极盖)
发生的损耗，但通常它们没有如主槽那样被深入研究。Rodger 等 (1992) 总结了
这些槽的主要特征，如下：

■ 高纬槽宽在 5°～9° 之间，极向边缘在磁纬 67°～71° 之间，朝赤道向边缘
在 61°～67° 之间 (注意，在午后这与主槽位置重叠)。

■ 它们持续 4～8 h，在这段时期结束时向更高纬度移动。

■ 随着 K_p 增加，它们的赤道向边缘向赤道方向移动，有证据表明，K_p 越大，槽的形成越早。

■ 它们通常与上午扇区的对流逆转 (以纬度为函数) 有关，但在晚上则位于赤道方向的逆转面上。图 5.32 说明了这一点。

■ 离子温度 (T_i) 和电场通常在槽内增加，但电子温度通常不受影响。

■ T_i 和场向等离子体速度之间有一定联系。

■ 原子离子 (H^+、O^+ 和 N^+) 浓度减少，但分子种类 (NO^+ 和 O_2^+) 浓度增加。

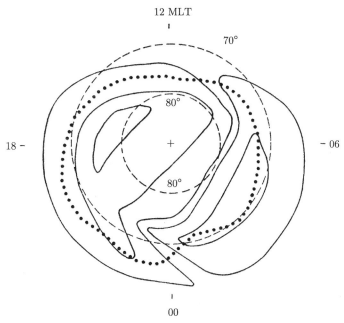

图 5.32　由卫星 OGO-6 经过 (点线) 所确定的高纬槽的平均位置 (虚线)，并绘制在电场图上 (实线) (A. S. Rodger et al., 1992)

图 5.33 给出了高纬槽离子密度的进一步例子；注意 NO^+ 浓度的增加。

极洞因其显著特征而被认知。它是在南极极盖冬季太阳活动低年观测到的一种长期损耗 (Brinton et al., 1978)，发生在接近 $80°$ 磁纬午后不久。电子密度 (在 $300\ km$) 低至 $(1\sim 3)\times 10^2\ cm^{-3}$，而在极盖其他地方高达 $10^5\ cm^{-3}$。这个洞偶尔出现在两分季，但夏季几乎没有。季节变化可通过太阳晨昏线的运动来解释，这确保了相关区域在冬季是黑暗的而在夏季是光照的。极区洞内电子温度减小，离子速度较低。那里的分子成分浓度没有增加。由于未知的原因，北极没有观测到极洞。

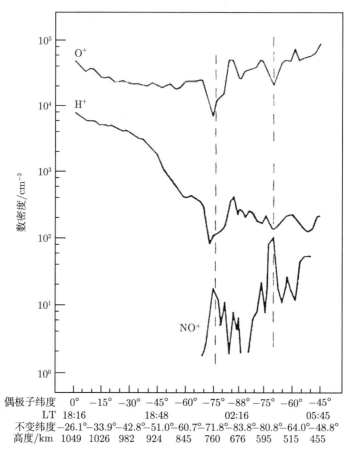

图 5.33　1970 年 3 月 18 日, 从 OGO-6 得到的北纬 70°~75° 的高纬槽。分子成分 NO^+ 浓度有所提高 (J. M. Grebowsky et al., 1983)

必须认识到, 在没有太阳照射的情况下, 高纬电离层的不规则性并不罕见。5.3.2 节中, 重点关注高纬电离层的补片和斑块增强现象。对损耗的研究应与此相辅相成, 而且增强或损耗与否总是不清楚是不正常的。在某些情况下, 结构实际上可能包含这两个方面, 也就是说, 机制可能从一个地方消除电离, 并将其集中到其他地方。

图 5.34 总结了高纬损耗 (以及主槽) 的位置。表 5.4 描述了其不同特征。

读者可参考 Rodger 等 (1992) 的综述论文, 以了解更多详情和 F 层的其他高纬损耗的讨论。

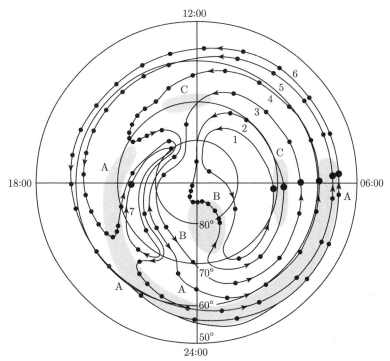

图 5.34 在稳定的地球物理条件下,当横尾电场很小时,F 层损耗的总结。太阳晨昏线在 18:00~06:00 线上。A:主槽;B:极洞;C:离子和中性成分显著摩擦加热区域。这些特征叠加到图 5.1(b) 的极区对流模式上 (A. S. Rodger et al., 1992)

表 5.4 图 5.34 中的特征

槽类型	V_i	T_e	T_i	成分	注释
A. 停滞槽	低	高	正常	正常	质子层持续影响到朝赤道向边缘
B. 极洞	低	低	尽管没有测量,预计较低	正常	顶部 He^+ 和 H^+ 浓度增强
C. 中性成分静止框架内的高电场	高 $> 1\ km \cdot s^{-1}$	??	高,各向异性	NO^+ 丰富	焦耳加热和离子流出很重要;经常发生在高电子沉降区域,因此 T_e 被提高

5.6 总结和启示

在无线电传播中,F 层主要影响较高频率的工作系统,特别是 HF、VHF 和 UHF 波段,即使 F 层未发生扰动时,影响也可能很大,尤其是在冬季,因为在漫长的极夜期间电子密度会变得非常小。在地磁暴和亚暴期间,会出现额外的影响。高能带电粒子沉降增加，因此工作在这些波段的电路可能会严重退化。

　　主要的电离层槽正好是极光卵形环赤道向电子密度衰减的区域，当反射或控制点在其边界区内时会降低高频工作频率。主槽是中纬和高纬间电离层过渡的半永久特征，北半球主要发生在夜间，冬季比夏季强。南半球的发生率略有不同。

　　当高能电子和质子沉降到极光 F 层时，它们产生不同尺度的场向不规则体，这些不规则体会偏离并散射入射其上的 HF 至 UHF 信号。当信号基本上以垂直地磁力线方向传播时，不规则体分量等于无线电波波长一半时将产生后向散射。当信号从中纬向极光卵形环传播时，这种几何形状很可能导致发生 HF 散射。为研究目的而运行的高频雷达，正是利用这种后向散射来研究极区电离层的结构和动力学。超视距 HF 雷达由于场向不规则体而经历系统退化、卫星对地的 VHF 和 UHF 信号遭受闪烁现象，导致幅度快速、时而严重的衰落及相位的不规则起伏。

　　在极区电离层，即文中所述的极光带极向部分，粒子沉降一般没有进入极光卵形环时那么强烈。然而，一些主要 F 层不规则体确实发生，其主要特征是 F 层等离子体密度的增强，如熟知的极光弧或补片，这可能不是在本地产生，而是来自低纬电离层，然后在极盖晨-昏电场控制下漂移过极盖。现在，关于这些结构本身已经有了足够了解，尽管还不足以用于预测。

　　第 8 章和第 9 章详细描述了高纬 F 层对 ELF 至 UHF 全谱无线电信号传播的影响。

5.7　参　考　文　献

5.1 节

Boyle, C. B., Reiff, P. H., and Hairston, M. R. (1997). Empirical polar cap potentials. J. Geophys. Res. 102, 111.

Cowley, S. W. and Lockwood, M. (1997) Excitation and decay of solar wind-driven flows in the magnetosphere-ionosphere system. Ann. Geophysicae. 10, 103.

Dudeney, J. R., Rodger, A. S., Pinnock, M., Ruohoniemi, J. M., Baker K. B., and Greenwald, R. A. (1991) Studies of conjugate plasma convection in the vicinity of the Harang discontinuity. J. Atmos. Terr. Phys. 53, 249.

Hairston, M. R. and Heelis, R. A. (1995) Response time of the polar ionospheric convection pattern to changes in the north-south direction of the IMF. Geophys. Res. Lett. 22, 631.

Jayachandran, P. T. and MacDougall, J. W. (1999) Seasonal and By effect on the polar cap convection. Geophys. Res. Lett. 26, 975.

Kelley, M. C. (1989) Section 6.2. In The Earth's Ionosphere. Academic Press, New York.

Lu, G. and 20 others. (1994) Interhemispheric asymmetry of the high-latitude ionospheric convection pattern. J. Geophys. Res. 99, 6491.

Rich, F. J. and Hairston, M. (1994) Large-scale convection patterns observed by DMSP. J. Geophys. Res. 99, 3827.

Ruohoniemi, J. M. and Greenwald, R. A. (1996) Statistical patterns of high-latitude convection obtained from Goose Bay HF radar observations. J. Geophys. Res. 101, 21 743.

Spiro, R. W., Heelis, R. A., Hanson,W. A. (1978) Ion convection and formation of the mid-latitude F region ionization trough. J. Geophys. Res. 83, 4255.

Todd, H., Bromage, B. J. I., Cowley, S. W. H., Lockwood, M., van Eyken, A. P., and Willis, D. M. (1986) EISCAT observations of rapid flow in the high latitude dayside ionosphere. Geophys. Res. Lett. 13, 909.

Willis, D. M., Lockwood, M., Cowley, S. W. H., van Eyken, A. P., Bromage, B. J. I., Rishbeth, H., Smith, P. R., and Crothers, S. R. (1986) A survey of simultaneous observations of the high-latitude ionosphere and interplanetary magnetic field with EISCAT and AMPTE UKS. J. Atmos. Terr. Phys. 48, 987.

5.2 节

Farmer, A. D., Crothers, S. R., and Davda, V. N. (1990) The winter anomaly at Tromsø. J. Atmos. Terr. Phys. 52, 561.

Muldrew, D. B. and Vickrey, J. F. (1982) High-latitude F region enhancements observed simultaneously with ISIS 1 and the Chatanika radar. J. Geophys. Res. 87, 8263.

Raitt, W. J. and Schunk, R. W. (1983) Composition and characteristics of the polar wind. In Energetic Ion Composition in the Earth's Magnetosphere (ed. R. G. Johnson), p. 99. Terra Scientific Publishing, Tokyo.

Robinson, R. M., Tsunoda, R. T., Vickrey, J. F., and Guerin, L. (1985) Sources of Fregion ionization enhancements in the night-time auroral zone. J. Geophys. Res. 90, 7533.

Walker, I. K., Moen, J., Mitchell, C. N., Kersley, L., and Sandholt, P. E. (1998) Ionospheric effects of magnetopause reconnection observed by ionospheric tomography. Geophys. Res. Lett. 25, 293.

Whitteker, J. H., Shepherd, G. G., Anger, C. D., Burrows, J. R., Wallis, D. D., Klumpar, D. M., and Walker, J. R. (1978) The winter polar ionosphere. J. Geophys. Res. 83, 1503.

5.3 节

Aarons, J. (1982) Global morphology of ionospheric scintillations. Proc IEEE 70, 360.

Anderson, D. N., Buchau, J., and Heelis, R. A. (1988) Origin of density enhancements in the winter polar-cap ionosphere. Radio Sci. 23, 513.

Buchau, J., Reinish, B. W., Weber, E. J., and Moore, J. F. (1983) Structure and dynamics of the winter polar cap F region. Radio Sci. 18, 995.

Buchau, J., Weber, E. J., Anderson, D. N., Carlson, H. C., Moore, J. G., Reinisch, B. W., and Livingston, R. C. (1985) Ionospheric structures in the polar cap: their origin and relation to 250 MHz scintillation. Radio Sci. 20, 325.

Burns, C. J. and Hargreaves, J. K. (1996) The occurrence and properties of large-scale electron-density structures in the auroral F region. J. Atmos. Terr. Phys. 58, 217.

Carlson, H. C., Wickwar, V. B., Weber, E. J., Buchau, J., Moore, J. G., and Whiting, W (1984). Plasma characteristics of polar cap F-layer arcs. Geophys. Res. Lett. 11, 895.

de la Beaujardière, O. and Heelis, R. A. (1984) Velocity spike at the poleward edge of the auroral zone. J. Geophys. Res. 89, 1627.

Gussenhoven, M. S., Hardy, D. A., and Heinemann, N. (1983) Systematics of the equator-ward diffuse auroral boundary. J. Geophys. Res. 88, 5692.

Hargreaves, J. K., Burns, C. J., and Kirkwood, S. C. (1985a) EISCAT studies of Fregion irregularities using beam scanning. Radio Sci. 20, 745.

Hargreaves, J. K., Burns, C. J., and Kirkwood, S. C. (1985b) Irregular structures in the high-latitude F-region observed using the EISCAT incoherent scatter radar. Proc. AGARD Conference 382 (Fairbanks, Alaska) p. 6.2-1.

Kelley, M. C., Baker, K. D., Ulwick, J. C., Rino, C. L., and Baron, M. J. (1980) Simulta-neous rocket probe, scintillation and incoherent scatter observations of irregularities in the auroral zone ionosphere. Radio Sci. 15, 491.

Lockwood, M. and Carlson, H. C. (1992) Production of polar cap electron density patches by transient magnetopause reconnection. Geophys. Res. Lett. 19, 1731.

Muldrew, D. B. and Vickrey, J. F. (1982) High-latitude F region irregularities observed simultaneously with ISIS 1 and the Chatanika radar. J. Geophys. Res. 87, 8263.

Radio Science (1994) Special section on high-latitude structures. Radio Sci. 29, 155-315.

Rino, C. L. (1978) Evidence for sheetlike auroral ionospheric irregularities. Geophys. Res. Lett. 5, 1039.

Rino, C. L., Livingston, R. C., Tsunoda, R. T., Robinson, R. M., Vickrey, J. F., Senior, C., Cousins, M. D., and Owen, J. (1983) Recent studies of the structure and morphology of auroral-zone F-region irregularities. Radio Sci. 18, 1167.

Robinson, R. M., Tsunoda, R. T., Vickrey, J. F., and Guerin, L. (1985) Sources of Fregion ionization enhancements in the night-time auroral zone. J. Geophys. Res. 90, 7533.

Secan, J. A., Bussey, R. M., Fremouw, E. J., and Basu, S. (1997) High-latitude upgrade to the Wideband ionospheric scintillation model. Radio Sci. 32, 1567.

Sojka, J. J., Bowline, M. D., Schunk, R. W., Decker, D. T., Valladares, C. E., Sheehan, R., Anderson, D. N., and Heelis, R. A. (1993) Modelling polar cap F region patches using time varying convection. Geophys. Res. Lett. 20, 1783.

Sojka, J. J., Bowline, M. D., and Schunk, R. W. (1994) Patches in the polar ionosphere: UT and seasonal dependence. J. Geophys. Res. 99, 14959.

Tsunoda, R. T. (1988) High-latitude F region irregularities: a review and synthesis. Rev. Geophys. 26, 719.

Vickrey, J. F., Rino, L. C. and Potemra, T. A. (1980) Chatanika/TRIAD observations of unstable ionization enhancements in the auroral F-region. Geophys. Res. Lett. 7,

789.

Weber, E. J. and Buchau, J. (1981) Polar cap F layer auroras. Geophys. Res. Lett. 8, 125.

Weber, E. J. and Buchau, J. (1985) Observations of plasma structure and transport at high latitudes. The Polar Cusp (eds. Holtet and Egeland) p. 279. Reidel, Hingham, Massachusetts.

Weber, E. J., Buchau, J., Moore, J. G., Sharber, J. R., Livingston, R. C., Winningham, J. D., and Reinisch, B. W. (1984) F layer ionization patches in the polar cap. J. Geophys. Res. 89, 1683.

Weber, E. J., Klobuchar, J. A., Buchau, J., Carlson, H. C., Livingston, R. C., de la Beaujardière, O., McCready, M., Moore, J. G., and Bishop, G. J. (1986) Polar cap Flayer patches: structure and dynamics. J. Geophys. Res. 91, 12121.

Yeh, K. C. and Liu, C. H. (1982) Radio wave scintillation in the ionosphere. Proc. IEEE 70, 324.

5.4 节

Bates, H. F., Belon, A. E., and Hunsucker, R. D. (1973) Aurora and the poleward edge of the main ionospheric trough. J. Geophys. Res. 78, 648.

Best, A., Best, I., Lehmann, H.-R., Johanning, D., Seifert, W., and Wagner, C.-U. (1984) Results of the Langmuir probe experiment on board Intercosmos-18. Proc. Conference on Achievements of the IMS, Graz, Austria (June 1984). ESA report SP- 217, p. 349.

Collis, P. N. and Häggström, I. (1988) Plasma convection and auroral precipitation processes associated with the main ionospheric trough at high latitudes. J. Atmos. Terr. Phys. 50, 389.

Halcrow, B. W. and Nisbet, J. S. (1977) A model of F2 peak electron densities in the main trough region of the ionosphere. Radio Sci. 12, 825.

Hargreaves, J. K. and Burns., C. J. (1996) Electron content measurement in the auroral zone using GPS: observations of the main trough and a survey of the degree of irregularity in summer. J. Atmos. Terr. Phys. 58, 1449.

Jones, D. G., Walker, I. K., and Kersley, L. (1997) Structure of the poleward wall of the trough and the inclination of the geomagnetic field above the EISCAT radar. Ann. Geophysicae 15, 740.

Kavanagh, L. D., Freeman, L. W., and Chen, A. J. (1968) Plasma flow in the magnetosphere. J. Geophys. Res. 73, 5511.

Kohnlein, W., and Raitt, W. J. (1977) Position of the mid-latitude trough in the topside ionosphere as deduced from ESRO 4 observations. Planet. Space Sci. 25, 600.

Liszka, L. (1967) The high-latitude trough in ionospheric electron content. J. Atmos. Terr. Phys. 29, 1243.

Mallis, M. and Essex, E. A. (1993) Diurnal and seasonal variability of the southernhemisphere main ionospheric trough from differential-phase measurements. J. Atmos. Terr. Phys. 55, 1021.

Moffett, R. J. and Quegan, S. (1983) The mid-latitude trough in the electron concentration of the ionospheric F-layer: a review of observations and modelling. J. Atmos. Terr. Phys. 45, 315.

Muldrew, D. B. (1965) F-layer ionization troughs deduced from Alouette data. J. Geophys. Res. 70, 2635.

Pike, C. P., Whalen, J. A., and Buchau, J. (1977) A 12-hour case study of auroral phenomena in the midnight sector: F layer and 6300 Å measurements. J. Geophys. Res. 82, 3547.

Rodger, A. S., Brace, L. H., Hoegy, W. R., and Winningham. J. D. (1986) The poleward edge of the mid-latitude trough – its formation, orientation and dynamics. J. Atmos. Terr. Phys. 48, 715.

Rodger, A. S., Moffett, R. J., and Quegan, S. (1992) The role of ion drift in the formation of ionisation troughs in the mid- and high-latitude ionosphere – a review. J. Atmos. Terr. Phys. 54, 1.

Rycroft, M. J. and Burnell, S. J. (1970) Statistical analysis of movements of the ionospheric trough and the plasmapause. J. Geophys. Res. 75, 5600.

Spiro, R. W. (1978) A study of plasma flow in the mid-latitude ionization trough. Ph.D. thesis, University of Texas at Dallas, Richardson, Texas.

Thomas, J. O., Rycroft, M. J., Colin, L., and Chan, K. L. (1966) The topside ionosphere. 2. Experimental results from the Alouette 1 satellite. In Electron Density Profiles in Ionosphere and Exosphere, p. 322. Amsterdam, North-Holland. 5.5 Troughs and holes at high latitude

5.5 节

Brinton, H. C., Grebowsky, J. M., and Brace, L. H. (1978) The high-latitude winter F region at 300 km: thermal plasma observations from AE-C. J. Geophys. Res. 83, 4767.

Rodger, A. S., Moffett, R. J., and Quegan, S. (1992) The role of ion drift in the formation of ionisation troughs in the mid- and high-latitude ionosphere – a review. J. Atmos. Terr. Phys. 54, 1.

第 6 章　极光、亚暴和 E 层

6.1　引　　言

"极光" 通常是指高层大气的光辐射，事实上，还有许多其他相关现象，都是高能粒子从磁层进入大气导致的直接或间接结果，包括：

(1) 发光极光；

(2) 雷达极光，指极光带的电离对无线电信号的反射；

(3) 极光无线电吸收，指极光电离过程中对无线电波的吸收；

(4) 极光 X 射线，由入射粒子激发，可由高空气球探测到；

(5) 磁扰，由极光电离中流动的电流增强而产生，可由磁强计探测到；

(6) 甚低频和超低频波段的电磁辐射，由磁层中波-粒子的相互作用产生 (见 2.5.6 节)，进而传播到地面，可由无线电接收机或灵敏磁强计探测到。

极光现象是由于一个共同的原因而产生，因此，也存在几个共同的特性：

(1) 它们都表现出与太阳活动的相关性，尽管通常与任何明显的太阳活动事件没有特定的联系。20 世纪 30 年代，"M 区域" 一词被用来表示一个假设的、看不见的太阳区域，它引起了极光和磁暴，这个统一假设用词持续 40 年。当然，人们现在很清楚，那个看不见的因素就是太阳风。

(2) 它们的发生区域基本上呈带状分布，其出现和强度的最大值在距离磁极 $10°\sim25°$ 处。这一点将在 6.2 节中讨论。

(3) 所有的极光现象都表现出 "亚暴" 行为。它们在持续 $30\sim60$ min 的活动爆发期间大大增强，伴随持续数小时的平静期。现在很清楚，亚暴是由磁层中的活动过程引起的。这一点将在 6.4 节中讨论。

极光发光源在 E 区电离层。沉降粒子不仅激发光辐射，也产生附加电离使电子密度增加，这进而增加了那些高度上的电离层电流，带来更多的现象。因此，极光 E 区的行为与极光活动密切相关。高纬 E 层将在 6.5 节中讨论。

6.2　环 带 发 生

6.2.1　极光带和极光卵形环

一般米说，极光现象在时间和空间上都是高度结构化的，基本上呈带状分布。极光出现的经典图像 (图 6.1) 表明极光带中心位于偏离地磁极点约 23° 处 (即地磁纬度约 67°)，纬度分布范围约为 10°。图中等值线显示了离散极光的发生率，最大值为 100%（"100%" 的意思是每一个晴朗的夜晚都能看到一些极光，而不是它一直都是可见的)，并向赤道和极向的两侧下降。极光发生率的这种地理分布图，最初由 Vestine (1944) 基于几十年来极光的视觉观测报告而定义。

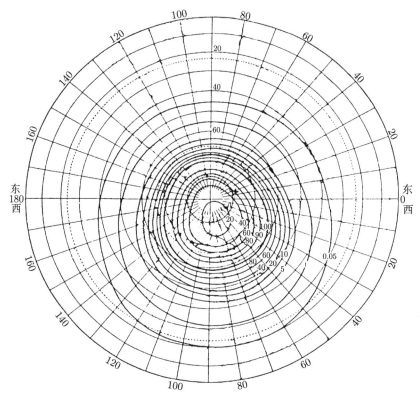

图 6.1　北极光带，显示了极光出现时良好观测夜的百分比 (After E. H. Vestine, Terr. Magn. Atmos. Electricity, 49, 77, 1944, copyright by the American Geophysical Union)

　　然而，1963 年 Y. I. Feldstein 利用 1957～1958 年国际地球物理年的全天空照相机观测数据得出，在一个固定的时间，极光的轨迹不是圆形的，而是椭圆形 (图 6.2)。发生率最大值在子夜接近 67°，但在中午增加到大约 77°(极隙的纬度，见 2.2.5 节)。极光卵形环通常在子夜最宽，中午最窄，相对于太阳基本上是固定的，而经典极光带是极光卵形环子夜部分随地球自转时的轨迹，极光卵形环是地球空间的重要边界之一，一般认为它与磁层的结构有关，为开放磁力线和闭合磁力线之间的分界线标记。极光卵形环 (每个半球一个) 的极向区域通常称为极盖区，极盖区内磁力线连接到 IMF，并在太阳风的影响下发生环流 (见 2.4.1 节)。

　　虽然它最初只是一个统计概念，但后来的工作，无论是基于地面的观测 (Feldstein and Starkov, 1967) 还是利用太空摄影 (Akasofu, 1974; Frank and Craven, 1988)，都表明卵形环实际上是围绕磁极持续存在的一个稳定的发光环，同样也是一个粒子沉降的环 (Fuller-Rowell and Evans, 1987; Hardy et al., 1985)。在太空照片中，卵形环的整体形态 (图 6.3) 能被清楚地观测到，是一个围绕着磁极的连续光带，几乎总是存在的，尽管其强度随时间变化很大。

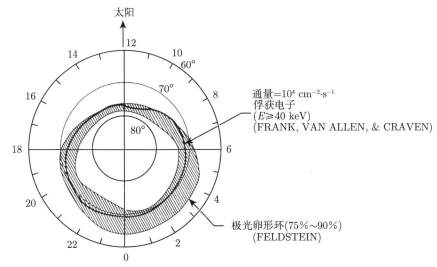

图 6.2　与 40 keV 俘获边界相关的极光卵形环 (S. -I. Akasofu, Polar and Magnetospheric Substorms, Reidel, 1968, with kind permission from Kluwer Academic Publishers)

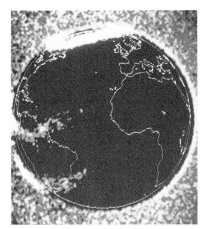

图 6.3　1982 年 2 月 16 日，DE-1 宇宙飞船在紫外线 (118~165 nm) 下从太空观测到的极光卵形环。极光在北极周围清晰可见。赤道南北的气辉带，地球的晨光 (右) 边缘上方的白天气辉，以及质子层中共振的莱曼-α (Lyman-α) 散射也将被观测到 (L. A. Frank and J. D. Craven, University of Iowa, 私人交流)

　　从太空拍摄的最新极光照片显示了更多的细节，表明仅凭卵形环的形状并不能完整地描述出极光发生区域的全部面貌。详细的空间分布随时间变化很大。有时可以看到一条极光弧延伸穿越极盖，连通椭圆的白天和夜晚两侧，称其为 θ 型极光结构。有时卵形环早晨侧是平静的，而黄昏侧是活跃的，有时反而早晨更活跃。从太空中还能观测到卵形环内局部变亮的现象。图 6.4 给出了一些卫星观测照片。极光形态和强度变化的多样性凸显了极光分布的复杂性，并意味着目前的极光分类是不完整的。

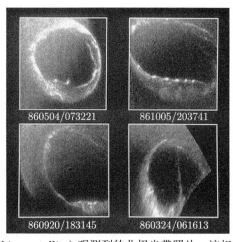

图 6.4　维京号卫星 (Viking satellite) 观测到的北极光带照片。该相机具有 20°×25° 的视场，能够捕捉 134~180 nm 的紫外光谱，该紫外光谱主要来自氮的辐射。每次曝光时间为 1.2 s。左上角的图像为包含日侧在内的整个极光卵形环形。位于它下方的图像为处于子夜扇区的一次亚暴，该亚暴在中午附近也有活动，但在早上的活动比较微弱。右上方的图像来自亚暴的最后阶段，在子夜附近，沿着卵形环的极向边界会出现规律的间隔亮点，持续 1~5 min。第四幅图为一条与太阳齐向的弧线，从子夜 (底部) 到中午一直延伸穿过极区 (图像和评论来自与 G. Enno 的私人交流。维京号项目由瑞典空间公司为瑞典空间活动委员会管理。紫外成像仪是加拿大国家研究委员会的一个项目，由卡尔加里大学空间研究所运作，并得到加拿大自然科学和工程研究委员会的支持)

6.2.2　极光卵形环模型

　　毫无疑问，极光卵形环是电离层的一个特殊区域。为此，为了方便地指导何时在极光卵形环的某个地方观测极光现象，构建出可以在一定条件下卵形环典型位置的模型是有益的。图 6.5(a) 给出的是在典型条件下，一天中每 2 h UT 的极光椭圆的地理位置图。通常用一个磁活动指数 (见 2.5.4 节) 来量化扰动水平，Q 是一个被普遍接受的指标，因为它能以 15 min 为间隔获得。图 6.5(b) 给出了几个层级 Q 时卵形环的位置，取自 Whalen (1970) 开发的一套极光卵形环位置分

布图 (K_p 作为一个更常用的指数，当使用 Whalen 的结果时，可以使用以下关系来获得适当的 Q 值：当 $K_p \geqslant 8$ 时，$Q = 8$；当 $1 < K_p < 6$ 时，$Q = K_p + 2$；当 $K_p \leqslant 1$ 时，$Q = 3K_p$)。由于极光卵形环在中午比在子夜更接近磁极，对于地球上的观测者而言，很有可能在子夜处于卵形环的极向方向，中午在卵形环的朝赤道方向。

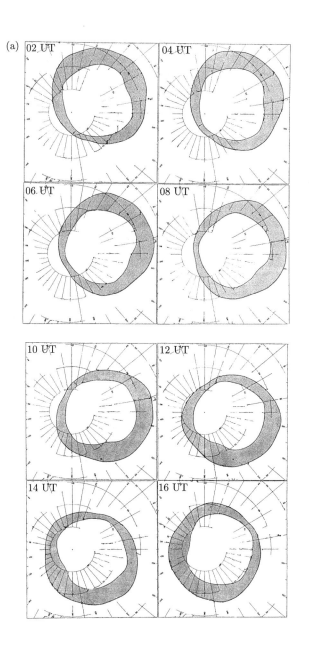

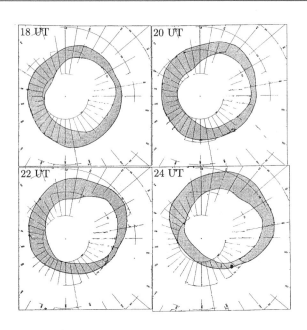

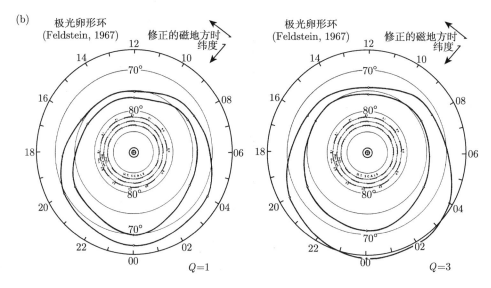

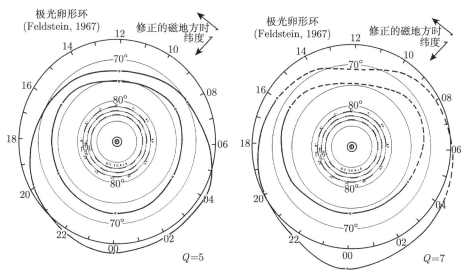

图 6.5 极光卵环形的表现。(a) 典型条件下，一天中每 2 h UT 的极光卵环形地理位置。(S.-I. Akasofu, Polar and Magnetospheric Substorms, Reidel, 1968。得到了 Kluwer 学术出版社的许可)。(b) 地磁坐标下，扰动级别 $Q = 1$、3、5 和 7 时的卵环形位置 (J. A. Whalen. Report AFCRL-70-0422, 1970)

不是基于光度而是基于 DMSP 卫星对能量为 30 eV 或 50～20 keV 粒子的测量，Hardy 等 (1985; 1989) 给出了不同级别 K_p 地磁条件下，电子和离子流入分布的磁纬和当地时的变化，图 6.6 展示了 $K_p = 3$ 时的电子分布。图 6.6(a) 与极光卵形环非常相似，都呈现出从磁极向子夜的偏移。形成日侧最大值是软粒子沉降 (即低能粒子)。

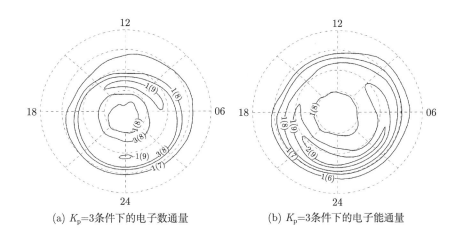

(a) $K_p=3$ 条件下的电子数通量　　　　(b) $K_p=3$ 条件下的电子能通量

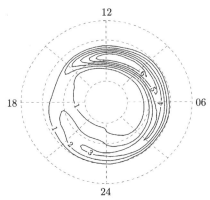

(c) K_p=3条件下的电子平均能量

图 6.6　$K_p = 3$ 时的电子沉降区。(a) 能量范围为 30 eV~30 keV 的沉降电子总通量 (单位为 $\mathrm{cm^{-2} \cdot s^{-1} \cdot sr^{-1}}$)。括号内的数字是 10 的幂次；(b) 由于相同电子通量导致的总能量通量 (单位为 $\mathrm{keV \cdot cm^{-2} \cdot s^{-1} \cdot sr^{-1}}$)；(c) 30 eV~30 keV 范围内的平均电子能量 (keV)。数据来自 DMSP 卫星 F6 和 F7，地图位于校正地磁纬度 (从 50° 到 80°，每 10° 标记一次) 和磁 LT (与空军研究实验室空间危险部的 M. S. Gussenhoven 和 D. H. Brautigan 的私人交流。更多的细节详见 D.A. Hardy et al., J. Geophys. Res. 90, 4229 (1985) and J. Geophys. Res. 94, 370 (1989))

利用相同来源的数据，Meng 和 Makita (1986) 定义了在磁静 (AE ⩽ 150 nT) 和磁扰 (AE > 400 nT) 条件下，晚上和早晨扇区的 "低能" (< 500 eV)、"高能" (500 eV) 电子的粒子沉降区边界，见表 6.1。边界的判据为 $10^7 \mathrm{e \cdot cm^{-2} \cdot s^{-1} \cdot steradian^{-1}}$，还考虑到低能和高能粒子通量相等的过渡纬度。

表 6.1　"低能" 电子沉降极向边界的磁纬度和 "高能" 电子沉降赤道向边界的磁纬度 (来自 Meng and Makita, 1986)

	磁静条件		磁扰条件	
	晚上	早晨	晚上	早晨
极向边界 (低能)	80°~82°	80°~82°	73°~75°	76°~77°
高能–低能转变	73°~75°	73°~75°	70°~72°	70°~72°
赤道向边界 (高能)	61°~71°	67°~69°	64°~66°	64°~66°

人们普遍认为，随着地磁活动的增强，极光卵形环会向更低纬度的赤道方向扩展，低能沉降区域变窄，而高能沉降区域变宽。根据 Chubb 和 Hicks (1970) 的研究，日侧发光卵形环的边界，每单位 K_p 向赤道方向移动约 1.7°，而夜侧为 1.3°；它在单个亚暴事件中，其边界移动 1~3° 的纬度 (见 6.4.2 节)。极光卵形环也随 IMF 而变化，IMF 南向分量每增加 1γ，其大小就增加 0.5° 左右。根据 Meng (1984) 的说法，极盖区在磁静时可以小至 12°，而在扰动情况下可以扩大至约 50°，这与表 6.1 中的结果并不一致。

Gussenhoven 等 (1983) 用 K_p 指数表示了卵形环赤道向边界的变化

$$L = L_0 + aK_p \tag{6.1}$$

式中，L_0 和 a 取决于表 6.2 中的磁地方时 (MLT)。

表 6.2　式 (6.1) 中 L_0 和 a 的值

MLT/h	L_0	a
00~01	66.1	−1.99
01~03	65.1	−1.55
04~05	67.7	−1.48
05~06	67.8	−1.87
06~07	68.2	−1.90
07~08	68.9	−1.91
08~09	69.3	−1.87
09~10	69.5	−1.69
10~11	69.5	−1.41
11~12	70.1	−1.25
12~13	69.4	−0.84
15~16	70.9	−0.81
16~17	71.6	−1.28
17~18	71.1	−1.31
18~19	71.2	−1.74
19~20	70.4	−1.83
20~21	69.4	−1.89
21~22	68.6	−1.86
22~23	67.9	−1.78
23~24	67.8	−2.07

图 6.7 给出了在三类磁活动水平下的卵形环典型位置分布，以及其磁纬度和厚度与 K_p 的函数关系。

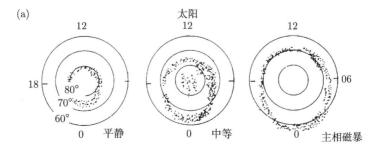

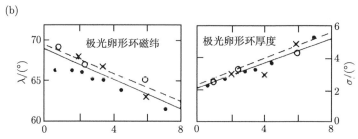

图 6.7 (a) 三种扰动水平下的极光卵形环位置；(b) 椭圆磁纬度和厚度与 K_{p} 的函数关系 (J. M. Goodman, HFCommunications. Van Nostrand Reinhold, 1992)

上述极光卵形环典型位置可用于该区域的电波传播现象。

6.3 极 光 现 象

6.3.1 发光极光

发光极光在高纬地区是一种众所周知的现象，其实也是磁层动力学结果的最直接观测。尽管直到 20 世纪，人们才对极光有了某种了解，但它肯定是已知的地球物理现象中最古老的一种。关于夜空中的光的记载可以追溯到希腊和罗马时代，当时它们经常被赋予神秘或预言性的解释。北极光一词起源于 1621 年，而 1773 年 James Cook 船长观测到的南方的光，后来被称为南极光。关于极光现象的详细报道可以追溯到 1716 年，而第一部完全关于极区极光的书面著作于 1733 年在法国出版。

直到 20 世纪 50 年代初，人们才首次证明极光是高能粒子激发大气气体的结果。直到 1958 年火箭发射到极光上，才确定高能电子为极光的主要来源。这些电子从何而来以及它们是如何被激发的，这些问题一直没有得到充分的回答，但毋庸置疑的是它们来源于磁层，而且近年来人们对它们已经了解了很多。

6.3.2 发光极光的分布和强度

大约在 1950 年以前，极光研究主要集中在两个方面。形态学研究的目的是在空间和时间上描述极光的发生，并确定个别极光形态的精细结构的细节。极光光谱学则实际上是一门独立的学科，与辐射的光有关，特别是其光谱及其在光化学过程中的起源——这是一个与气辉有很强关联性的课题。

发光极光高度结构化且是动态的。一些特征为厚度只有 100 m，时间变化可以快到 10 s^{-1}。基本的记录仪器是 20 世纪 50 年代首次使用的全天空照相机，它对观测极光的发生特别有价值。它使用一个凸面镜来获得地平线以上的夜空图像，而且在冬天观测季的每个晴朗夜晚，它通常可以按设定的时间间隔进行自动化观测。

根据极光的一般外在表现，可以对其结构进行分类，如表 6.3 所示。当存在一定结构时，光度的高度可以用三角法确定。在 1911 年到 1943 年之间，C. Störmer 用空间分离的多台相机进行了 12000 次高度测定，发现极光形状的下边界通常在 100~110 km 的高度 (图 6.8(a))。相当一部分极光形状的光度集中在一个只有 10~20 km 深的空间范围内，其下边缘可以非常陡峭。在最大亮度以下几千米的范围内，离散弧的亮度通常下降一个量级，在此基础上高度再下降 1 km 或 2 km 后光度会进一步下降一个量级。图 6.8(b) 显示了几种类型极光光度的垂直分布。

表 6.3 极光形态的分类

无射线结构的形态
均匀的射线结构：一个发光的拱形在磁力东西方向上横跨空中的发光拱形；下边缘比上边缘更锐利，没有可感知的射线结构
均匀带：有点像弧形，但不那么均匀，通常沿其长边运动，这个带可能扭曲成马蹄弯状
脉动弧：部分或全部弧是脉动的
弥散表面：无明显边界的无定形辉光，或类似云一样的孤立斑
脉动表面：脉动的弥散表面
微弱辉光：在地平线附近看到的极光，因此无法观测到实际形态
具有射线结构的形态
射线弧：被分割成垂直条纹的均匀弧
射线带：由多条垂直条纹组成的带
打褶的窗帘：一种由长射线组成的带，看起来像窗帘；该窗帘可以折起来
射线：类似射线的结构，单独或成束地从其他形态中分离出来
日冕：在磁天顶附近看到的一种射线状的极光，光线会聚在一点上，形成扇形或圆顶状的外观
光焰状极光：在一个极光形态上方，一种快速向上移动的光波

从地面观测到的极光强度是以瑞利为单位进行测量的，单位瑞利 (Rayleigh) 是为了纪念 R. J. Strutt (第四任 Rayleigh 男爵) 而命名的，他是当时著名的业余科学家，也是气辉研究的领军人物。单位 R 定义为

$$1\ \mathrm{R} = 10^6\ \mathrm{photos \cdot cm^{-2} \cdot s^{-1}} \tag{6.2}$$

这是对辐射率的高度积分测量，可以通过地面上的仪器垂直向上观测到。更普遍的是，人们使用 I~IV 级进行亮度分类，如表 6.4 所示。该表也展示了一个目测者可能用于比较的标准，等效于千瑞利，与能量沉降到大气中的速率近似。

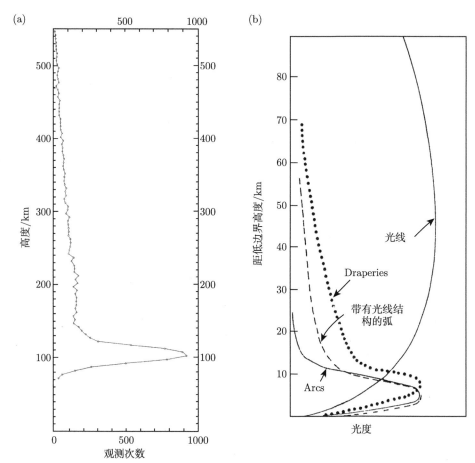

图 6.8　极光光度的观测。(a) Störmer 及其同事测量的 12330 个高度的分布。绝大多数高度位于 90~150 km 之间 (C. Störmer, The Polar Aurora. Oxford University Press, 1955. 由牛津大学出版社授权); (b) 各种形式的极光光度剖面 (取自 L.Harang, The Aurorae. Wiley, 1951)

表 6.4　极光强度的分类

强度	相当于	千瑞利	能量沉降/(erg·cm^{-2}·s^{-1})
I	银河系	1	3
II	月牙下的卷云	10	30
III	月光下的积云	100	300
IV	满月的光	1000	3000

注: 1 erg = 1 dyn·cm = 10^{-7} J。

　　为了进行精确的强度测量，需要使用光度计，光度计可以指向一个固定的方向，例如指向天顶，也可以扫描整个天空来记录强度的空间分布。纬度随时间变化的图有时称为极光活动图 (keogram)。扫描光度计和照相机都不够灵敏,无法记录极光发射中那些最迅速的波动,但单色和彩色电视技术更为灵敏,近年来已非常成功地应用于动态极光摄影。除了它们的科学价值之外,这些极光"视频"中的一些还具有很大的审美趣味 (特别是当给它们配上音乐时)。图 6.9 显示了由电视数据组成的极光活动图的示例。

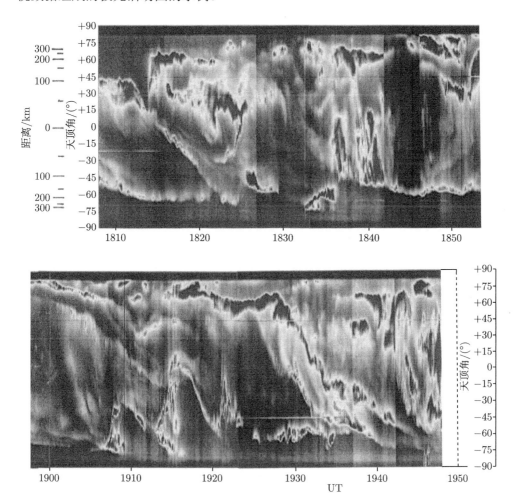

图 6.9 来自 Scandinavia 极光电视的一幅极光活动图。顶端方向为北向 (极向)。这个例子展示了 1993 年 2 月 18 日 2 h 内极光活动的主要特征,使人们对一天中极光活动的复杂性有了一些了解 ($K_p = 4$)。注意:主要移动方向为赤道向,但也有几个极向的移动

离散极光和弥散极光之间有一个重要的区别需要指出。关于极光所有早期的研究都集中在离散极光形态 (见表 6.3) 上,由于它们具有精细和动态的结构,这些形态在夜空背景光下更容易观测到。然而,正如 20 世纪 60 年代初所证明的那

样，极光也可能以弥散光的形式出现。尽管因为单位面积的低光度强度，使它更难以从地面上观测到，但它包含的总光量并不少于离散极光。夜间的离散极光和弥散极光沿着地磁场映射到磁尾的不同区域 (见 2.2.6 节和图 2.6)。弥散极光通常与等离子体片区的中心区域有关，而离散形态趋于出现在弥散极光的极向侧，一般认为它映射到等离子体片区的边缘或 X 型中性线处 (见 2.4.2 节和图 2.20)。

利用向下观测的卫星，借助它们能够同时观测很大一部分甚至整个极光卵形环的能力，可以避免地面观测经常遇到的可视条件差的问题，提供了极光分布的很多新信息。弥散极光在这些图片中占主导地位，但在弥散辉光中或它的极向侧，也可以看到离散形态，然而赤道向侧则是看不到的。

当 IMF 向北时，在极盖区域，可以观测到发光弧延伸数千千米，并向着太阳的方向排列。发光弧并不明亮 (通常只有数十瑞利，而普通极光则有数千瑞利)，但可以用现代设备探测到，在这种低强度下，其中一半的时间内可以被观测到。因此，当 IMF 向北时，发光弧似乎总是会出现。人们认为，这些光弧处在闭合的磁场线上，发光弧可能是磁共轭的 (即它们同时发生在北半球和南半球磁场线上的相对两端)。日向极光弧与极盖对流中的速度剪切有关 (见 5.1.2 节和图 5.5)。上面提到的 θ 型极光也与速度剪切有关，但它比常见的日向极光弧要明亮得多，也罕见得多。目前还不清楚这是否是一种不同的现象。

6.3.3　极光光谱学

极光和气辉有相似的起因，都是来自常见的大气气体量子辐射，尤其是 O 和 N 的辐射。在第一种情况下，激发由从磁层进入高层大气的高能粒子导致，第二种情况是来自太阳的电磁辐射。辐射线表示辐射物质的能态之间的跃迁，但这可能很复杂，解释极光光谱的任务还有很远的路要走。用光谱学家的话说，这些线通常是 "禁止的"，这意味着实际上它们是由相对不太可能发生的跃迁产生的。

大多数极光由于过于暗淡，肉眼无法看到颜色，但发光极光呈现绿色或红色，这两种颜色分别由氧原子在 557.7 nm (绿色线) 和 630.0 nm (红色线) 的能量跃迁导致。氮离子 (N_2^+) 的 391.4 nm 谱线也出现在紫外光中。有些极光有红色的下边界，这种情况下，红光是由氧分子产生的。这种极光是由异常高能的粒子穿透到大气层深处而产生的。图 6.10 展示了氧原子的一组重要的辐射和引起这些辐射的跃迁过程。

一些紫外线辐射，特别是接近 130 nm 的氧原子辐射，对从空间航天器绘制极光图而言特别有价值，因为在这些波长下，极光可以在阳光中被看到。除了在探测和绘制极光图方面有明显应用外，其中一些辐射线还可以提供对高层大气科学的一些其他分支有帮助的信息。N_2^+ 在波长为 427.8 nm 和 391.4 nm 的辐射强度与入射电子引起的电离速率成正比。通过测量 630 nm 氧谱线的多普勒频移可以测量热层中的中性风。

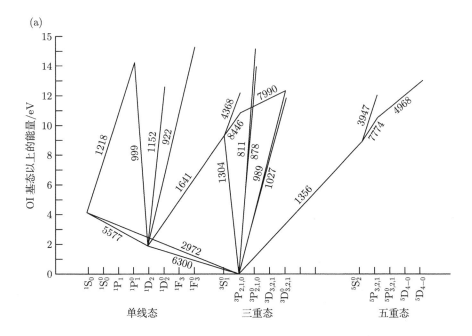

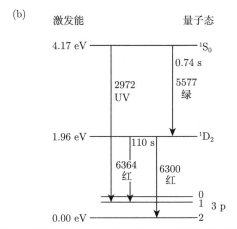

图 6.10 原子氧的能级和跃迁。(a) 在气辉或极光中观察到的跃迁 (M. H. Rees, Physics and Chemistry of the Upper Atmosphere. Cambridge University Press, 1989);(b) 最重要的跃迁路线的细节 (源自 S. J. Bauer, Physics of Planetary Ionospheres. Springer-Verlag, 1973, copyright notice of Springer-Verlag)。在每种情况下,波长的单位都是 Å

6.3.4 电离层效应

所有的极光现象都与高能电子沉降到大气层有关。虽然极光中最显著的现象是其光度，但它实际上是高能粒子电离和随后复合过程中产生的副产物。其他与极光带增强的电子密度有更直接关系的现象，则对无线电传播有更直接的影响。这里我们进行一个简单的综述，其中一些将在后面的章节中详细讨论。图 6.11 用一个简单的原理图展示了它们之间的关联。

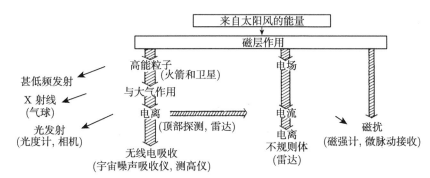

图 6.11　极光现象之间的一些联系。括号中为相关技术 (J.K. Hargreaves, Proc. Inst. Electr. Electron. Engineers. 57, 1348, O 1969 IEEE)

E 层

比如，在电离层 E 层，电子沉降现象使电子密度增加到 10^{12} m^{-3} 的几倍也不奇怪。这个量级的电子密度可以反射频率高达 20 MHz 的垂直入射电磁波 (见 3.4.2 节，方程 (3.64))，以及那些更高频率斜入射的电磁波 (见 3.4.3 节，方程 (3.73))。因此，如果频率不太高，电离可以作为全反射被雷达探测到。如果观测的几何位形合适，也可以接收到更高频率的回波，这些回波由极光电集流不稳定性产生的电子密度不规则结构导致 (见 2.5.3 节)。由于这些不规则结构往往是沿磁场分布的，因此回波强度对方向比较敏感，雷达位于垂直于磁场线的平面上时为最佳的观测位形。雷达极光将在 6.5.5 节中详细描述。

D 层

能量更高的电子能够穿透到电离层 D 层 (图 2.26)，它们在那里产生的电离作用会吸收无线电波，吸收量取决于无线电波的频率。这种效应通常用宇宙噪声吸收仪 (见 4.2.4 节) 来监测，它的典型工作频率为 30~50 MHz，在这个频率下吸收很少超过 10 dB，但在高频波段，这种效应通常会大得多 (吸收与频率的平方近似呈反比变化 (见 3.4.4 节，方程 (3.95)))。极光无线电吸收的特性将在 7.2 节中详细介绍，其中图 7.23 和图 7.24 给出了电子沉降事件期间非相干散射雷达观测到的 E 层和 D 层的电子密度剖面。

X 射线

极光 X 射线是由 2.6.2 节所述的轫致辐射过程产生的。它们对无线电传播没有直接影响，但是，由于它们的穿透能力更强，能在更低的高度处产生电离作用。极光 X 射线的发生和形态在许多方面与极光无线电吸收相似，二者都是电子谱硬端导致。

磁效应

磁湾扰 (见 2.5.3 节) 本质上是极光带的一种现象，但作为一种磁扰动，它们也可以在相当远的地方被磁强计探测到。磁湾扰主要是电离层电流的流入增强了 E 层电子密度导致的。当极光带活跃时，VLF 和 ULF 的辐射也会增加。它们有各种各样的原因，有些涉及波粒相互作用，但它们从根本上来说是磁层效应，而不是电波传播因素。

6.3.5 外沉降区

Hartz 和 Brice (1967) 认识到极光现象实际上分为两组，且具有不同的发生模式，从而推广了极光现象的定义 (图 6.12)。其一为内极光带，对应于发光的极光卵形，其特征为

- 光度
- 偶发 E 层电离图
- 扩展 F 层电离图
- 软 X 射线
- 脉冲式的微脉动
- 磁强计探测到的负磁湾扰
- 卫星探测到的能量较低但强度较大的电子通量
- 高频 (> 4 kHz) VLF 嘶声
- VHF 散射信号的快衰落

此外，在低纬度处还有一个接近圆形的区域，覆盖范围为 60°～70°，其中心在约为 65° 的地磁纬度处。这个区域有以下特征：

- 弥散极光
- 无线电吸收
- 高度 80～90 km 的偶发 E 层
- 连续的微脉动
- 长时间的硬 X 射线
- 卫星能够探测到的硬 (40 keV) 电子
- 小于 2 kHz 的 VLF 辐射
- VLF 散射信号慢衰落

　　这第二个沉降区通常被认为与捕获粒子的外层范艾伦带 (见 2.3.4 节) 有关，因为在极坐标地图上，它是位于两个沉降区中的外侧区，我们称它为外沉降区。相较于典型的极光卵形环区，外沉降区电离层现象与具有更高能量的电子沉降相关。外沉降区电离层现象往往持续时间更长。在外沉降区最大发生率出现在白天，而在卵形环区域则在夜间。在这两个区域，该现象都是偶发的和动态的，并且都表现出亚暴行为 (见 6.4.2 节)。它们在子夜时几乎处于同一纬度，但在靠向中午时逐步分离。

　　图 6.6 给出了电子沉降的一些特征 (能量范围为 30 eV∼20 keV)，其中图 6.6(a) 所示的是沉降粒子的总数量通量，呈发光椭圆分布。然而，日侧沉降粒子在较高纬度区能量变得相对较低，图 6.6(b) 所示的是总能量通量，在子夜附近和子夜前有一个夜间最大值，如图 6.12 的内部卵形环区所示。图 6.6(c) 所示的是沉降粒子的平均能量，最大值在上午扇区的 60°∼70° 之间，位于 Hartz 和 Brice 所述的外沉降区峰值附近。

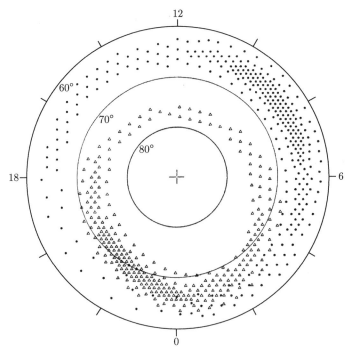

图 6.12　北半球极光粒子沉降的两个带。符号的密度表示平均通量，坐标为地磁纬度和时间 (在爱思维尔科学的许可下，转载自 T. R. Hartz and N. M. Brice, Planet. Space Sci. 15, 301, copyright 1967)

　　将 30 年前主要基于地面观测数据制作的 Hartz-Brice 图像与图 6.13 中基于

1996年5月7日

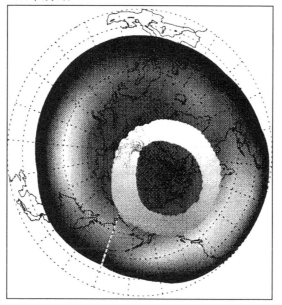

1996年5月13日

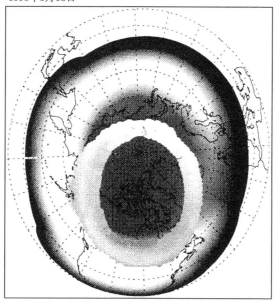

图 6.13 内外沉降区的对比。极光图像于 1996 年 5 月 7 日和 5 月 13 日，由 POLAR 号飞船上的 VIS 相机拍摄 (数据由美国爱荷华大学的 L. A. Frank 提供)。辐射带数据来自 SAMPEX 上的 HILT 电子探测器 (数据由 B. Klecker 提供，Max-Planck-Institut für extraterrestrische Physik, Garching bei München)。图由 T. I.Pulkkinen(芬兰气象研究所) 提供

卫星数据的新结果进行对比也是一件很有趣的事。内部区域是由极区卫星上的照相机记录的发光强度 (超过 1 h 时间内的平均值), 外部区域由 SAMPEX 卫星在一天的 15 个轨道中所获得的大于 1 MeV 的电子通量组成。图 6.13 中展示了平静 ($A_p = 4$) 和扰动 ($A_p - 14$) 的条件。5 月 7 日, 卵形环收缩, 外沉降区不活跃; 5 月 13 日, 卵形环扩大, 外沉降区变得强烈。图 6.13 中没有确定 Hartz-Brice 图像的上午扇区最大值, 这可能是因为 SAMPEX 在当地的采样时间点只有两个。

回想一下, 闪烁发生的分布 (见 5.3.3 节) 也显示出与沉降区边缘在纬度上的分离, 这种分离在白天比在夜间大得多。这似乎可以用极光椭圆区来确定 F 区不规则体区域, 而不是用沉降区。

6.4 亚 暴

6.4.1 历史

早在 1837 年极光观测者就已经注意到, 在一个晚上有几次非常强烈的极光, 而在这些强极光之间的时间内, 极光的活动会减弱 (Stern, 1996)。相关的磁信号也是如此, Birkeland (1908) 首先在磁记录中研究了这种趋势, 并发现了他称之为 "基本极磁暴" 的现象。然而, Birkeland 在这一领域提出到场向电流的工作也并未受到欢迎, 直到 20 世纪 60 年代早期, 这方面研究才有进一步的进展。在那时, Akasofu 和 Chapman (1961) 在对极区扰动 (polar disturbance, DP) 场的研究中, 为 Birkeland 在 50 多年前注意到的短期磁扰动增强创造了 "极区扰动亚暴" 一词。此后不久, Akasofu 注意到这些事件经常伴随着极光活动的爆发, 这些极光活动 (据说在 Chapman 的坚持下) 被命名为 "极光亚暴"(Akasofu, 1970)。Akasofu 随后引入了 "磁层亚暴" 一词, 既表明亚暴现象的普遍性, 也以示区分, 虽然亚暴造成的后果在极区最为明显, 但其起源于磁层 (Rostoker et al., 1980)。

6.4.2 极光亚暴

亚暴对极光带影响的本质, 在 19 世纪 60 年代 Akasofu 对 "极光亚暴" 的分析中描述得最为清楚 (Akasofu, 1968; 1977)。Akasofu 使用了国际地球物理年 (1956~1958 年) 期间拍摄的全天空极光照片, 并利用它们对全球范围内亚暴期间发光极光的典型行为进行了令人信服的描述。

极光往往每次只活跃大约 1 h 的时间, 并伴随 2~3 h 的平静间隙, 当然这个过程是动态的。Akasofu 获得的结果如图 6.14 所示。这个事件开始时是一个平静的弧, 而后逐渐变亮并向极区移动, 形成一个隆起。如果有几个弧存在, 通常是向赤道方向的弧变亮。活跃的极光形态随后出现在向赤道方向的隆起处。这被称为破碎或膨胀相, 当它开始的那一刻通常被称为急始 (onset)。临近子夜, 卵形环比以前更宽，而包含在卵形环内的极盖则变小。与此同时，活跃的极光补片向东移动到晨间扇区，其他形式的极光则向西移动到傍晚扇区。向西的运动被称为西向浪涌。30 min~1 h 后，夜间区域恢复，亚暴整体消逝 (恢复相)。该过程可能在 2~3 h 后重复。通过定义极光行为的重复模式，真正确立了亚暴是极光现象研究的概念。

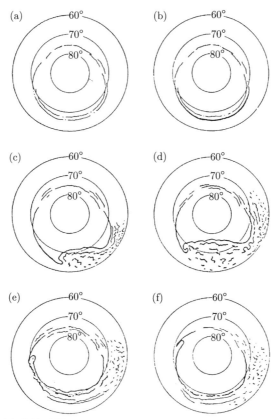

图 6.14   发光极光中的亚暴: (a) $T = 0$; (b) $T = 0 \sim 5$ min; (c) $T = 5 \sim 10$ min; (d) $T = 10 \sim 30$ min; (e) $T = 30$ min~1 h; (f) $T = 1 \sim 2$ h (S. I. Akasofu, Polar and Magnetospheric Substorms. Reidel, 1968，得到了 Kluwer 学术出版社的许可)

现在通常认为破碎之前的时期是一个增长相，这个过程在极光中并不那么壮观，对它的首次研究是在磁尾中 (见 2.2.6 节)，磁尾在急始之前的几十分钟到一个小时内逐渐变得更像尾巴一样。在增长相，极光卵形环的弧向赤道方向移动，卵形环内的极盖面积增大。卵形环在增长相向赤道方向的运动速度通常为几百米每秒 (Elphinstone et al., 1991)，在恢复相再次形成弧时，这些弧也向赤道方向漂移。

一些极光的增亮并不会发展成完全的亚暴。它们仍然被限制在几百千米以内

(Akasofu, 1964)，而且相对来说寿命很短。这类事件被称为"伪破碎"。Pulkkinen(1996) 讨论了亚暴和伪破碎之间的区别。

　　使用向下指向光度计的卫星观测证实了这一普遍现象。图 6.15 给出了 DMSP 卫星观测到的一次亚暴破碎的例子。无论是极光卵形环还是亚暴，极光卫星 (如 DMSP、Viking、Akebono 和 POLAR) 都为最初的概念增加了很多细节，而且，正如经常发生的那样，这个领域比最初想象的要复杂得多！例如，现在看来，西向浪涌是由一些局部的增亮或波涌组成，这些增光或波涌作为个体不会移动很远。每次浪涌只持续几分钟，然后新的浪涌会出现在它的西面。因此，作为一个整体，极光确实在向西朝着晚间扇区移动，但它是在一系列的跳跃中完成移动的。

(a)
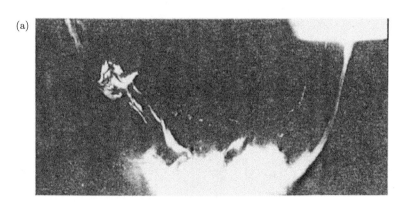

20:24 UT　　　　　　1973年1月9日

(b)
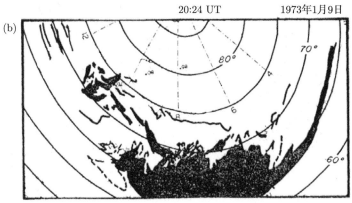

图 6.15　1973 年 1 月 9 日 20:24 UT，DMSP 卫星在一次亚暴达到最大时从太空观测到的极
　光：(a) 一张照片；(b) 在包括磁纬度的地图上进行解释 (S.-I. Akasofu, Space Sci. Rev. 16,
　　　　617, 1974，得到了 Kluwer 学术出版社的许可)

Murphree 等 (1991) 总结了 VIKING 卫星观测到的光学亚暴的细节，如下：
(1) 极光活动的纬向宽度在增长相没有系统地变化。

(2) 在这一阶段，弥散极光赤道向边界运动通常是朝向赤道方向，速度小于几百米每秒。

(3) 在膨胀相之前，极光会持续增强几个小时，在急始前不久减弱。

(4) 急始区具有很大局部性，在电离层中直径小于 500 km。

(5) 中等扰动条件下的极光观测表明，极光的辐射可以向急始位置的极区方向延伸几个纬度。这表明，急始区域可以远离开放场线和闭合场线的边界。

(6) 当将急始点的位置沿地磁场映射到赤道平面时，它与其他研究中观测到的高能粒子通量内边界的位置一致，即所谓的 "注入边界"。

在 6.3.5 节中，有人指出极光现象不是发生于一个 "带"，而是发生于两个 "带"。两个区域都显示了亚暴的行为，图 6.16 展示了一个完整的图像，说明了亚暴在每个区域如何发展，二者分别由能量较低 (5 keV) 和能量较高 (50 keV) 的电

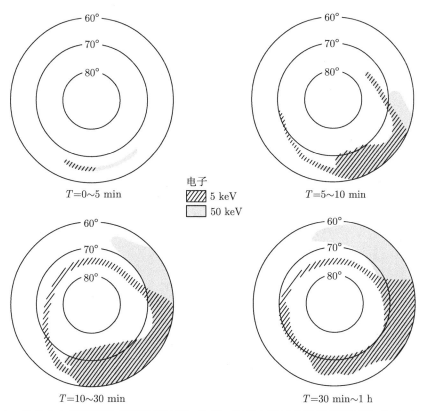

图 6.16　亚暴中电子沉降的典型发展过程。注意，这两个区域在日侧是不同的 (S.-I. Akasofu, Polar and Magnetospheric Substorms. Reidel, 1968，得到了 Kluwer 学术出版社的许可)

子的通量表示。卵形区和外区在某种程度上显然是相互关联的。最有可能的机制

是，当极光卵形环在亚暴中活跃时，外层区域会充满高能粒子，这些粒子在经度上漂移，然后沉降下来。然而，并非这两个区域之间的所有物理关联都得到了充分的解释。

6.4.3 亚暴的电离层特征

在亚暴期间，更多高能电子沉降到电离层，增加了电离层的电离率，尤其是较低电离层的电离率，具体增量取决于粒子通量以及粒子能量决定的高度范围 (图 2.26)。因此，在发光极光中观测到的亚暴行为会引发各种电离层效应 (见 6.3.4 节)。被称为雷达极光的 E 层反射、D 层的无线电波吸收、X 射线的产生以及磁湾扰的出现都是亚暴现象，其中一些将在 6.5 节和第 7 章中详细描述。

6.4.4 亚暴电流

图 6.17 显示对单个亚暴期间电流流动的早期描述之一。因为它假设电流仅水平流动，这仍然是一个等效电流系统。注意，在子夜的晨侧，强度相对较大。可以看出，图 6.17 与图 2.23 有很大的不同，图 2.23 显示极光电集流在子夜汇聚在哈朗间断上。图 6.17 和图 2.23 的关系和极光卵形环与极光带的关系相当。

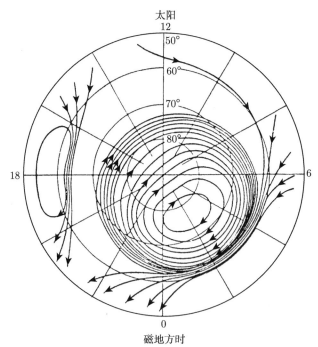

图 6.17   磁暴的等效电流系统。清晨和 18:00 LT 附近的电流线密度以电集流的形式出现 (S.-I.Akasofu and S. Chapman, Solar-Terrestrial Physics. 经牛津大学出版社许可，1972 年)

然而，场向电流 (或 Birkeland) 的概念 (见 2.3.6 节) 从根本上改变了电流建模的方法，因为电路中可能包括磁层内部的电流以及在磁层和电离层之间流动的电流。尽管人们普遍赞同这一点，但在一次亚暴期间电流系统的形成过程一直是人们研究的一个课题。

目前，亚暴电流模型中一个有影响的概念是电流楔。正如我们即将看到的，当亚暴开始时，磁尾在一个有限的区域内坍塌，来自该区域的越尾电流沿着磁场线被分流 (作为 Birkeland 电流) 进入电离层。在那里，可能是通过沿电弧流动的电集流或通过粒子沉降导致电导率增强的一些其他形式，在 E 层形成回路。图 6.18(a) 为电路的磁层部分，图 6.18(b) 为电离层的 "亚暴电集流"。在子夜扇区电集流向西流动，在其西端连接到一个向上的磁场方向的电流，这也符合发光极光的特征。

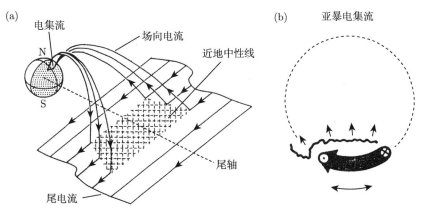

图 6.18　(a) 由于尾流转向电离层造成亚暴电流楔 (Y. Kamide, Report ESA SP-389, 1996, after McPherron et al., 1973)；(b) 极光带亚暴电集流 (G. Rostoker, in Magnetospheric Substorms, copyright by the American Geophysical Union, 1991)

然而，这只是问题的一部分。亚暴开始时，磁尾的局部坍塌加速了粒子向地球移动的速度，一些粒子被捕获，形成部分环状电流，其与流向电离层的 Birkeland 电流和电离层内部的电流形成回路 (见 2.3.5 节)。它们中至少有一部分是由一般的极区对流 (见 2.4.1 节和 2.4.3 节) 产生的电场驱动的，在亚暴活动期间，这种电场可能会增强。人们对亚暴期间这些电流的形式和相互关系提出了不同的看法。图 6.19 表明了一种可能性；图 6.19(b) 展示了电离层的 "对流电集流"。

Kamide (1996) 指出，电离层电导率的增大是控制子夜附近西向电集流的主要因素，而在哈朗间断之前的深夜扇区的东向电集流则由一个向北的电场 (在北半球) 控制。上午晚些时候，西向电集流也由一个电场主导 (图 6.20)，此时电场向南，这些场由等离子体对流产生。亚暴期间，由于电流楔和对流形成的场的变化方式不同，其典型时间常数分别是 15 min 和 2 h (Rostoker, 1991)，所以，我们不能期望这整个行为是简单的，更不能认为它们在所有情况下都相同。总电集流应该是图 6.18(b) 和图 6.19(b) 所示情况的组合，但数量不同。

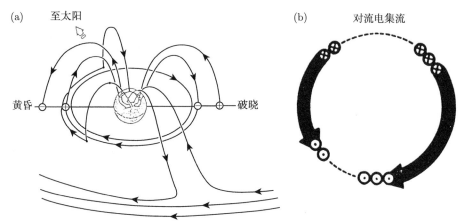

图 6.19　(a) 显示环电流和相关的 Birkeland 电流的磁层电流 (Y. I. Feldstein, in Magnetospheric Substorms, copyright by theAmerican Geophysical Union, 1991)；(b) 极光带亚暴电集流 (G.Rostoker, in Magnetospheric Substorms, copyright by the American Geophysical Union,1991)

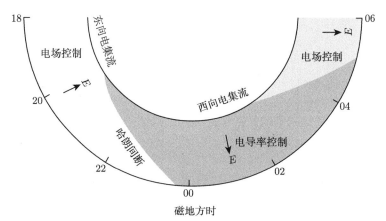

图 6.20　电集流区域由电导率和电场控制 (Y.Kamide, in Auroral Physics, Canbridge University Press, 1991, pp. 385)

虽然通常设想电集流为一个电流楔，但最近的研究 (Rostoker, 1991) 表明，它是由一系列西向电流 (命名为楔波) 的短脉冲群 (持续约 12 min) 组成，之后按顺序一个接一个，通常出现进一步向西。因此，电流逐渐向西移动，就像光度一样 (见 6.4.2 节)。

6.4.5 磁层亚暴

如果亚暴是极光活动的单元,那么发掘揭示亚暴现象的细节就很重要,包括它在磁层中的出现。此外,若要预测高纬电离层何时可能受到亚暴的影响,就必须了解亚暴的本质和使其发生的因素;这些因素涉及磁层的动力学及其与太阳风的相互作用。这是另一个无论在实验还是理论上都在积极研究的课题。虽然还没有获得最终的理论,但有些方面似乎已经被很好地证实。

场线环流

在 2.4 节中讨论的磁层环流主要由磁层顶向阳一侧磁的合并驱动,但其连续性取决于位于尾部中央平面的等离子片的磁重联。如果在地球的日侧选择一条高纬的磁场线,并观测它的运动过程,会发现其运行顺序如下:

(1) 磁场线与 IMF 相连,并一分为二;

(2) 南极对流和北极对流为分开的两半;

(3) 在磁尾重联;

(4) 回归到更偶极的形态并回归到昼侧。

在一个稳定的状态下,这些阶段将处于平衡状态。亚暴的发生是因为日侧连接和夜侧合并都不是连续的过程。因此,能量在尾部积聚,而亚暴标志着能量的突然释放。

到达地球的行星际磁场 (IMF) 主要位于黄道面,但它通常也有一些向北或向南的分量,当该分量向南时,它与地磁场的耦合最强烈 (见 2.4.2 节)。当 IMF 从北向南转向时,连接率上升。在某一段时间内,断开的磁场线比合并的磁场线更多时,极盖中的总磁通量增加,极光卵形环向赤道方向移动,磁层的尾部变得更胖,这代表着能量的存储。这些能量在亚暴中释放,当尾部的重联速率超过来自极区的磁通量供应时,尾部变得更加偶极性,磁通量从极盖丢失,极光卵形环再次收缩。磁层中发生的这一系列事件可以通过在地面上观测的极光亚暴的相来确定:增长相、膨胀相和恢复相。

尾部的行为

在磁层中,增长相对应于从磁层前部开始的侵蚀增加,等离子体片和电流片变薄 (尽管不一定同时变薄),如图 6.21(a) 所示。

膨胀相的一个概念始于比平静时期离地球更近的中性线的形成 (图 6.21(b))。这里的磁尾塌缩是因为局部区域的磁场变成了零,越尾电流转移为上述的电流楔。事实上,由于毕奥-萨伐尔定律,电流的塌缩和分流必须同时发生。与此同时,地球同步卫星观测到高能电子通量增加,地磁场变得更加偶极。

在两个中性线之间的尾部区域形成一个等离子体粒团,在恢复相开始时沿着磁尾喷射;这是一股正在远离地球的高能粒子爆发,它可能被位于尾部下的卫星

在 $20R_\mathrm{E}\sim100R_\mathrm{E}$ 的范围内探测到。中性片附近的卫星探测到在膨胀相粒子通量的损失，这表明等离子体片在那时变得更薄。

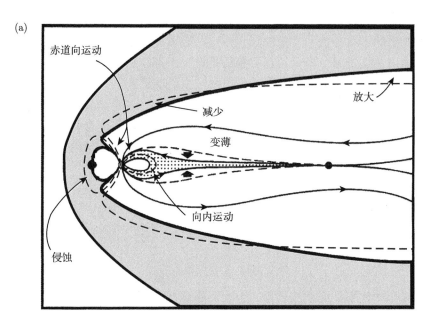

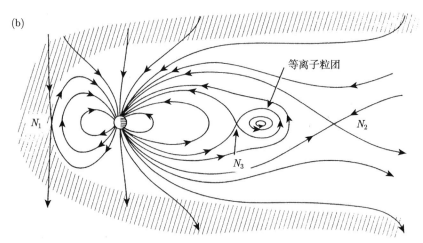

图 6.21　(a) 亚暴生长期磁层的变化 (R.L. McPherron et al., J. Geophys. Res. 78, 3131, 1973, copyright by the American Geophysical Union)；(b) 近地中性线 (N_3) 和在亚暴中形成的等离子体。N_1 是磁层前端的归并点，N_2 是远尾的归并区域 (D. P. Stern, Rev. Geophys. 34, 1, 1996, copyright by the American Geophysical Union)

最近，位于磁尾的航天器 (AMPTE 和 GEOTAIL) 观测到了等离子体片中的

爆震流 (bursty bulk flow，BBF)。片中的等离子体通常以小于 $100\,\mathrm{km\cdot s^{-1}}$ 的速度流动，但在 BBF 期间，它通常持续约 10 min，速度超过 $400\,\mathrm{km\cdot s^{-1}}$，并且流动方向朝向地球。BBF 出现在 $15R_E$ 以上的所有观测距离中，而且似乎与亚暴的发生有关 (Angelopoulos, 1996)。如果它们在尾部以下很长的距离 (如 $90R_E\sim100R_E$) 内被观测到，该事件出现在亚暴后大约 90 min，这表明有一个加速中心，它沿着尾部逐渐向远离地球的方向移动。当快速流动的等离子体靠近地球时，它被更强的形式上为偶极的地磁场所阻止。图 6.22 显示了阻止区域。注意，磁场由 Y 型中性线 (与图 2.20 相比) 组成。在这种处理过程中，等离子体流在尾场和偶极场的边界处停止，这个区域也是等离子体片的内边界。

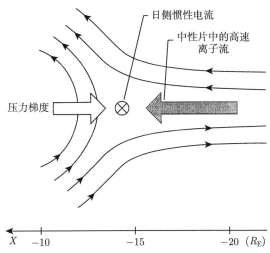

图 6.22   一个位于中性片区地球方向边缘的 Y 型中性线，该处高速离子流被内磁层的偶极场所阻挡 (K. Shiokawa et al., Geophys. Res. Lett. 24,1179, 1997, copyright by the American Geophysical Union)

各种各样的理论

在一次亚暴的阶段，磁尾的精确结构还没有完全建立起来，但人们已经提出了几个模型，其中的观测结果还无法区分。一些模型涉及尾场的局部反转，另一些模型包括多条中性线，以对应于极光中看到的多条弧线。Liu (1992) 将这些理论归纳为六种模型。

(a) 在距离为 $10R_E\sim20R_E$ 的磁尾中形成中性线，使磁尾各叶间磁重联。

(b) 通过在尾部下方约 $100\,R_E$ 处的中性线上增强重联，在磁层边界层中产生开尔文–亥姆霍兹不稳定性 (见 2.5.6 节)。

(c) 等离子体片中的 "热灾变"，因为该片对 Alfvén 波变得不透明，并随之突然加热。

(d) 磁场在磁层日侧重联的速度增加而产生强磁场向电流，导致亚暴的 "电流楔" 和磁尾磁场塌缩。

(e) 电流不稳定造成的越尾电流中断。

(f) 一种 "气球不稳定性" 引起本质上为偶极和尾状的场结构之间的转换，这再次转移了越尾电流。

这些在图 6.23 中进行了说明，但逐一讨论其所有细节超出了本章范围。综合考虑各种亚暴观测和理论的任务已经由 Elphinstone 等 (1996) 实施。

(a) NENL 模型

近地中性线形成

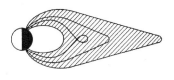

(b) 边界层模型

远距离中性线处重连增强的开尔文–亥姆霍兹不稳定性

破晓

黄昏

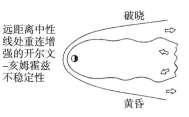

(c) 热灾变

Alfén 扰动

等离子体片边界层中Alfén波的共振吸收

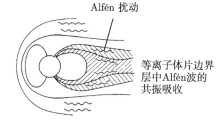

(d) 耦合

电离层中Hall和Pederson电流发散产生的强磁场向电流

电离层对流

卵形带电导

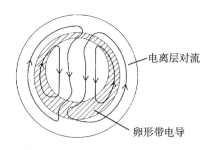

(e) 电流破裂模型

减少越尾电流发射的稀疏波对等离子体片的压缩作用

稀疏波

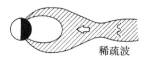

(f) 气球不稳定性

偶极和尾状场区之间的不稳定表面波

偶极状　尾状

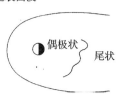

图 6.23　亚暴触发思路的选择 (A. T. Y. Lui, in Magnetospheric Substorms, copyright by the American Geophysical Union, 1991)

6.4.6 IMF 的影响和亚暴触发问题

太阳风的磁功率

很明显，术语"亚暴"包含了相当大范围的现象，但其中心思想是磁层中突发和偶发的事件，在此过程中释放大量储存的能量。能量最初来自太阳风，因此，亚暴发生的重要因素是太阳风的能量通量和能量耦合到磁层的效率。结果表明，反映北极圈地磁活动水平的指数 AE 与一个量有很好的相关性

$$\varepsilon = v B^2 \sin^4 (\theta/2) \, l_0^2 \tag{6.3}$$

其中，v 为太阳风速度，B 为 IMF 的幅值，l_0 为与磁层横截面相关的长度 ($7 R_\mathrm{E}$)，θ 为从地球上看 IMF 的"时钟角"(定义见 5.1.2 节)。

单位时间内到达磁层的磁能与 $v B^2 l_0^2$ 成正比：这是太阳风的"磁能"。表达式 $\sin^4 (\theta/2)$ 表示耦合到磁层的功率比例。从 IMF 向南 ($\sin^4 (\theta/2) = 1$) 的全耦合到向北 ($\sin^4 (\theta/2) = 0$) 的零耦合，其形式是一个逐渐过渡的过程。当 $B_z \ll B_y, \theta/2 = 45°$ 时，耦合系数为 0.25。虽然参数 ε 与亚暴的相关性可能最好 (图 6.24)，但亚暴的发生也与一些基于不同太阳风参数组合的其他表达式相关。

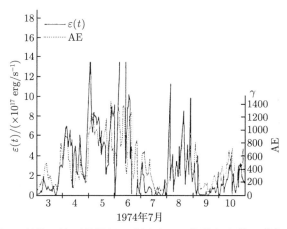

图 6.24　在 1974 年 7 月的一次亚暴期间，磁活动 AE 指数与参数 ε 的相关性 (Elsevier 科学许可，转载自 S.-I. Akasofu, Planet. Space Sci. 27, 425, copyright 1979)

B_z 对触发亚暴的影响

尽管人们对亚暴中的事件顺序已经有了很多了解，但对于究竟是什么导致了这些事件的发生，目前还不清楚。很明显，能量已经事先积蓄好了在等待释放，但仍然需要知道亚暴是否是由其他一些可识别的事件触发的，例如太阳风，或者是

否还可能是一个没有明显原因的自发现象。这一点在任何亚暴理论中都至关重要，而且目前 (在撰写本书时) 还没有定论。

　　然而，目前有些东西可以说明。多年来，人们已经知道 B_z 向南时亚暴发生的频率最高，而且亚暴的急始时刻往往与向南转向的 IMF 相一致。然而，也存在当亚暴开始时，IMF 转向北的情况，但这之前的一两个小时 IMF 向南。在这种情况下，似乎向南的 IMF 将能量注入磁层，然后向北转向的冲击以某种方式触发了能量的释放。事实上，在许多情况下，增长相开始于 IMF 向南转向。也有可能存在不止一种触发因素。

亚暴发生率

　　如果太阳风的速度为 440 km·s^{-1} (图 2.2(a))，那么亚暴发生率为 800~1500 次/年，平均一天 2~4 次 (Borovsky et al., 1993; N. Flowers, 私人交流)。此外，亚暴发生的频率随着太阳风的速度而增加。在 450 km·s^{-1} 时，极光吸收中观测到的亚暴平均发生率为每天 3.8 次，在 700 km·s^{-1} 时增加到每天 7.2 次，大概与 v_{sw}^2 正相关 (Hargreaves, 1996)。

6.4.7　暴与亚暴的关系

　　暴和亚暴有不同的定义：前者主要来自低纬度的磁观测，其中环电流对其影响最大；后者主要来自高纬的观测，其中极光电集流对其贡献最大。它们对地面的影响通常用磁指数 D_{st} 和 AE (见 2.5.2 节和 2.5.4 节) 来表示。众所周知，在一个强的暴期间，几乎肯定会存在一个或多个亚暴。此外，在没有暴发生的时候，亚暴也很可能发生。

　　因为亚暴发生的频率较高，所以通常认为亚暴是导致捕获粒子数量增加的基本因素，捕获粒子中环电流可能随之增加。这一观点在对磁尾的直接观测中获得证实，观测中发现，在暴期间发生的亚暴与在其他时间发生的亚暴之间存在显著差异 (Baumjohann, 1996)。在 "暴中的亚暴" 中，磁场在 15~30 min 内从尾状转变为偶极形式，而在 "非暴中的亚暴" 中，这种变化既缓慢又不完全。暴中的亚暴磁压降低幅度较大，尾部离子温度始终较大。这些结果表明，存在两种亚暴 (可能出现在尾部不同距离处)，其中一种更有效地填充了环电流 (从而促进了经典磁暴的特征)。

　　也存在相反的论点，特别是研究表明，在极光活动开始之前，环电流很可能会像它在极光活动开始之后一样增长。此外，环电流的大小与整个磁层的电场有很好的相关性，这表明太阳风能直接影响磁暴，也通过亚暴活动间接影响磁暴 (Clauer and McPherron, 1980)。

　　很明显，人们还没有完全理解暴和亚暴关系的本质。

6.5 高纬 E 层

6.5.1 引言

在中纬, E 层很容易成为电离层中最乏味的部分, 其表现为 α-Chapman 层 (见 1.3.3 节), 支撑由大气潮汐产生的 (S_q) 电流。偶发 E 层 (见 1.4.2 节) 增加了一些有趣的内容, 但除此之外可讨论的不多。在高纬地区, 地球物理条件平静时 E 层也是如此, 但是, 当太阳活跃时, 高纬 E 层可能是电离层中最令人兴奋的部分之一。在电离源、等离子体过程和无线电传播特性方面, 高纬 E 层明显不同于中纬 E 层和赤道 E 层。通常情况下, 沉降粒子是其电离的主要来源。当这个过程增强时, E 层能够支撑极光电集流, 其中可能出现不稳定性。电离图显示出极光种类的偶发 E 层。

6.5.2 极区 E 层

高纬 E 层最温和的部分在极盖之上, 也就是极光带内的极向部分。这里基本上是在太阳能控制下, 它随太阳天顶角而变化, 并表现出强烈的季节效应, 如中纬 E 层一样。

6.5.3 平静条件下的极光 E 层

当 K_p 很小时, 极光卵形环向极区方向后退 (见图 6.7), 在平静的条件下, 从磁纬度 60° 到 70° 的极光带中, 沉降粒子的干扰相对较小。正常的电离层很像中纬地区的电离层, 同样受日变化、季节变化和太阳黑子周期变化的影响。图 6.25 显示了来自 Chatanika 非相干散射雷达 (ISR) 的典型电子密度剖面和来自阿拉斯加 College (科利奇) 站的电离图, 两个地点都在磁纬度 65° 附近。

这些结果是在太阳黑子极小值附近的磁平静条件下获得的。由于纬度较高, 这个地方全天都被太阳照亮。因此, 即使是 02: 15 LT 的电离图也显示出很强的 E 层, 而且 E 层掩盖了 F 层, 并给出了 G 条件 (见 5.2.1 节)。仅用电离层测高仪观测会错误地认为 F 层不存在。注意, 在 F 层, $T_e > T_i$, 这很常见。

6.5.4 扰动的极光 E 层

影响极光 E 层的主要扰动是地磁暴和亚暴 (见 6.4 节)。随着扰动程度的增加, 特别是当 $K_p > 3$ 时, 极光卵形环向极区和赤道方向扩展, 极光的结构和运动变得更加动态。

能量为 1~10 keV 的沉降电子在产生可视极光的同时也产生了极光 E 电离。正如 2.6 节所指出的, 快速进入大气层的电子 (和质子), 每损失 36 eV 的能量, 就能产生一个离子对 (一个离子和一个电子), 这些电子 (和质子) 大部分会沉积在运动路径的末端。由于电离层原子和分子的平均电离能约为 15 eV,大约 40% 的能量用于电离,60% 的能量用于产生电子的运动,随后电子热化。在 E 层,中性大气相对于高度较高处的密度较大,电子与离子的复合速率很快。

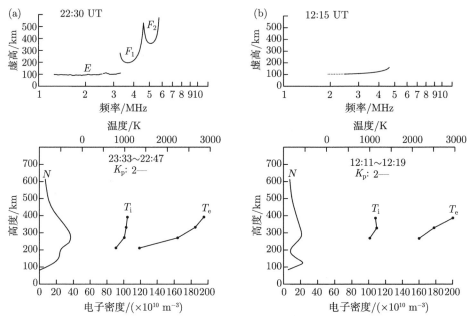

图 6.25　1971 年 7 月 16 日,在阿拉斯加从 Chatanika 非相干散射雷达获得的电子密度分布图和从 College 的电离层探空仪获得的电离层图。同时也给出了离子和电子温度:(a) 下午 (阿拉斯加时间为 UT−10 h) 和 (b) 晚上。注意,在夜间,电子密度降低,E 层和 F 层之间的谷更明显,F 层被 E 层掩盖,这给出了一个更简单的电离图 (H. F. Bates and R. D. Hunsucker, Radio Sci. 9, 455, 1974, copyright by the American Geophysical Union)

在几个能量 E_p (keV) 的初始值下,10^8 e·cm^{-2}·s^{-1} 的通量沿地磁场线沉降进入极光电离层而产生的电离率高度剖面如图 6.26 所示。将这些电离曲线与光度剖面 (例如图 6.8) 进行比较,对分析引起极光光度和扰动的 E 层的粒子能量具有指导意义。

电子密度增强的区域电导率也高,这里是极光电集流流动的地方,其强度随着极光光度的增加而增加。这些电流系统的形式在 2.5.3 节和 6.4.4 节中进行了讨论。电集流中产生的等离子体波会产生各种类型的雷达后向散射特征,这将在 6.5.5 节中讨论。

Hunsucker (1975) 用半定量的方法研究了可视极光与极光 E 层电离之间的关系。图 6.27 展示了在极光弧通过仪器视场时,全天空相机、电离层测高仪和非相干散射雷达的同步数据。弧内 E 层电子密度大大增加。

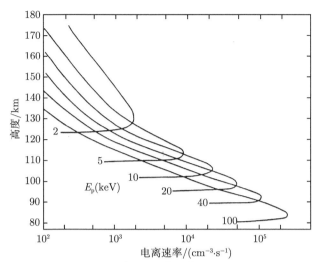

图 6.26　在 E(和 D) 层，由通量为 10^8 e·cm^{-2}· s^{-1} 的单能电子流导致的电离速率剖面，电子从上方入射，对于能量范围为 2～100 keV 的电子而言均存在电离速率最大值 (M. H. Rees, Physics and Chemistry of the Upper Atmosphere, Cambridge University Press, 1989)

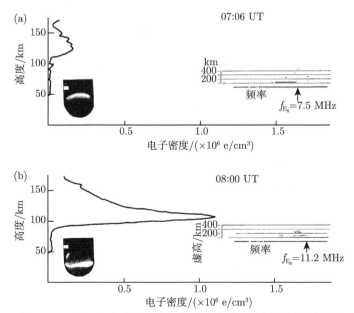

图 6.27　1973 年 3 月 2 日，与穿过视场的极光弧有关的 E 层电子密度剖面和电离图。非相干散射雷达位于阿拉斯加的 Chatanika，全天空照相机和电离层探测仪在 College 附近。在图 (a) 中，雷达波束位于弧的南部，而在图 (b) 中雷达波束位于弧的中心。最大电子密度和 E 层穿透频率在弧内显著增加。时间为深夜 (R. D. Hunsucker, Radio Sci. 10, 277, 1975, copyright by the American Geophysical Union)

非相干散射雷达在 1 h 内观测到的电子密度的快速变化如图 6.28 所示。注意，在电子密度峰值期间，电离图显示出高强度的偶发 E 层。在强扰动期间，E 层可能会有惊人的增强。1972 年 8 月大磁暴期间，E 层电子密度超过 1.8×10^6 cm^{-3} (图 6.29)，这是观测到的 E 层的较高电子密度值之一。

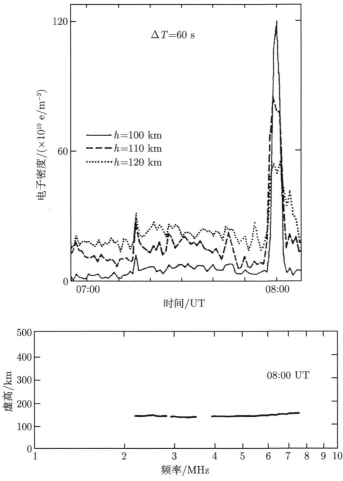

图 6.28　电子密度在三个高度上的变化，展现了 1973 年 3 月 2 日 08:00 UT (22:00 LT) 电子密度的一个尖峰。与此同时，电离层探空仪记录到高于 7 MHz 的偶发 E 层 (sporadic-E)。在阿拉斯加进行的观测，使用的是 Chatanika 的 ISR 和 College 的电离层探空仪 (H. F. Bates and R. D. Hunsucker, Radio Sci. 9, 455, 1974, copyright by the American Geophysical Union)

极光 E 层的形态、结构和动力学已经由 Hunsucker (1975) 和引用文献中的其他人详细地论述过。

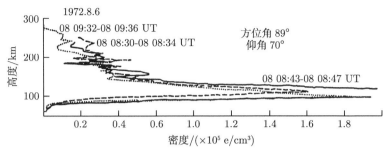

图 6.29 1972 年 8 月强磁暴期间极光 E 层的电子密度剖面 (R. D. Hunsucker, Radio Sci. 10, 277, 1975, copyright by the American Geophysical Union)

6.5.5 极光雷达

我们对极光 E 层不规则体的大部分认识，都是基于极光卵形环内的场向不规则体的直接后向散射数据，这些数据使用的雷达工作在 VHF/UHF 频率范围，这种现象被称为无线电极光，雷达极光也同样适用。目前有大量关于这个课题的文献。

相干雷达与非相干雷达的散射截面之间存在着巨大的差异，前者的散射截面比后者要大 50~80 dB。来自极光 E 层不规则体的后向散射可以根据其视线多普勒速度分为四组，如图 6.30 所示，总结了它们的基本性质。

理论

人们最普遍接受的用以解释观测结果的两个理论分别为双流等离子体不稳定性和梯度漂移机制。如 3.5.1 节所述，这些等离子体不稳定性在极光电集流中产生，并产生静电离子波，这些静电离子波可能会散射入射的无线电波。发生这些不稳定性的一个必要条件是，在电场中漂移的电子与运动受碰撞支配的离子之间有足够大的相对运动速度。这些波几乎垂直于地磁场线传播。后一种性质表明，当雷达几乎垂直于磁场线时，后向散射截面最大，尽管也存在一些极光后向散射发生在大方向角的例子。

其他人还提出了一些产生极光不规则体的其他物理机制。Sahr 和 Fejer(1996) 对极光电集流中的等离子体不规则性进行了综述，该论述涵盖了理论和实验两部分。

极化

通过对极光 E 层不规则体后向散射偏振的研究，得到相干散射的光谱分类 1、2 和 3 具有相似的极化特性。在大多数观测中，线极化入射波的散射会产生一个大致的线极化散射波，这意味着有一个小的散射体和/或少数离散散射体彼此靠近。这也证实了散射过程为弱相干。然而，也有一些重要的例外。

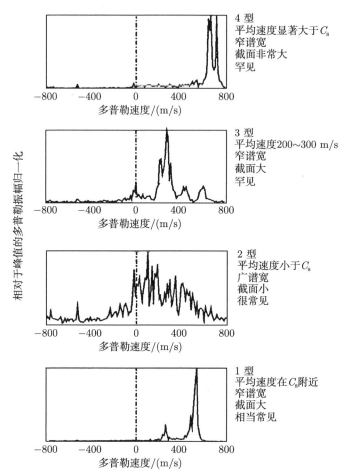

图 6.30 极光雷达中的四种回波。1989 年 3 月使用 50 MHz 的雷达进行的观测，每次分析都是基于 20 s 的数据。C_s 是声速 (J. D. Sahr and B. G. Fejer, J. Geophys. Res. 101, 26893, 1996, copyright by the American Geophysical Union)

观测几何位形状及发生率

可观测的区域受方向敏感性的限制。如图 6.31 所示，如果波束要与极光带中的场向不规则体相交，则雷达必须位于中纬。

广义地说，无线电极光的发生日和发生季节与可视极光相似，当然，除了在白天，因为白天看不见可视极光。最强的回波发生在北纬 65° 附近，在扰动期间回波区域向赤道方向延伸。在一天中的任何时间都可以探测到这些回波，但在地磁子夜附近最为明显。

E 层不规则体现象与极光电集流的行为密切相关，Sahr 和 Fejer (1996) 致力于 E 层不规则体全球建模及其对无线电传播的作用和数据分析方法的研究。

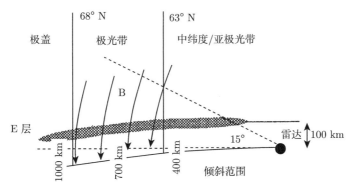

图 6.31　高纬度相干雷达散射的几何结构。对于明显的散射，光束必须接近垂直于场向不规则体，偏差角度在 2° 以内。在没有折射的情况下 (在 VHF 和 UHF 频段)，范围将在 400~1200 km 之间 (J. D.Sahr and B. G. Fejer, J. Geophys. Res. 101, 26893, 1996, copyright by the American Geophysical Union)

6.5.6　极光次声波

极光次声波 (AIW) 属于大气波的声波范畴 (见 1.6 节)，是高纬现象光谱中一个有趣的特征，但不是很为人所知 (Wilson, 1969)。它们起源于在极光弧内流动的大尺度电集流的超声速水平运动。该运动产生次声波 "弓形波"，其传播具有高度的各向异性，在通过弧天顶后约 6 min 到达地球表面。有时可以在地面上探测到距离声源 1000 km 的 AIW。AIW 的周期为 10~100 s，频率范围为 0.01~0.1 Hz，最大谱功率密度持续 70 s 左右，压力波的振幅为 0.5~20 μbar[①]。它们被传声器阵列探测到，并发现在传感器间隔达 6 km 的阵列之间具有高度相关性。AIW 通过阵列的速度在 300~1000 m·s^{-1} 之间，平均速度为 500 m·s^{-1} (Wilson et al., 1976)。图 6.32 为在阿拉斯加的费尔班克斯用传声器阵列观测到的一个例子。

AIW 发生在地球的夜侧，在当地的子夜附近有一个日最大值，在春分附近有一个季节最大值。AIW 活动的事件，即 AIW 亚暴，与负磁湾扰的出现高度相关 (见 2.5.3 节)。AIW 速度的水平分量平行于超声速极光的运动，也平行于弧内与西向电集流有关的水平磁扰动矢量。

一个有趣的事实是，AIW 只由向赤道运动的弧产生；那些向极区移动的弧则没有这种效果。也有人注意到 (Wilson and Hargreaves, 1974)，从统计学上讲，它们的运动方向与纬度相似的极光无线电吸收峰值的运动方向相似 (见 7.2.4 节)，除了向赤道方向运动外，子夜前它还存在一个向西的分量，子夜后存在一个向东的分量。

---

① 1 μbar = 10^2 Pa。

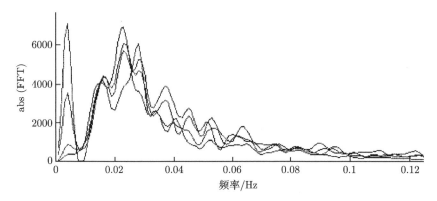

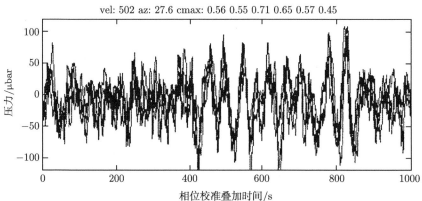

图 6.32　阿拉斯加的费尔班克斯的一组探测器观测到的极光次声波。上图显示了事件的功率谱，下图则显示了波形。波以 $502\ \mathrm{m \cdot s^{-1}}$ 的速度从 $27.6°$ 方位角到达 (R. D. Hunsucker，私人交流)

　　AIW 应被视为地球极光现象总能量收支的一部分，而且可以作为动态极光弧的一个敏感的传感器。

6.5.7　声重力波的产生

　　电子沉降事件产生能够支持电集流的高电子密度，这导致了另一个后果，即极光 E 层是声重力波 (AGW) 的来源。严格来说，存在两种机制，一个是强焦耳热 ($\boldsymbol{J} \cdot \boldsymbol{E}$)，其中 $\boldsymbol{J}$ 是电流密度，$\boldsymbol{E}$ 是电场，它发生在局部区域，另一个是洛伦兹力 ($\boldsymbol{J} \times \boldsymbol{B}$)，其中 $\boldsymbol{B}$ 是地磁场的磁感应强度。在 1.6 节中已经介绍了 AGW，并且已经表明，那些 "大尺度" 的 AGW 起源于极光区域，极光区域可能是其中的一个源。在电离层中，AGW 被认为是一种电离层行扰 (TID)，它在 F 层传播，主要朝赤道方向传播，传播距离可能超过 10000 km。

　　对 $L = 4$ 时电子含量的 TID 研究中，大部分集中在周期为 20~60 min 的 "中等尺度" 范围，Hunsucker 和 Hargreaves (1988) 注意到，1%~4% 的中尺度

TID，白天几乎连续存在。虽然没有确定具体的来源，但必须指出的是，这些波在 $L = 4$ 处的发生率远高于中纬地区。

来自磁层的极光电离层的部分能量可能会在 AGW、中性风和潮汐的作用下输送到其他纬度。据估计，AGW 导致了 5%~10% 的能量重新分布。

6.6 总结和启示

除了非常大的季节变化，极区 E 层与极光带相比是相对温和的。1~10 keV 的沉降电子沿着地磁场线穿过磁层等离子体片进入极光电离层产生了几个非常重要的效应：发光极光、异常高的 E 层电子密度 (电导率)，以及局部区域的强焦耳加热和洛伦兹力。这些现象在地磁场的影响下形成南北极光卵形环，它们在太阳-地球坐标中是静止的，并随着地球旋转。在 "平静的条件下"，卵形环的中心在磁子夜附近处于约 67° 地磁纬度，在磁正午附近处于约 77° 地磁纬度，并且卵形环的纬度 "厚度" 随着 K_p 的增加而增加。最常用的极光卵形环模型是从可视极光观测中得到的，这些模型给出了 K_p 值到 7 的极光 E 层电离的合理估计。基于 TIROS 和 DMSP 卫星粒子测量的其他卵形环，可以给出产生极光 E 层电离的电子沉降和产生 D 层吸收与 F 层不规则体的粒子沉降的更精确的图像。

E 层极光光度与电子密度的高度分布剖面基本一致。在一个强磁暴期间，Chatanika ISR 测量到的电子密度高达 4.4×10^6 cm^{-3}，在北纬 65° 的磁子夜附近 (阿拉斯加的费尔班克斯)，电子密度从 5×10^5 cm^{-3} 到 5×10^6 cm^{-3} 之间都是相当常见的。费尔班克斯 College 站处的电离层测高仪还探测到了极光 E 层的最高频率为 13 MHz，这相当于在 1000 km 长的地球曲面限制的单跳传播路径上的斜测频率为 57 MHz。然而，关于由电离层测高仪测量的极光 E 层最高频率是否是真正的等离子体频率，目前还存在一些疑问。

极光 E 层的时间和空间行为是动态的，通过观测可视极光和认识到最强 (明亮) 的区域实际上是极光 E 层高电子密度区域，可以很好地演示极光 E 层的动态行为。

可视极光的高强度区域也是 E 层极光电集流电导率 (因此电流) 增强的区域。这些增强的电流可以产生强烈的焦耳热和洛伦兹力，进而产生大气重力波 (AGW)，AGW 与电子等离子体耦合，产生电离层行扰 (TID)。大尺度的 TID 可能在 F 层向赤道方向传播超过 10000 km，从而在中纬导致高频系统的异常传播。

极光卵形环 E 层动力学的另一个效应是极光次声波 (AIW) 的产生，当极光弧以超声速的速度向赤道传播时就会发生次声波。在一定的电子密度、极光亮度、粒子沉降能量、马赫数和弧相对于地磁场的方向等特定条件下，形成 "弓形波"，辐射 AIW，然后在地面上由合适的声学传感器阵列探测到。

6.7　参考文献

6.2 节

Akasofu, S.-I. (1968) Polar and Magnetospheric Substorms, Reidel, Dordrecht.

Akasofu, S.-I. (1974) The aurora and the magnetosphere; the Chapman memorial lecture. Planet. Space Sci., 22, 885.

Chubb, T. A. and Hicks, G. T. (1970) Observations of the aurora in the far ultraviolet from OGO 4. J. Geophys. Res. 75, 1290.

Feldstein, Y. I. and Starkov, G. V. (1967) Dynamics of auroral belt and polar geomagnetic disturbances. Planet. Space Sci. 15, 209.

Frank, L. A. and Craven, J. D. (1988) Imaging results from Dynamics Explorer 1. J. Geophys. Res. 26, 246.

Fuller-Rowell, T. J. and Evans, D. S. (1987) Height-integrated Pedersen and Hall conductivity patterns inferred from TIROS-NOAA satellite data. J. Geophys. Res. 92, 7606.

Goodman, J. M. (1992) HF Communications – Science and Technology. Van Nostrand Reinhold, New York.

Gussenhoven, M. S., Hardy, D. A., and Heinemann, N. (1983) Systematics of the equatorward diffuse auroral boundary. J. Geophys. Res. 88, 5692.

Hardy, D. A., Gussenhoven, M. S., and Holeman, E. (1985) A statistical model of auroral electron precipitation. J. Geophys. Res. 90, 4229.

Hardy, D.A., Gussenhoven, M. S., and Brautigan, D. (1989) A statistical model of auroral ion precipitation. J. Geophys. Res. 94, 370.

Meng, C.-I. (1984) Dynamic variation of the auroral oval during intense magnetic storms. J. Geophys. Res. 89, 227.

Meng, C.-I. and Makita. K. (1986) Dynamic variations of the polar cap. Solar Wind–Magnetosphere Coupling (eds. Kamide and Slavin), p. 605. Terra Scientific, Tokyo.

Vestine, E. H. (1944) The geographic incidence of aurora and magnetic disturbance, Northern Hemisphere. Terr. Magn. Atmos. Electricity 49, 77.

Whalen, J. A. (1970) Auroral oval plotter and nomograph for determining geomagnetic local time, latitude and longitude in the Northern Hemisphere. Report AFCRL-70-0422, Environmental Research Paper 327. (From Defense Technical Information Center, Cameron Station, Alexandria, VA 22314, USA)

6.3 节

Bauer, S. J. (1973) Physics of Planetary Ionospheres. Springer-Verlag, Berlin.

Gazey, N. G. J., Smith, P. N., Rijnbeek, R. P., Buchan, M., and Lockwood, M. (1996) The motion of auroral arcs within the convective plasma flow. Third International Conference on Substorms, Versailles, France. Report ESA SP-389, p. 11.

Harang, L. (1951) The Aurorae. Wiley, New York.

Hargreaves, J. K. (1969) Auroral absorption of HF radio waves in the ionosphere – a review of results from the first decade of riometry. Proc. Inst. Elect. Electronics Engineer 57, 1348.

Hartz, T. R. and Brice, N. M. (1967) The general pattern of auroral particle precipitation. Planet. Space Sci. 15, 301.

Rees, M. H. (1989) Physics and Chemistry of the Upper Atmosphere. Cambridge University Press, Cambridge.

Störmer, C. (1955) The Polar Aurora. Oxford University Press, Oxford.

6.4 节

Akasofu, S.-I. (1964) The development of the auroral substorm. Planet. Space Sci. 12, 273.

Akasofu, S.-I. (1968) Polar and Magnetospheric Substorms. Springer-Verlag, New York.

Akasofu, S.-I. (1970) In memoriam Sydney Chapman. Space Sci. Rev. 11, 599.

Akasofu, S.-I. (1974) A study of auroral displays photographed from the DMSP-2 satellite and from the Alaska meridian chain of stations. Space Sci. Rev. 16, 617.

Akasofu, S.-I. (1977) Physics of Magnetospheric Substorms. Reidel, Dordrecht.

Akasofu, S.-I. (1979) Interplanetary energy flux associated with magnetospheric storms. Planet. Space Sci. 27, 425.

Akasofu, S.-I. and Chapman, S. (1961) The ring current, geomagnetic disturbance and the Van Allen radiation belts. J. Geophys. Res. 66, 1321.

Akasofu, S.-I. and Chapman, S. (1972) Solar–Terrestrial Physics. Oxford University Press, Oxford.

Angelopoulos, V. (1996) The role of impulsive particle acceleration in magnetotail circulation. Third International Conference on Substorms, Versailles, France. Report ESA SP-389, p. 17.

Birkeland, K. (1908) The Norwegian Aurora Polaris Expedition 1902–3, vol. 1, section 1. H. Aschehoug, Christiana.

Baumjohann, W. (1996) Storm–substorm relationship. Third International Conference on Substorms, Versailles, France. Report ESA SP-389, p. 627.

Borovsky, J. E., Nemzek, R. J., and Belian, R. D. (1993) The occurrence rate of magnetospheric-substorm onsets. J. Geophys. Res. 98, 3807.

Clauer, C. R. and McPherron, R. L. (1980) The relative importance of the interplane-334 The aurora, substorm, and E regiontary electric field and magnetospheric substorms on partial current development. J. Geophys. Res. 85, 6747.

Elphinstone, R. D., Murphree, J. S., Cogger, L. L., Hearn, D., and Henderson, M. G. (1991) Observations of changes to the auroral distribution prior to substorm onset. Magnetospheric Substorms (eds. J. R. Kan, T. A. Potemra, S. Kokubun, and T. Iijima), p. 257. American Geophysical Union, Washington DC.

Elphinstone, R. D., Murphree, J. S., and Cogger, L. L. (1996) What is a global auroral substorm? Rev. Geophys. 34, 169.

Feldstein, Y. I. (1991) Substorm current systems and auroral dynamics. Magnetospheric Substorms (eds. J. R. Kan, T. A. Potemra, S. Kokubun and T. Iijima), p. 29. American Geophysical Union, Washington DC.

Hargreaves, J. K. (1996) Substorm effects in the D region. Third International Conference on Substorms, Versailles, France. Report ESA SP-389, p. 663.

Kamide, Y. (1991) The auroral electrojets: relative importance of ionospheric conductivities and electric fields. Auroral Physics (eds. C.-I. Meng, M. J. Rycroft, and L. A. Frank), p. 385. Cambridge University Press, Cambridge.

Lui, A. T. Y. (1991) Extended consideration of a synthesis model for magnetospheric substorms. Magnetospheric Substorms (eds. J. R. Kan, T. A. Potemra, S. Kokubun, and T. Iijima), p. 43. American Geophysical Union, Washington DC.

Lui, A. T. Y. (1992) Magnetospheric substorms. Phys. Fluids B, 4, 2257.

McPherron, R. L., Russell, C. T., and Aubry, M. P. (1973) Satellite studies of magnetospheric substorms on August 15, 1968: 9. Phenomenological model for substorms. J. Geophys. Res. 78, 3131.

Murphree, J. S., Elphinstone, R. D., Cogger, L. L., and Hearn, D. (1991) Viking optical substorm signatures. Magnetospheric Substorms (eds. J. R. Kan, T. A. Potemra, S. Kokubun, and T. Iijima), p. 241. American Geophysical Union, Washington DC.

Pulkkinen, T. I. (1996) Pseudobreakup or substorm? Third International Conference on Substorms, Versailles, France. Report ESA SP-389, p. 285.

Rostocker, G. (1991) Some observational constraints for substorm models.

Magnetospheric Substorms (eds. J. R. Kan, T. A. Potemra, S. Kokubun, and T. Iijima), p. 61. American Geophysical Union, Washington DC.

Rostoker, G., Akasofu, S.-I., Foster, J., Greenwald, R. A., Kamide, Y., Kawasaki, K., Liu, A. T. Y., McPherron, R. L., and Russell, C. T. (1980) Magnetospheric substorms - definitions and signatures. J. Geophys. Res. 85, 1663.

Shiokawa, K., Baumjohann, W., and Haerendel, G. (1997) Braking of high-speed flows in the near-Earth tail. Geophys. Res. Lett. 24, 1179.

Stern, D. P. (1991) The beginning of substorm research. Magnetospheric Substorms (eds. J. R. Kan, T. A. Potemra, S. Kokubun, and T. Iijima), p. 11. American Geophysical Union, Washington DC.

Stern, D. P. (1996) A brief history of magnetospheric physics during the space age. Rev. Geophysics 34, 1.

6.5 节

Bates, H. F. and Hunsucker, R. D. (1974) Quiet and disturbed electron density profiles in the auroral zone ionosphere. Radio Sci. 9, 455.

Hunsucker, R. D. (1975) Chatanika radar investigation of high-latitude E-region ionization structure and dynamics. Radio Sci. 10, 277.

Hunsucker, R. D. and Hargreaves, J. K. (1988) A study of gravity waves in ionospheric electron content at L=4. J. Atmos. Terr. Phys. 50, 167.

Rees, M. H. (1989) Physics and Chemistry of the Upper Atmosphere. Cambridge University Press, Cambridge.

Sahr, J. D. and Fejer, B. G. (1996) Auroral electrojet plasma irregularity theory and experiment: a critical review of present understanding and future directions. J. Geophys. Res. 101, 26 893.

Wilson, C. R. (1969) Auroral infrasonic waves. J. Geophys. Res. 74, 1812.

Wilson, C. R. and Hargreaves, J. K. (1974) The motions of peaks in ionospheric absorption and infrasonic waves. J. Atmos. Terr. Phys. 36, 1555.

Wilson, C. R., Hunsucker, R. D., and Romick, G. J. (1976) An auroral substorm investigation using Chatanika radar and other geophysical sensors. Planet. Space Sci. 24, 1155.

关于极光和相关主题的书籍

Akasofu, S.-I. (1968) Polar and Magnetospheric Substorms. Reidel, Dordrecht.

Akasofu, S.-I. (1977) Physics of Magnetospheric Substorms. Reidel, Dordrecht.

Akasofu, S.-I. and Chapman, S. (1972) Solar–Terrestrial Physics. Oxford University Press, Oxford.

Brekke, A. (1997) Physics of the Upper Polar Atmosphere. Wiley, Chichester.

Brekke, A. and Egeland, A. (1983) The Northern Lights – From Mythology to Space Research. Springer-Verlag, Berlin.

Chamberlain, J. W. (1961) Physics of the Aurora and Airglow. Academic Press, New York.

Eather, R. H. (1980) Majestic Lights. American Geophysical Union, Washington, DC.

Kamide, Y. and Baumjohann, W. (1993) Magnetosphere–Ionosphere Coupling. Springer-Verlag, Berlin.

Kan, J. R., Potemra, T. A., Kokubun, S., and Iijima, T. (eds.) (1991) Magnetospheric Substorms. American Geophysical Union, Washington, DC.

Kennel. C. F. (1995) Convection and Substorms. Oxford University Press, Oxford.

Omholt, A. (1971) The Optical Aurora. Springer-Verlag, Berlin.

Störmer, C. (1955) The Polar Aurora. Oxford University Press, Oxford.

Vallance Jones, A. (1974) Aurora. Reidel, Dordrecht. Conference reports.

Akasofu, S.-I. (ed.) (1980) Dynamics of the Magnetosphere. Reidel, Dordrecht.

McCormac, B. M. (ed.) (1967) Aurora and Airglow. Van Nostrand Reinhold Co., New York.

McCormac, B. M. and Omholt, A. (eds.) (1969) Atmospheric Emissions. Van Nostrand Reinhold Co., New York.

McCormac, B. M. (ed.) (1971) The Radiating Atmosphere. Reidel, Dordrecht.

Meng, C.-I., Rycroft, M. J., and Frank, L. A. (eds.) (1991) Auroral Physics. Cambridge University Press, Cambridge.

第 7 章 高纬 D 层

7.1 引　言

电离层 D 层和 E 层在中纬的差异在高纬依然存在。E 层特点在于其相对简单的光化学过程和高电导率，而更低处的 D 层则存在较为复杂的不常见的化学过程，其中电流和等离子体运动被更高的大气压抑制。在高纬，它们的共同点在于高能粒子电离的重要性。典型的光谱数据显示具有一定能量的粒子在两个区域中都会被阻止且电离，其中低能量粒子 (比如能量为几千电子伏的电子) 主要影响 E 层，而更高能量的粒子 (比如能量为数十千电子伏的电子) 则能够渗透到 D 层。图 7.1 为 65~110 km 之间由从上空入射到大气的电离电子特征谱反演的电子密度剖面。光谱特征能量的增加可以使层峰值降低，在 D 层电子密度升高，而在 E 层电子密度则降低。

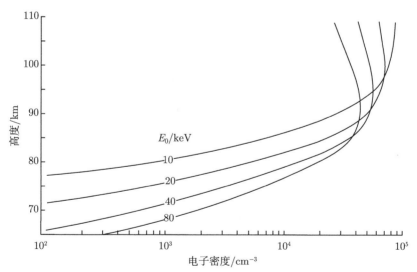

图 7.1　由电子沉降影响的 D 层和较低处的 E 层的样本剖面。假设入射电子通量形式为 $\exp(-E/E_0)$，E 为电子能量 (单位为 keV)，E_0 为特征能量，每一种情况下总通量为 4×10^7 keV·s^{-1}·cm^{-2}·sr^{-1}。产生率由 2.6.1 节中介绍的方法计算，并假设了一个有效复合系数的剖面

在中纬，D 层对高频电波传播的影响是次要的，高频电波传播的主要参数由

E 层和 F 层决定，D 层主要作为吸收层，只是降低信号强度，太阳活动平静期基本不会长时间地妨碍通信。在高纬，D 层电子密度可能大大增强，此时吸收就成为一个不可忽略的影响因素。在高纬主要有两种特有现象，第一种是极光无线电吸收 (auroral radio absorption，AA)，在极光活动期间由磁层零星沉降的高能电子通量造成，这种现象只发生在极光区域；第二种是极盖吸收 (polar-cap absorption，PCA)，由太阳辐射的高能质子造成，通常是在出现太阳耀斑的时候发生。

　　这两种现象的性质差别很大。极盖吸收现象相当罕见，在太阳活动高年，平均每个月大约发生一次，而在太阳活动低年，发生频率会下降很多。虽然极盖吸收现象发生的频率很低，但它造成的吸收作用非常强烈，吸收区域在整个极盖上分布相对均匀，能够造成大面积的高频通信中断。相对而言，极光吸收则更为常见，也更有结构，但它仅能在极光区域发生。虽然极光吸收的吸收强度不如极盖吸收那么强烈，但它的空间结构使高频电波的传播效应预测变得更加困难，目前人们对极光吸收的空间结构如何影响高频电波传播的具体物理细节仍不够清楚。

　　我们将在接下来的 7.2 节和 7.3 节中分别讨论极光吸收和极盖吸收现象。最后，本章将对极区中间层夏季回波这一人们尚未弄清的现象进行简单的介绍。

7.2　极光电波吸收

7.2.1　引言——历史和观测技术

　　极光电波吸收现象由 Appleton 和他的同事 (Appleton et al., 1933) 在国际极地年 (1932~1933 年) 对特罗姆瑟的一次考察中发现的，当时他们观测到电离层测高仪在极光和地磁活动期间失灵的现象。人们最早使用电离层测高仪对这一现象进行研究，但这种方法并不十分可靠，因为只要发生通信中断，则认为发生极光吸收，而除了极光电波吸收外也存在其他原因能够导致通信中断，此外，不同电离层测高仪的灵敏度也不尽相同。同时，由质子事件导致的吸收，虽然性质不同，也可能会混淆早期的观测结果，因为在那时质子事件还没有被公认为是一种独立事件。

　　自 1957~1958 年国际地球物理年以来，人们普遍使用宇宙噪声吸收仪来研究极光吸收，通过使用大量的宇宙噪声吸收仪可实现一定纬度或经度范围内的测量。由于宇宙噪声是穿越电离层传播的，宇宙噪声吸收仪并不能反映吸收的高度信息，不过根据目前大量的研究结果，基本可以确定极光区域的吸收现象发生在电离层 D 层，且由磁层而来的高能电子导致。

　　宇宙噪声吸收仪技术在 4.2.4 节中进行了概述，这里我们回顾一下，吸收并不是直接测量而是需要首先确定静日曲线 (quiet-day curve，QDC)，即在没有吸收的情况下对信号电平的估算。虽然这个想法很简单，但精确推算 QDC 可能是使用宇宙噪声吸收仪技术进行吸收测量最困难的工作。

大多数宇宙噪声吸收仪都是基于一个简单的天线的设备，它的波束比较宽，约为 60°，在电离层 D 层能够形成尺度为 100 km 的投射区域。因此，一个标准的宇宙噪声吸收仪设备具有有限的空间分辨率。然而，近年来，具有窄波束以及成像功能的宇宙噪声吸收仪在不断涌现。不论是来自宽波束还是窄波束测量仪器的测量结果，接下来都将举例说明。

因为吸收对频率有很强的依赖性 (大多数情况下为平方反比定律)，因此在进行观测时，必须保持频率稳定。随频率的增加，吸收的下降是决定最优观测频率的一个重要因素。观测频率较低时，天线尺寸较大也更容易受到来自电离层传播信号的干扰。因此，为了兼顾吸收强度与天线尺寸，通常选择 30~50 MHz 的频段进行观测。当在几个不同频段上获得观测数据时，通常将它们换算到 30 MHz 的结果以便于进行比较，换算关系为

$$A\,(30\mathrm{MHz}) = A\,(f)\,(30)^2/f^2 \tag{7.1}$$

7.2.2 典型的极光吸收事件及其时空特性

极光吸收的一个重要特征就是它的时变特性，这和其他主要种类的电波吸收有明显区别，后者通常变化更缓慢。在图 7.2 的例子中，可以看到吸收更可能属于突发事件，它们一般只出现在一天中的某几个时间点，而且在白天和晚上的特点不同。虽然目前还没有涵盖所有极光吸收事件的一般分类，但有一些已被明确的类型会经常发生。

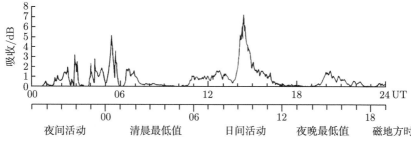

图 7.2   1963 年 10 月 15 日在南极洲 Byrd 站用 30 MHz 的宇宙噪声吸收仪观测到的极光无线电吸收。坐标轴下面的描述为典型的行为；在当天，夜晚的最低值并没有得到重视。注意，夜间活动和日间活动的结构差异 (J. K. Hargreaves, Proc. Inst. Electr. Electron. Engineers 57, 1348, 1969, Ⓞ 1969 IEEE)

夜间突发和尖峰事件

发生于磁午夜附近 (更多发生在磁午夜之前) 的极光吸收事件是突发事件, 此时, 事件在几分钟甚至更短的时间内发生 (见图 7.3), 持续时间为几十分钟至一小时。有些此类事件相互独立发生, 但其他非独立事件能够相继连续活动, 持续时间能够维持几小时。连续发生的事件在高纬地区并不明显。在其他一些纬度地区, 同样的事件似乎以一种更平缓的方式开始。很多突发事件, 都与亚暴的开始时间相吻合。

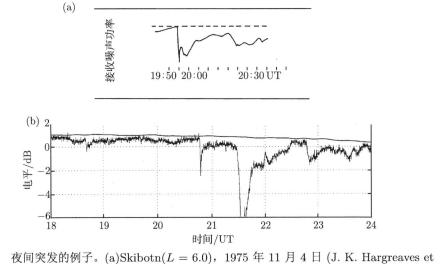

图 7.3　夜间突发的例子。(a)Skibotn(L = 6.0), 1975 年 11 月 4 日 (J. K. Hargreaves et al., J. Geophys. Res. 84, 4225, 1979, copyright by the American Geophysical Union);
(b)Kilpisjärvi(L = 5.9), 1994 年 10 月 6 日 (在爱思维尔科学的许可下, 转载自 J. K.Hargreaves et al., J. Atmos. Solar-Terr. Phys. 59, 872, copyright 1997, with permission from Elsevier Science)。第一个是传统的宇宙噪声吸收仪图表, 其电平与接收功率成正比。下面的那个是由数码数据重建的, 信号功率以分贝为量度单位绘制出来。吸收量是根据明显的静日曲线计算的

如图 7.3 所示, 在一些事件的开始时刻可能存在一个 "峰值", 这种特征表明是一次尖峰事件。在 L = 5.6 时发生的尖峰事件如图 7.4 所示, 在那个位置, 一半事件发生在当地磁午夜之前的 3 h 内。通常情况下, 单个尖峰出现的纬度范围 (很可能小于 200km) 比突发事件更加有限, 在允许一些时差的情况下, 可能突发事件会被追踪到大范围的 L 值。

图 7.5 举例说明了利用宇宙噪声吸收成像仪确定的尖峰事件的空间约束, 在 L = 5.9 时, 典型的尖峰事件呈椭圆形, 主轴大致为东西向, 其典型尺寸为 190 km×80 km, 椭圆轴比约为 2.5(Hargreaves et al., 1997)。在南极 (L ≈ 13) 区域, 尖峰事件也具有非常类似的特性, 不过它们的规模通常较小。尖峰事件通常

是动态的，而且只能持续 1~2 min(见 7.2.4 节)。

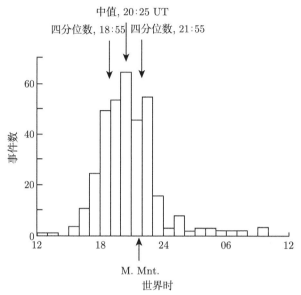

图 7.4 1980~1985 年，在 Abisko，峰值事件 (1 dB) 的出现。磁子夜约为 21:30 UT。宇宙噪声吸收仪的频率为 30 MHz(在爱思维尔科学的许可下，转载自 J. K.Hargreaves et al., J. Atmos. Solar-Terr. Phys. 59, 872, copyright 1997)

夜间事件的主体部分比尖峰部分的分布广泛得多，如图 7.6 所示，给出了图 7.3(b) 事件中的强峰 (21:32 UT) 及强峰前后的分布。在事件的主要部分 (38.2 MHz 时的峰值约为 9 dB)，尽管也存在一定空间结构，吸收在很大程度上覆盖了整个区域。虽然这些事件的性质还没有完全确定，但根据它们尖峰和弧线的不同可以清楚地对它们进行识别与归类 (见下文)。

与尖峰明显不同的是另一个持续时间短的特征，因为它迅速地向西穿过视场导致出现的时间很短，一般称为 "西向浪涌"。它南北延伸 75~85 km，但东西方向的尺度未知。这种特征可能与明亮极光中的西行浪涌有关 (见 6.4.2 节)。

日间尖峰事件

在白天还未曾观测到较大的尖峰事件，但在北半球高纬地区，能够观测到一些小型尖峰事件 (Stauning and Rosenberg, 1996)。在桑德日斯多姆 (纬度为 73.7°，$L \approx 13$)，小型尖峰事件的持续时间小于 5min，通常只能持续 1~2min。这些小型尖峰事件的幅度峰值 (探测频率为 38 MHz) 分布在 $0.2 \sim 0.3$ dB 范围内，大多数发生在磁地方时 12:00~18:00 之间，并且在 15:00~16:00 时段达到峰值。它们存在的空间范围为 50~100 km。目前的证据表明，这些事件与该地点和低纬地区夜间扇区的较大尖峰事件有较大的差异。

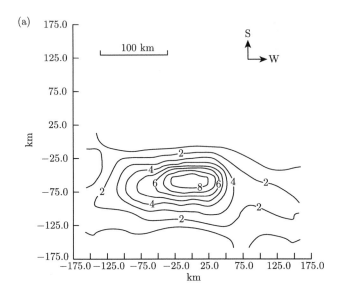

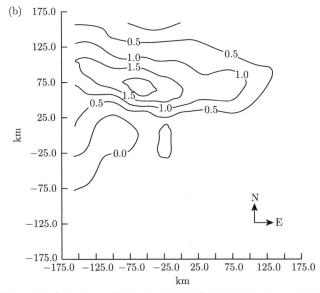

图 7.5　(a) 南极，1988 年 7 月 22 日 20:42:50 UT 和 (b)Kilpisjärvi，1994 年 11 月 14 日
20:15:10 UT 的尖峰事件的例子中显示了典型的尺度。假设高度为 90 km。在等值线为
38.2 MHz 时以分贝为单位的吸收，时间分辨率为 10 s。这次南极 ($L \approx 13$) 事件是一次异常强
烈的事件，但 Kilpisjärvi($L = 5.9$) 事件在该纬度地区更为典型 ((a)J. K. Hargreaves et al.,
Radio Sci.26, 925, 1991, copyright by the American Geophysical Union；(b) 在爱思维尔科
学的许可下，转载自 J. K.Hargreaves et al., J. Atmos. Solar-Terr. Phys. 59, 872,
copyright 1997)

前磁湾扰

在尖峰事件急始前的 1~1.5 h,有可能观测到一次持续 40~60min 的弱吸收事件 (急始前吸收或前磁湾扰),毫无疑问,这个特征与接下来要发生的主事件存在某种联系。宇宙噪声吸收成像仪已经确定前磁湾扰为一条弧线,沿东西方向延伸,南北方向只有 60~100 km 宽 (图 7.7),其整体特征较弱,但它包含嵌套结构。弧线通常缓慢地向赤道漂移,同时在某些情况下可以看到一个突发事件从中生成,这一点我们将在 7.2.4 节中看到。这种吸收特征很可能与发光极光弧有关。

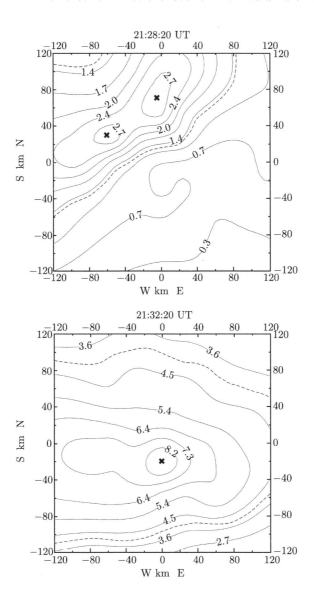

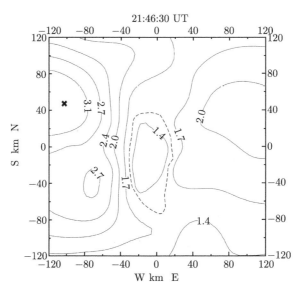

图 7.6   1994 年 10 月 6 日，Kilpisjärvi 夜间活动主要部分的吸收分布。在 21:28:20、21:32:20 和 21:46:30 UT 时，最高的等值线分别为 2.7 dB、8.2 dB 和 3.1 dB。探测频率为 38.2 MHz。最大值用符号 "×" 标记，最大值的一半用虚线表示。这些结果是 10 s 的平均值。它从西北方向进入视野，在头顶上空达到顶峰，然后向西漂移

缓慢变化的事件和脉动

在晨扇区，在磁地方时 06:00~12:00 之间，能够发生缓慢变化事件 (slowly varying event, SVA)。这些事件持续一两个小时，变化平滑，并带有一些小结构 (见图 7.8(a))。在 Pc4 和 Pc5 范围内 (见 2.5.6 节)，某些事件被一些具有几分钟周期的准周期脉冲调制 (见图 7.8(b))。在空间上，SVA 事件比尖峰和前磁湾扰更广阔。

相对论电子沉降事件

早在 1965 年，人们就认识到由具有异常高能和相对论速度的电子导致的一些吸收事件能够影响无线电链路 (特别是甚高频前向散射通信)(Bailey, 1968)。相对论电子沉降 (relativistic electron precipitation，REP) 通常发生在白天，而且在春分发生的频率高于二至点 (夏至点和冬至点)。20 世纪 60 年代的报告显示，这些事件可能比较强烈，在地理上分布也比较广泛。

由于宇宙噪声吸收仪并不能确定吸收发生的高度，因此不能马上看出哪些探测到的事件属于 REP 范畴，但同时，非相干散射测量结果表明，在某些情况下吸收确实发生在异常低的高度 (Collis et al., 1996)，而且几乎肯定是由相对论电子导致 (能量为 100 keV 的电子以略高于二分之一倍光速的速度运动，而能量为 500 keV 的电子以 0.86 倍光速的速度运动。能量高于 250 keV 的电子能够穿透到

67 km 以下并在 75 km 以下产生最大电离，见图 2.26）。在这些事件中，至少有一些事件被束缚在 D 层的一个小区域中，南北不到 100 km，但东西向扩展得更多。图 7.9 即为一个案例，在该事件中，电子沉降导致电子密度在 90 km 以下达到峰值，吸收在 67 km 处达到峰值。对于极光吸收事件来说这些较低高度比较异常（见 7.2.6 节）。

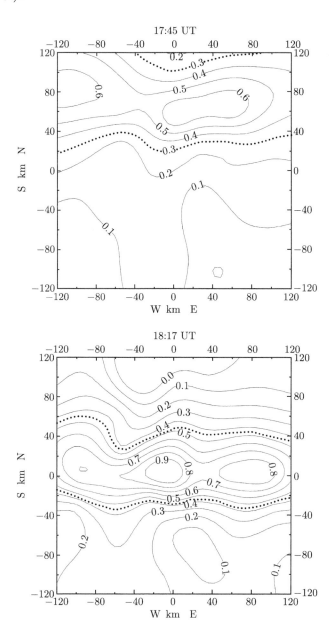

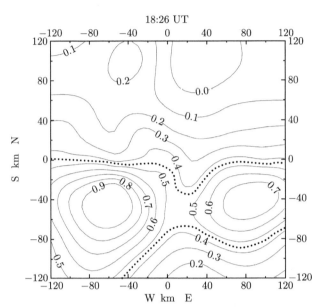

图 7.7　1995 年 4 月 11 日，在 Kilpisjärvi($L = 5.9$)，17:45、18:17 和 18:26 UT 观测到的吸收。每张图都是 1 min 测量结果的平均值，虚线表示由吸收峰的一半定义的吸收弧。沿弧线有明显的空间结构。每幅图的侧面为 240 km，并假设高度为 90 km。这一特征持续了 1 h，它最初以低于 10 m·s^{-1} 的速度向赤道方向漂移，但随后以 130 m·s^{-1} 的速度更快地运动。在 18:45 UT 紧接着发生了一次突发事件

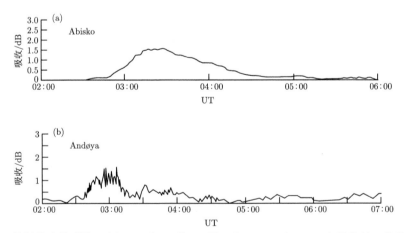

图 7.8　晨间发生的事件：(a)1985 年 3 月 23 日，在 Abisko($L = 5.6$) 发生的一次缓慢变化的事件；(b)1985 年 8 月 23 日，在 Andøya($L = 6.2$) 发生的脉动事件 (在爱思维尔科学的许可下，转载自 J. K. Hargreaves and T. Devlin. J. Atmos. Terr. Phys. 52, 193, copyright 1990)

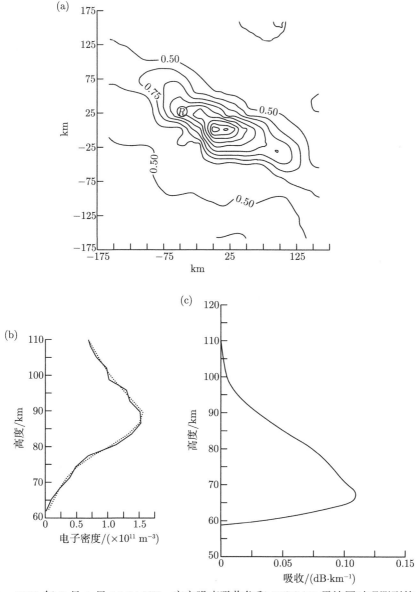

图 7.9　1995 年 3 月 1 日 12:04 UT，宇宙噪声吸收仪和 EISCAT 雷达同时观测到的共转白天事件的性质。(a) 空间结构，假设高度为 90 km。等值线以 dB 为单位，时间分辨率为 2 min。雷达波束在 R 点与事件相交，与最大值 3.5 dB 的差距略大；(b) 电子密度垂直剖面，分辨率为 1 min；(c) 为从 (b) 计算的增量吸收的垂直剖面。90 km 以下的电子密度峰和 70 km 以下的吸收峰证明这是一个异常高能电子沉降造成的事件 (P. N. Collis et al., Ann. Geophysicae 14, 1305, 1996, copyright notice of Springer-Verlag)

　　有趣的是，即使在不同环境下观测到的事件，它们在大小和形状上也都有相似之处，这表明它们存在一个共同的潜在物理机制。

7.2.3　时空统计特性

经度和纬度分布

　　图 7.10 说明了全球极光电波吸收事件与地磁纬度和时间的关系。在图 7.10(b) 中最明显的是处于磁地方时 06:00～10:00 附近的早峰值，其中超过 1 dB(在 30 MHz) 的时间占 8 %。然而，这并不意味着极光电波吸收只是一种日间现象。前面我们已经对一些夜间事件进行了描述，而且在夜间的吸收活动和白天时候一样多，这一事实可从图 7.10(a) 中清楚地看到，图中画出了发生在给定时间和纬度处的中等强度事件。发生在白天的事件因为持续时间更长，在图 7.10(b) 的统计中占主导地位，但夜间事件的强度相比于日间事件并不弱。在磁地方时 16:00～17:00 的傍晚时段，极光电波吸收事件有一个很明显的谷值。

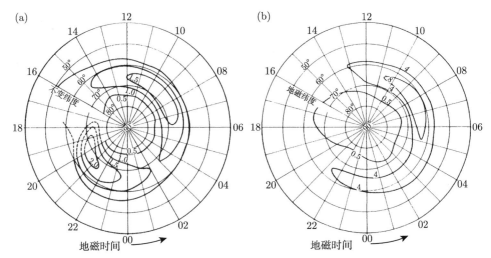

图 7.10　　(a)30 MHz 时 AA 事件的中等强度 (dB)(在爱思维尔科学的许可下，转载自 J. K. Hargreaves and F. C. Cowley, Planet. Space Sci. 15, 1571, copyright 1967)；(b)30 MHz 下，超过 1dB 的吸收的比例 (源自 T. R. Hartz et al., Can. J. Phys. 41, 581, 1963)。图表之所以不同，是因为夜间 AA 事件比白天 AA 事件的时间短

　　这些分布揭示了一个纬向现象，即尽管分布细节有所不同，但都在地磁纬度大约为 67°(对应于 $L = 7$) 附近达到最大值。Hartz 等 (1963) 发现在加拿大峰值位于 69°，Holt 等 (1961) 发现在挪威峰值位于 62°。使用加拿大和南极共轭站点的数据，Hargreaves 和 Cowley(1967a) 发现最大纬度日变化很小，特别是在午夜前的几小时减小 2° 或下降 3%，上午时候恢复到 67°～68°，中午后则又进一步回

落。吸收的地磁纬度分布可以用高斯曲线来近似，即

$$
A_{\mathrm{m}} = A_0 \exp\left(-\frac{(\lambda - \lambda_0)^2}{2\sigma^2}\right) \tag{7.2}
$$

其中，A_{m} 是吸收中值，λ_0 是纬度常数，σ 为吸收带的半宽度 (或 "标准偏差")。半宽度为几度：比如 $4.5°$(Hartz et al., 1963) 或 $3.7°$ (Holt et al., 1961)。

尽管吸收带有日变化，很明显，但吸收区域与发生明亮极光的极光卵形环不同，而是对应于 6.3.5 节所讨论的更圆的区域——"外区"。明亮的卵形区域和吸收区域在接近午夜的时候刚好重叠 (至少是非常接近)，但是吸收区域比卵形区域更圆一些，并位于昼侧的低纬度。将图 7.10 中极光吸收的发生率与图 6.6 中卫星观测到的高能电子沉降的分布进行比较是具有指导意义的。

空间范围

千米量级的单个吸收事件水平区域的确定显然是一个重要的工程和科学问题。如果它们非常小，它们对高频传播的影响可以通过空间分集接收来降低。反之，如果它们覆盖了非常大的地区，则很难找到可行的应对措施 (相同的情况也发生在质子引起的极盖吸收上，详见 7.3 节。)。使用宽波束宇宙噪声吸收仪进行的各种测量 (表 7.1) 并不完全一致，但总体可以说明这些事件覆盖了几百千米的范围。一些报道认为，这些事件在东西向存在一定程度的延伸，但其他一些研究又认为吸收接近为圆形区域。

表 7.1 的结果来自早期的观测，需要注意的是，天线的宽波束无法探测到小于 100 km 的结构。正如 7.2.2 节指出，使用窄波束可探测小于 100 km 的事件。尖峰事件的直径只有几十千米，而且往往孤立出现，使用宽波束测量的话会大大低估它们发生概率的量级。然而，由于发生的时间很短，一般不会对统计结果产生太大的影响。在其他时候，特别是在长期活动期间，不管是白天还是晚上，较小的结构只是总体分布的一个组成部分，表 7.1 的结果仍然具有意义，因为它表明即使存在更精细的结构，至少部分吸收可以扩展至 200~300 km。

持续时间

确定单个吸收事件的持续时间并不像人们想象的那么容易。对于一些孤立事件，它们很容易识别，而另一些事件是相互混淆的，因此可能不太容易判断这种情况是应该描述为一个长事件还是几个短事件。此外，很多事件都是逐渐消逝的，因此不太容易判断它们的结束时间 (急始时候更加尖锐一些)。

表 7.1　极光吸收的空间特性 (Hargreaves, 1969)

作者	L	数据	值关联	结果	相关模式的形状
Little and Leinbach (1958)	5.5 5.5～9	3 天, 夏季 1 个月, 3 月	每小时的值 每小时的值	南北至少 200 km 和东西至少 90 km 的区域 白天: 南北 800 km 处$\rho = 0.57$ 夜晚: 南北 800 km 处$\rho = 0.43$	卵环形
Holt et al. (1961)	6	12 个选择时段	?	380 km 处$\rho = 0.5$	
Kavadas (1961)	4	?	?	南北 10 km 以上 的高相关性	
Jelly et al. (1961)	4 ~ 8	?	—	南北 380 km 以上 相似或者南北 35 km 以上不同	
Leinbach and Basler (1963)	5.5	49 天, 1 月至 3 月	每小时的值	南北 250 km 处 $\rho = 0.70$ 东西 800 km 处 $\rho = 0.74$	卵环形
Little et al. (1965)	4	日间事件 54 天, 12 月至 2 月	吸收 $\geqslant 0.3$ dB 的 2 min 的值	南北 650 km 处和 东西 700 km 处 $\rho = 0.5$	圆形
Parthasarathy and Berkey (1965)	5.5	突发事件	吸收峰	南北 250 km 处 $\rho = 0.26$ (90 次事件) 东西 800 km 处 $\rho = 0.41$ (35 次事件)	卵环形
Ansari (1965)	5.5	缓慢变化事件, 约 60 例	吸收峰	南北 350 km 以上 吻合较好	
Berkey (1968)	5.5	夜间扰动	? $\geqslant 0.5$ dB	南北 20 km 处 $\rho = 0.9$	椭圆形
Ecklund and Hargreaves (1968)	4	17 个月, 8 月至 1 月	$\geqslant 0.3$dB 时的 每小时的值	夜晚: 东西 750 km 和南北 155 km 或 465 km[a] 处 $\rho = 0.5$ 白天: 东西 365 km 和南北 170 km 或 300 km[a] 处$\rho = 0.5$	卵环形卵 环形或圆形
Bewersdorff et al. (1968)	5～7	缓慢变化时间, 4 例	—	东西 300～400 km 的小变化	
Hargreaves and Ecklund (1968)	7	12 个月	$\geqslant 0.3$dB 时的 每小时的值	夜间: 160 km 处$\rho = 0.70$ 白天: 250 km 处$\rho = 0.74$	圆形 圆形

注: a 为中心站的极向和赤道向测量。

图 7.11 给出了事件和事件之间的一些统计值和持续时间的变化, 展示了事件发生最大值附近和赤道附近的一个站点昼夜数据组持续时间的相对分布。可以看到在较高的 L 值处, 持续时间更短, 而且在两个站点都可以看到夜间比白天持续时间更短 (见表 7.2)。白天和夜晚的数据组以世界时进行划分, 分别加上 2.5 h 和 0.5 h 来获得 Kiruna 和 Siglufiordür 的磁地方时。

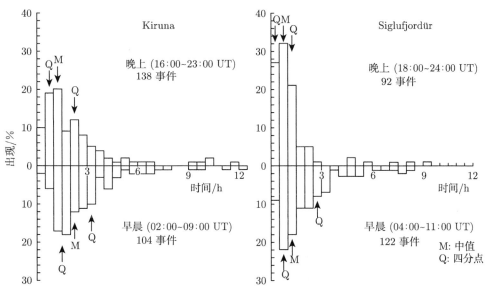

图 7.11 在 Kiruna($L=5.4$) 和 Siglufjordür($L=6.9$) 的夜间和早上开始的事件的持续时间

表 7.2 事件持续时间分布的中位数和四分位数 Kiruna($L=5.4$) 和 Siglufjordür($L=6.9$)(持续时间以小时为单位)

	Kiruna		Siglufjordür	
	白天	夜晚	白天	夜晚
下四分位数	1.5	0.7	0.8	0.3
中位数	2.2	1.5	1.5	0.9
上四分位数	3.5	2.9	2.9	1.3

7.2.4 动力学

极光吸收事件的动力学本质是一个通常不被重视的特性。人们通常使用地理上分隔开来的宇宙噪声吸收仪组链来研究这些运动, 最近更多使用的是宇宙噪声吸收成像仪。结果显示, 某一特定类型事件的运动具有良好的一致性, 这意味着该运动具有某种物理意义——即使我们还不确定这种意义是什么。下面我们给出一些例子。

发生于夜间的急始和主要事件

突发事件发生于午夜前，如上所述，它可能 (但不必要) 包含一个尖峰，而且在某些纬度上它可能看起来是一个渐进的急始。这类事件的急始通常首先出现在 L 值在 5~6 之间，这比统计吸收最大值 ($L = 7$ 附近) 的位置靠近赤道一些。它从那个纬度向两极和赤道方向扩散。最常见观测到的是极向运动的那部分，在大多数情况下，速度是在 $0.5 \sim 3 \ \mathrm{km \cdot s}^{-1}$ 之间。如图 7.12(b) 所示，在向极和向赤道的区域之间有一条明确的界线。

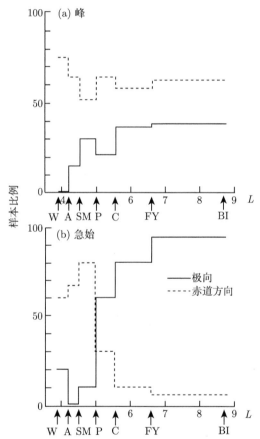

图 7.12　沿阿拉斯加子午线向极地和赤道方向移动的相对频率；(a) 峰；(b) 急始。在所有纬度上，大多数峰向赤道方向移动，而急始在 $L < 5$ 时向赤道方向移动，在 $L > 6$ 时向极地方向移动 (在爱思维尔科学的许可下，转载自 J. K.Hargreaves. Planet. Space Sci. 22, 1427, copyright 1974)

然而，在急始时刻之后的吸收峰就并不如此了 (图 7.12(a))：它们不再是一半以上向赤道方向移动，而是可以向任意方向移动。在图 7.6 所示的示例中，可以看到事件从北方到达 Kilpisjärvi ($L = 5.9$),几乎在 Kilpisjärvi 的正上方达到峰值,然后向西移动。目前尚不清楚这是否是一个典型现象,但之前在 $L = 7$ 的 250 km 基线上使用宽波束宇宙噪声吸收仪的观测 (Hargreaves, 1970) 表明,在午夜后约 2 h 的夜间区域有一个向西的分量。

如图 7.13 中 Kilpisjärvi 的宇宙噪声吸收成像仪的例子所示,当一个事件以一个尖峰开始时,它总是向极向移动。图 7.3(b) 详细描述了 20:46~20:51 UT 的尖峰事件,图中显示了其最大吸收值及其在视场内的位置,时间分辨率均为 1 s。需要注意的是,吸收的幅度以 30~60 s 的准周期变化。东西方向的运动没什么规律,但总体上有向极地方向发展的趋势。图 7.14 展示了在 5 个选定时间 (也在图 7.13 中标记) 吸收块的位置。在 3 min 多一点的时间里,最多移动了 200 km,尽管一开始的运动速度要大一些,但总体平均速度是 1 km·s^{-1}。吸收块的尺度虽然在不断变化,但它保持了东西向扩展的趋势。

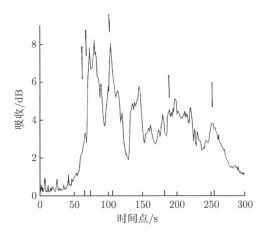

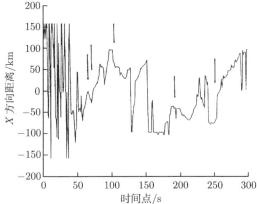

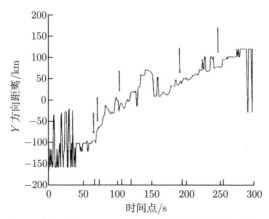

图 7.13 对于 1994 年 10 月 6 日 20:46~20:51 UT 的峰值事件 (图 7.3),最大吸收和距离 Kilpisjärvi 上空最大值位置的 X(东西向) 和 Y(南北向) 方向的距离。时间分辨率为 1 s。尽管在该分辨率和不稳定的东西向运动下,揭示了时间结构,但极向的前进时间还是相当久的。这些特征是夜间峰值事件的典型特征

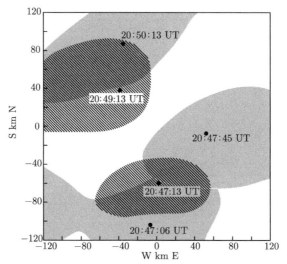

图 7.14 图 7.13 中 5 个选定时间的峰值事件。黑色圆圈标记的圆点为吸收最大值位置,阴影部分表示吸收大于最大值一半的区域。注意,区域有呈椭圆形的趋势

全球范围的运动

在夜间,从急始事件第一次出现开始,它也向东和向西传播。在已发表的结论中存在一些差异,其中确定的原因是从一个案例到另一个案例的运动实际变化,另外可能的原因是观测地点的不同。对处于吸收区域中心附近的观测站,相距数千千米 (比如经度上超过 90°) 的观测站之间的观测结果表明,平均速度大约为 4°(经度)/min(或者 2.8 km·s^{-1}),在午夜至 14:00 LT 期间向东,其他时间向西

(Hargreaves, 1967; Pudovkin et al., 1968; Jelly, 1970)。4°/min 的数值是基于两个站点都识别到的特定特征时间差估算的速度。如果在不考虑形式的情况下比较吸收事件，中值速度会小 3 倍。Haikowicz(1990) 在 L 值处于 5.2~6.1 之间时，发现了西向速度为 2.7~4.5 km·s^{-1} 的午夜前突发事件。

图 7.15 给出了 $L \approx 7$ 处的一个简单的经向运动模型，对于一个急始事件，从

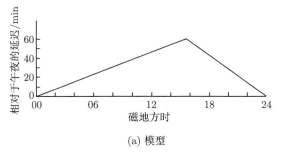

(a) 模型

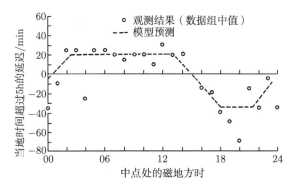

(b) College-Great Whale River-Reykjavik 路径的观测结果

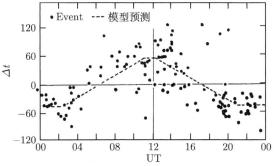

(c) Murmansk 吸收湾与College吸收湾延迟时间的日变化

图 7.15 经向的时间延迟 (J. K. Hargreaves. Proc. Inst. Electr. Electron. Engineers 57, 1348, 1969a, O 1969 IEEE): (a) 一个关于子夜急始延迟的简单模型；(b) 与作为模型基础的 Hargreaves(1967) 的观测结果相比，延迟超过地方时 5 h；(c) 与模型预测相比，College 与 Murmansk (Pudovkin et al., 1968) 事件之间的时间延迟

它在午夜附近首次出现开始，平均需要 20 min 来穿过 5 个时区，到达晨扇区需要 30~40 min。观测结果已证实它们同时发生。一般认为，白天沉降下来的高能电子实际上起源于夜区，然后向东漂移，并在地磁场中被捕获 (见 2.3.4 节和图 2.14)。这不能解释午夜前向西的运动，该现象可能由磁层尾部的其他因素控制。

结合对经向和纬向运动的研究成果，可以得到图 7.16 所示的全球总体图。这么做并不是为了试图区分不同类型的事件。

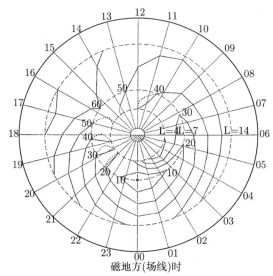

图 7.16　吸收急始的进程在赤道面上的投影 (假设有偶极场)。每隔 10 min 绘制一次波前 (在爱思维尔科学的许可下，转载自 J.K. Hargreaves. J. Atmos. Terr. Phys. 30, 1461, copyright 1968, with permission from Elsevier Science)

Berkey 等 (1974) 对全球尺度上的吸收运动进行了最全面的研究，他们分析了 40 个宇宙噪声吸收仪观测站的 60 次亚暴事件，其中的一些主要观点证实了之前的工作，也获得了一些新的结果，如下所示：

(a) 活动通常在子夜附近开始。

(b) 当磁扰水平较大时，其发生时间较早，纬度较低。

(c) 经度方向速度在 $0.7 \sim 7$ km·s^{-1} 范围内。

(d) 向西扩张的部分 (通常在子夜前看到) 有时跟随极光带 (即外区)，有时跟随极光卵形环。

(e) 当它沿着极光卵形环扩展时，向西扩展的速度约为 1 km·s^{-1}，而当它沿着极光带扩展时，其速度约为沿极光卵形环扩展的两倍。

(f) 各个亚暴之间有很大的变异性。

(g) 有些图像能够看到子夜急始事件后的晨间活动 (中午前)，但子夜和白天区域之间很少或没有活动。

急始磁湾扰前的漂移

在事件急始前的弱吸收磁湾扰以几百米每秒的典型速度向赤道方向移动。请参见稍后的图 7.27，其中很多都很微弱，只能够靠经验识别，但图 7.17 却显示了一个异常强烈的信号。

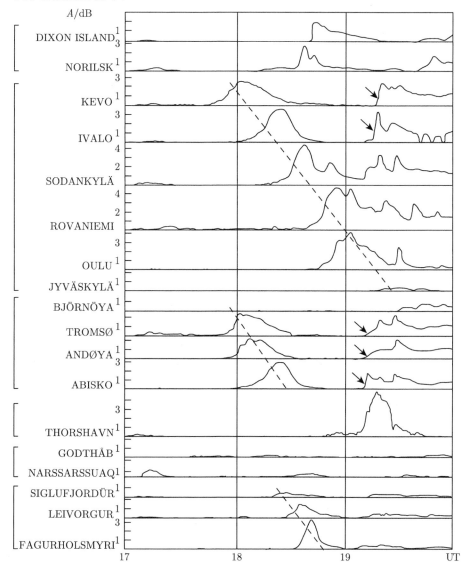

图 7.17　1977 年 5 月 4 日，在欧洲，急始前磁湾扰的赤道向运动。该图包括不同经度上的站点链，从芬兰、挪威/瑞典和冰岛的数据中可以清楚地看到这种运动。接下来的相关急始用箭头标记 (在爱思维尔科学的许可下，转载自 H. Ranta et al., Planet. Space Sci. 29, 1287, copyright 1981)

在芬兰、瑞典/挪威和冰岛都可以清楚地看到那个磁湾扰。结果表明，宇宙噪声吸收成像仪能够观测到这些移动弧的更多细节 (图 7.7)。速度并不总是一致的，而且弧在穿过视场时可能会减弱或增强。很容易将这种移动与极光弧 (见 6.4.2 节) 联系起来，极光弧在大多数情况下也是向赤道方向移动的。

湾与急始事件之间的关系

Ranta 等 (1981) 研究了这些磁湾扰与随后的突发性事件之间的关系。大多数的磁湾扰都发生在 L 值 4~9 之间，个别事件能够覆盖 1 到 5 或 6 个 L 值。在南极 ($L = 13$) 没有报道过此类事件。在经度上，它们可以延伸超过 $90°$。急始事件能够被观测到的 L 值范围要更大，从 4 到 16 或更多，单个的磁湾扰已经被观测到覆盖 10 个 L 值，经度上可以超过 $150°$ 范围。

急始事件通常首先出现在前磁湾扰的东端或附近，这意味着，从统计上看，磁湾扰在一天中 (在下午和晚上的扇区) 比突发事件出现得更早，突发事件更倾向于在子夜之前和子夜之前的几个小时出现。在芬兰和瑞典/挪威都观测到了紧随图 7.17 中磁湾扰之后的事件，并表现为向极区运动。

磁湾扰与突发事件的关系可以总结为图 7.18 中所示的 "反 y" 形结果。

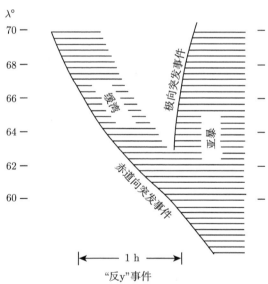

图 7.18　前磁湾绕和突发事件之间的联系被理想化为一个 "反 y" 事件 (在爱思维尔科学的许可下，转载自 J. K. Hargreaves et al. Planet. Space Sci. 23,905, copyright 1975)

图 7.19 显示了 $L = 5.9$ 的夜间事件的典型动力学，最大值区域略微朝向赤道方向运动。这一记录米自一个 38.2 MHz 的宽波束宇宙噪声吸收仪，但在同一地点使用一个宇宙噪声吸收成像仪来识别运动，尖锋向极地方向快速移动，但在它

之前有一个弧形，而且紧接着有斑块向赤道方向漂移。主事件的范围很广，从极地一侧进入人们的视野，但随后从西边消失。

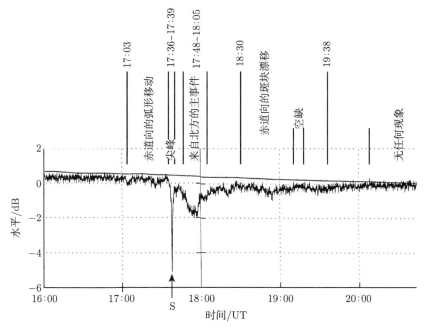

图 7.19　1995 年 1 月 30 日，在 Kilpisjärvi 用 38.2 MHz 的宽波束宇宙噪声吸收仪观测到的夜间活动，主要关注该活动的主要特征和运动。除了峰值事件，主要运动方向是赤道向的

缓慢变化的事件

根据间隔 250 km 的宇宙噪声吸收仪观测到的结果 (Hargreaves, 1970, Hargreaves, Berry, 1976)，在早晨缓慢变化的事件通常向东运动。这些研究给出的平均向东速度略低于 40 km/min(约 620 m/s)，但不同事件的差异很大 (向东的速度有一半处在 20~80 km/min 之间)。值得注意的是，这些速度大大低于由间隔较大的观测所确定的速度。

共转

早晨和白天事件的共转的趋势已经被观测到 (Hargreaves et al., 1994; Collis et al., 1996)。尤其在 7.2.2 节中描述的空间受限的、非常活跃的事件类型中，相对于旋转的地球可以保持几乎固定的状态很长一段时间。图 7.9 所示的事件在视场中停留超过 1.5 h。根据雷达测量，事件期间子午面 F 层离子漂移从向西 $100\,\mathrm{m\cdot s^{-1}}$ 变化到接近零，这与吸收事件的运动一致。这个明显的例子，加上前段的证据，表明在极光吸收的经向运动中，涉及的不仅仅是捕获的粒子漂移。

7.2.5   与地球物理活动的关系和极光吸收的预测

与 A_p 的关系

当地磁活动较高时，极光吸收 (AA) 更为频繁和强烈。因此人们也可能认为，在太阳黑子数量高的时候，极光吸收会更强且更频繁地出现，但事实并非如此。在一些太阳周期中，地磁活动的起落与太阳黑子的数量并不相同。在这种情况下，我们认为极光吸收与地磁活动有关，而不是与太阳黑子数有关。接下来将讨论极光吸收与 A_p 的关系。

在短期内，展示单日吸收与 A_p 指数之间的关系 (见 2.5.4 节) 是有可能的。例如，在 24 h 内至少发生一次至少 1 dB 事件的概率和 A_p 几乎呈线性关系，当 $L = 5.6$，$A_p > 15$ 时，发生率几乎为 1(图 7.20(b))。在高纬地区发生率较小 (图 7.20(a))，但仍随 A_p 近似线性增加。每天的平均事件数也随 A_p 增加 (图 7.20(c))，当 A_p 在 8~25 范围时，平均事件数从 1 增加到 3。

这种关联可以解释的一个观测结果是，极光吸收的趋势在一段时间内变得强烈，当它非常低时，通常会持续一周或更长时间。这种模式会从一个月持续到下一个月。这一现象恰恰是地磁扰动的映象，这是由于太阳的自转将活动区域在几天后带离我们的视野，并倾向于一个月后又使它们重新出现。

吸收带的纬度 (见 7.2.3 节) 也随着地磁活动的强度而变化 (Hargreaves, 1966)。在一天中极光吸收最显著的时段，随着 K_p 从 0 增加到 5，最大纬度 (λ_0) 从大约 70° 减小到 66°，当 K_p 值为 6 或 7 时，纬度可能低至 60°。同时，吸收带的半宽度 (σ) 有所增加 (从 4° 增加到 5.5°)，当 K_p 达到最大值时，σ 的展宽更大。

与高频无线电传播的关系

这里就引出了预测的问题。首先，为了了解极光吸收在 HF 传播中的重要性，必须考虑所涉及的吸收的量级。吸收的强度通常以分贝 (dB) 为量度单位，与无线电频率的平方成反比。在无线电通信链路中，这也取决于传播路径的几何关系 (具体来说，是射线通过 D 层的角度)。尽管如此，如果一个 30 MHz 的宇宙噪声吸收仪探测到 1 dB 的吸收，一个倾斜的 HF 路径将受到约 20 dB 的吸收影响 (Agv, 1970)。因此，在 30 MHz 的宇宙噪声吸收仪上观测到的大于 1 dB 的吸收可能对 HF 传播有实际意义 (特别是在 3~15 MHz)，吸收发生的统计数据通常以 1 dB 的水平表示。在某些纬度地区，每月有许多天至少一次达到或超过这一水平。

极光吸收预测

很明显，极光吸收预测实际上要基于统计结果来实现。因为这种现象实质上是偶发的，但因为有大量宇宙噪声吸收仪测量数据可以利用，至少在统计上有一

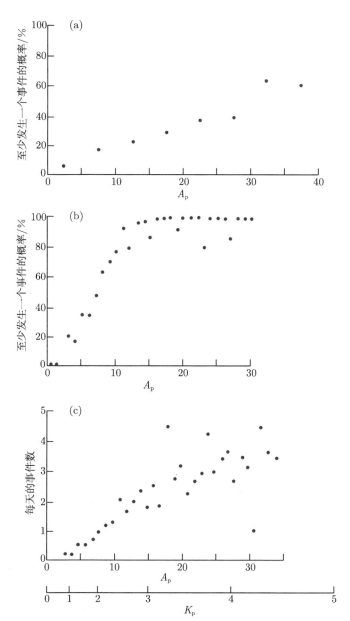

图 7.20　磁活动对 AA 事件发生率的影响。(a)24 h 内在南极 ($L = 13$) 至少发生一次至少 0.3 dB(51.4 MHz) 的事件的概率。该水平相当于 30 MHz 时 0.88 dB 的强度。这些数据包括 1990~1992 年的观测数据；(b)Abisko 处 ($L = 5.6$)30 MHz 时强度为 1 dB 的事件也是类似情况。这些数据覆盖了 1976 年和 1977 年的观测数据；(c)Abisko 处 30 MHz、1 dB 事件的每天平均发生数量 (南极数据来自与 T. J. Rosenberg 的私人交流，而 Abisko 数据源自 Hargreaves et al., Report UAG-84, 1982)

个很好的数据基础。如果需要预测无线电传播，这个任务分为两个部分：首先，基于现有的宇宙噪声吸收仪数据，给出吸收发生的统计特性与自变量的影响，如纬度、季节、时间、太阳和地磁活动等；其次，从传播实验中观察宇宙噪声吸收仪观测到的事件是如何与电波传播效应联系起来的。这里我们考虑吸收统计的问题，在这方面已经有了一些有意义的进展。与通信链路的关系将在 8.2 节和 8.4 节中讨论。

吸收统计的表示可以分为两个阶段。首先确定显著吸收水平，例如，30 MHz 时为 1 dB。然后我们可以检查来自各个宇宙噪声吸收仪站的数据，并将超过 1 dB 的概率作为各外部参数的函数计算出来。超过 A dB 的概率通常表示为 $Q(A)$。

$Q(1)$ 的计算

Foppiano 和 Bradley(1985) 在研究了大量多源数据并采用了多个经度区和不同年份的数据的基础上，发表了 $Q(1)$ 的计算公式 (见表 7.3)。这个公式为昼夜贡献的总和，每一个都由地磁纬度、白天时间、太阳活动、经度和季节变化项的乘积组成。在低黑子数时，且夜间峰值为 670，白天峰值为 680 时，纬度变化呈高斯分布 (类似于式 (7.2))。白天时间项也是高斯分布的，夜间活动在午夜达到峰值，而日间活动与图 7.10 相比在 10:00 LT 达到峰值。对太阳活动的依赖关系用表格表示，对经度和季节的依赖关系则由经验公式表示。

其中一些项比其他项更容易确定。一些季节变化可能会出现 (见 7.2.6 节)，但经向效应的问题尚未得到彻底的研究。然而，表 7.3 中的公式最大的问题是假定了太阳活动可用太阳黑子数表示。随后，Hargreaves 等 (1987) 对芬兰整个太阳周期 (1972~1983 年) 的吸收情况进行了研究，得出公式中的太阳黑子项不是很精确的结论，并提出了一个基于 $A_{\mathrm{p}}(\bar{A}_{\mathrm{p}})$ 月均值的替代方案：

$$Q(1) = \left(\bar{A}_{\mathrm{p}} - 30\cos^2\lambda\right)\exp\left(-(\lambda - 65)^2/25\right) \tag{7.3}$$

这个公式能够给出全天的 $Q(1)$ 均值。

式 (7.3) 的意义在于，从长期来看，吸收概率与高于阈值的 $A_{\mathrm{p}}(\bar{A}_{\mathrm{p}})$ 均值成正比。结果也可能由高斯分布表示，其中峰值 (Q_0)、峰值的纬度 (λ_0)、峰值宽度 (σ) 和 $\bar{A}_{\mathrm{p}}$ 的依赖关系见表 7.4。特别要注意的是，随着 $\bar{A}_{\mathrm{p}}$ 的增加，最大概率线性增加，最大概率的位置向赤道方向移动。上述分析是基于仅覆盖吸收带朝赤道方向一侧的观测结果。

对数正态分布

第二阶段是考虑 $Q(A)$ 的形式。也就是说，如果我们能预测 $Q(1)$，就能知道 $Q(2)$ 或 $Q(0.5)$ 是什么吗？这意味着知道吸收发生的概率分布。Foppiano

表 7.3 $Q(1)$ 的 Foppiano - Bradley 公式

总计	$Q(1) = Q_{1d} + Q_{1s}$
白天分量	$Q_{1d} = K_d d_\lambda d_T d_R d_\theta d_M$
夜晚分量	$Q_{1s} = K_s s_\lambda s_T s_R s_\theta s_M$

λ 为磁纬度；T 为地方时 (小时)；R 为太阳黑子数；θ 为地磁经度；M 为月；K_d 和 K_s 为常数

纬度项：

$$d_\lambda = \exp\left[-(\lambda - \lambda_m)^2 / \left(2\sigma_\lambda^2\right)\right], \quad s_\lambda = \exp\left[-(\lambda - \lambda_m')^2 / \left(2\sigma_\lambda'^2\right)\right]$$

λ_m 和 λ_m' 分别为白天和夜间分量最大值的地磁纬度。

$\lambda_m = 68\,(1 - 0.0004R)\,, \quad R \leqslant 100$

$\lambda_m = 65.28\,, \quad R \geqslant 100$

$\lambda_m' = 67\,(1 - 0.0006R) + 0.3\,(1 + 0.012R)\,|t|\,, \quad R \leqslant 100$

式中，对于 $0 \leqslant T \leqslant 15$，$t = (T - 3)$；对于 $0 < T < 15$，$t = T - 27$。

σ_λ 和 σ_λ' 分别为白天和夜间分量的纬度分布宽度。

$\sigma_\lambda = \sigma_\lambda' = 3\,(1 + 0.004R)\,, \quad R \leqslant 100$

$\sigma_\lambda = \sigma_\lambda' = 4.2\,, \quad R \geqslant 100$

一天中的时间项：

$$d_T = \exp\left[-(T - T_m)^2 / \left(2\sigma_T^2\right)\right], \quad s_T = \exp\left[-(T - T_m')^2 / \left(2\sigma_T'^2\right)\right]$$

T_m 和 T_m' 分别为白天和夜间分量地方时最大值。

$T_m = 10\,(1 - 0.002R)\,, \quad T_m' = 0$

σ_T 和 σ_T' 分别为白天和夜间分量的时间分布宽度。

$\sigma_T = \sigma_T' = 2.8$

太阳活动项：

$d_R = s_R = (1 + aR)$，a 的值来自下表：

T(h) 00 02 04 06 08 10 12 14 16 18 20 22

a 0.0032 0.0025 0.0141 0.0048 0.0149 0.0146 0.0142 0.0090 0.0037 0.0156 0.0206 0.0092

经度项：

$d_\theta = s_\theta = 0.58 - 0.42 \sin[0.947\,(\theta + 85)] \quad (0° \leqslant \theta < 10°)$

$\qquad\quad = 0.16 \qquad\qquad\qquad\qquad\qquad (10° \leqslant \theta < 80°)$

$\qquad\quad = 0.58 + 0.42 \sin[1.80\,(\theta - 130)] \quad (80° \leqslant \theta < 180°)$

$\qquad\quad = 0.58 - 0.42 \sin[0.947\,(\theta - 275)] \quad (180° \geqslant \theta < 360°)$

式中，θ 为修正的地磁经度 (东经)。

季节项：

$d_M = 1 - 0.3 \sin\,(3.86\delta)\,, \quad s_m = 1$

式中，δ 为太阳赤纬角 (夏季为正，冬季为负)。

常数：

$K_d = 21$；$K_s = 12$

根据这些项可给出 $Q(1)$ 的百分比形式的值

注：用 d 和 s 表示白天和晚上的分量，是因为文献 (Hartz and Brice., 1967) 中 "drizzle" 和 "splash" 这两个术语的使用。

表 7.4 Finland 扇区 $Q(1)$ 纬度变化的高斯曲线拟合参数

$\bar{A}_p$	$\lambda_0/(°)$	$\sigma/(°)$	$Q_0/\%$
$0 \sim 10$	68.1	3.8	5.7
$10 \sim 15$	67.8	3.9	9.3
$15 \sim 20$	66.9	3.6	13.3
> 20	65.6	3.6	17.4

和 Bradley(1984) 假设吸收的发生为对数正态分布，也就是说，吸收发生率的对数服从正态分布：

$$f\left(\log A\right)\mathrm{d}\left(\log A\right)=\frac{1}{\sigma\sqrt{2\pi}}\exp\left(-\frac{\left(\log A-\log A_{\mathrm{m}}\right)^{2}}{2\sigma^{2}}\right)\mathrm{d}\left(\log A\right) \qquad (7.4)$$

式中，A 是吸收的分贝数，A_{m} 是吸收的中值 ($\log A_{\mathrm{m}}$ 是 $\log A$ 的均值)，σ 是 $\log A$ 的标准差。那么 A 被超过的概率是

$$Q\left(A\right)=\int_{\log A}^{\infty}f\left(\log A\right)\mathrm{d}\log A \qquad (7.5)$$

累积分布 $Q\left(A\right)$ 在对数概率坐标下应该是一条直线。在大多数情况下这似乎都成立 (图 7.21)，至少对于吸收范围被限制在零点几分贝到几分贝之间的范围内成立——也就是说，在宇宙噪声吸收仪数据最准确和最丰富的范围内。非常大的值或非常小的值是否服从相同的分布还不得而知。

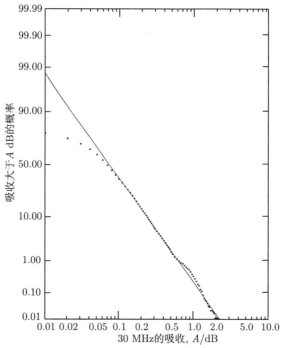

图 7.21   1982 年 3 月，南极 $Q(A)$ 的对数正态分布 (数据来自与 T.J. Rosenberg 的私人交流)

对数正态分布由两个参数描述，其中一个是 $Q\left(1\right)$。对于使用 A_{m} 和 σ，即中值和标准差 (第二项给出的是对数概率图上的斜率)，也有一些事情需要说明，因

为这两项在公式中都明确地出现了。推断出低于 0.1 dB 或 0.2 dB 的对数正态分布没有意义，因为在大多数宇宙噪声吸收仪数据集中，这些小的值会受到静日曲线中任意误差的影响，而且也有相关理论证明对数正态形式不能无限地继续向更小值发展。

预测事件

上述方法的目的是在已知地磁扰动 (或太阳活动) 水平的情况下，预测某一地点某一吸收水平的可能性——当然后者也是一个需要预测的量。没有考虑到的事件方面：吸收发生在爆发期间的事实；一旦开始，它可能会持续一段时间，但也有很长一段时间完全没有显著吸收发生。

尽管在前面的一些解释中有隐含的因素，但使用事件方法预测极光吸收的情况相对较少。一个全面的事件说明应指明量级、持续时间、结构等，但统计方法却不考虑这些因素 (量级除外)。事件说明还应包括短期预测的因素。基于 Berkey 等 (1974) 的数据，表 7.5 给出了一个具体案例。亚暴发生后，在不同的当地时间，给出了每 15 min 的吸收中位数和十分位数 (Elkins, 1972)。它们显示了吸收的分布如何发展成当地时间的函数，而且似乎也是首次使用对数正态分布来描述吸收统计。当然，实际的量级取决于亚暴最初的选择。根据经验公式，发现最大吸收与 AE 指数有关：

$$(\text{Absorption})_{\max} \sim 0.008 \, (\text{AE})_{\max} \tag{7.6}$$

但这对预测没有多大帮助，因为 AE 不是一个预测量。最好是将吸收与每日 A_{p} 指数联系起来，该指数的预测会提前一个月公布。

表 7.5 亚暴期间不同地方时间吸收的中位数和十分位数
(Elkins, 1972)

亚暴时间	LT	中位数/dB	上十分位/dB	下十分位/dB
	00	0.75	2.6	0.22
	03	0.70	2.2	0.22
	06	0.54	1.8	1.17
$T+15$	09	0.28	1.25	0.066
	12	0.10	0.56	0.019
	15	(0.14)	(0.38)	(0.052)
	18	0.10	0.56	0.019
	21	0.37	1.5	0.090
	00	0.94	3.7	0.24
	03	1.1	4.0	0.32
	06	1.1	4.5	0.30
$T+15$	09	0.64	2.8	0.14
	12	0.42	1.7	0.10
	15	(0.20)	(0.78)	(0.052)
	18	(0.17)	(0.58)	(0.050)

亚暴时间	LT	中位数/dB	上十分位/dB	下十分位/dB
$T+15$	21	0.50	1.9	0.11
$T+15$	00	1.1	3.5	0.34
	03	1.3	4.0	0.43
	06	1.6	4.5	0.54
	09	1.4	6.0	0.32
	12	0.67	2.8	0.16
	15	0.28	1.3	0.064
	18	(0.20)	(0.84)	(0.049)
	21	0.44	1.8	0.11
$T+15$	00	1.0	3.2	0.30
	03	1.3	3.8	0.40
	06	1.6	4.5	0.56
	09	1.6	4.5	0.56
	12	1.1	3.6	0.35
	15	0.38	1.5	0.096
	18	(0.25)	(1.0)	(0.063)
	21	0.50	2.0	0.070

注：1. 括号 ( ) 表示由于统计样本规模小，不确定性较大的值。

　　 2. 时间的注解如下：地方时 "00" 表示小时 00:00～02:59，后续时间以此类推。

7.2.6　极光吸收事件更广泛的地球物理意义

极光无线电吸收对高纬传播的直接影响就是会导致信号的丢失。然而，既然知道吸收是较低电离层的额外电离导致，而这又是由从上面进入大气的高能电子产生，这些事件显然有更深的含义。本节我们回顾宇宙噪声吸收仪研究对地球物理领域的一些贡献。

电子密度剖面

在不同高度上，总吸收和电子密度之间确实存在一些关系，这点已被直接测量数据所证明。Friedrich 和 Torkar(1983) 从发射到吸收区域的探空火箭收集电子密度数据，从而根据 70 km 到 110 km 的电子密度分布"标定"了宇宙噪声吸收仪。最近，利用来自斯堪的纳维亚半岛的 EISCAT 非相干散射雷达的电子密度数据 (图 7.22)，对该方法进行了扩展 (Friedrich and Kirkwood, 2000)。虽然电子密度平均值较为分散，但这种比较还是提供了在给定高度和给定极光吸收强度下的电子密度估值，大约 50% 的值位于图 7.22 中平均值的两倍以内。

一些散点无疑是由从一个事件到另一个事件的电子密度剖面实际变化所致。图 7.23 显示了在一个缓慢变化的晨间事件中电子密度剖面的变化过程，随着吸收事件衰减，电子密度峰值对应的高度逐渐上升。吸收事件增长过程中电子密度剖面的变化更加复杂。

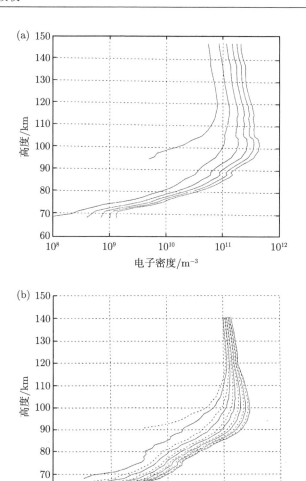

图 7.22 根据火箭和非相干散射雷达测量的电子密度剖面 "校准" 的宇宙噪声吸收仪。(a) 太阳在地平线以下；(b) 太阳天顶角为 90°(虚线) 和 60°(实线)。在每一种情况下，在 27.6 MHz 时，从 0 dB 到 2.5 dB，每 0.5 dB 画一条曲线。所有季节和一天的所有时间都包含在内 (M. Friedrich and S. Kirkwood, Advances in Space Research, 25, 15 (2000))

吸收剖面

由于电子–中性粒子的碰撞频率已知 (见式 (3.95))，吸收剖面可以从电子密度剖面计算得到。在大多数情况下，计算和观测到的吸收完全一致，这足以证明宇宙噪声吸收仪记录的信号降低确实是由非偏差吸收造成的。

吸收层的高度和厚度对高频电波的传播有直接的影响。从探空火箭电子密度剖面计算获得的吸收最大值的高度在夜间超过 90~95 km，但在白天这个数值可

能更低 (75km)(Hargreaves, 1969a)。在图 7.23 所示的事件中，计算得到的吸收峰值在 88~95 km 之间，该峰值出现在早晨，图 7.9 所示的事件中计算的吸收峰值在 67 km，并发生在白天。吸收层相当厚：吸收增量为最大值的一半时的两个位置的距离通常为 15~20 km。大约 80% 的总吸收量在这一层产生。具体的吸收系数随高度下降而增加，吸收峰比电子密度峰低 5~15 km(取决于光谱)；作为一个粗略的估计，可以说吸收层出现在电子密度层的底部，急始处略低于峰值。

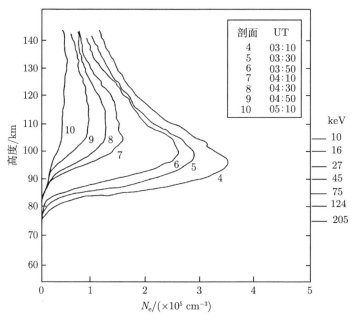

图 7.23　1985 年 3 月 23 日早晨，EISCAT 非相干散射雷达在一次缓慢变化事件中测量的电子密度剖面。一定初始能量电子的最大离子产出高度已在右轴标出 (在爱思维尔科学的许可下，转载自 J. K. Hargreaves and T. Devlin, J. Atmos. Terr. Phys. 52, 193, copyright 1990)

入射电子通量

　　既然极光吸收事件是由电子沉降引起的，那么在理论上，标定可以进一步反推一个过程，即可以推断极光吸收事件中电子沉降的强度和光谱。电子密度的反演过程 (Kirkwood, 1988; Hargreaves and Devlin, 1990; Osenian et al., 1993) 涉及根据一个假设的传入电子光谱导出产生速率的过程 (见 2.6.1 节和图 2.26)，并通过某种方法调整谱，直到计算出的电子密度剖面与观测到的相匹配。一个基本要素是以高度为自变量的有效复合系数 (见 1.3.3 节)，它将电子-离子的产生速率与产生的电子密度联系起来。这可以从其他实验结果中得到，也可以从 D 层已知的化学计算中得到 (见 1.4.3 节)，但这两种方法都不完美。图 7.24 为由非相干散射雷达测量的电子密度剖面和由此计算得到的相应的入射电子光谱。注意，白天的光谱包含更大比例的高能粒子，由此产生的电子密度剖面峰值比从夜间光谱得到的结果更低。

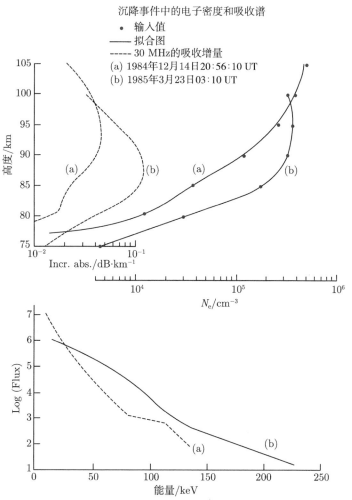

图 7.24　典型夜间事件和早上事件的电子密度和吸收剖面，以及入射高能电子的光谱估计：(a)1994 年 12 月 14 日 20:56:10 UT；(b)1985 年 3 月 23 日 03:10 UT。在上面的图中，实线为从下面图中的光谱计算出的电子密度分布，黑圆点是观测值。早上事件的通量大约是夜间事件的 10 倍 (通量单位为 $cm^{-2} \cdot sr^{-1} \cdot s^{-1} \cdot keV^{-1}$)，在 40~80 keV 之间，而夜间事件有能量更低 (< 25 keV) 但通量更大的粒子通量。白天吸收峰值位于 87~88 km 处，夜间吸收峰值高度则要高约 5 km

人们也进行了一些较为直接的对比。Jelly 等 (1964 年)、Hargreaves 和 Sharp (1965 年) 以及 Parthasarathy 等 (1966 年) 利用在低轨道卫星上测量的粒子通量，

分别获得了以下经验关系:

$$A = 4 \times 10^{-3} J^{1/2} \tag{7.7a}$$

$$A = 2 \times 10^{-3} J^{1/2} \tag{7.7b}$$

$$A = 0.4 Q^{1/2} \tag{7.8}$$

$$A = 3.3 \times 10^{-3} J^{1/2} \tag{7.9}$$

式中, A 为 30 MHz 的吸收, 单位为 dB, J 为能量在 40 keV 以上的电子通量, 单位为 $\mathrm{cm}^{-2} \cdot \mathrm{s}^{-1} \cdot \mathrm{sr}^{-1}$, Q 为总能量 (80 eV 以上), 单位为 $\mathrm{erg} \cdot \mathrm{cm}^{-2} \cdot \mathrm{s}^{-1}$ 中。式 (7.7a) 适用于白天, 式 (7.7b) 适用于夜晚。

吸收也与在地球同步轨道上探测到的电子的某些能量范围内的能量通量显著相关 (图 7.25)。在这里, 只有当探测器指向损失锥时通量才能够被采集, 对于其他角度, 电子在到达 D 层之前会发生反射。这些与其他一些结果 (Penman et al., 1979) 的比较表明, 吸收与 40~80 keV 和 80~160 keV 区间的能量流入相关性最好。从粒子通量计算出的产生速率在某些高度上也具有很好的相关性。图 7.26 为从对比中得到的产生速率示意图。

应该强调的是, 这些结果和图 7.25、图 7.22 以及方程 (7.7)~(7.9) 的结果没有区分事件的类型, 不应该被视为在任何单一实际案例中的指示性结果。

亚暴的急始和动力学过程

经常始于一个尖锐急始过程 (可能也是一个峰值) 的夜间事件是磁层亚暴的结果。因此, 宇宙噪声吸收仪在亚暴发生点处是一个有用的设备。这方面在 6.4.6 节中已经提到。此外, 利用站网 (见 7.2.4 节) 观测到的吸收事件的动力学与亚暴中粒子沉降的发展有关。

在开始前, 向赤道移动的吸收弧很可能反映了磁层中活动区域的向内漂移。Hargreaves 等 (1975) 提出运动可能是由于磁层电场引起的 $\boldsymbol{E} \times \boldsymbol{B}$ 漂移, 在这种情况下, 磁场的值可以从以下关系来估计 (Ranta et al., 1981):

$$E\left(\mathrm{mV} \cdot \mathrm{m}^{-1}\right) = \left(5.88 \times 10^{-4} \frac{\mathrm{d}t}{\mathrm{d}\left(1/L^2\right)}\right)^{-1} \tag{7.10}$$

在阿拉斯加, 使用一系列宇宙噪声吸收仪能够测量到向赤道方向的漂移 (图 7.27), 漂移速度为几百米每秒, 并在最高纬度地区达到最大。磁层电场的诠释中认为其中值为 1.3 mV·m⁻¹。推导出的电场与 L 无关, 验证了这个假设, 但这个过程还需要通过与其他方法测量的电场进行直接比较来验证。后来, 使用来自斯堪的纳维亚地区数据的一项研究表明, 漂移速度大部分处于 0~300 m·s⁻¹ 范围内, 峰值为 100~200 m·s⁻¹。表 7.6 列出了从这组数据导出的尾部交叉电场的一些值。在这个案例下, 电场中值是 0.63 mV·m⁻¹。

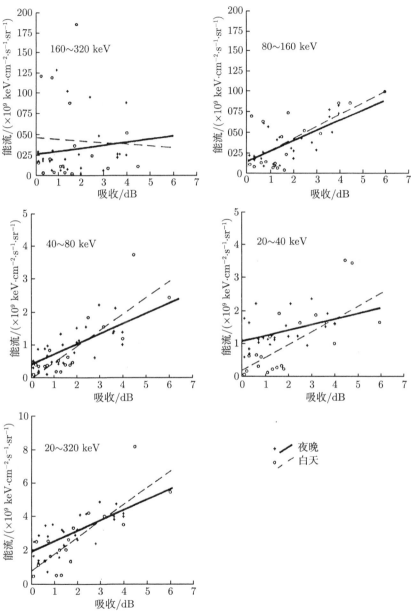

图 7.25 在 GEOS-2 地球同步卫星上测量的选定频段的能量通量与在极光带观察到的 30 MHz 的无线电吸收之间的关系。在两个中间频段相关性最好，说明能量为 40~160 keV 的电子对吸收的贡献最大 (在爱思维尔科学的许可下，转载自 P. N. Collis et al., J. Atmos Terr. Phys. 46, 21, copyright 1984)

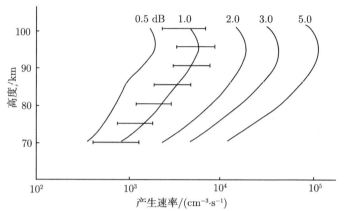

图 7.26 30 MHz 射频吸收范围内的产生速率剖面图。误差条代表一个标准差 (在爱思维尔科学的许可下，转载自 P. N. Collis et al., J. Atmos Terr. Phys. 46, 21, copyright 1984)

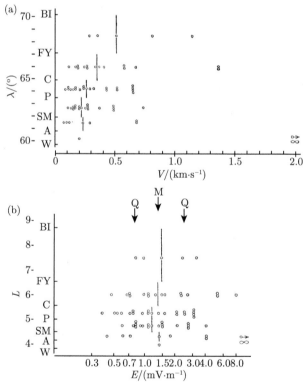

图 7.27 阿拉斯加的急始前吸收磁湾扰的赤道向漂移。宇宙噪声吸收仪站的位置用字母表示。(a) 根据两个站点确定的速度 (随纬度增加)；(b) 假设运动为 $\boldsymbol{E} \times \boldsymbol{B}$ 漂移时推导出的磁层电场。估算的场与 L 无关 (在爱思维尔科学的许可下，转载自 J. K. Hargreaves et al., Planet. Space Sci. 23, 905, copyright 1975)

表 **7.6** 由吸收弧的赤道向漂移推导出的越尾磁尾电场的值 (Ranta et al., 1981)

日期	UT	$E/(\text{mV}\cdot\text{m}^{-1})$
1975 年 3 月 27 日	14:30~15:30	2.4
1975 年 5 月 2 日	13:00~15:00	0.74
	17:20~19:00	0.45
1975 年 11 月 3 日	17:00~18:00	1.1
1976 年 3 月 2 日	16:00~17:30	0.43
	19:30~20:30	0.94
1976 年 5 月 2 日	19:00~20:00	0.94
1976 年 5 月 22 日	18:00~19:00	0.44
	20:00~21:00	0.62
1977 年 5 月 29 日	19:00~20:00	0.58
1977 年 5 月 4 日	18:00~19:30	0.63

另一方面，尖峰事件的极向运动并不是 $\boldsymbol{E} \times \boldsymbol{B}$ 漂移 (Nielsen, 1980)。

7.2.2 节中提到的晨间事件通常向东移动，即从地球的夜晚向白天方向移动。晨间沉降的电子最初是在子夜时分注入封闭磁层中，然后通过梯度–曲率漂移向东移动：一个 80 keV 的电子每分钟可移动 2.6°，并在 35 min 内覆盖 90° 经度，但在宽基线上测量的速度与这个概念并不一致。与图 7.16 相比，在较小的基线上的运动往往会显著地慢下来 (甚至到了仅仅是同向旋转的程度)，而且一些其他的机制显然也在起作用。

发生于当地子夜前的西向运动也需要一些其他的解释。

共轭行为

极光无线电吸收特别适合用于研究磁共轭点 (即在同一磁场线的南北两端) 上极光现象的相对行为。首先，人们会期望看到相同的吸收强度和相同的变化模式，但事实上，这些期望很少能够得到满足。比如，冬季半球的吸收整体上更强 (图 7.28)，在个别情况下存在相当大的变化，甚至到了在一个站能够看到某个事件而在另一个站根本看不到的程度。夜间事件，尤其在高纬度地区，在共轭区域的事件高峰之间表现出时间差异，该事件首先出现的强度比共轭区域的对应事件强度要大。

一个特别有趣的结果是，两个半球间的比率取决于太阳风携带的行星际磁场的方向 (图 7.29)，这个现象到目前为止还无法解释。

20 世纪 60 年代，在南极的伯德站和它在加拿大北极的共轭点 (大鲸河) 周围部署了宇宙噪声吸收仪，测量结果表明相对于计算的共轭点，实际共轭点可能在南北方向偏移 ±85 km，具体数值取决于季节和时间点 (Hargreaves, 1969b)。

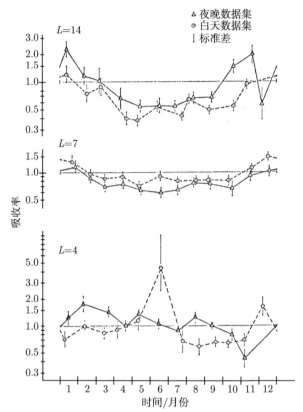

图 7.28   在 L 值为 14、7 和 4 时，南北共轭区吸收比例的季节变化。在这两个高纬度地区，冬季半球的吸收倾向于更大。白天和晚上的事件也有一些不同 (在爱思维尔科学的许可下，转载自 J. K. Hargreaves and F. C. Cowley (1967b), Planet. Space Sci.15, 1585, copyright 1967)

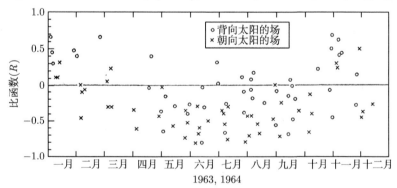

图 7.29   共轭站 Frobisher 湾与南极点的南北吸收比的变化 (表示为 "比函数"$(r-1)/(r+1)$)。除了季节变化之外，还注意到当行星际磁场指向为远离太阳时，这个比例更大 (在爱思维尔科学的许可下，转载自 J. K. Hargreaves and F. C. Cowley, (1976b) Planet. Space Sci. 15, 1585, copyright 1967)

观测结果表明，Pc4 和 Pc5 波段的吸收脉冲，表现为晨间缓慢变化事件的调制，在磁共轭区域同相位 (Chivers and Hargreaves, 1964)，参见图 7.30。这表明调制施加在磁层中且在两个半球之间是对称的。从脉冲期间观测到的电子密度分布来看，调制似乎不仅涉及粒子通量，还涉及粒子的能量 (Hargreaves and Devlin, 1990)。

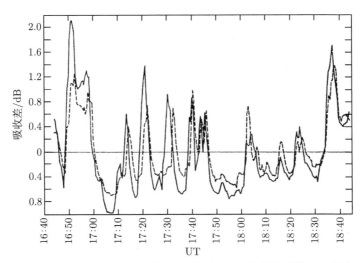

图 7.30　位于 Great Whale River(---) 和 Byrd(—)($L = 7$) 的共轭脉动。图中，去除了平均趋势。在共轭站，脉动基本上是相位一致的 (在麦克米伦杂志有限公司 (Macmillan Magazines Limited) 的许可下，转载自 J. K. Hargreaves and H. J. A. Chivers, Nature 203, 963, copyright 1964)

7.3 极盖事件

7.3.1 引言

在电离层研究的历史上，极盖事件是一个相对较新的发现。1956 年 2 月 23 日发生了一次较大的太阳耀斑，随后出现了持续数天的极区无线电中断现象。与此同时，宇宙射线监测器探测到地面上宇宙射线的强度大幅增加。D. K. Bailey 研究了其对当时正在工作的 VHF 前向散射链路的影响，他指出无线电中断的原因是极地电离层 D 层电离的增强 (Bailey, 1959)。他进一步推断，造成这一额外电离的最有可能的原因是耀斑发生时太阳释放的高能质子流。

与极光吸收一样，基于中断情况发生的研究也有其局限性。因此，对这一现象的大多数科学研究都使用了宇宙噪声吸收仪，它能对吸收进行定量测量。这些结果表明，这种影响局限于高地磁纬度，但与极光吸收不同的是，它覆盖了整个极盖。因此，它们被称为极盖吸收 (PCA) 事件。

　　PCA 事件比极光事件要少得多，平均每年只有几次。然而，当它们真的发生时，由于它们覆盖了地球的一大片区域以及它们的吸收幅度，其影响也更为严重。宇宙射线计数器也能在地面探测到能量最高的事件，平均每年大约发生一次这样的事件 (1955~1985 年的 30 年间共出现了 34 次 (Smart and Shea, 1989))。宇宙射线探测器在地面记录到的 PCA 事件称为地面事件 (GLE)。第一个被承认的 GLE 出现于 1942 年 2 月 28 日，当然，这是在回顾时发现的，因为在当时 PCA 还不是一个已知的现象。引起这一事件的耀斑还以另一项事情闻名，即它是在地球上记录到的第一个太阳射电噪声源。

　　自 20 世纪 60 年代初以来，在太空中观测太阳质子已经成为可能，而从卫星上监测高能质子现在已成为例行工作。正如预期的那样，卫星监测仪发现了一些地面观测不到的现象。事实上，大多数太阳耀斑发射的质子能量较低，最高为 10 MeV。尽管在大于 1 Gev 的最高能量下，银河粒子占主导地位，但到达地球附近的几十兆电子伏特能量的太阳耀斑的质子通量远远超过了来自银河宇宙射线的通量。

7.3.2 PCA 事件特性

发生和持续时间

　　毫无疑问，PCA 事件是由于太阳发射的高能质子 (1~1000 MeV) 引起的，通常发生于太阳活动期间。因此，PCA 事件的发生非常依赖于太阳黑子周期。在一个活跃的年份里可能会发生十多次事件，而在接近太阳活动最小值期间时可能根本不会发生——尽管更多的时候能够发生 1~3 次。长期来看，平均每年约有 6 次 PCA 事件。当然，监测获得的发生次数取决于所选择的监测阈值。

　　例如，在 30 MHz 的宇宙噪声吸收仪上至少达到 1 dB 的 PCA 事件，出现在极盖区域中的位置如图 7.31(a) 所示，该图涵盖了 1962~1972 年的时间，其中包括第 19 个太阳周期的结束和第 20 个太阳周期的前 8 年。这些事件中的一些远远大于 1 dB，其中 12% 达到 10 dB 甚至更多，图中，这些 ⩾5 dB 的事件记录已被标记出来。值得注意的是，这些较大的事件都没有发生在 1962~1965 年的平静时期。

　　图 7.31(b) 显示了大于或等于 1 dB 的事件的持续时间，其中位数约为 2.5 天。直方图中的主要事件组跨度为 12~108 h。那些发生在 120~132 h 的窄范围内的事件以单独组出现，另一种可能的解释是，这些长事件实际上是由几个短事件组成的。尽管如此，我们可以总结一下这种分布，一旦 PCA 事件开始，它很可能持续 1~4 天，但在某些情况下可能会持续一周或更长时间。

　　图 7.32(a) 显示了能量至少为 10 MeV 的质子的最大通量与质子事件的发生关系。该图涵盖了 1976~1989 年的时间，其中包括第 21 个太阳周期和第 22 个太

阳周期的开始阶段。从图中我们可以再次看到太阳黑子活动周期的普遍影响，除了在 1979~1980 年太阳黑子活动周期的峰值附近明显缺乏活动外，这看起来像是一个被广泛报道的效应的特殊案例。太阳周期和 PCA 事件的发生之间的相关性

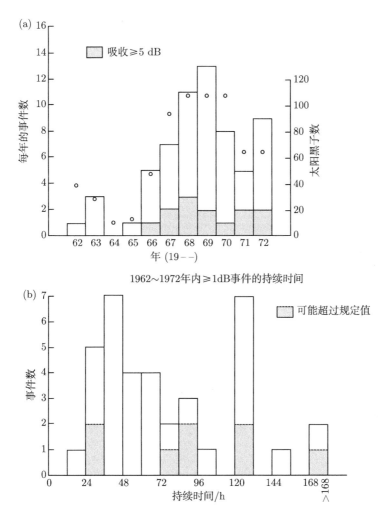

图 7.31　在极帽处，30 MHz 的宇宙噪声吸收仪上产生至少 1 dB 吸收的 PCA 事件的发生和持续时间。覆盖时间为 1962~1972 年。(a) 与 12 个月内平均太阳黑子数有关的年发生率。超过 5 dB 的事件的发生率被指明；(b) ≥ 1dB 事件的持续时间。在某些情况下，只有持续时间超过某个值时才被记录，这些值在图中用阴影表示。持续时间的中位数为 62 h(约 2.5 天)。也存在一种可能，就是一些较长的事件是由几个较短但重叠的事件组成的 (源自 M. A. Shea and D. F.Smart, Solar-Terrestrial Physics and Meteorology: SCOSTEP Working Document Ⅱ, 1997;SCOSTEP Working Document Ⅲ, 1979)

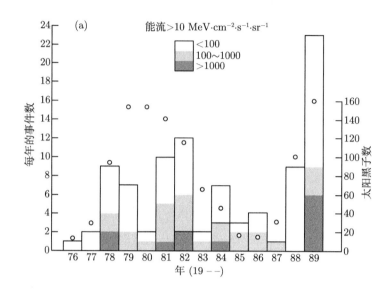

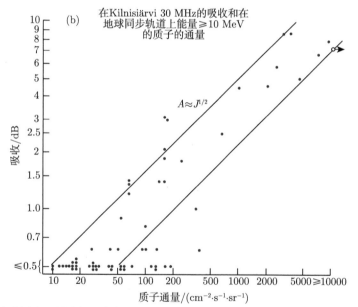

图 7.32　地球同步卫星和极光带的宇宙噪声吸收仪记录的太阳质子事件的一些性质。(a) 根据同步轨道最大质子通量计算的质子事件发生率；显示的太阳黑子数为 12 个月的平均值，这些数据包括 1976～1989 年的数据；(b)Kilpisjärvi 处 30 MHz 的吸收与地球同步轨道上能量为 10 MeV 的质子通量之间的关系；60% 的点位于标记的表示 $J = 37\,A^2$ 和 $J = 200\,A^2$ 的直线之间，与公式 (7.12) 比较 (数据来自 H. Ranta et al., J.Atmos. Terr. Phys. 55, 751 (1993))

并不完美，人们经常注意到，在太阳周期的最大值处发生的事件比预期更少 (另一种可能是，在周期开始和衰退期间，数量可能过多)。每个周期的出现模式都不一样，这一点的部分原因可能是统计数字太少。因此，尽管太阳黑子的数量为一个引导，但试图从以前的太阳周期中准确预测太阳黑子的数量并不保险。

由图 7.32(b) 可以确定质子通量和 PCA 事件之间的直接关系，图中将位于芬兰 Kilpisjärvi 的吸收与同步轨道卫星上探测到的质子通量作了对比。拟合直线给出如下规律

$$\text{absorption} \propto (\text{flux})^{1/2} \tag{7.11}$$

如果电子产生率与粒子通量成正比，这是符合预期的。注意，大于 $100\,\text{cm}^{-2}\cdot\text{s}^{-1}\cdot\text{sr}^{-1}$ 的通量可能会产生显著的 PCA。由于 Kilpisiärvi 是在极光带 (L=5.9)，而不是在极盖区域，那里记录的吸收有时可能会由于接近极盖边缘而减少。

一个经常被用来根据无线电吸收推断质子通量的近似公式 (Smart and Shea, 1989) 是

$$J = 10A^2 \tag{7.12}$$

其中，J 是能量超过 10 MeV 的质子的通量 (单位为 $\text{cm}^{-2}\cdot\text{s}^{-1}\cdot\text{sr}^{-1}$)，$A$ 是用 30 MHz 的宇宙噪声吸收仪在阳光照射下的极盖中测量的吸收 (单位为 dB)。

PCA 发生的统计由于偶发行为而变得比较复杂。一个单独的质子事件通常是通过发现质子通量的增加或通过具有确定的 PCA 特征的无线电吸收来识别的，即持续时间较长的平滑事件。然而，一个活跃的太阳区域可能会持续足够长的时间来产生两个或更多的质子耀斑，因此，两个或更多的质子耀斑在几天内相互发生是不寻常的。由于一个事件可能持续好几天，所以有些事件会相互重叠。图 7.31 所示的数据集包含 63 个事件，在这些事件中，有 25 起发生在 10 组事件中的一组，其中事件分组的标准是事件发生在彼此的 5 天内。事件组的数量显然少于单个事件的数量，以 1968 年的 11 个 PCA 事件为例，8 个事件发生在 3 个组中，且只有 3 个事件是孤立的。根据事件分组的结果推测，1968 年可能应该是有 6 个 PCA 产生区域，而不是有 11 个 PCA 事件。1969 年也受到了这样的影响，在 1969 年 2 月，连续 4 天发生了 4 个事件。除了在更活跃的年份有更多的事件属于同一组这一普遍规律外，由于统计的数据很少，很难得出其他一般性的结论

月变化

关于 PCA 事件的出现有一个很早就被发现了的谜题，即季节效应。据观测，北半球冬季发生的事件比一年中的其他时间要少。没有理由认为太阳在 12 月和 1 月变得不那么活跃，但是，以 IV 型射电爆发 (见 7.3.3 节) 为参考，有证据表明，在这段时间里，质子到达地球所需的时间更长，如图 7.33 所示。也有人认为，这种效应可能是人为的，是由一些观测偏差造成的。观测偏差最有可能的原因是，在夜晚电离层的吸收较弱 (见 7.3.6 节)，电离层在冬天有更多的时间处于夜晚，同

时更多的早期宇宙噪声吸收仪站在北半球，然后通过无线电探测 PCA 事件在北方的冬天整体不太灵敏。

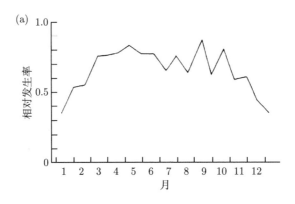

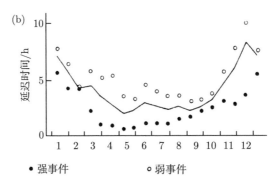

● 强事件　　　○ 弱事件

图 7.33　PCA 的季节效应：(a) 具有 IV 型射电爆的耀斑的比例，这种射电爆也产生 PCA；(b) 无线电爆发和 PCA 开始之间时间延迟的季节性变化 (源自 B. Hultqvist, Solar Flares and Space Research (eds. de Jager and Svestka), p. 215,North-Holland, 1969)

　　支持这一观点 (目前可能占主导地位) 的是这样一个事实：随着研究的深入，季节效应的特征似乎变得越来越弱。随着时间的推移和数据库的增长，它已经趋向于消失。因此，虽然图 7.31 和图 7.32 所使用的数据集都显示每月的发生率有很大变化，但它们不包含任何显著的季节效应的证据。事实上，卫星上测量的质子事件的月分布似乎显示出对二分点的偏爱 (Smart and Shea, 1989)。由于季节效应的问题仍然存在疑问，因此在对 PCA 进行预测时最好假设 PCA 的发生率除了普通的统计变化外没有季节依赖性。

　　在此假设下，一个月内发生的事件数的概率可以由泊松分布计算出来，泊松分布描述了在给定时间内独立事件发生的频率。我们需要知道 (或假设) 事件的平均发生概率。表 7.7 给出了 2 年、6 年和 10 年发生率的月度统计数据，这些数据大约分别对应于低、平均和高的 PCA 活动。由于在一个组中发生的事件 (如上所述) 可能不是独立的，因此一个组应该被算作一个事件。

表 7.7 在给定年发生率的情况下，在一个月内发生确定次数 PCA 事件的概率

预期年发生次数	一个月里发生确定次数的概率			
	0	1	2	3
2	0.846	0.141	0.012	0.001
6	0.607	0.303	0.076	0.013
10	0.435	0.362	0.151	0.042

量级

不足为奇的是，小的 PCA 事件比大的要多。表 7.8 取自 Shea 和 Smart(1977, 1979) 的数据，可以看到在 1962~1972 年的 11 年期间有多少事件超过了各种吸收阈值。值得注意的是，在量级为 0.5 dB 的事件中，约有一半达到了 1 dB，约有 1/5 达到了 5 dB，约有 1/3 达到了 15 dB。似乎能够满足有限可用信息的一个近似规则是，超过指定阈值的事件数量与该阈值成反比。

表 7.8 PCA 事件的量级分布

阈值/dB(30 MHz 的宇宙噪声吸收仪)	0.5	1.0	2.0	5.0	10.0	15.0
超过阈值的事件总数	113	63	36	13	8	3
总百分比/%	100	56	32	11.5	7.1	2.7

Smart 和 Shea(1989) 的综述文章中比较详细地讨论了质子事件的发生。

7.3.3 太阳耀斑和无线电辐射的关系

事实上，并不是所有的太阳耀斑都会引起质子事件，有些质子事件与任何已知的耀斑都没有关联。尽管这种相关性可能不是 100%，但毫无疑问，质子事件通常与较大的太阳耀斑有关。那些产生质子的耀斑通常被称为质子耀斑，它们被认为是耀斑预测中一个独特的类别，由各个国家和国际预警机构定期发布。

Ⅳ 型太阳射电发射可以用来预测哪些耀斑会发射质子。Ⅳ 型发射是一种持续时间很长的射电暴，它跟随一些耀斑，并覆盖一个很宽的无线电频率波段 (这是由于在太阳磁场中旋转的高能粒子产生的同步辐射)。与质子发射相关的爆发特征谱为 U 型谱，在这个 U 型谱中，中间强度比两端要小。例如，如果频谱覆盖范围从几百兆 Hz 到 10 GHz，那么它在高频和低频端相对较强，但在 1GHz 左右的中频处较弱。从射电爆发的光谱特征可以预测能量超过 10 MeV 的质子通量 (Castelli et al.,1967)，也可以预测质子光谱 (Bakshi and Barron, 1979)。由于地球在质子到达之前能够接收到射电爆发，这种时间关联显然具有一定的实际意义。

质子抛射和射电爆发之间的联系也有助于确定引起耀斑的原因，以及确定质子云飞往地球的时间。这一时间对于强事件来说似乎较短 (约 1 h)，而对于弱事

件则较长 (约 6 h)。

7.3.4 质子到达地球过程中产生的影响

高能质子的产生和释放似乎是太阳耀斑现象的一个正常部分，耀斑在地球上引起的 PCA 和 GLE 现象很可能与自然界中存在的相应现象有很大程度的区别。从太阳到地球的旅程可以分为三个部分来考虑：

(a) 从太阳到地球的传播，即从太阳到磁层边界；

(b) 磁层内的运动；

(c) 质子和地球大气之间的相互作用。

对星际空间的影响

带电粒子在太阳和地球之间的空间传播受到行星际磁场的影响。如图 2.3 所示，由于太阳的旋转，磁场呈螺旋状，尽管磁场较弱且质子的能量较高，但磁场仍然能够影响太阳质子的传播。在 5 nT 的磁场中，能量为 1 GeV 的质子的回旋半径不到太阳和地球之间距离的百分之一，因此即使是一个高能质子，IMF 也有足够的时间对其起作用。那些能量较低的质子在更小的回路中旋转 (回旋半径正比于能量的二分之一次方)，会受到更严格的控制，对 IMF 的不规则行为及其一般形式的反应更灵敏。这个过程导致出现了散射，因此质子到达地球时似乎是从各个不同方向而来。

星际介质中的散射提供了一种在空间中存储粒子的机制，这可以解释观测到的耀斑和 PCA 开始之间的时间延迟，以及 PCA 事件的持续时间。一个能量为 10 MeV 的质子如果沿直线运动，只需要 1 h 就能到达地球，而耀斑的持续时间通常只有几十分钟左右。事实上，事件开始前的延迟通常是几个小时，而由一次耀斑引起的事件可能会持续几天 (图 7.34)。

IMF 作用的进一步证据可阐述如下：

(a) 太阳东侧附近的耀斑很少引起 PCA 事件，而一些事件似乎与太阳西侧周围看不见的耀斑有关，如图 7.35 所示，图中给出了太阳耀斑的位置，这些耀斑与那些能量足够大并且在地面上探测到 (即 GLE) 的质子事件有关。注意，从地球北半球看，太阳的西侧是在右手边。很明显，这些耀斑的分布随太阳经度明显偏向中央子午线的一侧。对于能量较低的质子，源耀斑的日向分布变宽 (Smart and Shea, 1995)。

(b) 耀斑与相关 PCA 之间的时间延迟随着耀斑东经度的增加而增加。

(c) 耀斑和 PCA 之间的时间延迟在太阳活动高峰时最大，这也是 IMF 最不规律的时候。

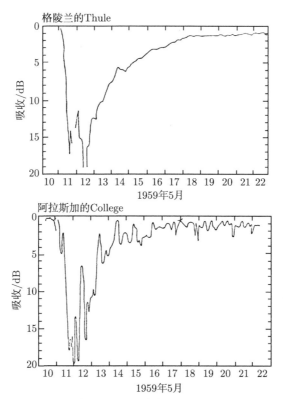

图 7.34 宇宙噪声吸收仪记录到的一次 PCA 事件，位置分别在 (a) 格陵兰的 Thule 和 (b) 阿拉斯加的 College。Thule 在极帽地带，而 College 在极光带。该事件在两个地点都持续了一周，但在更低纬度地区有所不同 (G.C. Reid, in Physics of Geomagnetic Phenomena (eds. Matsushita and Campbell), Academic Press, 1967)

(d) 在探测行星际介质结构方面的最新进展已将注意力集中在日冕物质抛射的作用上 (2.2.2 节)。人们发现，一些 PCA 事件可能不是直接由耀斑引起的，而是与太阳日冕物质抛射有关的激波相关 (Shea and Smart, 1995)。

磁层效应

在到达磁层顶时，质子必须穿过地磁场到达大气层。这个问题可以用 Störmer 理论初步解决。C. Störmer 在他对极光的研究中指出，在偶极磁场中描述带电粒子轨迹的理论实际上并不适用于极光粒子 (因为它们的能量太低)。然而，这个理论对于宇宙射线和太阳质子则有效。

在磁场中，带电粒子趋向于沿着螺旋轨迹运动，其曲率半径 $(r = mv/(Be))$ 与速度成正比，与磁通密度成反比。由于太阳质子的能量相对较高，在一次旋转中磁场会发生显著变化，因此捕获理论 (如 2.3.4 节所述) 并不适用。尽管如此，事实上几乎沿着磁场运动的粒子的轨道偏差最小。赤道是带电粒子最不容易到达

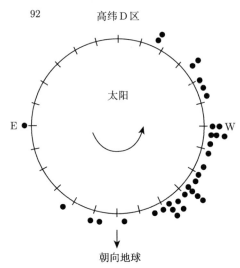

图 7.35　与地面事件有关的太阳耀斑经度 (D. F. Smart and M. — A. Shea. J. Spacecraft Rockets, 26, 403, 1989)

的区域，因为到达赤道，质子必须穿过磁场线一直到达大气层。带电粒子只有在能量充足的情况下才能做到这一点，赤道地区对典型的源自太阳的质子能够有效阻断。然而，质子事件中的大多数粒子可以穿透到极盖上方的大气中，极盖向下延伸到地磁纬度约 60°。

由于在给定磁场中的回旋半径取决于单位电荷的动量 (mv/e)，因此可以方便地用一个称为劲度 (刚性) 的参数来讨论一般粒子的轨道：

$$R = Pc/(ze) \tag{7.13}$$

式中，P 为动量，c 为光速，z 为原子序数，e 为元电荷带电量。使用这个参数的优点是，在给定的磁场中，所有具有相同 R 值的粒子都会沿着相同的路径运动。尽管质子在地磁场中的轨迹可能非常复杂，但 Störmer 通过定义 "允许" 和 "禁止" 区域的分析方法简化了这个问题，这两个区域分别是带电粒子从无限远处接近地球时可以到达的和不可以到达的区域。在偶极场中，粒子的劲度必须超过截止劲度 R_c，才能达到地磁纬度λ_c：

$$R_c = 14.9 \cos^4 \lambda_c \tag{7.14}$$

式中，R_c 的单位为 GV(10^9 V)。也就是说，劲度为 R_c 的粒子能够到达纬度 λ_c 及以上。相反地，在纬度为 λ_c 的地方，只接收那些劲度等于或大于 R_c 的粒子。图 7.36(a) 绘制了质子和电子能量的 Störmer 截止纬度。

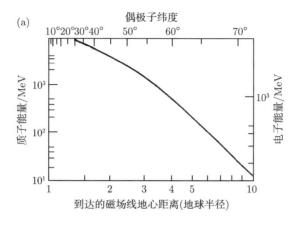

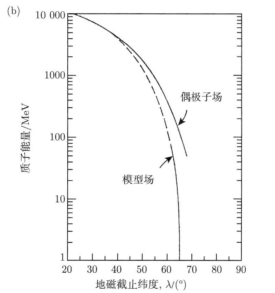

图 7.36　(a) 质子和电子的 Störmer 截止纬度 (S.-I. Akasofu andS. Chapman, Solar-Terrestrial Physics. Oxford University Press, 1972, by permission of Oxford University Press. After T.Obayashi, Rep.Ionosphere Space Res.Japan, 13, 201, 1959.); (b) 偶极子和实际地磁场的截止纬度 (G. C.Reid and H. H. Sauer, J.Geophys. Res. 72, 197,1967, copyright by the American Geophysical Union)

　　为了对一个穿过地磁场的质子的运动轨迹进行精确计算，我们想象一个带负电荷的质子从碰撞点上升，这种粒子的轨迹和传入的具有相同劲度的带正电的粒子的轨迹完全反向。通过一系列这样的计算，我们有可能计算出空间中粒子在给定时间到达给定地点的方向。计算结果还证实了另一个证据，即虽然地球附近的大多数质子都是各向同性的，但能量更大的质子 (那些导致地面事件的超过 1 GeV 的质子) 来自太阳的西侧，参见图 7.35。

在一个典型 PCA 事件的主要部分期间，吸收区域基本上在极盖下降到大约 60° 地磁纬度是均匀和对称的。根据 Störmer 理论，这些质子的能量应该超过 400 MeV，但对这些粒子的直接观测表明，极盖边缘的截止劲度明显小于 Störmer 理论值。情况似乎是，在地磁极周围有一个主要的极盖，它对所有能量的太阳质子开放，然后在稍低的纬度，截止值突然返回到 Störmer 理论值。这种效应的大部分 (虽然可能不是全部) 可以通过考虑磁层的尾部来解释，因为它直接连接着极盖，而且甚至可以为低能量的质子提供一条更容易的路径。图 7.36(b) 显示了偶极磁场与更真实的地磁场截止能量之间的差异。如果在 PCA 事件发生时有磁暴发生，该截止会进一步降低 (见 2.2.3 节)，这会使环电流增强 (见 2.3.5 节) 并使磁层顶向内移动。受 PCA 事件影响最严重的地理区域大致如图 7.37 所示。磁暴期间，边界可能离赤道更近几度。

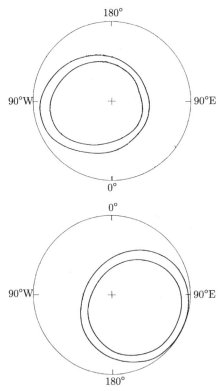

图 7.37　极区通常受到极盖吸收的影响。内部曲线里面的区域被认为是 "极区高原"，而外部曲线之外的区域通常不受影响，除非地磁扰动严重。图的外边缘纬度为 45° (G. C. Reid, Physics of the Sun (ed. P. A.Sturrock), 3, 251, Reidel, 1986, with kind permission from Kluwer Academic Publishers)

7.3.5 不均匀性及午间恢复

不均匀性

无线电吸收的空间分布并不总是均匀的，特别是在 PCA 事件的早期和晚期阶段。这种吸收通常首先出现在地磁极附近，然后在扩散几小时后覆盖极盖区域。在事件接近尾声时，很可能会受到与磁暴有关的极光电子的污染，然后预计会有集中的吸收进入极光带。此外，极盖在磁暴期间扩张，使 PCA 事件向赤道方向移动。

午间恢复

在一些事件中，在当地中午附近的几个小时内，吸收会减少。这种效应被称为午间恢复 (MDR)，其主要特性如下 (Leinbach, 1967)：

(a) 它们在约 20% 的 PCA 事件中发生。

(b) 它们通常在事件的第一天比较明显。

(c) 它们在 08:00~15:00 LT 之间达到峰值，大多数处于 10:00~12:00 之间。

(d) 它们可能持续 6~10 h，大多数是非常对称的峰值。

(e) 在极盖的赤道方向边界附近它们达到最强，在极盖内部区域不明显。

(f) 在磁暴期间极盖扩大范围时，午间恢复的地区维持在赤道向边界处。

图 7.38 显示了在阿拉斯加站 College ($L = 5.5$)、Farewell ($L = 4.3$) 和 King Salmon ($L = 3.3$) 观测到的 PCA 中的一些特征。时间尺度以 UT 表示，需要减去 10 小时才能得到阿拉斯加时间。事件发生的第一天，前两个站点的 MDR 发生在 08:00~10:00 LT 之间。第二天，一场磁暴将极盖延伸到低纬度，在 King Salmon 观测到了 MDR，但在高纬没有 (College) 或几乎没有 (Farewell) 看到 (图 7.38 的横条表示夜间恢复，这些和午间恢复不同，具体将在 7.3.6 节中讨论)。

在最近的一个研究案例中，使用了包括南半球一些站在内的 25 个站的数据 (Uljev et al., 1995)，研究发现最明显的效应在当地中午之前出现，覆盖了地磁纬度从 60° 到 70° 的范围 (图 7.39)。在磁共轭区域，这种效应似乎是同时发生的，并且具有同样的量级，而且可以证实，这种效应在极盖内部 (纬度大于 70°) 的观测站中并没有观测到。

Leinbach(1967) 提出了两种可能的解释：截止线的局部变化和入射质子俯仰角各向异性分布的发展。最近的研究表明，这两种效应都可能发生。有证据表明，正午附近的截止线变化确实是一个因素 (Hargreaves et al., 1993)，建模研究 (Uljev et al., 1995) 表明俯仰角分布的各向异性也会发生，但仅在 65°~70° 纬度范围内。

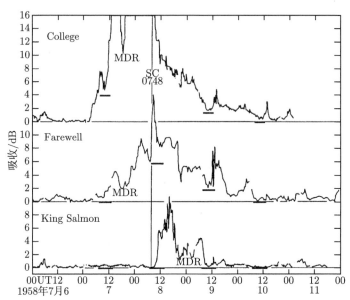

图 7.38　1958 年 7 月 7 日，在 College($L = 5.5$)、Farewell($L = 4.3$) 和 King Salmon($L = 3.3$) 看到的 PCA 事件。横杠表示夜间恢复，MDR 表示午间恢复。所有观测都在 27.6 MHz(H. Leinbach. J. Geophys. Res. 72, 5473, 1967, copyright by the American Geophysical Union)

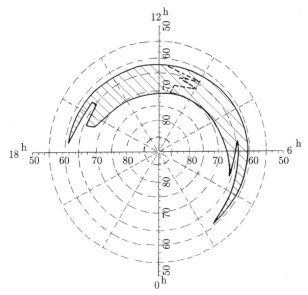

图 7.39　在 1990 年 3 月 20 日的事件期间受到午间恢复影响的区域。坐标为不变纬度和磁当地时间。10 h 和 12 h 之间的折线表示每个站的最小吸收时间 (在爱思维尔科学的许可下，转载自 V. A. Uljev et al., J. Atmos. Terr. Phys. 57, 905, copyright 1995)

7.3.6 对地面大气的影响

质子事件期间的上层大气电离

进入地球大气层的高能质子在与中性分子碰撞时损失能量，并留下电离痕迹。为了到达地面 50 km 的高度，质子的初始能量必须高于 30 MeV，而要到达地面 (引起 GLE)，质子的初始能量必须超过 1 GeV(见图 2.28)。图 7.40(a) 显示了 1984 年在地球同步轨道上观测到的质子光谱的一个例子。尽管命名为太阳质子事件，但我们应该认识到，α 粒子和更重的原子核等一些其他粒子也会到达地球 (在太阳大气的典型比例中)。然而，它们对电离的贡献相对于质子来说很小。2.6.3 节讨论了质子和 α 粒子电离的计算。

计算出给定高度的电子产生速率后，通过有效复合系数我们能够计算得到产生的电子密度。如果一个事件包含能量为 1~100 MeV 的粒子，那么这种效应应该出现在 35~90 km 的高度范围内 (图 2.28)。由于高能粒子通量较小，且在较低的高度处复合速率较大，因此高能粒子导致的效应往往较小。然而，在某些情况下，在 50 km 以下会产生大量的电离。

复合系数的确定

事实上，低电离层中的复合系数并不是一个确定的量，PCA 事件的用途之一就是测量中间层复合系数及其在一定高度范围内的变化。质子光谱可以从地球同步卫星上测量，利用中性大气模型可以计算出在一定高度范围内的质子产生速率。电子密度分布则可以通过火箭测量或非相干散射雷达来确定。后者的示例如图 7.40(b) 所示。有些研究使用了宇宙噪声吸收仪的数据，虽然在这种情况下只能比较综合吸收，但吸收数据更容易获取。

利用从非相干散射雷达得到的电子密度计算的有效复合系数值如图 7.41 所示。这些值最引人注目的是它们之间的巨大差异，昼与夜之间的差别是最主要的，对于白天的值，不同测量之间也有很大的差别。也可能存在由于小的粒子种类浓度季节变化导致的季节变化 (Reagan and Watt, 1976)。下一节将讨论这些差异。

昼夜变化和黄昏效应

因为在 PCA 事件期间质子流入衰减相对缓慢，该区域复杂化学过程日变化的影响也可以被探测到。最明显的影响是吸收的日变化很大，白天的吸收变化通常是夜间变化的 5 倍，昼夜变化比通常处于 3~10 倍之间。其中影响昼夜变化比的关键因素是低电离层是否受到阳光照射。夜间恢复在图 7.38 中已被标记，它们也可以解释图 7.34(b) 中日间吸收的恢复。如图 7.34(a) 所示，被连续照亮且一直没有恢复发生。

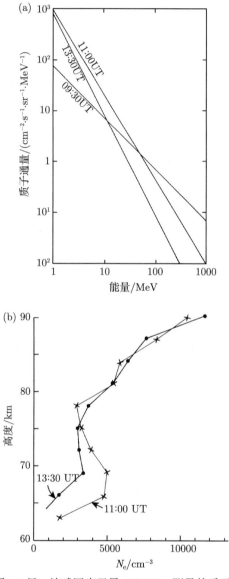

图 7.40　(a)1984 年 2 月 16 日, 地球同步卫星 GOES-5 测量的质子通量, 符合 $E^{-\alpha}$ 形式的光谱 (数据来自与 F.C. Cowley, NOAA, Boulder, Colorado 等的私人交流); (b) 同一事件期间非相干散射雷达测量的电子密度剖面 (在爱思维尔科学的许可下, 转载自 J. K.Hargreaves et al., Planet. Space Sci. 35, 947, copyright 1987)

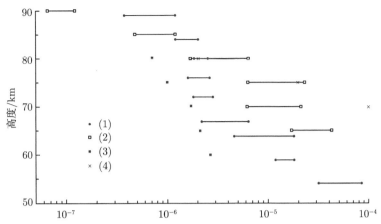

图 7.41 利用非相干散射雷达测量的电子密度，由 PCA 观测确定的有效复合系数
关键点：(1) 白天 (几天内的数值范围)。夏天 (8 月)(数据源自 J. B. Reagan and T. M. Watt.
J. Geophys. Res. 81, 4579, 1976) (2) 白天 (中午附近超过 3 h 的数值范围)。冬天 (2 月)(数
据源自 J. K. Hargreaves, H. Ranta, A. Ranta, E. Turunen, and T. Turunen. Planet. Space
Sci. 35, 947, 1987) (3) 白天 (下午)。春季 (3 月)(数据源自 J. K. Hargreaves, A. V.
Shirochkov, and A. D. Farmer. J. Atmos. Terr. Phys. 55, 857, 1993.) (4) 夜间 (来源与 (3)
相同)

　　如图 7.42 所示，通过比较磁共轭站 (一个在夏季，另一个在冬季) 的吸收，可
以非常清楚地看到昼夜变化和黄昏效应。在 Spitzbergen 站上空，电离层被持续
照亮，而在 Mirnyy，太阳一天中只有几个小时高于地平线。我们认为在每个地方
的质子通量是相似的，事实上，当两个站都被阳光照射时，吸收几乎是一样的。然
而，在 Mirnyy，每晚的吸收都会下降到一个相当小的值。

　　昼夜调制的原因无疑是电子和负离子浓度比值 λ(定义见 1.3.3 节) 的变化。在
夜间的电离层中，电子附着在氧分子上，形成负氧离子 (O_2^-)，如式 (1.61)，但在
阳光下，电子通过可见光 (见式 (1.62)) 或其他化学反应再次分离 (见 1.4.3 节)。
由于只有电离层电子对吸收有贡献，因此即使产生速率 q 保持不变，λ 的变化也
会导致吸收的变化。

　　昼夜之间的变化发生在日出和日落的黄昏时期，这个细节比较有意思。变化
的时间与太阳仰角的关系表明有一个屏蔽层的存在，这个屏蔽层可能是臭氧层。
由于臭氧不吸收可见光，因此能够将电子从负离子中分离出来的太阳辐射为其中
的紫外线成分，而不是辐射光谱中的可见光区 (Reid, 1961)。这种影响仅限于 80
km 以下的高度 (图 7.43)，这就解释了为什么它没有出现在 AA 中 (大多数发生
在更高的水平)。

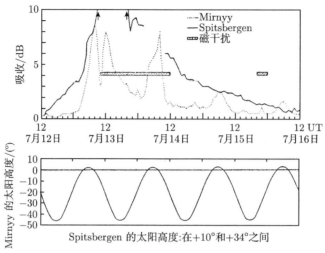

图 7.42   1966 年 7 月 12~16 日磁共轭站的极盖吸收，共轭站分别在北半球的 Spitsbergen 和南极的 Mirnyy(在爱思维尔科学的许可下，转载自 C. S.Gillmor, J. Atmos. Terr. Phys. 25, 263, copyright (1963))

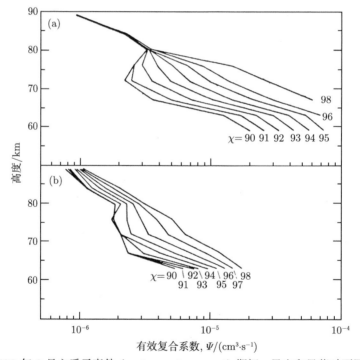

图 7.43   1972 年 8 月主质子事件 (major proton event) 期间，日出和日落时不同太阳天顶角的有效复合系数 (J. B. Reagan and T. M. Watt. J.Geophys. Res. 81, 4579, 1976, copyright by the American Geophysical Union)

仔细研究一下细节，就会发现显然还有其他一些因素在起作用。

(a) 日出和日落的变化不对称。日出时的吸收增加要慢于日落时的吸收减少 (Chivers and Hargreaves, 1965)。这意味着在相同的太阳天顶角下，日落时的吸收比日出时大。这种效应可以通过画一个处于黄昏时段的吸收与处于持续光照下的吸收之比来观测。结果是一条如图 7.44 所示的迟滞曲线，其中曲线逆时针描述。同样的效应也出现在图 7.43 中，日落时，在给定的天顶角下，较小的复合系数意味着更大的电子密度。Collis 和 Rietveld (1990) 的论文中表明昼夜过渡的时机也取决于高度，他们认为黄昏时期 70 km 以上 (来自 O_2^- 的光致电离) 和 66 km 以下 (由于 $O_2(^1\Delta_g)$ 的碰撞解离) 的电子密度可以通过不同的控制过程解释。

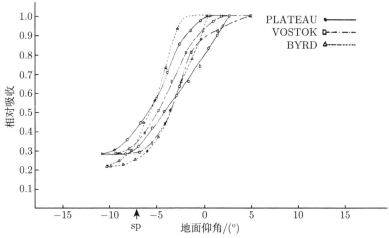

图 7.44　迟滞曲线形式的黄昏变化。参考站为南极 (太阳仰角为 $-7°$)，曲线为逆时针方向，这意味着对于相同的太阳仰角，日落时的吸收比日出时更大 (H. H. Sauer. J. Geophys. Res. 73, 3058, 1968, copyright by the American Geophysical Union)

(b) 有证据表明，即使处于白天和夜晚，有效复合系数也随时间变化。Reagan 和 Watt(1976) 发现，在有阳光照射的时期 (即日出和日落之间)，有效复合系数逐渐下降，在某些高度下降为原来的 1/2。另一方面，Hargreaves 等 (1993) 报道了有效复合系数在整个夜间逐渐增加的现象。导致这些缓慢变化的原因目前尚不清楚，但可能与中间层的化学成分有关。

假设在黄昏时 "快速" 发生的昼夜变化确实完全是由于负离子与电子比 (λ) 的变化，而正离子和负离子的复合可以忽略不计。下面是式 (1.39) 的一个简单应用，由于有效复合系数定义为 $\alpha_{\mathrm{eff}} = q/N_e^2$，这能够给出在给定高度下白天和夜晚 λ 值之间的关系：

$$\frac{1 + \lambda\,(\mathrm{night})}{1 + \lambda\,(\mathrm{day})} = \frac{\sigma_{\mathrm{eff}}\,(\mathrm{night})}{\sigma_{\mathrm{eff}}\,(\mathrm{day})} \tag{7.15}$$

以 Hargreaves 等 (1993) 的研究结果为例，如果假设 80 km、75 km 和 70 km 高度处白天 λ 的典型估算值 $\lambda(\mathrm{day})$ 分别远小于 1、0.25 和 0.68, 那么相同高度处的夜晚 λ 值 $\lambda(\mathrm{night})$ 可分别取为 1.7、2.0 和 100。但是，这一结果没有被普遍认同。

对中性粒子成分的影响

高能粒子的流入还有另一个重要的作用，即它们可能使大气的化学成分发生变化。早在 1969 年，火箭测量就观测到在 PCA 期间，中间层 (高度为 54~67 km) 的臭氧会随高度减少 50%~75%(Weeks et al., 1972)。机制如下：电离过程形成水合离子 ($O_2^+.H_2O$)，再进行进一步的反应，导致 "奇氢" 产物产生，如 H 和 OH。这些自由基然后与臭氧反应，产生分子氧：

$$
\begin{array}{l}
\mathrm{H} + \mathrm{O_3} \longrightarrow \mathrm{OH} + \mathrm{O_2} \\
\underline{\mathrm{OH} + \mathrm{O} \longrightarrow \mathrm{H} + \mathrm{O_2}} \\
\quad \mathrm{O_3} + \mathrm{O} \longrightarrow 2\mathrm{O_2} \\
\mathrm{OH} + \mathrm{O_3} \longrightarrow \mathrm{HO_2} + \mathrm{O_2} \\
\underline{\mathrm{HO_2} + \mathrm{O_3} \longrightarrow \mathrm{OH} + 2\mathrm{O_2}} \\
\quad 2\mathrm{O_3} \longrightarrow 3\mathrm{O_2} \\
\mathrm{OH} + \mathrm{O_3} \longrightarrow \mathrm{HO_2} + \mathrm{O_2} \\
\underline{\mathrm{HO_2} + \mathrm{O} \longrightarrow \mathrm{OH} + \mathrm{O_2}} \\
\quad \mathrm{O_3} + \mathrm{O} \longrightarrow 2\mathrm{O_2}
\end{array}
\tag{7.16}
$$

在每种情况下，奇氢自由基都是催化剂，它在第一次反应中被破坏，但在第二次反应中再生。这些过程需要足够的水汽浓度，因此它们被限制在中间层顶以下的区域。这些过程在 50~90 km 的高度范围内很重要。在降水事件发生后的几个小时到一天内，奇氢粒子转化成稳定的分子，然后，上述反应停止，臭氧浓度恢复。然而，由于 H 原子倾向于重新结合形成 H_2，而不是 H_2O，水蒸气可能会在一段时间内保持枯竭。在此期间，臭氧浓度可能会增加。从臭氧的角度来看，更严重的是 "奇氮" 粒子的影响。它们在平流层的寿命要长得多 (可达几年)，而平流层也是大部分臭氧的产生地。电离过程产生的二次电子的能量为几十到几百电子伏，这些电子可以使氮分子分解和电离，产生氮原子 N 和氮离子 N^+。然后 N 和 N^+ 与 O_2 反应，产生一氧化氮 (NO)，而一氧化氮又会破坏臭氧，其作用如下：

$$
\begin{array}{l}
\mathrm{NO} + \mathrm{O_3} \longrightarrow \mathrm{NO_2} + \mathrm{O_2} \\
\underline{\mathrm{NO_2} + \mathrm{O} \longrightarrow \mathrm{NO} + \mathrm{O_2}} \\
\quad \mathrm{O_3} + \mathrm{O} \longrightarrow 2\mathrm{O_2}
\end{array}
\tag{7.17}
$$

这里 NO 是催化剂。这个反应在 45 km 高度内是很重要的，在这个高度上 NO 的长寿命意味着一个给定的分子可以通过这个反应多次转化 O_3。

上述反应并不依赖于一次电离辐射的性质，但它们在 PCA 事件中特别重要，因为能量较高的质子在特别低的高度电离并进入平流层。这个过程实际上与到达地球的银河宇宙射线同时持续进行，据估计，在一个 PCA 事件中，NO 的总产量非常大，甚至能够超过宇宙射线的年产量。1972 年 8 月，一次严重的质子事件对平流层的臭氧浓度产生了可测量的影响，处于纬度 75°∼80° 地区的臭氧浓度下降了 15%∼20%。在 1982 年 7 月的事件中，处于 55∼85 km 高度之间的臭氧被消耗殆尽。1989 年发生的一系列 PCA 事件也被认为影响了臭氧含量。图 7.45 显示了当年事件影响的计算。在 1989 年的几个月里，O_3 在一个有限的高度范围内减少了 10% 以上，而轻微的影响持续了一年或更长时间。虽然这些影响是显著的，但它们对高纬无线电传播没有已知的影响。Reid(1986) 和 Jackman(2000) 的论文给出了进一步的资料。

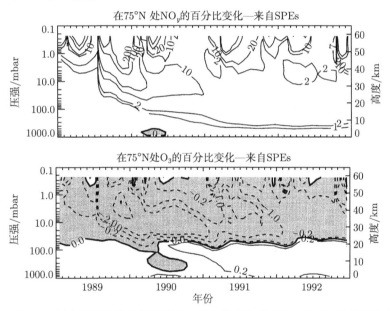

图 7.45　在 1989 年太阳质子事件的影响下，对北纬 75° 的 NO_y 和 O_3 浓度变化的计算结果。图中，NO_y 的等值线分别为 0%、1%、2%、10%、20%、100% 和 200%。对 O_3 则分别为 +2%、+1%、+0.2%、0%、−0.2%、−1%、−2%、−10% 和 −20%。NO_y 的浓度升高，O_3 的浓度降低。需要注意的是，该效果的长持续时间 (C. H. Jackman et al., J. Geophys. Res. 105, 11659, 2000, copyright by the American Geophysical Union)

7.4　相干散射和夏季中层回波

电离层中无线电波的非相干和相干散射利用了不同的现象，其中相干散射过程要强得多 (见 4.2.2 节)。考虑到非相干散射雷达在高纬电离层研究中的应用，如果它所使用的微弱信号被来自同一区域的相干回波淹没，将非常可惜。然而，这个过程很可能发生。

最初，人们在阿拉斯加 (Ecklund and Balsley, 1981)VHF 波段 (50 MHz) 下检测到来自高纬 D 层的相干回波，随后，又在挪威 53.5 MHz(Czechowsky et al., 1989) 和 EISCAT 224 MHz 雷达 (Hoppeet al., 1988) 下相继检测到。在 933 MHz 的 EISCAT 超高频系统中也观测到了频率较低的相干回波 (Röttger et al., 1990)。其他观测覆盖范围为 2.27 MHz~1.29 GHz(Röttger, 1994)。这些强回波只在夏季出现，现在通常称之为极区中层夏季回波 (PMSE)。它们对 IS 雷达来说是一个讨厌的现象，但它们本身又是一个有趣的话题，特别是它们已经被证明是某种神秘的现象。

它们的特征与粒子沉降时从 D 层接收到的非相干回波有很大的不同。它们不仅更强烈，而且范围也更窄，尽管也可以存在多层 (图 7.46)，但深度通常小于 1.5 km。其高度范围也受到限制，最高高度为 84~86 km (图 7.47)，接近中间层顶。当回波出现高度波动时 (图 7.48)，说明有声–重力波通过 (见 1.6 节)。PMSE 的频谱比 IS 回波要窄得多 (图 7.49)，即使没有其他证据，仅这一点就足以证明其形成机制完全不同。

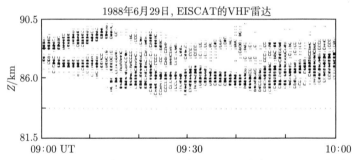

图 7.46   1988 年 6 月 29 日，使用 EISCAT 的 VHF 雷达在 224 MHz 频率下观测到的 PMSE 示例。斑点的密度表明回声的强度。注意高度变化和多层效应 (在爱思维尔科学的许可下，转载自 P. N. Collis and J. Röttger, J. Atmos. Terr. Phys. 52, 569, copyright 1990)

最引人注目的是，这个回声只在北半球的 6 月至 8 月出现，在 7 月达到最大值 (Palmer et al., 1996)，这明显是一种夏季现象。回声强度在一天中也有所不同，在中午和午夜有极大值，在早上和晚上有极小值。回声发生率虽然不是很确定，但在最大值处发生率为 50%~75%，在最小值时发生率为 10%~50%，6 月和 8 月的日变化最明显。

极区中间层在夏季特别寒冷，这可能是导致夏季回声的关键机制。有人提出 (Kelley et al., 1987) 低温条件下形成的水簇离子降低了电子的扩散系数，从而扩大了湍流的尺度，使更短的波长发生相干散射。不过，也有人提出了其他机制。PMSE 研究的发展和相关理论已经由 Cho 和 Kelley(1993) 及 Röttger(1994) 进行了综述。

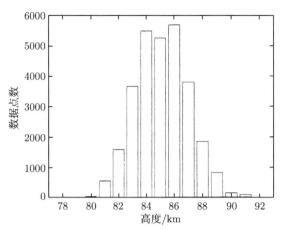

图 7.47　EISCAT 的 VHF 雷达观测到的 PMSE 高度分布直方图 (在爱思维尔科学的许可下, 转载自 J. R. Palmer et al., J. Atmos. Terr. Phys. 58, 307, copyright 1996)

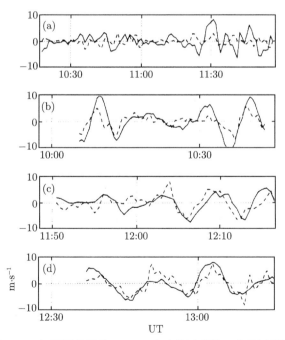

图 7.48　1988 年和 1991 年不同日期的 PMSE 高度快速变化, 变化过程与声–重力波一致。虚线表示高度变化速率, 实线表示从回波多普勒频移得到的垂直速度 (在爱思维尔科学的许可下, 转载自 J. R. Palmer et al., J. Atmos. Terr. Phys. 58, 307, copyright 1996)

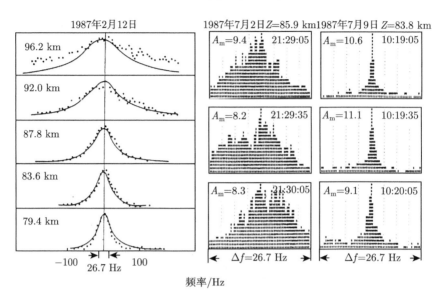

图 7.49　使用 224 MHz EISCAT 的 VHF 雷达获得的非相干散射谱 (incoherent scatter，IS) 和 PMSE。左图为典型的由洛伦兹曲线拟合得到的 IS 谱，中间和右边的图分别为宽的和窄的 PMSE 谱。对于 PMSE 谱，其最宽部分也比相同高度的 IS 谱窄得多 (在爱思维尔科学的许可下，转载自 P. N. Collis and J. Röttger. J. Atmos. Terr. Phys. 52, 569, copyright 1990)

7.5　总结和启示

在中纬和赤道纬度，D 层吸收对高频传播的影响较小，而在高纬，D 层吸收对信号强度的影响较大。在高纬有两种基本类型，每一种都有各自的原因和形态。极光吸收 (AA) 对电波传播的影响最为重要。它可能发生在地磁纬度从 60° 以下到 75° 以上的范围内，统计的吸收最大值在 67° 附近，在水平范围上呈块状。这些块有几十到几百千米长，均倾向于东西方向延伸。一天之内的峰值出现在磁午夜之前，并在磁地方时 07:00~10:00 之间的晨区再次出现。

尽管最早的研究是基于电离层测高仪数据，但目前我们关于高纬吸收的大部分知识都来自几十年来标准宇宙噪声吸收仪的观测 (在半功率点之间有大约 ± 60° 的光束)。对于那些同样使用相对宽波束的高频通信系统来说，这一信息很可能很好地描述了 AA 现象。然而，一些现代高频系统 (如超视距雷达和测向仪) 需要更精细的 D 层吸收结构信息。20 世纪 80 年代开发的宇宙噪声吸收成像仪 (并在 20 世纪 90 年代进一步部署) 大大提高了空间分辨率，并有可能提供与高分辨率高频系统有关的信息。

AA 是一种动态现象，而且至少部分与极光亚暴有关；几乎可以肯定的是，其中有来自范艾伦带之外的粒子沉降。这些粒子是电子，能量从几十到几百千电子伏——通常比那些产生可视极光的粒子能量要大。就像极光一样,在任意 24 h 内,在极光带的某个地方可能出现可测量的 AA 现象。AA 本质上是共轭的,在磁共轭区域几乎同时发生 (尽管不一定具有相同的强度)。

高纬地区另一个显著的 D 层吸收事件是极盖吸收 (PCA),它可能产生比 AA 更高的总吸收值,但它发生的频率要低得多,长期来看平均每年只发生几次。PCA 事件是由源自太阳的 1~1000 MeV 的质子沉降到极 D 层引起的。PCA 的发生和严重程度从太阳活动最小值到太阳活动最大值呈上升趋势,在一个活动年可能出现 10~12 次 PCA 事件。它们产生了一种相当均匀的极盖遮蔽,覆盖范围可达地磁 60°,并且可以使跨极的 HF 传播中断 10 天。

AA 和 PCA 事件对低频的影响都大于对高频的影响,因为吸收随 f^{-2} 的变化而变化 (近似于正比)。对于在波导模式中传播的极低频 (ELF) 和甚低频 (VLF) 信号,沉降的增加会导致波导的尺寸发生显著变化,从而产生接收信号的振幅和相位变化。

7.6 参 考 文 献

7.2 节

Agy, V. (1970) HF radar and auroral absorption. Radio Sci.5, 1317.

Ansari, Z. A. (1965) A peculiar type of daytime absorption in the auroral zone. J. Geophys. Res.70, 3117.

Appleton, E. V., Naismith, R., and Builder, G. (1933) Ionospheric investigations in high latitudes. Nature132, 340.

Bailey, D. K. (1968) Some quantitative aspects of electron precipitation in and near the auroral zone. Rev. Geophys.6, 289.

Berkey, F. T. (1968) Coordinated measurements of auroral absorption and luminosity using the narrow beam technique. J. Geophys. Res.73, 319.

Berkey, F. T., Driatskiy, V. M., Henriksen, K., Hultqvist, B., Jelly, D. H., Schuka, T. I., Theander, A., and Yliniemi, J. (1974) A synoptic investigation of particle precipitation dynamics for 60 substorms in IQSY (1964–65) and IASY (1969). Planet. Space Sci. 22, 255.

Bewersdorff, A., Kremser, G., Stadnes, J., Trefall, H., and Ullaland, S. (1968) Simultaneous balloon measurements of auroral X-rays during slowly varying ionospheric absorption events. J. Atmos. Terr. Phys.30, 591.

Collis, P. N., Hargreaves, J. K., and Korth, A. (1984) Auroral radio absorption as an indicator of magnetospheric electrons and of conditions in the disturbed auroral Dregion. J. Atmos. Terr. Phys.46, 21.

Collis, P. N., Hargreaves, J. K., and White, G. P. (1996) A localised co-rotating auroral absorption event observed near noon using imaging riometer and EISCAT. Ann. Geophysicae14, 1305.

Ecklund, W. L. and Hargreaves, J. K. (1968) Some measurements of auroral absorption structure over distances of about 300 km and of absorption correlation between conjugate regions. J. Atmos. Terr. Phys.30, 265.

Elkins, T. J. (1972) A Model of Auroral Substorm Absorption. Report AFCRL-72-0413. Air Force Cambridge Research Laboratories, Bedford, Massachusetts.

Foppiano, A. J. and Bradley, P. A. (1984) Day-to-day variability of riometer absorption. J. Atmos. Terr. Phys.46, 689.

Foppiano, A. J. and Bradley, P. A. (1985) Morphology of background auroral absorption. J. Atmos. Terr. Phys.47, 663.

Friedrich, M. and Torkar, K. M. (1983) High-latitude plasma densities and their relation to riometer absorption. J. Atmos. Terr. Phys.45, 127.

Friedrich, M. and Kirkwood, S. (2000) The D-region background at high latitudes. Adv. Space Res.25, 15.

Hajkovicz, L. A. (1990) The dynamics of a steep onset in the conjugate auroral riometer absorption. Planet. Space Sci.38, 127.

Hargreaves, J. K. (1966) On the variation of auroral radio absorption with geomagnetic activity. Planet. Space Sci.14, 991.

Hargreaves, J. K. (1967)Auroral motions observed with riometers: movements between stations widely separated in longitude. J. Atmos. Terr. Phys.29, 1159.

Hargreaves, J. K. (1968) Auroral motions observed with riometers: latitudinal movements and a median global pattern. J. Atmos. Terr. Phys.30, 1461.

Hargreaves, J. K. (1969a) Auroral absorption of HF radio waves in the ionosphere: a review of results from the first decade of riometry. Proc. Inst. Elect. Electronics Engineers57, 1348.

Hargreaves, J. K. (1969b) Conjugate and closely-spaced observations of auroral radio absorption – I. Seasonal and diurnal behaviour. Planet. Space Sci.17, 1459.

Hargreaves, J. K. (1970) Conjugate and closely-spaced observations of auroral radio absorption – IV. The movement of simple features. Planet. Space Sci.18, 1691.

Hargreaves, J. K. (1974) Dynamics of auroral absorption in the midnight sector – the movement of absorption peaks in relation to the substorm onset. Planet. Space Sci. 22, 1427.

Hargreaves, J. K. and Chivers, H. J. A. (1964) Fluctuations in ionospheric absorption events at conjugate stations. Nature203, 963.

Hargreaves, J. K. and Sharp, R. D. (1965) Electron precipitation and ionospheric radio absorption in the auroral zones. Planet. Space Sci.13, 1171.

Hargreaves, J. K. and Cowley, F. C. (1967a) Studies of auroral radio absorption events at three magnetic latitudes. 1. Occurrence and statistical properties of the events.

Planet. Space Sci.15, 1571.

Hargreaves, J. K. and Cowley, F. C. (1967b) Studies of auroral radio absorption events at three magnetic latitudes. 2. Differences between conjugate regions. Planet. Space Sci.15, 1585.

Hargreaves, J. K. and Ecklund, W. L. (1968) Correlation of auroral radio absorption between conjugate points. Radio Sci.3, 698.

Hargreaves, J. K., Chivers, H. J. A., and Axford, W. I. (1975) The development of the substorm in auroral radio absorption. Planet. Space Sci.23, 905.

Hargreaves, J. K. and Berry, M. G. (1976) The eastward movement of the structure of auroral radio absorption events in the morning sector. Ann. Geophysicae32, 401.

Hargreaves, J. K., Taylor, C. M., and Penman, J. M. (1982) Catalogue of Auroral Radio Absorption During 1976–1979 at Abisko, Sweden. World Data Center A, US Department of Commerce, Boulder, Colorado.

Hargreaves, J. K., Feeney, M. T., Ranta, H. and Ranta, A. (1987) On the prediction of auroral radio absorption on the equatorial side of the absorption zone. J. Atmos. Terr. Phys.49, 259.

Hargreaves, J. K. and Devlin, T. (1990) Morning sector precipitation events observed by incoherent scatter radar. J. Atmos. Terr. Phys.52, 193.

Hargreaves, J. K., Detrick, D. L., and Rosenberg, T. J. (1991) Space-time structure of auroral radio absorption events observed with the imaging riometer at South Pole. Radio Sci.26, 925.

Hargreaves, J. K., Browne, S., Ranta, H., Ranta, A. Rosenberg, T. J., and Detrick, D. L. (1997) A study of substorm-associated nightside spike events in auroral absorption using imaging riometers at South Pole and Kilpisjärvi. J. Atmos. Solar–Terrestrial Phys.59, 853.

Hartz, T. R., Montbriand, L. E. and Vogan, E. L. (1963) A study of auroral absorption at 30 Mc/s. Can. J. Phys.41, 581.

Hartz, T. R. and Brice, N. M. (1967) The general pattern of auroral particle precipitation. Planet. Space Sci.15, 301.

Holt, O., Landmark, B., and Lied, F. (1961) Analysis of riometer observations obtained during polar radio blackouts. J. Atmos. Terr. Phys.23, 229.

Jelly, D. H., Matthews, A. G., and Collins, C. (1961) Study of polar cap and auroral absorption. J. Atmos. Terr. Phys.23, 206.

Jelly, D. H., McDiarmid, I. B., and Burrows, J. R. (1964) Correlation between intensities of auroral absorption and precipitated electrons. Can. J. Phys.42, 2411.

Jelly, D. H. (1970) On the morphology of auroral absorption during substorms. Can. J. Phys.48, 335.

Kavadas, A. W. (1961) Absorption measurements near the auroral zone. J. Atmos. Terr. Phys.23, 170.

Leinbach, H. and Basler, R. P. (1963) Ionospheric absorption of cosmic radio noise at magnetically conjugate auroral zone stations. J. Geophys. Res.68, 3375.

Little, C. G. and Leinbach, H. (1958) Some measurements of high-latitude ionospheric absorption using extraterrestrial radio waves. Proc. IRE46, 334.

Little, C. G., Schiffmacher, E. R., Chivers, H. J. A., and Sullivan, K. W. (1965) Cosmic noise absorption events at geomagnetically conjugate stations. J. Geophys. Res.70, 639.

Nielsen, E. (1980) Dynamics and spatial scale of auroral absorption spikes associated with the substorm expansion phase. J. Geophys. Res.85, 2092.

Parthasarathy, R. and Berkey, F. T. (1965) Auroral zone studies of sudden onset radio wave absorption events using multiple station and multiple frequency data. J. Geophys. Res.70, 89.

Parthasarathy, R., Berkey, F. T., and Venkatesan, D. (1966)Auroral zone electron flux and its relation to broadbeam radiowave absorption. Planet. Space Sci.14, 65.

Penman, J. M., Hargreaves, J. K., and McIlwain, C. E. (1979) The relation between 10 to 80 keV electron precipitation observed at geosynchronous orbit and auroral radio absorption observed with riometers. Planet. Space Sci.27, 445.

Pudovkin, M. I., Shumilov, O. I., and Zaitseva, S. A. (1968) Dynamics of the zone of corpuscular precipitations. Planet. Space Sci.16, 881.

Ranta, H., Ranta, A., Collis, P. N., and Hargreaves, J. K. (1981) Development of the auroral absorption substorm: studies of the pre-onset phase and sharp onset using an extensive riometer network. Planet. Space Sci.29, 1287.

Stauning, P. and Rosenberg, T. J. (1996) High-latitude daytime absorption spike events. J. Geophys. Res.101, 2377.

7.3 节

Akasofu, S.-I. and Chapman, S. (1972) Solar–Terrestrial Physics. Oxford University Press, Oxford.

Bailey, D. K. (1959) Abnormal ionization in the lower ionosphere associated with cosmic-ray flux enhancements. Proc. IRE47, 255.

Bakshi, P. and Barron, W. (1979) Prediction of solar proton spectral slope from radio burst data. J. Geophys. Res.84, 131.

Castelli, J. P., Aarons, J., and Michael, G. A. (1967) Flux density measurements of radio bursts of proton-producing flares and nonproton flares. J. Geophys. Res.72, 5491.

Chivers, H. J. A. and Hargreaves, J. K. (1965) Conjugate observations of solar proton events: delayed ionospheric changes during twilight. Planet. Space Sci.13, 583.

Collis, P. N. and Rietveld, M. T. (1990) Mesospheric observations with the EISCAT UHF radar during polar cap absorption events: 1. Electron densities and negative ions. Ann. Geophys.8, 809.

Gillmor, C. S. (1963) The day-to-night ratio of cosmic noise absorption during polar cap absorption events. J. Atmos. Terr. Phys.25, 263.

Hargreaves, J. K., Ranta, H., Ranta, A., Turunen, E., and Turunen, T. (1987) Observation of the polar cap absorption event of February 1984 by the EISCAT incoherent scatter radar. Planet. Space Sci.35, 947.

Hargreaves, J. K., Shirochkov, A. V., and Farmer, A. D. (1993) The polar cap absorption event of 19–21 March 1990: recombination coefficients, the twilight transition and the midday recovery. J. Atmos. Terr. Phys.55, 857.

Hultqvist, B. (1969) Polar cap absorption and ground level effects. Solar Flares and Space Research(eds. C. de Jager and Z. Svestka), p. 215. North-Holland, Amsterdam.

Jackman, C. H., Fleming, E. L., and Vitt, F. M. (2000) Influence of extremely large proton events in a changing stratosphere. J. Geophys. Res.105, 11659.

Leinbach, H. (1967) Midday recoveries of polar cap absorption. J. Geophys. Res.72, 5473.

Obayashi, T. (1959) Entry of high energy particles into the polar ionosphere. Rep. Ionosphere Space Res. Japan13, 201.

Ranta, H., Ranta, A., Yousef, S. M., Burns, J., and Stauning, P. (1993) D-region observations of polar cap absorption events during the EISCAT operation in 1981–1989. J. Atmos. Terr. Phys.55, 751.

Reagan, J. B. and Watt, T. M. (1976) Simultaneous satellite and radar studies of the Dregion ionosphere during the intense solar particle events of August 1972. J. Geophys. Res.81, 4579.

Reid, G. C. (1961) A study of the enhanced ionisation produced by solar protons during a polar cap absorption event. J. Geophys. Res.66, 4071.

Reid, G. C. (1967) Ionospheric disturbances. In Physics of Geomagnetic Phenomena (eds. Matsushita and Campbell), p. 627. Academic Press, New York.

Reid, G. C. (1986) Solar energetic particles and their effects on the terrestrial environment. In Physics of the Sun (ed. P. A. Sturrock), vol. 3, p. 251. Reidel, Dordrecht.

Reid, G. C. and Sauer, H. H. (1967) The influence of the geomagnetic tail on lowenergy cosmic-ray cutoffs. J. Geophys. Res.72, 197.

Sauer, H. H. (1968) Nonconjugate aspects of recent polar cap absorption events. J. Geophys. Res.73, 3058.

Shea, M. A. and Smart, D. F. (1977) Significant solar proton events, 1955–1969. In Solar–Terrestrial Physics and Meterology: Working Document II, p. 119. SCOSTEP.

Shea, M. A. and Smart, D. F. (1979) Significant solar proton events, 1970–1972. In Solar–Terrestrial Physics and Meterology: Working Document III, p. 109. SCOSTEP.

Shea, M. A. and Smart, D. F. (1995) Solar proton fluxes as a function of the observation location with respect to the parent solar-activity. Adv. Space Res.17, 225.

Smart, D. F. and Shea, M. A. (1989) Solar proton events during the past three solar cycles. Spacecraft and Rockets26, 403.

Smart, D. F. and Shea, M. A. (1995) The heliolongitudinal distribution of solar-flares associated with solar proton events. Adv. Space Res.17, 113.

Uljev, V. A., Shirochkov, A. V., Moskvin, I. V., and Hargreaves, J. K. (1995) Midday recovery of the polar cap absorption of March 19–21, 1990: a case study. J. Atmos. Terr. Phys.57, 905.

Weeks, L. H., CuiKay, R. S., and Corbin, J. R. (1972) Ozone measurements in the mesosphere during the solar proton event of 2 November 1969. J. Atmos. Sci.29, 1138.

7.4 节

Cho, J. Y. N. and Kelley, M. C. (1993) Polar mesosphere summer radar echoes: observations and current theories. Rev. Geophys.31, 243.

Collis, P. N. and Röttger, J. (1990) Mesospheric studies using EISCAT UHF and VHF radars: a review of principles and experimental results. J. Atmos. Terr. Phys.52, 569.

Czechowsky, P., Reid, I. M., Ruster, R., and Schmidt, S. (1989) VHF radar echoes observed in the summer and winter polar mesosphere over Andøya, Norway. J. Geophys. Res.94, 5199.

Ecklund, W. L. and Balsley, B. B. (1981) Long-term observations of the Arctic mesosphere with the MST radar at Poker Flat, Alaska. J. Geophys. Res.86, 7775.

Hoppe, U.-P., Hall, C., and Röttger, J. (1988) First observations of summer polar mesospheric back-scatter with a 224 MHz radar. Geophys. Res. Lett.15, 28.

Kelley, M. C., Farley D. T., and Röttger, J. (1988) The effect of cluster ions on anomalous VHF back-scatter from the summer polar mesosphere. Geophys. Res. Lett.14,1031.

Palmer, J. R., Rishbeth, H., Jones, G. O. L., and Williams, P. J. S. (1996) A statistical study of polar mesosphere summer echoes observed by EISCAT. J. Atmos. Terr. Phys. 58, 307.

Röttger, J. (1994) Polar mesosphere summer echoes: dynamics and aeronomy of the mesosphere. Adv. Space Res.14, 123.

Röttger, J., Rietveld, M. T., La Hoz, C., Hall, T., Kelley, M. C., and Swartz, W. E. (1990) Polar mesosphere summer echoes observed with the EISCAT 993-MHz radar and the CUPRI 46.4-MHz radar, their similarity to 224-MHz radar echoes, and their relation to turbulence and electron density profiles. Radio Sci.25, 671.

第 8 章　高纬电离层电波传播：
第一部分——基本原理和实验结果

对科学的实际应用视而不见是最大的错误。科学的生命和灵魂在于它的实际应用。

Lord Kelvin

8.1　引　言

频率范围从极低频到超高频的无线电波在高纬电离层中传播与在中低纬电离层中传播的性质截然不同。这主要是因为 "校正地磁纬度" 高于约 60° 时，太阳系和磁层中的粒子以及等离子体可以穿过地磁场进入电离层。这导致极光区 E 层和 F 层区域形成从米量级到千米量级诸多尺度的电子密度不规则体，大部分不规则体沿地磁场方向延伸。在极区 F 层还存在指向太阳方向的弧状和块状等离子体密度不均匀体，以及等离子泡。高纬地区电离层特性变化复杂，本章包含了许多实际传播行为的例子。

相比之下，中纬电离层也存在宽谱带的强度较低的不规则体。由于直到 20 世纪 60 年代，大多数用于通信和电离层探测的天线都有相当大的天线半功率波束宽度 (通常在方位角和仰角上为 50°×50°)，这些小尺度不规则体没有被观测到。从 20 世纪 60 年代初开始，电离层研究中搭建并使用了几个高分辨率高频后向散射测深仪 (参见第 4 章，(Croft，1968) 和 (Hunsucker，1991)，对这些系统的描述和观测结果)。这些系统观测到了大量不规则体的回波，大部分不规则体尺度在米量级。Hunsucker(1971) 使用高分辨率高频测深仪发现，在中纬电离层近半个太阳黑子周期的观测中，不同尺度和明显运动的不规则体被观测到的概率为 90%。

从 20 世纪 60 年代末开始，几个用于大型计算机的高频电离层传播预测程序被开发出来，随后在 20 世纪 70 年代中期，又开发了基于个人计算机的程序。这些程序旨在给高频通信链路设计者提供最大、最小及最佳工作频率的中值，这些中值是太阳黑子数量 (或太阳通量)、时间、季节、路径长度和波传播方向的函数。这些程序的逐渐完善使得确定天线类型、发射机功率、接收机灵敏度和接收机位置噪声水平成为可能。由于模态结构、偏振损耗和非偏差 (和偏差) 吸收损耗难以确定，"天波" 场强的实际预测在定量上并不准确 (Hunsucker, 1992)。现存的高频传播预测程序只有两个包含高纬电离层效应，但它们只能给出定性的结果，或者是没有得到充分的验证，还不能令使用者信服。

极冠和极光带电离层对不同频率信号的影响有很大差异，这些电离层区域的形态、现象和物理性质在本书的前几章中已经做了相当详细的描述 (电磁波传播的基本原理在第 3 章中进行了介绍，研究高纬电离层的无线电技术在第 4 章中做了介绍)。高纬电离层对无线电波传播影响最明显的情况发生在地磁风暴和亚风暴期间 (见第 6 章)。

1930~1940 年间短波 (SW) 国际广播电台的出现和发展，使一些广播机构注意到极区高频路径很不可靠。一些书籍和综述论文 (Rawer, 1976；Hunsucker, 1967；Hunsucker and Bates，1969；Davies,1990；Hunsucker，1992) 对许多高纬电波传播研究的历史进行了总结。在美国温哥华亚历山德里亚市每三年举行一次的 "电离层效应研究进展专题讨论会" (Proceedings of the Ionosphere Effects Symposium, IES) 的论文集以及 URSI 全国会议和大会的书籍摘要中收集了高纬高频电波传播的其他研究成果。对高纬电波传播的研究最早在 IGY 和国际地球物理合作组织 (IGC) (1957~1959) 期间开始，这 (碰巧) 与第 19 个太阳黑子活动周期中太阳黑子极大值出现的时间重合。

从第二次世界大战结束到大约 1975 年期间，有些人认为，避免极光和极区电离层扰动对高纬传播路径造成一些灾难性影响的最好方法，就是使电波在大多数时候避开这些路径传播。大约从 1975 年开始，由于一些先进的 ELF/VLF 和 VHF/UHF 卫星导航和 "天波超视距 (over-the-horizon, OTH)" 高频雷达系统的有效使用，人们对研究高纬电离层效应重新产生了兴趣。在 "冷战" 期间 (1948~1991 年)，美国和苏联都在北极地区广泛部署了非常复杂的无线电通信和导航系统，因此他们在这些技术领域进行了大量的研究。其中一些研究仍属于机密，但很多都发表在北约和航空航天研究与发展咨询小组 (AGARD) 会议报告中 (Landmark, 1964; Lied, 1967; Folkestad, 1968; Deehr and Holtet, 1981; Soicher, 1985)。

在高频极区通信链路上使用相当复杂的调制技术，比如频移键控 (FSK)、编码脉冲、跳频和扩频技术，也推动了近年来在设计真实大气模型、传播预测技术和快速链路探测及开关方面的研究工作 (Goodman, 1992)。

大气密度、温度、成分和动力学从地面到电离层高度的变化情况在高纬地区与中纬地区和赤道附近区域的变化情况不同 (有时区别很大，见第 1 ~ 7 章)。我们将在 ELF/VLF 到 UHF 这一特定频段上讨论这些纬度变化导致的大气参数变化对电波传播的影响。

8.2 ELF 和 VLF 电波传播

通过使用地球–电离层波导模式 (Watt，1967；Wait，1970；Davies，1970；Davies，1990；Ch. 10) 或波跳模式 (Berry，1964)，可以更好地描述和理解这一频段无线电波的传播。"波导" 模式的有效性取决于地球表面和较低电离层 (D 层) 电导率的长期和短期变化。

一般来说，VLF 波传播的路径衰减相对较低 (2~3 dB/Mm，1 Mm = 1000 km)，随时间变化也相对稳定，传播过程中的相位延迟遵循可预测的日模式。VLF 波可以传播 5000 ~ 20000 km，然而，大气噪声很高，会降低信噪比 (SNR)，并导致信号带宽很低 (20 ~ 150 kHz)。在远距离传输时，要使信噪比满足需求，需要大尺度天线和高功率发射机。由于波长很长，架设足够大的天线在经济上和物理上都有困难，所以天线实际的辐射效率为 10%~20%，因此需要更高的发射功率。

OMEGA VLF 导航系统已在全球部署，多年来一直是一个重要且被广泛使用的导航辅助系统。OMEGA 运行在 VLF 波段的低段 (10~14 kHz)，即使出现了 GPS 卫星导航系统，它仍然被用作一个备份导航辅助系统 (有关 ELF-VLF-LF 传播的进一步详细介绍，请参阅书籍 (Davies，1990) 的第 10 章)。

完美导体地球的相速度变化如图 8.1 所示，由 WWVL 测得的频率 $f = 20$ kHz 的信号在 113 km 路径上的实际相位变化如图 8.2 所示。在高纬地区，低电离层的一些不规则体会影响 VLF 波的传播 (Wait,1991)。

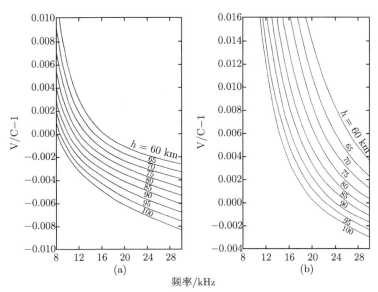

图 8.1　对于完美导体地球，相速度随 VLF 频率的变化，$s_g = \infty$，对于 (a) 模式 1 和 (b) 模式 2 (来自 Davies, 1990) $\omega_r = 2 \times 10^5$

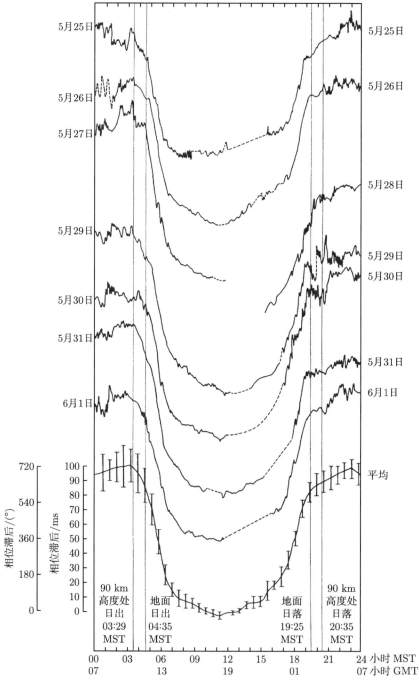

图 8.2   从 Fort Collins 到 Wiggins, CO 的 113 km 路径上，20 kHz 上 WWVL 的日变化
(Davies, 1990)

　　用于通信的最低频段是 ELF 波段 (3 ~ 300 Hz)，其主要用于向水下潜艇进行非常低数据速率的通信。美国海军的威斯康辛测试机构 (Wisconsin Test Facility) 有一个正常运转的发射机，在军事文献中被描述为 "Sanguine/Seafarer/ELF 项目"，其有效辐射功率 (ERP) 在 40 ~ 50 Hz 频段为 0.25 W，在 70 ~ 80 Hz 频段为 0.5 W。在实际应用中，ELF 系统像一个 "敲钟人"，通知潜艇上升到一个合适的高度来接收 VLF 信号。关于 ELF 通信的更多详细描述，参见 Bannister(1993) 和 Davies(1990，第 10 章)。在高纬地区，较低电离层的不规则体可以有效地改变波导特性 (Wait, 1970;Hunsucker,1992)。Fraser-Smith 和 Bannister(1998) 最近测量到了来自一个迄今未知来源的 ELF 波传输，他们确定信号来自俄罗斯的一个 ELF 波发射机，其工作频率为 82 Hz，位于 69°N，33°E 的科拉半岛。这一信号被远在对径点的新西兰 Dunedin 市 ($D = 16.5$ Mm) 以及南极洲的到达高地 (Arrival Heights，78°S, 167°E，$D = 18$ Mm) 接收到。图 8.3 表示的是 1990 年 1 月格陵兰 Sondrestrom 接收站接收的较低 ELF 波段无线电噪声的平均振幅谱。

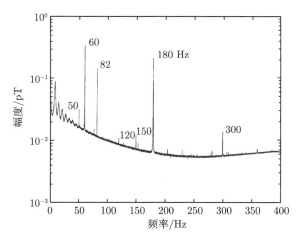

图 8.3　更低的 ELF 频段的平均振幅谱。注意 82 Hz 的俄罗斯 ELF 传输和 Bannister 电力线频率 (50 Hz 和 60 Hz) 及其谐波 (Fraser-Smith and Bannister, 1998)

　　科拉半岛发射机发射的频率为 82 Hz 的电波场强随距离变化的理论值和实测值如图 8.4 所示。需要注意的是，超过对径距离后，预测和测量的场强都随距离的增大而增大。

　　最近的另一篇文章 (Chrissan and Fraser-Smith, 1996) 提出了一些关于甚低频/极低频频率下无线电噪声的噪声包络振幅–概率–分布模型的新信息。

　　采用三种噪声模型对数据进行比较，其中最接近描述数据的是 "霍尔" 模型和 "α-稳定" 模型，作者认为除了在昼夜和季节风暴周期的峰值外，α-稳定模型应该用于极地地区。

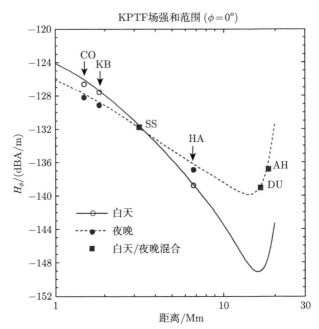

图 8.4　一系列范围 ($\phi = 0°$) 下，82 Hz KPTF 信号强度的测量值和理论值。其中，CO 为 Connecticut；KB 为 King's Bay, Georgia；SS 为 Sondrestromfjord；HA 为 Hawai；DU 为 Dunedin；AH 为 Arrival Heights

　　本文用 TEM 模式的全波理论描述了在阿拉斯加湾测量的在 PCA (SPE) 期间高纬电离层对极低频信号的影响。在 1982 年 11 月 23 日的 SPE 事件中，潜载接收机观测到异常严重的信号衰减，原因是横向折射迫使信号路径从极盖边界向中心弯曲——此处 TEM 波的相速度最低。图 8.5 中的图例说明了 76 Hz 信号的变化情况，对于从西部测试设施到阿拉斯加 Gulf 路径上弱、中和强 SPE 的 ELF 射线轨迹如图 8.6 所示。

　　SPE 对 VLF 信号的极地传输也有深远的影响，Bates (1962) 是最早发现这些事件的人之一，他在文章中描述了相对较弱的 SPE 对从英格兰到阿拉斯加的极低频信号的影响。在 1961 年 11 月 10 日的 SPE 事件期间，在阿拉斯加 College 站监测到了来自英格兰 Rugby GBR VLF 站的 16.0 kHz 的信号。在起初的 20 分钟，该信号被认为由太阳耀斑导致，但之后 GBR 信号的相位偏移了大约 250°，而且振幅在 1 h 内下降了 20 dB。在此过程中，相位和振幅的日变化幅度明显增大，且与正常模式相比发生了显著变化，极盖上 VLF 波导的有效高度下降到正常 D 层高度以下 5 km 左右。如果类似于美国海军 OMEGA VLF 网络这样的系统，依靠相位差实现导航定位精度，那么极地电离层事件可能会导致此类系统出现严重的误差。

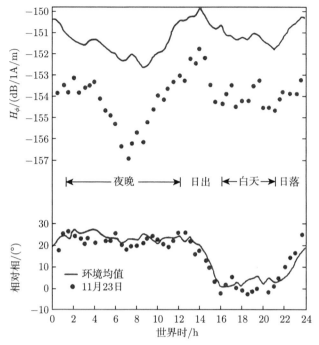

图 8.5 在阿拉斯加 Gulf 接收到的 76 Hz 的信号 (Field et al., 1985)

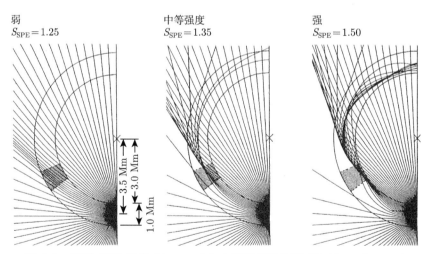

图 8.6 三种 SPE 强度 ($\Delta r = 2$ Mm) 下的射线轨迹 (Field et al., 1985)

图 8.7 为英国 Rugby 到阿拉斯加 College 的 VLF 传播路径图，图 8.8 显示了 1961 年 11 月 10 日阿拉斯加 College 宇宙噪声吸收仪测量的宇宙噪声吸收，图 8.9 显示了 GBR 传输的振幅和修正后的相位。

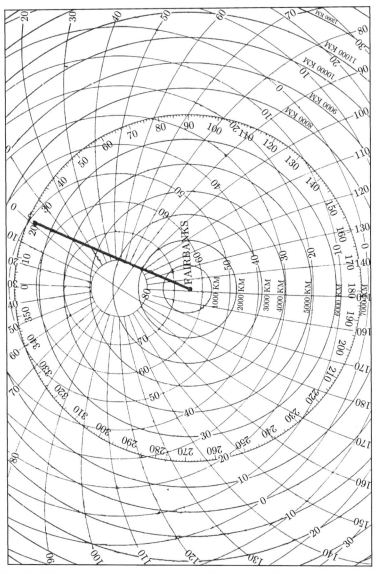

图 8.7　显示从英国 Rugby 到阿拉斯加 College 的 16.0 kHz 信号传播路径的地图 (Bates, 1961)

　　Bates 和 Albee (1965) 以及 Albee 和 Bates (1965) 报告了在阿拉斯加 College 监测的 VLF 传播 (在太阳黑子极小年) 的三年研究结果。在此期间，在日侧路径上利用光学仪器观测到了 1846 个太阳耀斑，其中 66 个在 NBA(非极地) 路径上产生相位异常。表 8.1 列出了本次研究中监测的 VLF 站的频率，图 8.10 为传播路径图。可以看到，只有来自 GBR 和 NAA 的路径才能真正称得上为高纬路径，

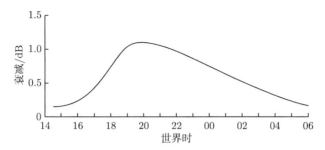

图 8.8　来自 College 27.6 MHz 宇宙噪声吸收仪测量的宇宙噪声吸收 (Bates, 1961)

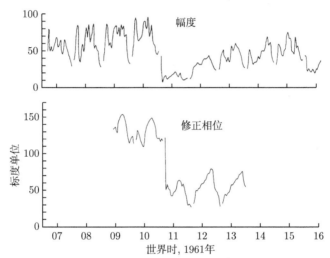

图 8.9　1961 年 11 月 10 日, 在阿拉斯加 College 接收到的 16.0 kHz GBR 信号的幅度和修
正相位 (Bates and Albee, 1966)

表 8.1　1961 年至 1964 年位于阿拉斯加 College 的 VLF 监测站列表

站	频率/kHz	位置	记录时期
NBA	18.0	巴拿马 Balboa	1961 年 8 月 ～ 1963 年 12 月
GBR	16.0	英格兰 Rugby	1961 年 10 月 ～ 1964 年
NAA	Various	缅因州 Cutler	1962 年 11 月 ～ 1964 年
NPM	19.8	夏威夷	1962 年 4 月 ～ 1964 年
NPG	Various	Jim Creek	1963 年 4 月 ～ 1963 年 12 月
WWVL	20.0	科罗拉多州 Fort Collins	1964 年 1 月 ～ 1964 年 12 月

但在强 SPE 期间, 其他路径可能会有一小部分受到 PCA 边界的影响, 正如前面
提到的 ELF 传输一样。

图 8.11 为 1970 年 3 月 6 日至 9 日 SPE 期间测量到的一些典型的导航定位

误差 (最大值为 3.8 dB) 结果。虽然很少有文献报道在强的 SPEs (30 MHz 波的吸收大于 10 dB) 期间，ELF/VLF 信号在极地传输路径上的变化，但这些信号在传输过程中应该会产生显著的相位和振幅变化。

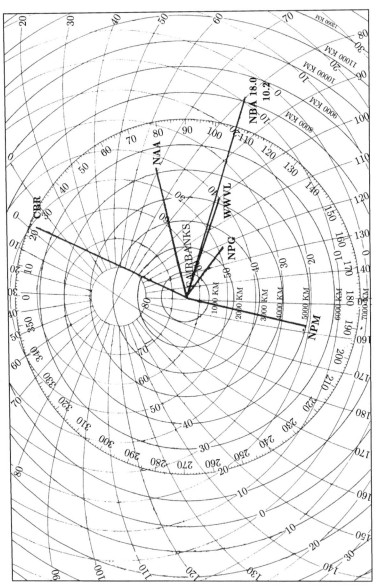

图 8.10　在 1961 ~ 1964 年的研究期间，传播到阿拉斯加 College 的 VLF 传播路径 (Bates and Albee, 1966)

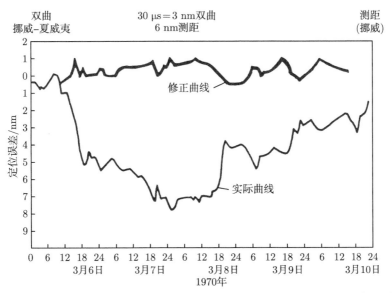

图 8.11　在挪威 1970 年 3 月 6 日至 10 日的 SPE 期间 OMEGA 的定位误差 (以海里为单位) (Larsen, 1979)

频率范围在 70∼100 kHz 的 DECCA 导航系统的精度依赖于地波，其在中程范围内具有较高的精度，因此我们不太关心高纬电离层的影响。另一种双曲线无线电导航系统是 LORAN-C 全球网络系统，其工作频率为 100 kHz，它的精确性也依赖于地波。20 世纪 80 年代开发的一些 LORAN-C 系统除了利用地波信号外，还利用天波信号增强了接收端信号强度。在磁扰期间，误差最大可达 20 km (Hunsucker, 1992)。

8.3　低频和中频传播

低频至中频 (300 kHz∼3 MHz) 的基本传播模式在所有时段均为地波，并在夜间被天波模式增强。地波传播范围可覆盖一千米到数百千米，在海面上空的覆盖范围扩大，在山区上空的结果则不稳定。已经停用的 LORAN-A 导航系统是一种双曲位置线系统，主要依靠地波传播，但有时也会受到天波的影响。另一个主要的地波导航系统是运行在 250∼450 kHz 波段的非定向信标 (NDB) 系统 (目前正在被淘汰)，目前也同样没有记录到高纬电离层效应的例子。

在 MF 波段 (300 kHz∼3 MHz)——美国标准的 AM 广播波段为 550 ∼ 1570 kHz——电台频率 (频道) 是在地波和天波无干扰的基础上，以每 10 kHz 为一个频道进行分配。在美国大陆，人们在白天往往只能收听到地波范围内的几个商业广播电台，而在夜间，可以收听到 1000 km 或更远地方之外的其他电台。从 1.6 ∼

3.0 MHz，各种陆地和海上导航以及固定服务都使用天波模式，但由于 D 层吸收特别强 (尤其在极光和极地频率)，实现可靠的传播十分困难。例如，在阿拉斯加，大部分使用这些频率的固定通信已经停止服务。

在美国北部，考虑极光 F 层异常传播模式，有必要修改 FCC 中纬度频率分配程序。Hunsucker 等 (1988) 报道了一项为期 5 年半的调研 (第 21 太阳活动周一半时间)，在包括阿拉斯加在内的美国和加拿大费尔班克斯市，调查了 50 kW 标准广播电台的清晰频道的天波传输。调查的一些结果如下。

该站点位于阿拉斯加–费尔班克斯地球物理研究所的 Ace Lake Field 站，地理坐标为北纬 64°52′，西经 147°56′，地磁北纬 64°45′，倾角 76°54′。接收/记录系统围绕商业通用目的而建，接收机以模拟自动增益控制输出而修改，接收频率由系统程序以每 5 min 通过 16 频道自动步进。在 10 个以上的标准广播电台上连续录制信号幅度的数字磁带，然后将数据转换到标准格式的计算机磁带上，并用 VAX 11/780-785 计算机进行分析。此外，天文台也会连续记录噪声源，以便定期对系统进行校正，并不时进行声音检查，以确保能正确辨识单个接收站的噪声。在这个项目中使用的三种不同的天线在标准的广播波段的地波和天波传输模式中进行仔细地互相校准。关于这项研究的其他一些细节见文献 Hunsucker 等 (1987; 1988)。

图 8.12 为阿拉斯加中频实验过程中太阳黑子的周期变化图，月平均太阳黑子数从 140 个变化到 20 个。地磁活动范围从 $K_p = 0$ 到 $K_p = 9$，其中包括在阿拉

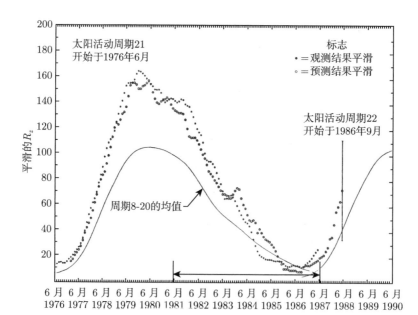

图 8.12　阿拉斯加 MF 实验期间的太阳周期变化

斯加 College 天文台 (1986 年 2 月 8 日至 9 日) 记录到的最大的磁暴。

由于阿拉斯加中频数据集的综合性 (对于大量的太阳黑子，在极光卵形环内部、切向和横向路径上的中频天波信号强度)，我们将介绍其中一些显著的结果。表 8.2 列出了 1985 年费尔班克斯的中频频道分配。

表 8.2　1985 年 [a]，费尔班克斯 MF 接收机的频道分配 (Hunsucker, 1988)

频道	频率/kHz	站
0	450	[b]
1	1000	Noise-diode calibrator
2	450	[b]
3	750	KFQD, Anchorage
4	1260	CFRN, Edmonton
5	1030	KTWO, Casper
6	1100	KFAX, San Francisco
7	450	[b]
8	1260	CFRN, Edmonton
9	450	[b]
10	450	[b]
11	870	KSKO, McGrath
12	750	KFQD, Anchorage
13[c]	1170	KJNP, North Pole, Alaska
14	720	KOTZ, Kotzebue
15	1510	KGA, Spokane

注:

a 全年采用顶载垂直天线 (TLVA)。

b 频道设定为静频，此次不活跃。

c 1985 年 7 月 3 日，频道从渥太华 CHU 改为 KJNP。

由于明显的季节性、太阳黑子周和电离层暴 (极光) 效应，在这次实验中，费尔班克斯接收到的所有中频信号都没有出现所谓的 "典型日变化"。图 8.13 显示了静磁条件下信号的典型变化。夏季的低场强在秋分明显恢复。注意，在费尔班克斯监测的所有传播路径中，极光卵形环都是极向的。

图 8.14 显示了与较强局部磁活动 (College $A = 20$) 相关的信号的更大变化。值得注意的是，AA 区域向可视极光卵形环的赤道方向延伸了 $1° \sim 2°$。中频信号强度的变化很可能是由与极光卵形环相关的 AA 和偶发 E 层电离增加导致。

图 8.15 显示了在扰动异常强烈的一天 (College, $A_k = 46$) 极端的中频信号变化特性。频道 3 (安克雷奇，阿拉斯加) 的路径完全位于极光卵形环内部，它的极端变化可能是由强的偶发 E 层电离 "块" 引起的。加拿大阿尔伯塔省埃德蒙顿和怀俄明州卡斯珀的 4 频道和 5 频道的信号，二者的路径斜穿过极光卵形环，表现出显著的吸收效应。KFAX, San Francisco 路径 (频道 6) 大致垂直于极光卵形环，其电离层反射点主要位于卵形环的赤道方向，因此其受到的影响小于频道

3~5。频道 11 和 14(McGrath 和 Kotzebue，都在阿拉斯加) 的表现与 Anchorage 相似，因为它们的路径完全位于极光卵形环内部。频道 13 用于接收来自当地一个 50 kW 的 KJNP 电台地波信号，但是，当该电台"停播" (0830-1330 UT) 时，仍能断断续续地接收到一个来自未知 AM 电台的信号。

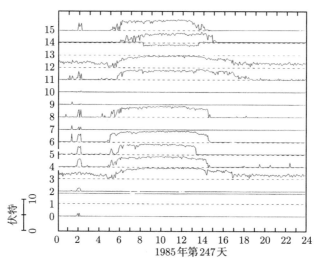

图 8.13   1985 年一个平静的二分日，在费尔班克斯监测到的广播电台 MF 信号强度的变化。费尔班克斯当地时间 (西经时间 150°) 比 UT 小 10 h (Hunsucker, 1988)

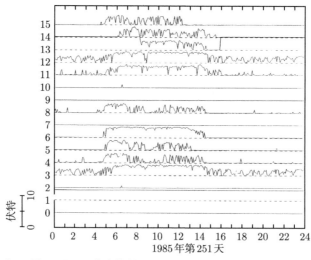

图 8.14   1985 年 9 月 8 日，一个中等扰动二分口 (A = 20) 期间的信号行为 (Hunsucker, 1988)

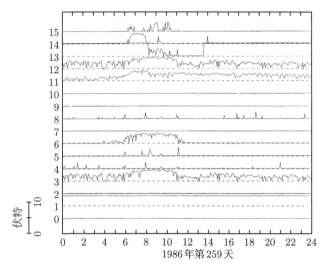

图 8.15 在一个扰动日期间的 MF 信号行为 (Hunsucker, 1988)

太阳黑子周期也能对费尔班克斯观测到的中频天波信号强度产生显著影响，当然，这还要取决于频率、路径长度以及相对于极光卵形环的方向。表 8.3 和表 8.4 给出了 4 个选定路径上的太阳黑子周期效应。

表 8.3 四个选定的 MF 传播路径的特征 (Hunsucker, 1988)

呼号	位置	频率/kHz	功率输出/kW	路径长度和相关说明
KSKO	阿拉斯加 McGrath	870	5	短的南北极光路径
KTWO	怀俄明州 Casper	1030	50	$D = 3553$ km，长路径。一般扰动条件下极光椭圆中的一个电离层反射点
KFAX	加利福尼亚 San Francisco	1100	50	$D = 3464$ km，长路径。扰动条件下极光椭圆中的一个电离层反射点
KGA	华盛顿州 Spokane	1510	50	$D = 2640$ km。和 KTWO 路径类似

在 1985 年的费尔班克斯 (太阳黑子极小年)，接收到的中频天波信号的季节性变化如表 8.5 所示，从中可以看出，除个别例外，冬季信号强度最高，夏季最低，春分与秋分时居中。

Hunsucker 等 (1987) 对 1986 年 2 月发生的磁暴对费尔班克斯中频天波接收的影响进行了记录，这个工作可能是最系统的研究，所以这里将介绍其中一些显著的影响。1986 年 2 月 8 日至 9 日的磁暴是过去 40 年来较大的磁暴之一，在高纬地区尤其活跃。1986 年 2 月 8 日，College USGS 天文台测得 H 分量最大偏移为 6110 nT，当地和行星 K 指数为 9，持续数小时。最显著的影响发生在距阿尔伯塔省埃德蒙顿的欧洲核子研究中心 (CERN)50 kW 电站 1984 km、频率为 1260 kHz 的路径上。

表 8.4　太阳黑子周期效应——1981 年至 1985 年 (仲冬) 四条路径上信号强度变化的比较
(Hunsucker, 1988)

站	1981 年 (平均国际太阳黑子相对数 = 147)		1985 年 (平均国际太阳黑子相对数 = 12)		1981~1985 年信号强度的增加	
	信号比例 [a]/%	信号最大值 [b]/μV	信号比例 [a]/%	信号最大值 [b,c]/μV	信号比例 [a]/%	信号最大值 [b,c]/μV
KSKO	53	7	75	60	22	18.7
KTWO	30	8	54	8	24	0
KFAX	62	9	71	70	8	17.8
KGA	50	7	46	8	−4	1.2

注：

a 实验期间信号出现的比例。

b 所有信号电平都与接收机输入有关。

c 信号增强的讨论见正文。

　　一些在费尔班克斯收集的场强测量数据已经与各种方法预测的场强进行了比较，完整的结果已发表于 FCC Rule Change Docket 20642。表 8.5 为测量值和建模预测值之间的一些比较示例。阿拉斯加中频研究的一些结论如下。

表 8.5　对于 1987 年场强的测量结果与预测结果

预测方法	1987 年的场强中值/$(dB \cdot \mu V \cdot m^{-1})$	
	路径 1	路径 2
测量	26.8	34.7
FCC 曲线 (区域 2 中也有使用)	33.2	54.8
Cairo 曲线	40.2	55.0
CCIR 方法 (推荐 435)	16.2	54.4
修正的 FCC 方法	27.7	44.1

注：

测量值是在日落后 6 个小时，在路径的中间点获取。

路径 1：旧金山到费尔班克斯，3464 km，KFAX，1100 kHz，50 kW。

路径 2：安克雷奇到费尔班克斯，431 km，KFQD，750 kHz，10 kW。

　　(a) "高端" 商用电子扫描接收机、噪声校准和数字数据记录系统在这五年半的实验中工作得非常好。

　　(b) 这类项目的一个必须做的工作是定期进行仔细的声音监测，以便准确地识别发射机。

　　(c) 在阿拉斯加选择了一个 "无射频干扰" 的远程接收站，获得了极好的高信噪比数据。

　　(d) 当中频天波的传播路径穿过极光卵形环时，信号会随着频率、地磁活动、时间和季节的变化而发生显著的变化。

　　(e) 这些结果促使 FCC 发布了新的工程天波曲线，以描述包括阿拉斯加和加拿大在内的美国北部标准 AM 广播电台之间可能存在的天波干扰，从而使频道分配更加符合实际。

8.4 高频传播

ITU 高频波段 (3~30 MHz) 基本上是一个昼夜天波波段，用于广播、点对点和监控 (实际上，2~30 MHz 的频段范围主要是通过天波传播)。除磁暴期间外，在中纬地区高频传播的平均特征是可以合理预测的。幸运的是，有几本书详细描述了基本的高频传播 (Maslin, 1987; McNamara, 1991; Davies, 1990, Ch. 6; Goodman, 1992)。

8.4.1 Alaska 和 Scandinavia 之间的定频试验

20 世纪 50 年代中期开始对斯堪的纳维亚和阿拉斯加之间路径上的高频信号的跨极传播行为进行了认真和系统的研究。虽然大多数早期的 CW 传输被 SW 干扰削弱，但后来使用了脉冲方式进行传输，这对 SW 干扰更具抵抗力。直到大约 1969 年，大多数跨极 HF 传播实验的结果都发表在机构报告中，而不是在 "开放文献" 中，而且，由于这些数据的重要性，我们将部分呈现这些从 1956 年开始的实验成果。幸运的是，校准脉冲 HF 跨极传输的开始时间刚好在第 19 太阳黑子周极大值 (这是有记录以来的最大值!) 的出现时间之前。以下结果摘自阿拉斯加大学地球物理研究所 (Owren et al., 1959) 的一份报告，这些成果代表了在第 19 太阳黑子周极大值附近的 HF 传播条件。

早在 1956 年 (太阳黑子数 (SSN)$\approx$ 50)，挪威研究中心 (NDRE) 和 UAF 地球物理研究所在一个横跨北极地区的测试传输计划中合作，共同研究信号传播条件。第一次传播试验使用了来自阿拉斯加费尔班克斯的 3 kW 的 CW 传输和 3.3 MHz 和 7.7 MHz 的 FSK 电传信号，以及来自挪威北部 Harstad 的频率为 5.9 MHz 的 5 kW CW 信号，该信号每小时传输 5 min。此外，阿拉斯加的接收站接收挪威南部 Vigra 的 629 kHz 的 100 kW 广播信号。在阿拉斯加 College 和 Barrow、挪威的 Harstad 以及斯瓦尔巴特群岛的 west Spitzbergen 设立了接收站。随着测试的进行，必须对原来的计划进行修改。由于受到其他服务的干扰，来自费尔班克斯的 3.3 MHz 的传输不得不取消。挪威接收站无法接收到 7.7 MHz 的信号，因此在 7 月 12 日，由 College 向挪威北部发射的 12.3 MHz 的脉冲信号取代了这一信号。这个信号立即被 Spitzbergen 站接收和识别，这说明了脉冲传输的优势。

College 接收站无法识别来自 Harstad 的 5.9 MHz 的信号，但 Barrow 在 7 月 13 日开始运行后成功识别了该信号。但即使是在 Barrow，信号也无法被一直很好地接收。在 Barrow、College 以及 Vigra MF 的传输结果较差。

一项监测挪威和俄罗斯 0.5~22 MHz 频率范围的 MF 和 HF 广播发射机的补充项目于 7 月 6 日和 7 月 13 日在 College 实施。在挪威南部的 Frederickstad，

17.825 MHz 的 SW 传输获得了良好的结果。

1956 年 7 月的试验清楚地展示了脉冲信号比 FSK 和 CW 类型信号传输更具优越性，并进一步表明，未来的试验应集中在高频波段。1956 年和 1957 年进行了其他几次监测试验，结果相当不确定，但 1958 年 1 月和 2 月进行的第四次和第五次试验 (SSN =200.9) 比较成功。在 IGY 的这一部分中，在阿拉斯加的 College 放置了一个工作频率为 12 MHz、18 MHz 和 30 MHz 的三频高频后向散射探测仪 (Peterson et al.,1959)。该后向散射探测仪有三个三元八木天线，安装在一个旋转桅杆上，发射机脉冲输出为 4 kW(天线旋转速率为 1 RPM)。College 的另一个脉冲发射机也使用半波偶极天线，工作频率为 6 MHz。瑞典 Kiruna 地球物理天文台参加了 1958 年 1 月至 2 月的试验，取得了令人鼓舞的结果。

具体来说，我们发现即使在天线旋转的情况下也能接收到 12 MHz 的信号，事实上，在整个旋转周期内都能接收到来自 College 的脉冲发射。后来，人们发现 18 MHz 的脉冲传输同样可以在半个旋转周期内被接收到。在 Kiruna 也发现了 30 MHz 的信号，但该信号是间歇性的、无规律的。此后，Kiruna 地球物理天文台从 1958 年 5 月开始对 College 的 12 MHz、18 MHz 和 30 MHz 脉冲信号进行持续监测。College 在 12 MHz、18 MHz、24 MHz 和 30 MHz 的传输是在 Kiruna 利用连接到一个改进的脉冲接收通信接收器的菱形天线进行记录的。接收机的输出显示在示波器上，并以拍摄的方式记录下来。

为了充分说明高纬 HF 传播的极端变化，我们将考虑各种长度路径、频率、方向、极光卵形环和极盖电离层等各种地球物理活动，对 HF 信号行为进行分析。

对 College HF 后向散射和 Kiruna 接收到的信号同时进行的分析表明，College-kiruma 5300 km 传播路径上主要是三跳模式 (而不是两跳模式)。

第 19 太阳黑子周最大值时的 HF 跨极传播数据

对 1958 年 12 月同时在 Kiruna 接收到的信号强度和在 College 观测到的地面散射回波记录进行了分析，记录总时长为 672 h。由于所用频率上的 SW 干扰和常见的设备故障，672 h 内约有 30% 的数据丢失。人们希望 HF 传播路径上观测到的地面散射能很好地指示正向传播条件，因此 College 观测到的 1000∼1900 km 范围内 Kiruna 方位角 ±30° 范围内的地面散射被解释为三跳模式的第一跳。同样，2000∼3000 km 范围内这个方向的地面散射被认为是两跳模式的第一跳。

在 Kiruna，07:00∼18:00 UT 区间，当在传播方向没有地面散射回波时，有时会出现较高的信号强度。这表明回声可能存在，但低于接收机的灵敏度阈值或有效的单跳 Pedersen 传播模式。图 8.16 中 18 MHz 的直方图说明了 12:00∼15:00 UT 期间的这种情况 (SSN = 180.5)。当 College 的传输在 Kiruna 是"可读的"

(拍摄记录的信号为无量纲单位, 范围为 0 ∼ 3。"可读的" 的信号强度 ⩾ 0.5) 时,
来自极地地区的地面散射回波表示表 8.6 中所述传播模式的相对发生率。

表 8.6   传播模式和地面散射的相对发生

传播模式	该模式发生的时间比例	
	12 MHz	18 MHz
三跳	65	61
两跳	11	15
无明显模式特征	24	24
(极区地面散射缺失)		

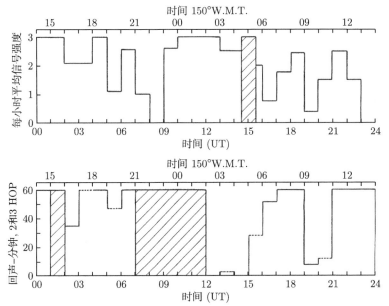

图 8.16   1958 年 12 月 4 日, 在 Kiruna 和 College 接收到的阿拉斯加 College 18 MHz 信号
的地面散射对比 (Owren et al., 1959)

通过这个和其他地面散射信号强度结果的比较, 可以得出结论, 即地面散射
并不是一个能够很好地衡量高频信号在高纬地区传播的指标。

图 8.17 中的直方图显示了 1958 年 12 月在 Kiruna 12 MHz 和 18 MHz 的
平均信号强度。在 12 MHz 和 18 MHz 的直方图中, 15:00 UT 时, 在 Kiruna 和
College 的最大干扰期间发生明显下降。College 以北地区 D 层吸收的日最大值也
出现在此期间。

1959 年 8 月 (SSN = 151.3), 当时有利的环境条件, 特别适合用于详细研究
太阳粒子沉降和辐射对高纬 HF 传播的影响。首先, 太阳活动发生在一个异常明

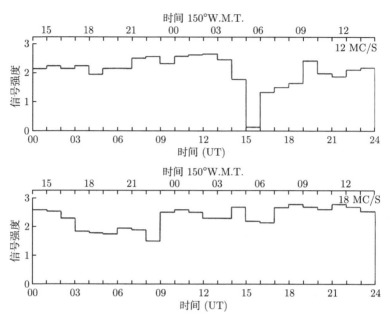

图 8.17   1958 年 12 月期间，瑞典 Kiruna 的平均信号强度 (Owren et al.，1958)

显的平静期之后，而且太阳活动包括低能和高能的粒子沉降。其次，在 IGY 期间
获得了全面的地球物理观测结果，包括"探索者 6 号"进行的辐射测量、扩展的
台链的吸收测量，以及电离层测高仪对北极的良好覆盖。三是阿拉斯加州大学地
球物理研究所、瑞典 Kiruna 地球物理天文台和斯坦福大学无线电科学实验室共
同建设了北极和亚北极实验的 HF 链路网络。整个项目由美国空军马萨诸塞州剑
桥研究实验室的电子研究理事会赞助。在历史上，这可能是第一次在高纬地区扰
动期间进行的广泛的、协调的、高精度测量的 HF 传播实验。

实验链路使用了斯坦福 IGY 后向散射探测仪，分别位于阿拉斯加州的 Col-
lege、Thule、Greenland 和 Stanford，工作频率为 12 MHz、18 MHz 和 30 MHz。接
收站位于瑞典的 Kiruna(位于北极地区遥远的一侧) 和北美大陆的 Boston、Col-
lege 和 Stanford。这里只考虑阿拉斯加州 College 的 12 MHz 和 18 MHz 的脉冲
传输，因为针对 Thule 和 Stanford 站的 College 传输接收站在 1959 年 8 月还没
有运行。College 探测仪使用旋转八木天线系统，以 18.75 s^{-1} 的频率发射 1 ms
脉冲，峰值功率为 4~5 kW。

考虑到低辐射角 (约 10°) 和电离层反射点，College-Kiruna 的大圆路径是一
个长 5200 km 跨极链路，其经过北极地理极点几度的范围且路径基本上是在极
光带内。College - Boston 的大圆路径长 5300 km，沿切线穿过极光带。College-
Stanford 的路径长 3500 km，在正常情况下位于极光带之外。图 8.18 为传播路径

和支持电离层观测的地图。

1959 年 8 月的前 13 天，特别是 8 月 11 日至 14 日，太阳活动较低，地磁条件比较平静。8 月 14 日和 8 月 18 日，在穿过第 16 个太阳中央子午线的活跃区域发生了强烈的太阳耀斑。在这一区域附近还观测到许多较弱的耀斑。这两次强耀斑之后都发生了磁暴，总共造成了一个月内 5 天的磁扰动。第二次耀斑也伴随着宇宙射线的爆发，导致了弱 (大约 1 dB) PCA 事件发生。

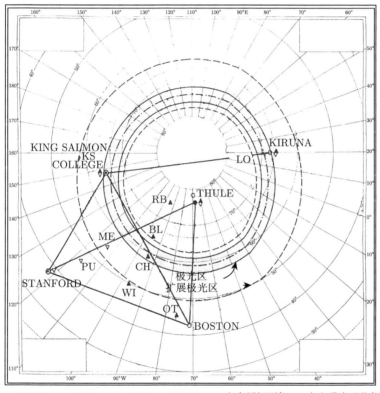

● XMTR   ○ RCVR   ◉ XMTR & RCVR   ▲ 电离层探测仪   ▽ 宇宙噪声吸收仪

图 8.18　根据 Vestine 极光等频线绘制的极光区域传播路径图 (Owren et al., 1963)

第一次大的耀斑 (2⁺ 级) 发生在 8 月 14 日 00:40 UT，其伴随着突然的宇宙噪声吸收和缓慢的 SW 衰减 (SWF)。一个开始于 8 月 16 日 04:04 UT 的强急始型磁暴，持续了大约 40 h，直到 17 日晚上，这次磁暴被认为是由与 2+ 级耀斑相关的低能粒子辐射引起的。宇宙噪声吸收仪观测表明高能粒子的辐射发生在地磁纬度 52° ∼ 62° 之间，峰值强度处于 57° 或 58° 左右。因此，极光粒子最初的影响是在亚极光带，强烈的磁暴通常会导致活动区域的南移和扩张。经过磁暴的初始相之后，在磁暴的剩余时间里，位于 College 的 AA 一直比处于阿拉斯加的

King Salmon 强。这证实了 Basler 的发现，即 AA 的峰值位于沿可视极光卵形环赤道方向的几度处，这一发现对极光 HF 传播的研究具有相当重要的意义。

第二次大耀斑 (3 级)，开始于 8 月 18 日 10:15 UT，从 Thule 的宇宙噪声吸收仪记录中可以明显看出，其伴随着 SWF 和宇宙噪声发射。Thule 的测量结果表明，弱 PCA 事件开始于 12:00 UT 左右。PCA 事件大约在 8 月 19 日 20:00 UT 时达到了 1.5 dB (27.5 MHz 下) 的最大值，并在 8 月 21 日 (约 12:00 UT) 时恢复。一场中等强度的急始磁暴于 8 月 20 日 04:12 UT 开始，并持续到 24 日上午。1959 年 8 月的日地事件和几条跨极路径上的无线电传播行为如图 8.19 所示。

总的来说，可以看出 AA 的峰值是解释大多数 HF 路径中信号强度下降的最重要的因素。需要强调的是，这是一个非常小的 PCA 事件。在 1959 年 8 月 16 日至 17 日的磁暴期间，HF 在图 8.20 所示的三个链路上的传播行为是近太阳黑子极大值条件的佐证。

8.4.2　阿拉斯加和美国大陆间的传播测试

College-Stanford 线路 (基本上是中纬路线，$D = 3500$ km)

在 8 月的无扰动期间，斯坦福大学全天都能够接收到 12 MHz 的传输信号，信号强度始终保持在高水平。链路的行为如图 8.21 所示，这是一个信号中断的等值线图，其中断面线区域表示 $1\ \mu V$ 以上的信号强度小于 6 dB。

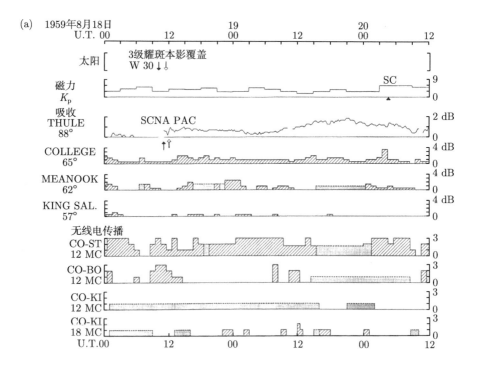

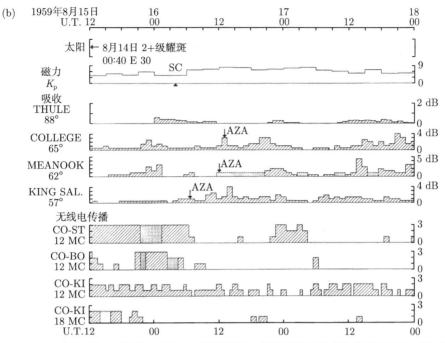

图 8.19 1959 年 8 月 15 日和 18 日，太阳黑子最大值附近的日地条件和跨极 HF 无线电传播 (Owren et al., 1963)

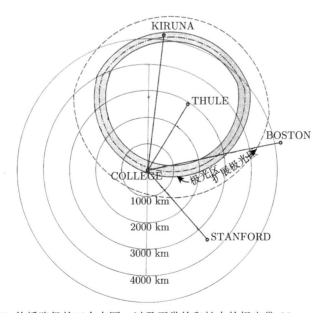

图 8.20 HF 传播路径的三个大圆，以及正常的和扩大的极光带 (Owren et al., 1963)

图 8.21 中显示，正常情况下，全天都没有中断的情况。在 College 同时观测到的地面散射是两跳 F 层模式。这意味着传播路径大约在地磁纬度为北纬 64°、57°、55° 和 45° 处穿过 D 层。在阿拉斯加的 King Salmon(地磁纬度为 57.4°)，当极光吸收开始时，突然出现链路中断现象。磁暴期间有一些短暂的恢复，如果考虑到经度差异，这似乎与 King Salmon 的吸收下降有相当大的关系。最后的恢复于 8 月 18 日 09:00 UT 发生。在此期间，由于干扰没有获得 18 MHz 的数据。

College-Boston 线路 (与极光卵形环相切，$D = 5300$ km)

在 8 月 7 日至 15 日的无扰动期间，对于 12 MHz 的传输链路，存在一个持续约 5 h 的日中断现象。电离层数据表明，信号中断由 College 附近发出的信号的极光吸收 (AA) 控制。可以确定的是，磁暴期间的严重中断现象开始于 8 月 16 日 1:00 UT，即在斯坦福大学 12 MHz 信号中断的 4 小时后，电离层扰动在同时段蔓延到正常的极光区。

除了 8 月 13 日至 15 日磁暴前的平静期外，波士顿的 18 MHz 信号一般处于次边缘 (sub-marginal) 水平。信号中断等高线图 (图 8.22) 和 College 吸收等高线图 (图 8.23) 在磁暴前具有显著的相似性。

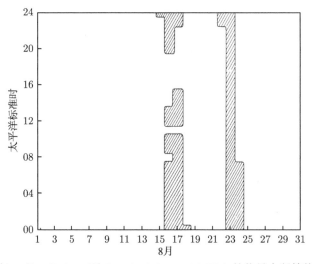

图 8.21　1959 年 8 月，College 到 Stanford (11.634 MHz) 的信号中断等值线图 (Owren et al., 1963)

上述传输链路很可能是由加拿大 Churchill 附近的极光吸收 (AA) 控制，而不是由 MUF 因素控制。正如所预料的那样，在 8 月 16 日至 17 日的磁暴中，信号传输链路完全中断。

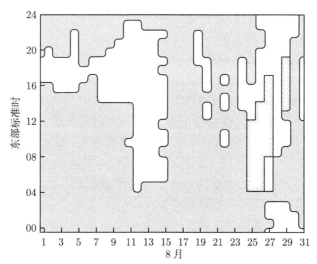

图 8.22 1959 年 8 月，College 到 Boston (17.900 MHz) 的信号中断等值线图 (Owren et al., 1963)

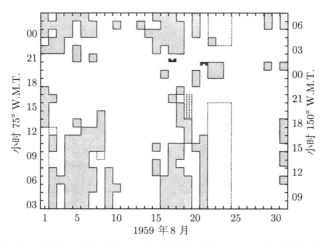

图 8.23 位于 College 的吸收等值线图。实黑线区域表示 PCA 事件范围，交叉截面表示吸收值超过 1 dB 的区域 (Owren et al., 1963)

8.4.3 其他跨极 HF 定频实验

College-Kiruna 线路 (跨极, $D = 5300$ km)

在 8 月 1 日至 12 日期间，Kiruna 大部分时间都收到了 12 MHz 和 18 MHz 的信号，在 8 月 13 日至 15 日期间有少数的中断现象。这条大圆路径经过斯匹次卑尔根群岛，Longyearbyen 的电离层测高仪观测表明，在 8 月 1 日至 15 日期间，12 MHz 几乎是最佳的跨极传输频率，北极电离层在观测期间未发现支持 18 MHz 传统多跳传播模式的证据。

在 8 月 16 日至 17 日的磁暴中，12 MHz 的信号有所减弱，但在 Kiruna 仍基本可接收。18 MHz 的信号在 8 月 15 日 22:40 UT 时中断，因为不断增加的地磁活动使 K_p 达到了 5^+，并一直持续到 21 日中午。

前一个冬天 (1958 ～ 1959 年的第 19 个太阳周期最大值)，在 College 和 Kiruna 之间的传播路径上显示出异常有利的传播条件。Kiruna 的高频脉冲接收结果表明，一般来说，在 18 MHz 上有三种不同的传播模式，脉冲周期分别为 3 ms 和 6 ～ 7 ms，这很难解释为大圆路径上的交替传播模式。因此，有一些迹象表明，在某些时候，可能会出现非大圆传播模式——这可能是由从极盖向赤道方向通过极光卵形环电离层产生的陡峭的水平方向电子密度梯度导致的。

为了验证这一假设，在 Kiruna 进行了一个名为"风车"的实验，该实验采用了一个特殊设计的旋转三元八木天线，工作频率为 18 MHz。天线从地理北纬 60°NEE 逐步移动到 60°NWW 并向后移动，在每个指定位置停留 1 min (水平波束宽度估计为 60°)。阿拉斯加的后向散射探测仪在发射机指向 Kiruna 的那一分钟以更高的脉冲重复频率 (PRF) 发射，因此在接收记录上记录了一个方向标记。这个实验在 1961 年冬天进行 (接近太阳黑子极小值)，当时只有一种传播模式有效。本次实验结果表明，来自东北方向的信号有时强于来自西北方向的信号。而大圆路径的情况则应该正好相反。

College-Kjeller 和 Thule-Kjeller 的传播路径分析 (SSN = 38.3 ～ 80.2)

从 1961 年 1 月到 1962 年 6 月，在挪威的 Kjeller(奥斯陆附近) 监测了来自阿拉斯加 College 和格陵兰岛 Thule 的后向散射信号。在斯匹次卑尔根岛 Isfjord 接收站也获得了数量有限的数据。发射和接收站的位置如图 8.20 所示。Thule-Isfjord 的路径完全在极光带内，所有其他路径都大致以直角穿过卵形环。不同路径的大圆距离为

- College – Kjeller，6000 km；
- Thule – Kjeller，3350 km；
- College – Isfjord，4050 km；
- Thule – Isfjord，1250 km。

这些跨极链路中让人特别感兴趣的是相对于极光卵形环 D 层吸收区域的射线路径的方向。传输链路竖直平面的几何结构图如图 8.24 ～ 8.26 所示，图中假设模式结构是对称的，F 层反射高度为 300 km。图中阴影区域表示极光卵形环的近似位置，交叉阴影线区域表示最大吸收区域。

在平静的条件下，人们发现三跳和四跳的 College - Kjeller 无线电传输在链路的发射端容易受到 AA 的影响，而在接收端，极光卵形环吸收区域应该对所有

正常传播的信号几乎无影响。当然，在扰动的情况下，极光卵形环会显著扩大，并可能对暴露于 AA 区域的链路造成严重的影响。在 College-Kjeller 路径上，最有可能的模式是一跳、二跳或三跳模式，而双跳模式与天线的辐射模式区别很明显。此外，在冬季太阳黑子极小值期间，18 MHz 的常规传播模式在 College 难以实现，最可能发生的是非常规传播模式。

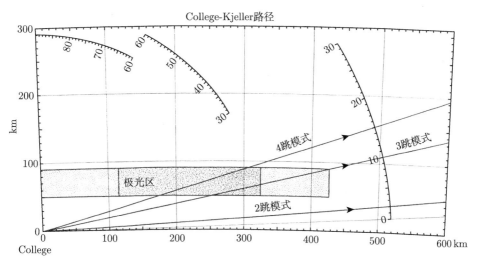

图 8.24　College-Kjeller 路径下理想模式的几何结构 (Owren et al., 1963)

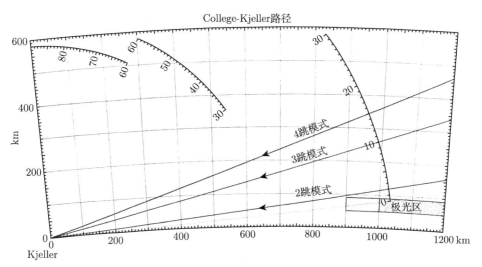

图 8.25　Kjeller-College 路径下理想模式的几何结构 (Owren et al., 1963)

这些链路的总体行为显示在下列选定的直方图上。第一类给出了每天出现信号的总小时数、出现阻塞干扰的小时数和中断的小时数。黑色柱和虚线柱的高度分别为接收和干扰的测量周期。发射机或接收机的停机时段由标注着字母 E 的空白列表示，当字母 E 出现在黑色或虚线柱的上方时，黑色或虚线柱的上边线到顶线 (24 小时线) 的区域表示这一天的停机时间。磁暴平静和扰动日分别由字母 Q 和 O 表示。底部的三角形表示急始磁暴发生时间。图 8.27 和图 8.28 分别表示 1961 年夏季 (7 月 ～ 8 月) SSN=50 和冬季 (10 月 ～ 12 月)Thule-Kjeller 链路上 12 MHz 及 18 MHz 信号的传输条件。

　　类似地, 图 8.29 和图 8.30 为夏季 (1961 年 7 月 ～ 9 月) 和冬季 (1961 年 10 月

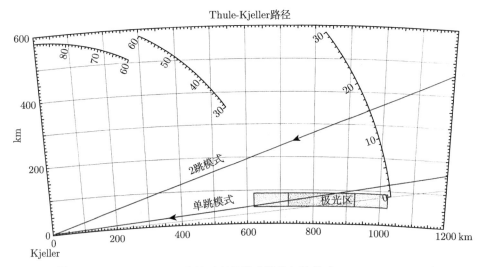

图 8.26　Kjeller-Thule 路径下理想模式的几何结构 (Owren et al., 1963)

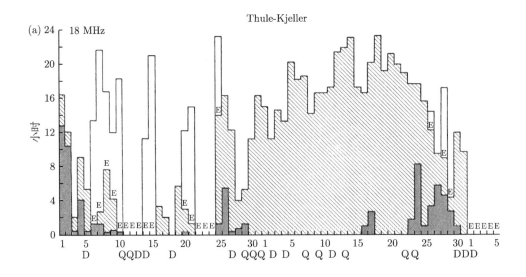

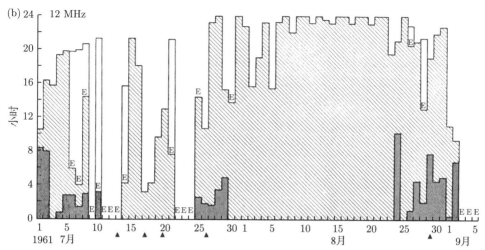

图 8.27 1961 年夏季，Thule-Kjeller 路径，(a) 18 MHz 和 (b) 12 MHz 信号的传播条件
(Owren et al., 1963)

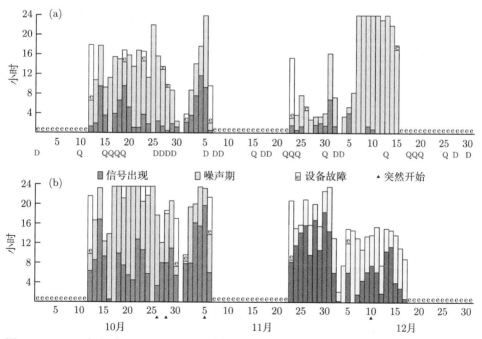

图 8.28 1961 年冬季，Thule-Kjeller 路径，(a) 18 MHz 和 (b) 12 MHz 信号的传播条件
(Owren et al., 1963)

∼ 12 月) SSN=50 时，对于 12 MHz 和 18 MHz 频率，College-Kjeller 跨极高频
链路的传输条件。

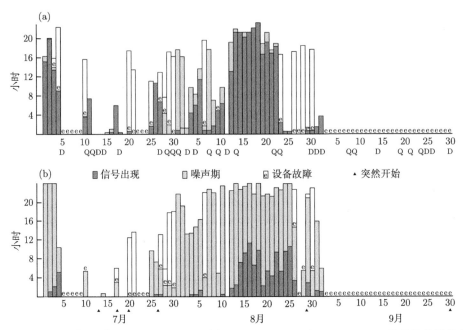

图 8.29　1961 年夏季，College-Kjeller 路径，(a) 18 MHz 和 (b) 12 MHz 信号的传播条件
(Owren et al., 1963)

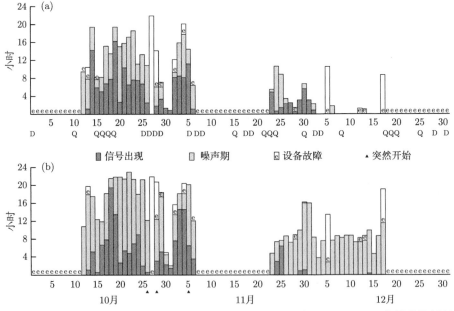

图 8.30　1961 年冬季，College-Kjeller 路径，(a) 18 MHz 和 (b) 12 MHz 信号的传播条件
(Owren et al., 1963)

在选定的磁静日，利用宇宙噪声吸收仪和 K 指数作为扰动指示器，绘制信号强度图，来研究这两个链路信号的季节变化。每条曲线代表所选天数的平均值。如果可能的话，每个月选出 $8 \sim 10$ 天来显示特有的季节性磁静日趋势。在某些情况下，干扰和中断往往会严重限制可用数据的数量，因此，所示曲线在定量地定义与传输有关的季节特性时并不同样可靠。值得注意的是，这些数据是在相对较低的太阳黑子活动 ($K \cong 50$) 时获得的。这些季节性统计数据源自 18 MHz 和 12 MHz College-Kjeller 链路以及 18 MHz Thule-Kjeller 链路传输特性。图 8.31 $\sim$ 图 8.33 显示了这些链路上信号强度的季节变化。

从 1961 年 4 月到 1962 年 6 月 (SSN = 38.3 $\sim$ 64.3)，地球物理研究所监测了位于格陵兰岛 Thule ($D = 2900$ km) 的 12 MHz、18 MHz 和 30 MHz 后向散射探测仪的高频脉冲传输。设备参数由 Peterson 等 (1959) 给出。由于严重的 SW 干扰，12 MHz 的传输数据有 $80\% \sim 90\%$ 无法使用，来自 Thule 的 30 MHz 信号被 College 30 MHz 后向散射探测仪屏蔽，因此只有 Thule 的 18 MHz 数据可用。Thule-College 路径仅在接近垂直入射的情况下穿过极光卵形环一次 (与跨极路径相比)，位于加拿大 Resolute 的垂测仪提供了链路中点附近的数据。图 8.34 为这条链路的竖直平面几何图形。

通过画出冬季、夏季和春秋分季节 Thule 处 12 MHz 和 18 MHz 脉冲信号强度的每小时平均值，可以得到其季节变化，如图 8.35 所示。

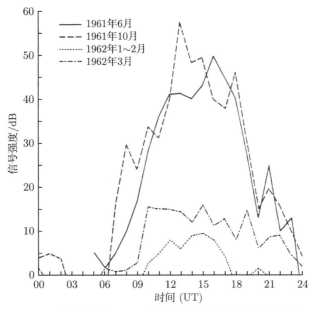

图 8.31 College-Kjeller 传播路径上 18 MHz 信号强度的季节性变化 (Owren et al., 1961)

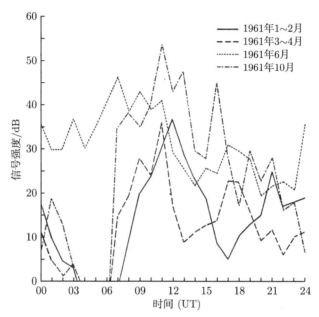

图 8.32　Thule-Kjeller 传播路径上 18 MHz 信号强度的季节性变化 (Owren et al., 1963)

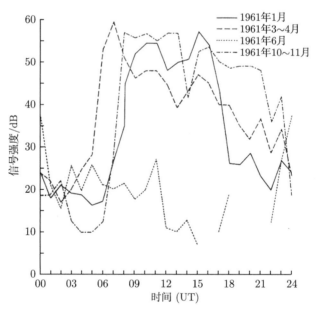

图 8.33　College-Kjeller 传播路径上 12 MHz 信号强度的季节性变化 (Owren et al., 1963)

　　图 8.35 所示的信号强度为无量纲单位，并利用 1961 年冬至、夏至和秋分前后 2 周到 4 周测得的信号强度用于求平均值。冬季信号强度最高，夏至信号强

度最低，秋分信号强度介于两者之间，这与中纬 HF 传播的情况类似。Thule 处 18 MHz 脉冲传输的平均信号强度随季节变化如表 8.7 所示。

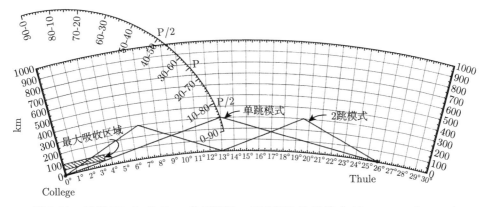

图 8.34 对于 Thule-College 传播路径，最可能的 F 层模式 (Owren et al., 1963)

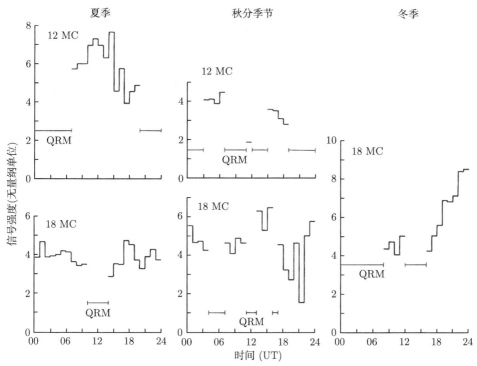

图 8.35 1961 年，在阿拉斯加 College 接收到的 12 MHz 和 18 MHz (MC) 的 Thule 信号的季节性变化。纵坐标表示信号强度的时平均值。标记为 QRM 的水平条形图表示由于干扰严重造成的数据丢失率高的时期 (Owren et al., 1963)

冬季的高平均值可能与低吸收和高临界频率有关。在夜间大量出现的极光 E
电离和在白天正常的 F 层传播模式，定性地解释了秋分期间相对较高的平均信号
强度。春秋分季节信号变化幅度最大，夏/冬季节变化最小。

表 8.7　Thule 处 18 MHz 脉冲传输的平均信号强度

UT	时间 150° WMT	信号强度 (dB 高于 1μV)		
		夏季	冬季	春秋季
00	14:00	35	49	43
08	22:00	31	38	37
17	07:00	41	42	39
20	10:00	27	49	40

图 8.36 显示了地磁平静期间 (1961 年 6 月 11 日)，三个极地路径上频率为
18 MHz 的信号平均强度的日变化 (单位为 dB，1 μV 以上)。图下方的实线标注
了 College 处存在强干扰的时间段，虚线则标注了 MUF(3000)F2 < 18 MHz 的
时间段，MUF (3000) F2 指的是传播距离为 3000 km 时，通过 F2 层的最大可用
频率，这一频率由位于加拿大 Resolute 的测高仪测得。在 MUF(3000)F2 < 18
MHz 的时间段，实现 Thule - College 链路的通信应该是不可能的，但实际上在
College 却记录到了相当大的信号强度。这再次说明，基于垂直入射数据，对接近
18 MHz 频率的极地传播路径的预测通常非常不可靠。

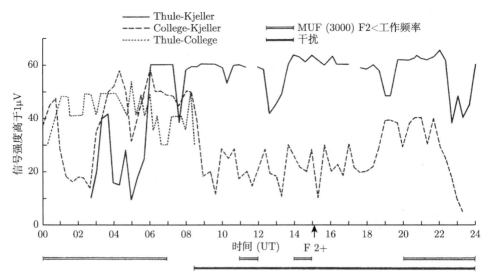

图 8.36　三条传播路径上 18 MHz 的信号强度在磁静日的变化 (1961 年 6 月 SSN = 55.8)
(Owren et al., 1963)

图 8.36 很好地说明了这些 18 MHz 顺极和跨极线路的可靠性。然而，应该注

意，这是大约在太阳活动最大值三年之后的一个磁静日。结果表明，除扰动期外，Thule 的信号几乎全天 24 小时都存在。这说明在极区电离层中 F 层电离反应比较弱时，E 层的电离反应对 18 MHz 无线电波的传播起着重要的作用。

图 8.37 显示了 1961 年 6 月 (SSN= 55.8) 和 1962 年 6 月 (SSN=38.3) 这两个月凌晨和晚上 (世界时) 时段信号每小时平均值的变化。07 ~ 21 UT 时段没有统计，因为这一时段链路上存在过多干扰导致很多数据丢失。由于数据的缺乏，无法获得这一传播路径上太阳黑子周期影响的明确结论。

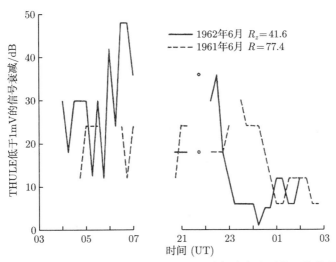

图 8.37　Thule 的 18 Mhz 信号的太阳周期变化。纵坐标为每小时的平均信号水平 (Owren et al., 1963)

8.4.4　College-Kiruna 定频吸收研究

将在瑞典 Kiruna 监测到的来自阿拉斯加 College 的 IGY 探测仪发射的固定频率脉冲，与在格陵兰岛 Thule (地磁纬度 88°N) 使用垂测仪和斜测仪进行的吸收测量进行了比较。College 的斜测仪采用离地 0.5λ 的三单元八木天线，地理方位角为 15°。同时获得了两个 PCA 事件期间的信号吸收强度数据，一个是 1959 年 7 月的强事件 (SSN=155.8)，另一个是 1960 年 5 月的弱事件 (SSN= 117.0)。

强 PCA 事件 (SSN = 155.8)

在 1959 年 7 月 9 日 19:37 UT 至 1959 年 7 月 16 日 21:15 UT 期间，观测到 4 次 2^+ ~ 3^+ 级的太阳耀斑。表 8.8 列出了与这些耀斑相关的吸收事件。

在此期间，可以获得从 College 发出在 Kiruna 接收的脉冲传输信号强度的数据。系统参数见表 8.9。

表 8.8　　吸收事件

日期	开始时间/UT	持续时间/h	27.6 MHz 处的最大吸收/dB
7 月 10 日	07:00(Thule)	> 90(College)	20
7 月 14 日	07:00	> 51	23.7
7 月 16 日	22:50	> 34	21.2

表 8.9　　系统参数

频率 /MHz	输出功率 /kW 峰值	脉冲重复频率 /(脉冲 $\cdot$ s^{-1})	脉冲长度/μs
11.634	5.0	18.75	1200
17.900	5.0	18.75	1200

College-Kiruna 跨极路径的长度为 5200 km。图 8.38 显示了 PCAs 和 HF"信号中断" (无接收信号) 细节。耀斑出现的时间由字母 F 表示，而符号 SC 表示急始磁暴的开始时间。College-Kiruna 线路上 12 MHz 和 18 MHz 脉冲信号中断时段的总结如图 8.38 的顶部所示。12 MHz 的中断时间比 18 MHz 的中断时间长了近 3 天，这定性地说明了 D 层信号衰减的频率依赖性。7 月 11 日的吸收强度曲线突然变平，这主要是由于吸收强度超出了宇宙噪声吸收仪的有效探测范围。应该强调的是，这是一个特别复杂的事件，低能宇宙射线几乎连续冲击了极盖 14 天。

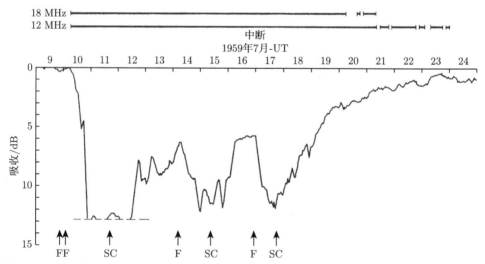

图 8.38　1959 年 7 月 9 日至 23 日的强 PCA 事件对 12 MHz 和 18 MHz 信号的跨极传输的影响 (Owren et al., 1961)

1960 年 5 月 13 日的弱 PCA 事件 (SSN =117.0)

1960 年 5 月 13 日的 PCA 事件是一个弱而典型的事件，在 Thule 和 College

的垂测仪上测得的最大吸收值分别为 4.5 dB 和 3.5 dB。两次 2 级和 3 级的太阳耀斑发生于 5 月 13 日 05:22 UT 之前的某个时刻。

College 斜测仪的吸收数据和同时段测得的 College-Kiruna 传播路径上 18 MHz 信号的强度如图 8.39 所示。在大约 06:00 UT 处的第一个吸收峰对应于 18 MHz 的信号强度从 3 下降到 1(无量纲单位)。在 10:45 ~ 21:10 UT 之间，信号完全中断，对应另一个大约相同幅度 (约 6 dB) 的吸收峰。这说明除了强 PCA 事件外，18 MHz 信号的衰减和吸收峰之间的相关性相对较差。应该强调的是，斜测仪只测量传播模式的最后一跳的信号吸收，而不测量其他跳的衰减。在一个强 PCA 事件中，吸收区域覆盖了所有的 College-Kiruna 传播路径，因此，人们可能会期望强事件期间衰减和吸收峰的相关性更好。

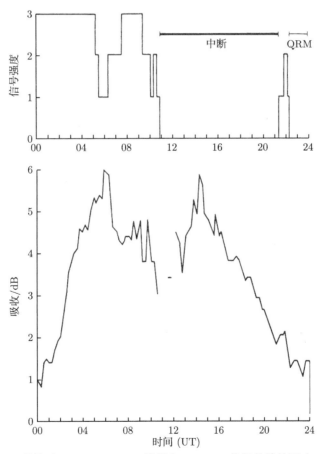

图 8.39 弱 PCA 事件对 College-Kiruna 路径上 18 MHz 信号传输的影响，结果由 College 的斜测仪测量获得 (Owren et al., 1963)

8.4.5　极光带吸收事件对 HF 传播的影响

图 8.40 为 1961 年 9 月 11 日 (SSN = 52.3)，在一个非常强的极光带吸收 (AZA) 事件期间，同时测得的 Thule-College 路径上 18 MHz 信号的吸收和衰减数据。在 03:30 ~ 07:30 和 08:30 ~ 11:00 UT 期间，由于较强的十扰使 Thule 的脉冲信号难以识别，而在其他时间都可以获得连续的数据。9 月 12 日，18 MHz 频率的信号在 11:40 ~ 24:00 UT 期间完全中断，直到 07:30 UT 时吸收恢复到约 1.5 dB 的水平。这是本次研究中观测到的最强 AZA 事件，它不是一个典型事件。这是研究中唯一一个在这条路径上造成信号中断的 AZA 事件。

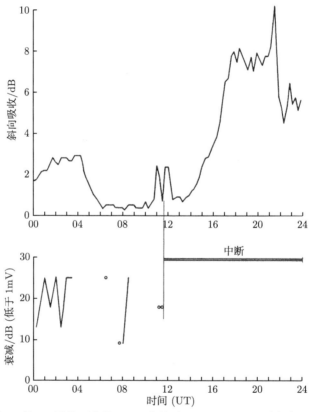

图 8.40　1961 年 9 月 11 日的一次强 AZA 事件对 Thule-College 路径上 18 MHz 信号的影响 (Owren et al., 1963)

8.4.6　扫频实验

太阳黑子极小值附近的前向斜测

在 1963 年和 1964 年期间，GI/UAF 利用商业脉冲探测仪和天线，在 College

运行了 HF 频率步进后向散射和同步前向探测系统 (Davies, 1990)。图 8.41 中显示了实验研究过程中的五条传播路径，系统的一些相关参数如表 8.10 所示。本节描述的数据是在 1963 年 11 月 (SSN = 23.8) 到 1964 年 2 月 (SSN = 17.8) 期间获得的，代表了冬季期间太阳黑子极小期的状态。

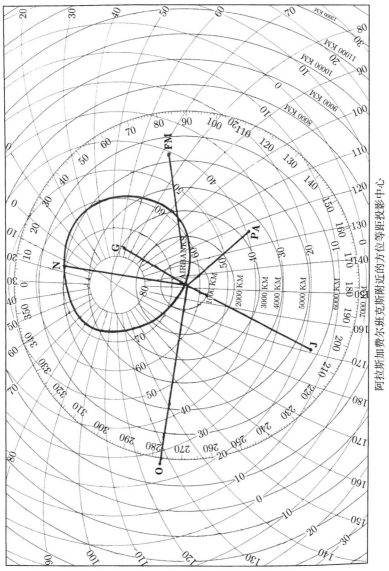

图 8.41　1963 年和 1964 年期间研究的大圆 HF 传播路径，以及 $K_p = 4$ 的近似极光椭圆 (Bates and Hunsucker, 1964)

表 8.10　　前向探测系统的参数

输出功率	30 kW(额定)、15 kW(实测)
频率范围	4 ∼ 64 MHz
短脉冲	PRF 50 脉冲 ·s^{-1}，脉冲长度 100 μs，波束宽度 16 kHz，每个信道 4 个脉冲
长脉冲模式	PRF 20 脉冲 ·s^{-1}，脉冲长度 1000 μs，波束宽度 4 kHz，每个信道 2 个脉冲
大线	Granger 模型 726-4/64 对数周期垂直单极 LPA 直接指向真实方位角 015°、105°、210°、270° 和 325°

Thule-College 路径

Thule-College 大圆路径长 2900 km，最可能的传播模式为 F 层一跳、二跳和三跳模式，F 层二跳、三跳和四跳模式或 E-F 层模式的组合。图 8.42 为来自 Thule 的典型冬季长脉冲和短脉冲记录。上面的长脉冲记录为一个常见的 LOF 为 5 MHz 和 MOF 为 17 MHz 的冬季极光 E 层模式，下面的短脉冲记录为极光 E 层模式，其 LOF 为 4 MHz，MOF 为 20 MHz。在 5 ∼ 10 MHz 之间存在扩展-F 层模式。

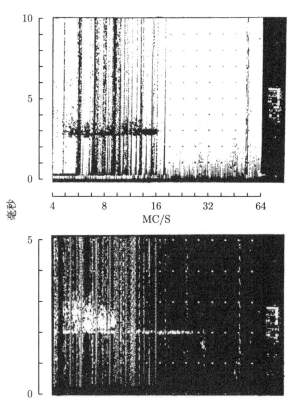

图 8.42　冬季，在太阳黑子最小时的 Thule-College HF 传播模式结构。上面为长脉冲记录，下面为短脉冲记录 (Bates and Hunsucker, 1964)

极光 E 层模式

图 8.43 下半部分显示了 Thule-College 链路上极光 E 层模式出现的相对概率。直方图在 20:00 ～ 24:00 UT (10 ～ 14, 150°WMT) 左右达到峰值, 在 11:00 ～ 14:00 UT (01 ～ 04, 150°WMT) 左右出现最小值。直方图给出了极光 E 层模式出现在这条链路上的部分时间, 并表明在冬季该链路上的主要模式实际上由极光 E 层模式维持。

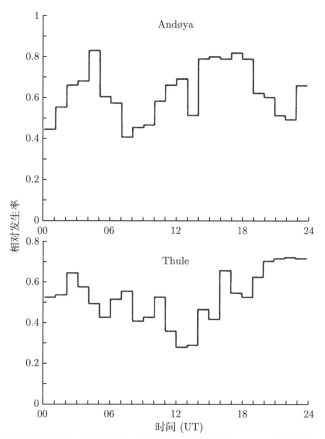

图 8.43　下半部分为同一时期极光 E 层最大观测频率 MOF 的日变化 (Bates and Hunsucker, 1964)

图 8.44 中的直方图为 MOF 每小时平均结果的日变化, 上面的图给出了 1963 年 11 月 27 日至 1964 年 2 月 12 日期间每小时内观测到的最高 MOF。在 Thule 的平均 MOF 曲线上, 最大值在 07:30 ～ 12:30 UT(21:30 ～ 02:30, 150°WMT) 之间, 与 College 处的日极光峰值对应。

其他冬季模式

在冬季，在 Thule - College 路径上除了主要的极光 E 层模式外，还观测到了各种其他模式。图 8.45 (下图) 显示了典型极光 E 层模式，其伴随着较低频率上出现的扩展-F 层模式。在 2 月下旬和 3 月 (白天)，Thule 信号的低频短脉冲 (100 μs) 记录显示了通常预期的 F 层模式 (图 8.46 中的上图)，随后出现极光 E 层模式。下面几节将讨论这一点。

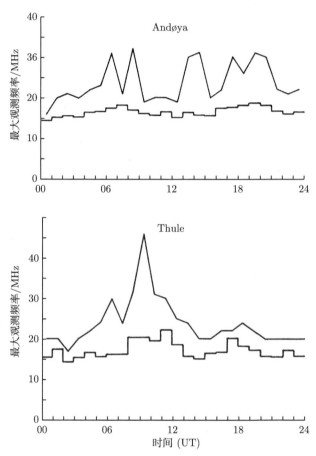

图 8.44   极光 E 层最大观测频率 (MOF) 的日变化 (Bates and Hunsucker, 1964)

反常路径模式

最有趣的高纬 HF 模式之一就是 "反常路径" 或 "非大圆" (NGC) 模式。图 8.47 为 Thule-College 路径上这些模式的两个例子，一个是在固有时间延迟下的直接路径 (可能是极光 E)，另一个是几个不同的 NGC 模式。模式结构的时间延迟和尤延迟无法使用 "多跳" 进行解释，因此我们只研究一个 NGC 模式的情况。

Andøya-College 路径 ($D = 5000$ km)

Andøya-College 跨极路径上最显著的冬夜模式似乎至少部分由极光 E 层电离支持，因为信号表现出恒定范围的离散信号特征。偶尔在迹线的上频端会出现一些延迟，但在大多数情况下，信号和如图 8.42 所示的情况类似。极光 E 层在 Andøya-College 路径上出现的相对概率有两个日峰值，如图 8.45 (上面那条描迹) 所示，一个峰值集中在 04:00 UT (当地时间 18:00) 左右。如图 8.44 (上面的图) 所示，在这个路径上观测到了高达 32 MHz 的极光 E 层 MOFs 和平均 18 MHz 的 MOF。Andøya 线路上的平均 MOF 有两个日峰值，而 Thule 路径上只有一个峰值。平均 MOF 最大值出现在 06:00 ~ 09:00 和 19:00 ~ 21:00 UT (20:00 ~ 23:00 和 20:00 ~ 23:00，150°WMT) 时段。

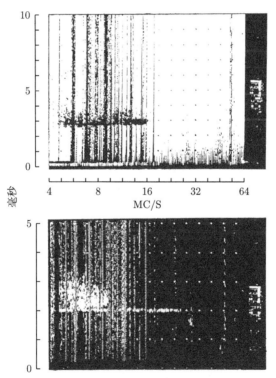

图 8.45 来自格陵兰 Thule 的典型冬季记录。上面为长脉冲记录，下面为短脉冲记录 (Bates and Hunsucker, 1964)

8.4.7 1956~1969 年 HF 高纬研究的其他结果

这些结果大多来自 Hunsucker 和 Bates (1969) 的一份研究报告。

极光 E 层电离效应

在冬季，即使是在太阳黑子活动 (SSN 约为 35) 较为温和的时候，高纬 HF 传播可能也主要由极光 E 层电离 (AE) 支持。Hunsucker 和 Stark(1959) 报道了 AE 在冬季夜间高纬 HF 传播中的重要性。跨极路径高频脉冲发射监测和北向定频后向散射探测结果显示，AE 活动峰值出现在 18:00 ~ 06:00 150°WMT 期间。

Folkestad(1963, 私人交流) 报道了 1961 年 1 月和 2 月间 College 至 Kjeller 的跨极路径上 18 MHz 脉冲传输的信号强度在 21:00 ~ 06:00 150°WMT 期间达到峰值，这进一步说明了 AE 在冬季夜间的跨极传播中的作用。Leighton 等 (1962) 基于 IGY 结果也强调了极地地区冬季夜间最高频率大于 5 MHz 的 AE 的高发生率。参见图 8.45 ~ 图 8.47。

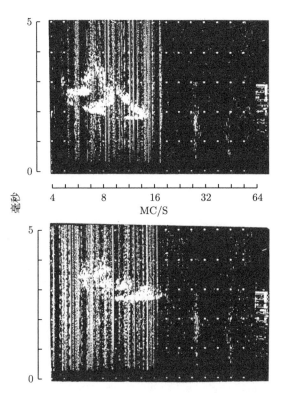

图 8.46   Thule(上图) 和 Andøya(下图) 的正常 F 模式 (Bates and Hunsucker, 1964)

在对可视极光和电离层垂测关系的早期研究中，Heppner 等 (1952) 发现某些天顶极光形式与 AE 截止频率 (f_{E_s}) 值之间存在高度相关性。尤其是，天顶的射线带与 f_{E_s} 的相关性最高，而当脉动极光形式出现在头顶上空时，完全吸收的时间为 100%。Hunsucker 和 Owren(1962) 在一个极光带站对可视极光与电离层垂

测仪获得的 f_{E_s} 之间的关系进行了另一项研究。利用全天空相机拍摄的照片，他们发现极光弧或极光带从低仰角运动到接近天顶的位置时，会伴随着 f_{E_s} 值的增加，增大量为 2 倍或更多。在接近天顶的离散极光形式中，从 8MHz 到 11 MHz 的 f_{E_s} 值较常见，最大值为 13 MHz(Hunsucker, 1965)。

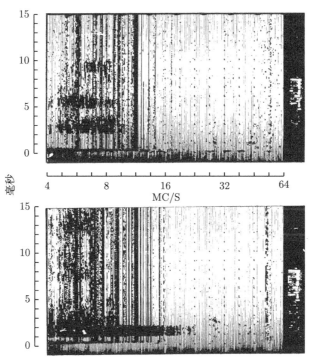

图 8.47　来自 Thule 长脉冲记录的直接和反常模式。在较低的电离图中，反常路径最大延迟为 11 ms (Bates and Hunsucker, 1964)

　　这一研究结果与上述关于冬季夜间太阳黑子极小值条件下极光卵形环 E 层电离的发生和行为一致。Thule-College 链路上的 MOF 峰值与链路的 College 端附近 (21:30 ~ 02:30，150°WMT) 的最大极光活动周期相吻合。Andøya-College 路径上的 AE 传播是一个更为复杂的现象，在活动中出现几个日峰值。这是可以预见的，因为 5000 km 的传播路径两次穿过极光卵形环，因此两次显示出日出/日落效应，而在 Thule - College 路径上只有一次。

　　从冬季的"夜间模式" (AE 传播) 到 F 层传播的"白天模式"的转变大约发生在 2 月中旬。当 Thule-College 和 Andøya-College 路径上的反射点被阳光照射时，正常的 F 层多跳模式传播如图 8.46 中的记录所示。

NGC 模式

Egan 和 Peterson(1962) 呈现了 HF/NGC 传播模式与极光卵形环有关的强有力的证据。斯坦福大学对来自 Thule 和 College 的 12 MHz 和 18 MHz 脉冲信号进行了监测，结果出现了非常强的延迟模式，直接模式和 "侧向散射" 模式之间的时间延迟高达 12 ms。Ortner 和 Owren(1961) 也提供了证据证明在 College 和瑞典 Kiruna 之间的 18 MHz 跨极路径上存在这种模式。对于 College 和挪威 Oya 之间的同步步进频率链路以及 18MHz 的 College-Thule 链路，Hunsucker (1964a；1964b) 给出了额外的能够证明 NGC 模式存在的证据。

Bates 等 (1966) 在 1963 年至 1964 年期间，通过 College 各个地点接收到的 HF 前向探测记录，详细研究了极光与 NGC HF 传播的关系。由于没有测向设备，所以为了确定侧向散射的类型，而进行了统计分析。在几个时间段内发生次数最多的时间段处于夜间。Palo Alto 到 College 路径的额外传播时间与磁活动成反比。同时，比较 College 的后向散射和 Palo Alto 到 College 的非传统路径数据，发现非传统路径的侧向散射描述延伸到了电离层后向散射带以北。这些结果可以解释为偏离模式是由来自极光带的侧向散射产生，如图 8.48 中 Palo Alto-College 路径所示。

20 世纪 60 年代早期的 HF 前向探测实验强调了 (在其他事情中)AE 模式在极地路径上冬夜太阳黑子极小值附近条件下的重要性。在 1963 年 11 月 27 日至 1964 年 2 月 12 日期间，Thule-College 和 Andøya-College 链路中 AE 的平均发生率超过 50%。在 Thule-College 路径上能够观测到高达 46 MHz 的 AE MOF，而其典型值为 18 MHz，在 Andøya-College 路径上能够观测到高达 32 MHz 的 MOF，而其典型值为 16 MHz。这表明，当中纬 MOF 相当低的时候，长距离的 HF 通信可能在冬季夜间接近太阳黑子极小值期间在极地路径上被阻断。这些 20 世纪 60 年代初隆冬时期的研究也说明了 NGC 模式在承载 MOF 中的重要性。

Bates 和 Albee (1966) 也指出了 F1 层效应对长距离、高纬 (甚至一些亚极地) 高频链路的重要性。在 1964 年太阳黑子极小期间，College 的 F2 层临界频率并没有明显大于 F1 层的临界频率。这种情况导致了相当大的条件修正，而且最大传播频率的波是通过 F1 层传播的。

以 4F2 模式为例对 Bates 和 Albee (1966) 的术语进行了说明。在这种情况下，F2 层有四次反射，其中包括地面反射，终点是地面。4F2 模式也称为四阶 F2 层前向传播模式。一般来说，第一个数字表示模式阶数，其余符号表示所涉及的电离层。包括来自 E 层和 F 层的连续反射的传播模式称为组合 E-F 层模式。

在 Palo Alto 到 College 的 3500 km 传播路径上记录的图 8.49(a) 和 (b) 显示了正常的 F 层斜向电离图。图中很好地定义了模式的结构，低射线追踪在低频端表现出轻微的延迟，高射线相对较短，并且可以看到磁离子分裂。图 8.49(c) 和 (d) 为表示 1964 年和 1965 年夏季在 College 所有路径上获得的电离图记录。每

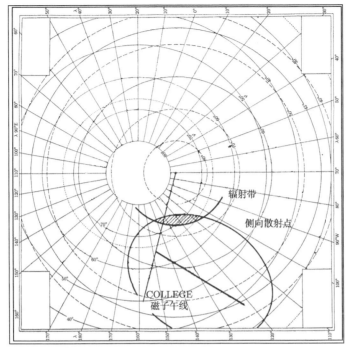

图 8.48 Palo Alto 到 College 路径上和由 College 后向散射数据确定的散射带上，可能的反常路径侧向散射点的椭圆轨迹之间互相重叠的必要条件示意图 (Bates et al., 1966)

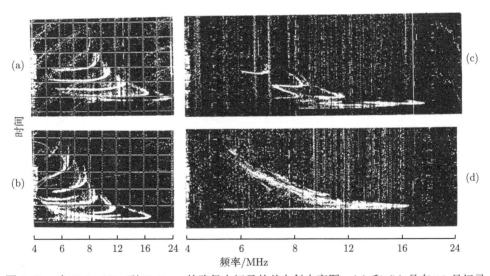

图 8.49 在 Palo Alto 到 College 的路径上记录的前向斜电离图：(a) 和 (b) 是在 10 月记录的 (SSN = 19.7)，(c) 和 (d) 是在 1965 年 7 月记录的 (SSN = 15.5)。时标间隔为 1.0 ms。在 4 到 24 MHz 之间，每 1000 个频率通道发送一次微秒脉冲 (Bates and Albee, 1966)

个记录的向下弯曲部分由前四个 F 层模式中的信号产生的几个离散描迹组成。像图 8.49(c) 和 (d) 中那样的描迹被称为 "长尾" 描迹。

图 8.50 ~ 图 8.53 为 1964 年 7 月 18 日上午在 Thule (2900 km)、Palo Alto (3500 km)、Fort Monmouth (5200 km) 和 Okinawa (7600 km) 记录到的信号上的长尾描迹。这是几乎同时在四条路径上观测到长尾描迹的少数例子之一。

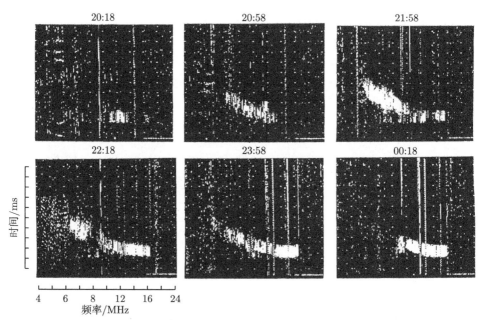

图 8.50　1964 年 7 月 18 日 (SSN = 10.3)，在 Thule - College 的路径上记录的一段长尾轨迹序列。时间为 UT，脉冲宽度为 1 ms (Bates and Albee, 1996)

长尾描迹的突然出现和消失是一个值得注意的特征。在 Thule 到 College 路径的信号上，长尾描迹从未像在其他路径上那样明显，这无疑是因为相对于 F2 层的临界频率，F1 层的临界频率随纬度的降低而降低。

图 8.54 表示了从其右上角小图所示的垂直电离图导出的斜向电离图。为简单起见，只显示 E 层和 F 层模式，忽略组合 E-F 层模式。如图 8.54 所示，来自 E 层的信号产生了常数时间的描迹。斜向电离图向下弯曲的部分主要由两条线组成，分别对应于 F1 层和 F2 层的临界频率。每一条向下的曲线都近似地表示临界频率的垂直向斜向的变换。

由图 8.54 可以看出，由于 E 层和 F1 层临界频率相对接近，导致产生了线之间的间隙，而由于 F1 层和 F2 层的临界频率接近，导致了传播时间随频率的增大而大幅度减小。前四种模式的完整信号跟踪结构如图 8.56 所示，图中没有考虑较低的电离层对低发射角斜模式可能产生的屏蔽效应。F1 层决定了计算案例中路径的最大频率；实验中，在 1964 年夏天的大部分白天时间内，从 Palo Alto 和 Thule 到 College 的路径上 MOF 似乎为 F1 层传播模式。Tveten (1961) 发现 MOF 经常通过 F1 层从 Barrow (阿拉斯加) 传播到 Boulder (科罗拉多)，而 Maliphant (1969) 则注意到了 F1 层对横跨大西洋的从 Slough 到 Ottawa 路径上的传播的重要性。

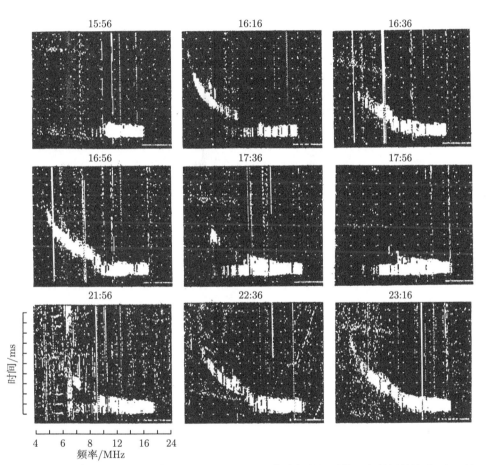

图 8.51　1964 年 7 月 18 日，在 Palo Alto-College 的路径上记录的一段长尾轨迹序列。时间为 UT，脉冲宽度为 1 ms (Bates and Albee, 1966)

可能的波导模式

在前一节中，显示了长尾描迹由信号在前三个或前四个 F2 层模式中产生。图 8.57 展示了无法用那种方式解释的描迹；这些描迹被称为 "延迟长尾" (delayed-long-tailed, DLT) 描迹。

我们首先假设这些 DLT 描迹是由更高阶的 F2 模式信号产生的。通过假设第一个到达的信号是通过讨论中的最小阶 E 层或 F1 层模式传播的，可以对传播时

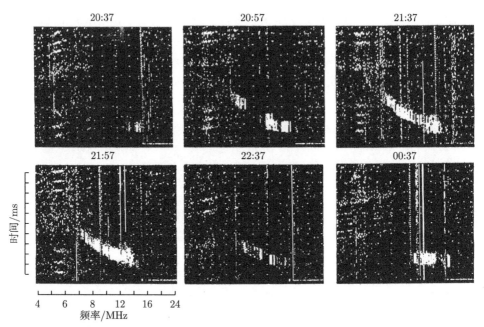

图 8.52　1964 年 7 月 18 日，在 Fort Monmouth-College 的路径上记录的一段长尾轨迹序列。时间为 UT，脉冲宽度为 1 ms (Bates and Albee, 1966)

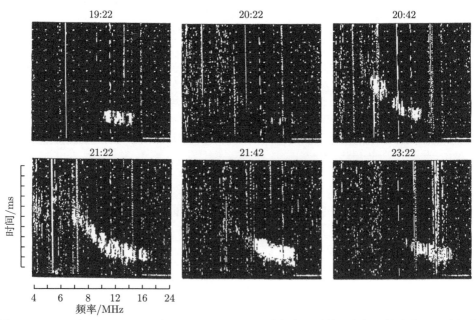

图 8.53　1964 年 7 月 18 日，在 Okinawa College 路径上记录的一段长尾轨迹序列。时间为 UT，脉冲宽度为 1 ms (Bates and Albee, 1966)

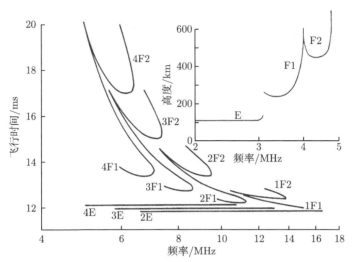

图 8.54 从小图中的垂直入射电离图导出的 3500 km 路径的前向电离图 (Bates and Albee, 1966)

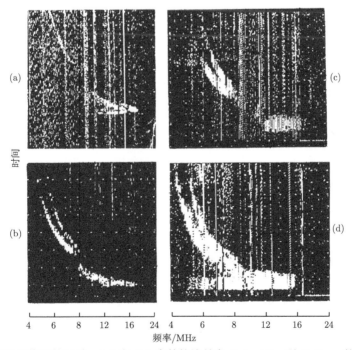

图 8.55 高延迟信号的记录。(a) 和 (b) 中的轨迹是在 Palo Alto 到 College 的路径上获得的，该路径上每个频道、4 ~ 24 MHz 间频率每隔 100 MHz，就有 4 个 100 μs 的脉冲。记录 (c) 和 (d) 分别为通过 Fort Monmouth 和 Palo Alto 到 College 的路径上，每个频道的 2 个 1 ms 的脉冲获得 (Bates and Albee, 1966) 的

间和反射高度进行粗略估计。图 8.55(a)、(b) 和 (c) 所示的记录将以这种方式进行分析；第一次到达的信号和 DLT 信号之间的最小时间延迟分别约为 1.75 ms、2.3 ms 和 3.0 ms。根据 Martyn 和 Breit-Tuve 定理 (并接受球面几何造成的小误差)，这些数据对应于每跳模式的反射虚高，如表 8.11 所示。

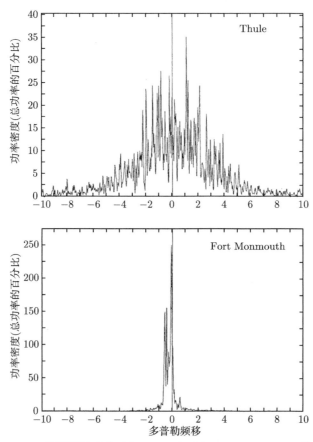

图 8.56　在 Palo Alto 监测到的来自 (a) Thule 和 (b) Fort Monmouth 的典型功率谱传输 (Lomax, 1967)

表 8.11　每个跳模的虚拟反射高度

模式	虚拟反射高度/km		
	Palo Alto		Fort Monmouth
	1.75 ms	2.3 ms	3.0 ms
1F2	850		
2F2	500	560	700
3F2	350	390	525
4F2	250	300	400

在每一种情况下，在 College 都观测到了 500 km 附近的 F2 垂直入射，因此对于从 Palo Alto 和 Fort Monmouth 到 College 的路径，最可能的模式是三阶和二阶以及四阶和三阶 F2 层模式。这说明，如果 DLT 信号实际上是更高模式的信号，那么最低 F2 层模式信号中的一些 (如果不是全部) 路径可能不存在。在 Fort Monmouth 到 College 的路径上，单跳模式的水平截止高度为 600 km，因此预计不会有 1F2 模式信号 (尽管它们可能存在)。

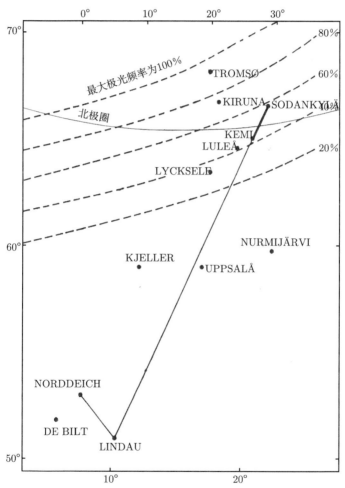

图 8.57　一张显示与极光带、北极和其他测站有关的 Sodankylä-Lindau HF 路径地图
(Rose, 1967)

通过考虑入射角正割相对于发射机入射角的变化率作为反射高度的函数，就可以定性地解释最低可能的 F2 层模式的缺失。计算结果表明，入射角的正割在 F1 层高度上比在 F2 层高度上增长得更快。正割因子与该层反射的最大频率成正

比；因此，如果 F1 和 F2 层的临界频率仅相差 10%，那么对于那些能够发生 F2 层反射的频率，F1 层将阻止其中大部分射线穿透到 F2 层，除了角度相对较高的射线。因此，一个相对厚且较高强度的 F1 层可以作为 F2 层斜向传播的屏蔽层，它会阻止低角度 F2 层模式的传播。

考虑 DLT 描迹不是由正常的地球–电离层传播模式信号产生，而是信号被导管传播到电离层的可能性，这可能是一个有意义的问题。有一种导管模式，通常被称为抬高模或倾斜模，已被提出用于解释长距离后向散射回波和跨赤道传播现象。倾斜模式不是这种情况的解释，因为 3500 km 的 Palo Alto 路径太短，需要过度倾斜，而且所需的南向的向上倾斜对于观测方向是错误的。1964 年夏天，当 DLT 信号最可能被观测到时，在对阿拉斯加、加拿大和美国的一些站点的电离层高度月中值和临界频率的检查中，发现 F2 层虚高降低，F1 和 F2 临界频率在向南时 (CRPL F 系列，A 部分) 增加，这导致了从 College 向南的显著向下倾斜。

然而，实际上，电离层的内部传导是另一回事。对于目前的情况，F1 层和 F2 层最大值之间的传导似乎是单个长尾描迹最可能的解释。这种传导只有在几种相对特殊的电离层条件下才能发生。电子密度必须存在谷值，以提供导波传播所必需的速度最小值。电磁波可以在谷的起点进入导管，或者在 F1 层中出现足够强的水平梯度，从而允许波在某一点穿透，但在接下来的路径的另一点上无法穿透。F2 层可能不需要倾斜，但通过逐渐改变波的入射角，发现一定的倾斜角对传播更有利。

这里所提出的模型是推测的结果，没有必要用它解释观测到的记录。然而，对于记录中单个 DLT 描迹的存在，无法用高阶模式模型得到令人满意的解释，而导管模式可以，因为通常情况下只存在一种导管模式可解释。支持导管模式的另一个观测结果是单个长尾描迹的极端变化性。在几次探测的时间跨度内 (间隔 20 min)，描迹出现又消失。高射线描迹清晰，表现出极大的延迟，这种行为不是正常的地球-电离层跳模信号的特征。这些观测结果还不能用高阶模的概念来解释。

1964 年夏季数据的总结

F1 层极大地改变了 1964 年夏季白天高纬路径上 HF 的传播条件。这段时间的特征是 F1 和 F2 的临界频率分别在 4 MHz 和 5 MHz 范围内。Palo Alto 到 College 的路径条件相对可预测，因为 10 ~ 18 MHz 范围内的频率在一天的大部分时间内都可以传播，在时间上没有很大的变化。然而，在 Fort Monmouth 到 College 的路径上，最小传播时间的描迹与帕洛阿尔托路径上的描迹的频率范围大致相同，但当低频 DLT 描迹出现时，它们偶尔会消失。这在一定程度上可能是受设备的影响，因为在低仰角时，天线的辐射特性相对较差，但记录清楚地表明，信号强度有了明显的下降。这些信号是否会被性能更好的天线接收到还不得而知。

记录清楚地表明，信号在所有情况下都以角度相对较高的 F2 模式传播。对于 5000 km 范围路径上的天线，如果不同于这种高角度辐射天线，可能会导致通信中断，而低定向阵列则不会被注意到。因此，在高纬度地区的通信天线应用中，定向性较差的阵列与定向性很强的天线一样有一席之地。

8.4.8 HF 高纬度传播路径的多普勒效应和衰落效应

Hunsucker 和 Bates (1969) 在关于极地和极光区域对 HF 传播的影响的调研中列出了第 8 章中给出的一些结果，以及一些其他研究结果。在该调研文献中有两个重要的结果，分别是多普勒扩展和穿越极光椭圆的高频信号衰落。Lomax (1967) 给出了在 Palo Alto 接收站观测到的来自格陵兰岛 Thule 和新泽西州 Fort Monmouth 的传输的典型功率谱的一个例子，如图 8.56 所示。关于多普勒频移和扩展的一些最新数据将在第 9 章介绍。监测过穿越极光电离层的高频传输的人可能都遇到过 "极光颤振" 现象，这是接收到来自极光电离层不规则体的多信号成分的结果。Koch 和 Petrie (1962) 研究了长路径上的衰落特性，发现在 10MHz、15 MHz 和 20 MHz 的一小部分时间内出现了高于 20Hz 的衰落速率。这些衰落速率的日变化趋势很小，最大值出现在早晨。Auterman (1962) 对同一路径下的衰落相关带宽和短期频率稳定性进行了研究。他发现，平均衰落相关带宽为 4.3 kHz，超过 90％时间内的值都是 1.0 kHz，在地磁活动高的时期，带宽一般较小。

Moller (1963) 和 Rose (1964) 描述的芬兰 Sodankylä 和德国 Lindau 之间的 1965 km 的路径，是仪器设备最好的中等路程高纬度 HF 前向探测链路之一。斯坦福研究所分别在 1964 年和 1967 年提供了这些重要报告的英文翻译。Sodankylä-Lindau 的传播路径、北极圈的位置、极光 "带" 以及位于 Kemi、Lulea、Uppsala、Kiruna 和 Lycksele 等地的辅助仪器的位置如图 8.57 所示。Lindau-Sodankylä 路径的垂直剖面如图 8.58 所示，图中指出了可能的模式结构。

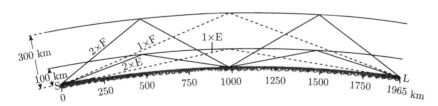

图 8.58 通过 Lindau-Sodankylä HF 传播路径的垂直截面 (Moller, 1964)

很明显，路径的 Sodankylä 端受极光电离层的影响最大，2F 层模式的 Sodankylä 端的几何结构如图 8.59 所示。Sodankylä-Lindau 线路中使用的高频脉冲发射/接收系统参数如表 8.12 所示。

位于 Sodankylä 的系统在选定的时间间隔内也作为一个后向散射探测仪运行。图 8.60 为 1958 年某个夏夜 (SSN=187) 来自 Uppsala 电离层探测仪 (位于路径中点附近) 的垂测和 Sodankylä-Lindau HF 链路的前向传播，同时伴随着垂直和斜向临界频率的计算。图 8.61 为某个冬季清晨类似的情况。

表 8.12　　HF 系统参数

发射机输出功率 50 kW
脉冲持续时间 100 µs
脉冲重复频率 50 Hz
频率范围 1.4 ~ 22.6 MHz
扫描时间 8 min
天线：发射机和接收机各有三根菱形天线
每个天线标称增益 10 dB
接收带宽 16 kHz

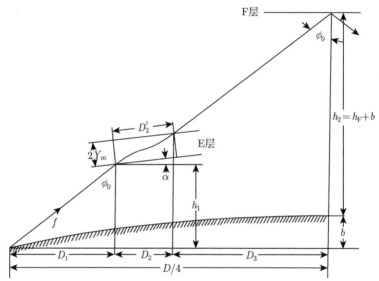

图 8.59　　通过 Sodankylä-Lindau 路径的部分横截面，显示了 2F 模式的四分之一 (Rose, 1967)

值得注意的是，位于 Lycksele 的电离层探测仪距离线路的 Sodankylä 端约 500 km，这说明存在 AE 电离，表现为图 8.63 中复杂的电离图模式结构。图 8.62 进一步说明了这一点，其中 Lycksele 的电离图清晰地显示出强烈的 AE 电离。

在 Moller(1964) 报告的 C 部分中，描述了在第 19 太阳周期最大值时 HF 路径上季节和日变化的许多例子，图 8.63 ~ 图 8.67 为一些具有代表性的前向电离图。强扩展 F 层对 Sodankylä-Lindau 高频链路模式结构的影响如图 8.65 所示，AE 对斜向链路的影响如图 8.66 所示，一般的地磁效应如图 8.67 所示。

SRI 对 1964 年从挪威 Andøya 到阿拉斯加 College 的 464 MHz 前向测深路径 ($D-5000$ km；太阳黑子极小期) 数据进行了另一次分析，相关结果由 Bartholomew (1969) 呈现。图 8.68、图 8.69 和图 8.70 分别为夏季、春秋分和冬季的传播光谱。

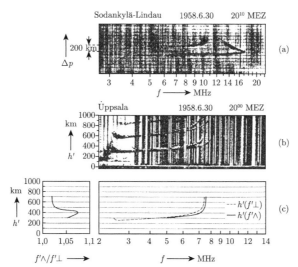

图 8.60　太阳黑子周期 19 的一个夏夜 (1958 年 6 月 30 日)，Sodankylä-Lindau HF 链路的
斜向和垂直电离图 (Moller,1964)

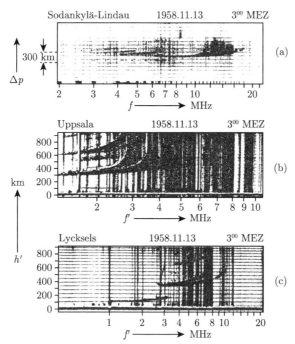

图 8.61　太阳黑子最大值附近 (SSN = 181；$K_p = 3$) 的一个冬季清晨 (1958 年 11 月 13
日)，Sodankylä-Lindau HF 链路的斜向电离图。该电离图来自 Uppsala 和 Lycksele (Moller,
1964)

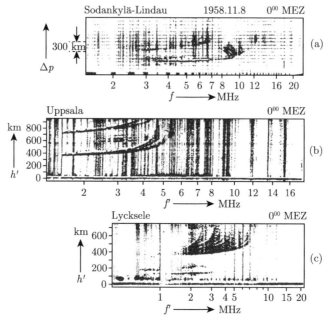

图 8.62 在太阳黑子周期的最大值的一个冬至期 (1958 年 11 月 8 日)，当地时间的午夜，极光 E 电离对 Sodankylä-Lindau HF 链路的模式结构的影响 (Moller, 1964)

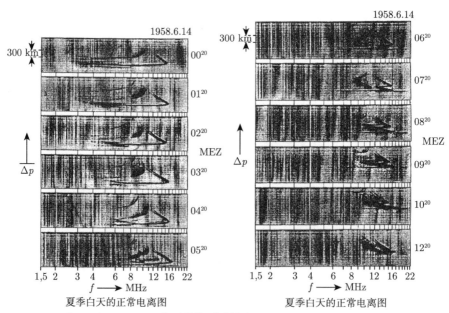

夏季白天的正常电离图 夏季白天的正常电离图

图 8.63 1958 年 6 月 14 日，一个平常的夏季的白天，Sodankylä-Lindau 电离图 (从 00:00 到 12:00 MEZ 每小时记录一次) (Moller, 1964)

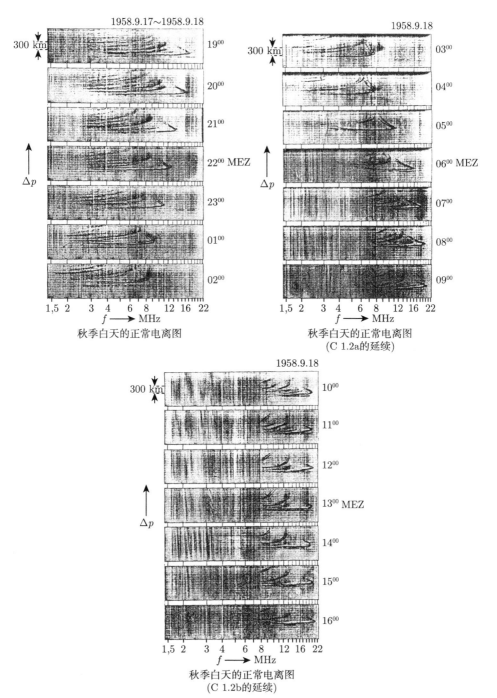

图 8.64 1958 年 9 月 17 日至 18 日，一个平常的秋季的白天，Sodankylä - Lindau 电离图 (从 19:00 到 16:00 MEZ 每小时记录一次) (Moller, 1964)

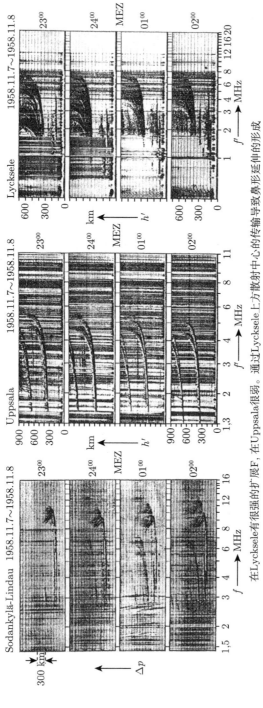

图 8.65 在 1958 年 11 月 7 日至 8 日，太阳黑子最大值的午夜附近，显示强扩展 F 效应的同一时间的垂直和斜向电离图 (Moller, 1964)

在Lyckscle有很强的扩展F，在Uppsala很弱。通过Lyckscle上方散射中心的传输导致鼻形延伸的形成

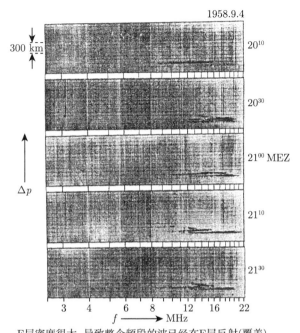

E层密度很大, 导致整个频段的波已经在E层反射(覆盖)

图 8.66　密集的极光 E 电离对 1958 年 9 月 4 日 Sodankylä-Lindau HF 链路的影响
(Moller, 1964)

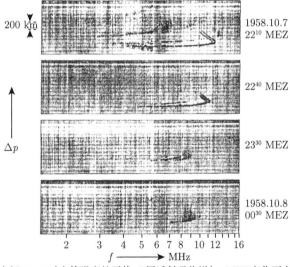

夜间K_p=5时中等强度的干扰, F层透射吸收增加, MUF变化不大

图 8.67　1958 年 10 月 7 日，一次中度地磁扰动对 Sodankylä–Lindau HF 链路的一些影响
(Moller, 1964)

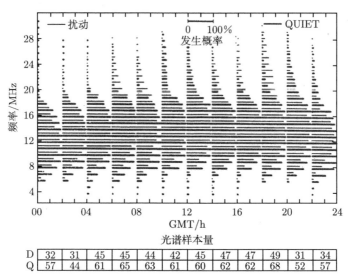

光谱样本量
D	32	31	45	45	44	42	45	47	47	49	31	34
Q	57	44	61	65	63	61	60	62	62	68	52	57

图 8.68　1964 年夏季，Andøya-College 链路的 HF 月平均传播谱 (D 表示扰动期，Q 表示平静期) (Bartholomew, 1969)

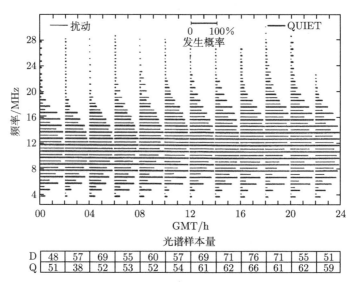

光谱样本量
D	48	57	69	55	60	57	69	71	76	71	55	51
Q	51	38	52	53	52	54	61	62	66	61	62	59

图 8.69　1964 年二分点，Andøya-College 链路的 HF 传播谱 (Bartholomew, 1969)

　　正如 Bartholomew 所指出的，在大于 50% 的时间内发生的频谱宽度对于所有季节来说都是相当恒定的。传播时间至少为 50% 的 MOF 和 LOF 的中位数在所有季节的日变化都相对较小。随着季节从冬季变为夏季，MOF 和 LOF 的中位数增加了约 3 MHz。这种行为在高纬度传播中是相当典型的，因为该地区的太阳光照表现出更多的季节性变化而不是日变化。

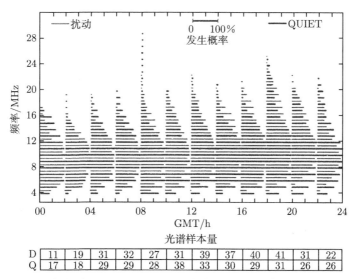

图 8.70 1964 年冬季，Andøya-College 链路的 JF 传播 (Bartholomew, 1969)

扰动日的 LOF 中值普遍高于磁静日，但扰动日 MOF 中值与磁静日 MOF 中值的差异并不确定。定性地说，LOF 时间的增加至少与极光吸收增加的时期有关——特别是在春秋分和冬季月份。值得注意的是，在春秋分和夏季期间，即使在太阳黑子最小期间，大于 20MHz 的频率也会发生明显的传播。这再次说明了 AE 电离在支持高纬度 HF 路径传播方面的重要性。在 Andøya-College 路径上，多径传播是一个相当重要的因素，多径和传播中断的季节依赖关系如图 8.71、图 8.72 和图 8.73 所示 (分别代表 1964 年夏季、春秋分和冬季)。这些图中还显示了实际传播中断时间的百分比。夜间中断次数最多，尤其是在冬季，而且扰动日通常比磁静日中断次数更多。

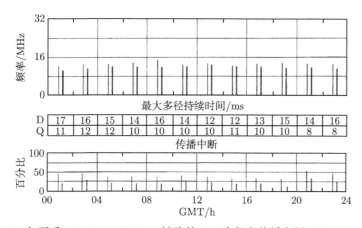

图 8.71 1964 年夏季，Andøya-College 链路的 HF 多径和传播中断 (Bartholomew, 1969)

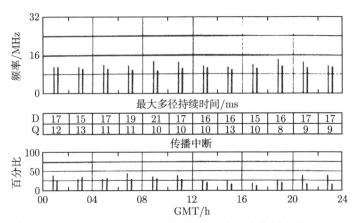

图 8.72　1964 年二分点，Andøya-College 链路的 HF 多径和传播中断 (Bartholomew, 1969)

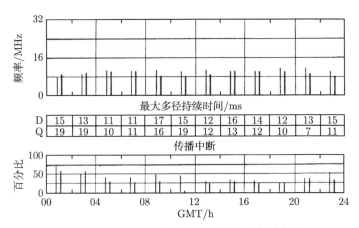

图 8.73　1964 年冬季，Andøya-College 链路的 HF 多径和传播中断 (Bartholomew, 1969)

　　1964 年 1 月至 3 月的 Andøya-College 模式结构利用短脉冲数据确定。虽然短脉冲数据比长脉冲数据稀疏 (包含的可靠统计量较少)，但图 8.74 所示的 1964 年 3 月的复杂模式结构具有一定的启发意义。图 8.75 出示了 Andøya-College HF 路径上的一些反常路径 (NGC) 传播的特性，显示了季节性、磁静/扰动条件和日效应。

　　图 8.76、图 8.77、图 8.78 和图 8.79 分别是展示了 1964 年 1 月、4 月、6 月和 9 月实际 LUF 和 MUF 值与这条 5000 km 跨极路径上的预测值的差异的典型示例。所使用的预测程序是 IONCAP 程序的前身。这里使用的 MUF 是预期传播至少 50%时间的最高频率，而使用的 LUF 是具有 50%可靠性的最低可用频率。FOT 定义为最优传播频率，即能够在至少 90%的时间传播的估计频率。预测值和观测值之间的巨大差异是显而易见的。

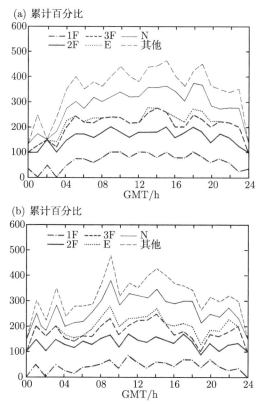

图 8.74 1964 年 3 月，Andøya-College HF 模式配置：(a) 磁静日；(b) 扰动日
(Bartholomew, 1969)

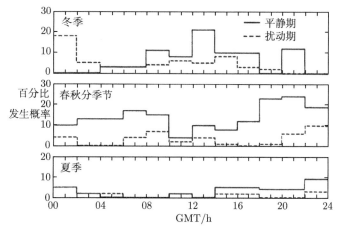

图 8.75 磁静日和扰动日条件下，Andøya-College HF NGC 传播的日行为和季节性行为
(Bartholomew, 1969)

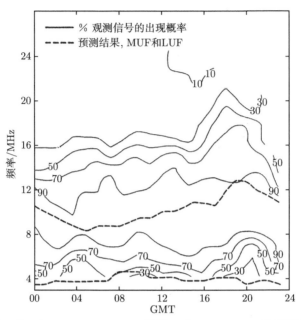

图 8.76　1964 年 1 月，Andøya-College HF 链路，对 MUF、LUF 和观测信号发生率的预测
(Bartholomew, 1969)

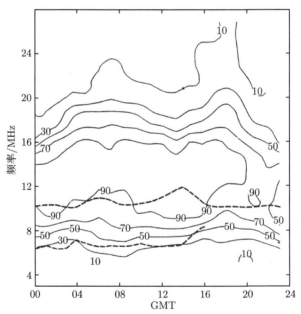

图 8.77　1964 年 4 月，Andøya-College HF 链路，对 MUF、LUF 和观测信号发生率的预测
(Bartholomew, 1969)

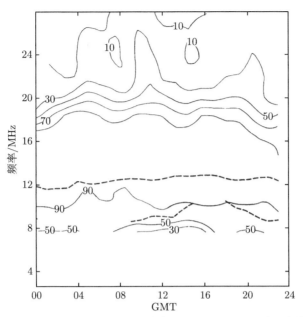

图 8.78　1964 年 6 月，Andøya-College HF 链路，对 MUF、LUF 和观测信号发生率的预测
(Bartholomew, 1969)

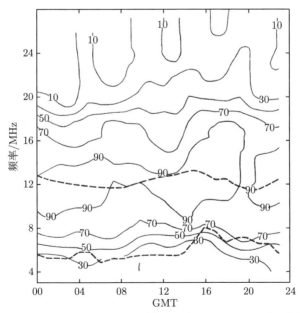

图 8.79　1964 年 9 月，Andøya-College HF 链路，对 MUF、LUF 和观测信号发生率的预测
(Bartholomew, 1969)

挪威国防研究机构 (NDRE) 也对 1964 年从 Andøya 到 College 和从 Andøya 到新泽西州 Fort Monmouth 的路径的数据进行了分析，如图 8.80 所示。图 8.81 显示了冬季 (1964 年 1 月) 和春季 (1964 年 3 月) 在 Andøya-College 和 Andøya-Ft Monmouth 的跨极路径上 MOFs 的日变化和季节变化。1964 年 5 月和 7 月的作图结果如图 8.82 所示。

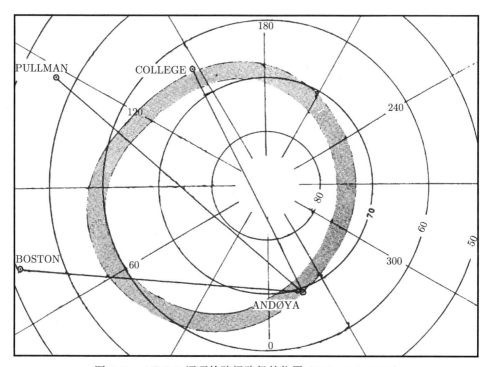

图 8.80　NDRE 调研的跨极路径的位置 (Folkestad, 1968)

Folkestad 指出，(1) MOFs 的中值和最大值的观测结果在大部分时间内都远高于 MOFs 的预测值；(2) 在春季和夏季，MOFs 的预测值比观测中值低 5 MHz 左右；(3) 在冬季的清晨，Andøya-College 线路 (近似垂直于极光椭圆) 上的传输比 Andøya-Ft Monmouth 路径 (与极光椭圆相切) 上的传输更可靠。这可以根据第二条路径在 AA 区域中花费更多的时间来定性地解释。图 8.83 显示了 1964 年 4 月在选定的扰动时期中链路行为的例子。

1960 年 4 月至 6 月 (SSN =113 ∼ 120)，美国国家标准局 (NBS) 在阿拉斯加 Barrow 至科罗拉多 Boulder 的路径 ($D = 4495$ km) 上进行了另一个早期 HF 高纬度传播实验，Tveten(1961 年) 对该实验进行了报道。该实验在一个同步扫频探测仪系统中使用了两个改良的 C-3 电离层探测仪。电离层探测仪利用终端水平的

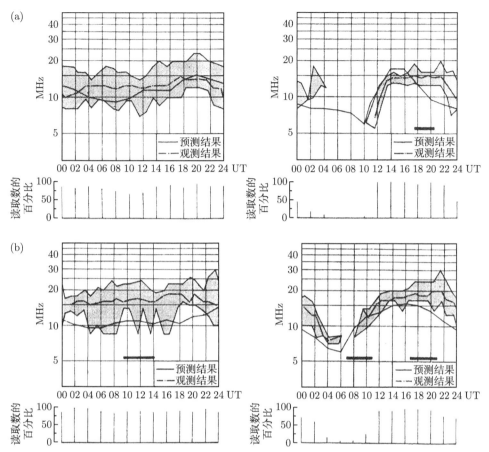

图 8.81 对于 College-Andøya (右图) 和 Fort Monmouth - Andøya (左图)，图中分别为：观测到的 MOF 分布图 (阴影区)，中值频率图 (点横线)，从电离层垂测数据预测的 MUF(实线)，以及由 E 层预测筛选的时间段 (MOF 图底部附近的粗实线)。在图的底部，竖线表示可检测信号的数量占总读取数的百分比。1964 年 1 月的数据见图 (a)，1964 年 3 月的数据见图 (b)

V 形天线，以每秒 25 次的脉波重复频率发射 100 μs 的脉冲，天线的每条腿长约 400 ft[①]，顶端高 70 ft，输出功率约为 10 kW。每小时进行一次 7.5 min 的扫描，并进行记录，记录结束时间为一小时 7.5 min 后。图 8.84 为 Boulder-Barrow 路径的地图，在低 K_p 值对极光椭圆进行了估计。很明显，只有路径的北半部会受到极光现象的影响。

图 8.85(a) 和 (b) 分别为 Barrow - Boulder 路径上夏季和春秋分时期的典型斜向电离图。图 8.85(b) 中的电离图 1F2 (单跳 F2 层模式) 上的低角度射线缺失可能是由路径北端的 AE 层屏蔽所致。

---

① 1 ft = 3.048×10^{-1} m。

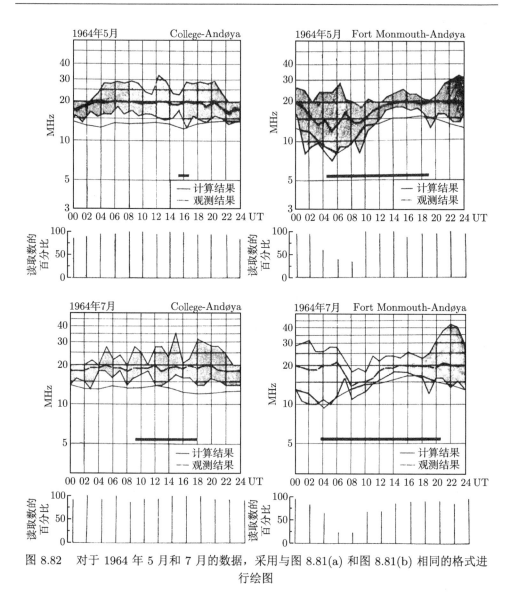

图 8.82　对于 1964 年 5 月和 7 月的数据，采用与图 8.81(a) 和图 8.81(b) 相同的格式进行绘图

使用 NBS/CRPL"双控制点" 方法计算传播距离为 4000 km 的 MUF，可将计算值与该路径上的观测值进行比较，1960 年 4 月和 6 月的结果分别如图 8.86 和图 8.87 所示，从图中可以看到这种类型路径的典型差异。

Gerson(1964) 展示了从 McMurdo (南极洲) 到 Thule (格陵兰岛) 的非常长的路径上和太阳黑子最大值条件有关的一些受限数据。这条路径长达 18730 km，可能同时受到北方和南方极光椭圆的影响。天线的频率为 13 MHz 和 17 MHz，输出功率为 0.5 ~ 1.0 kW。图 8.88 是 1958 年 5 月 15 日至 19 日期间在

Thule 接收到的 McMurdo 的信号图 (SSN = 191)。5 月 17 日观测到一个轻度 SWF。

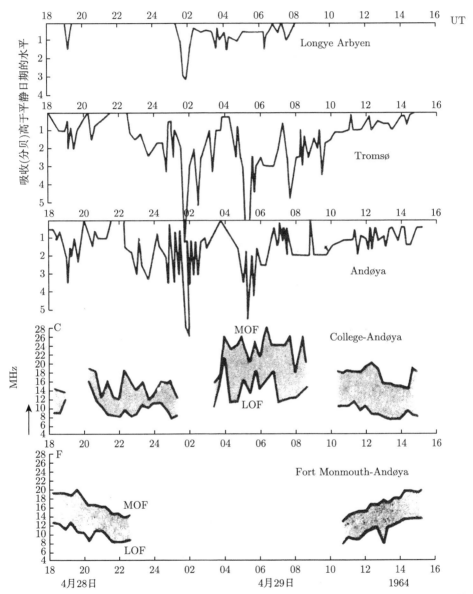

图 8.83 在 1964 年 4 月的扰动期，在 College 和 Fort Monmouth 接收到的 Andøya 的传输信号，以及来自 Longyearbyen、Tromsø 以及 Andøya 的宇宙噪声吸收仪的测量值

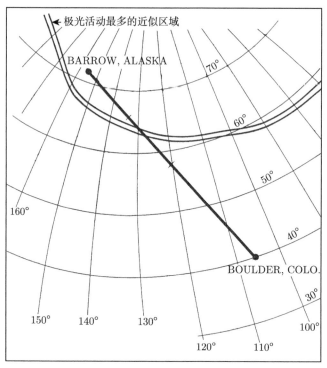

图 8.84　K_p 值较低时，Boulder-Barrow HF 传播路径和椭圆极光 (Tveten, 1962)

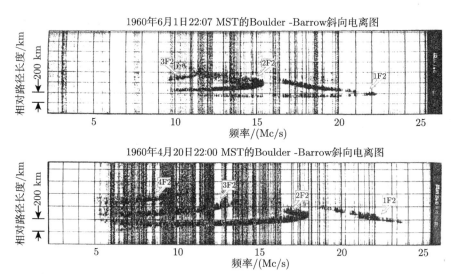

图 8.85　在 Barrow - Boulder 传播路径上，太阳黑子最大值附近，1960 年 6 月 1 日、夏季、22:07 MST 的斜向电离图示例如图 (a) 所示；1960 年 4 月 20 日、春季、22.00 MST 的斜向电离图示例如图 (b) 所示 (Tveten, 1962)

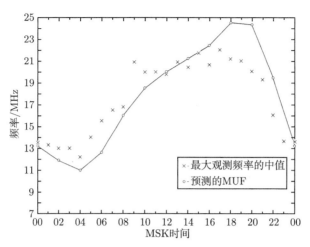

图 8.86　1960 年 4 月 Boulder - Barrow 路径的观测和预测的 MUF 的比较 (Tveten, 1962)

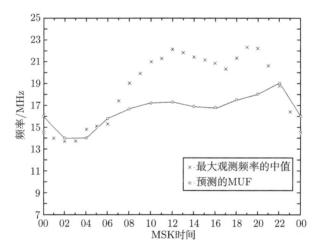

图 8.87　与图 8.86 相同，数据来自 1960 年 6 月 (Tveten, 1962)

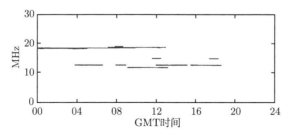

图 8.88　1958 年 5 月 15 日至 19 日期间，从 McMurdo 到 Thule 的 13 MHz 和 17 MHz 信号的接收时间 (Gerson, 1964)

　　Jull (1964) 在第 19 太阳活动周期 (1960 年和 1961 年) 的最大值后不久，报道了一项设备完善并有文献记载的高纬度高频传播实验的结果。利用同步斜测系统和 6 个 30MHz 的垂直宇宙噪声吸收仪网络，研究了极地、极光和亚极光地区的 5 条传播路径，路径特征如表 8.13 所示。

　　除了 PCA 期间，这些链路上 HF 信号的衰减都是由 AA 导致的，从 1959 年 7 月到 1961 年 6 月，6 个宇宙噪声吸收仪站点吸收的相对发生情况如图 8.89 所示，而不同的 K 值下发生 AA 事件的时间百分比如图 8.90 所示。虽然这两幅图是在大约 38 年前得到的，但对于估计 AA 事件对 HF 链路的影响，这两幅图仍然非常有用。AA 事件的分布统计在 7.2 节中已经做了详细描述。

表 8.13　宇宙噪声吸收仪和路径的特征

HF 前向探测链路	路径长度/km	相关宇宙噪声吸收仪站	
		北方	南方
N‑S 亚极光带：OT‑Ch	1900	Ch	VD
N‑S 跨极光带：OT‑RB	3400	CH	CJ
N‑S 极光区域内：Ch‑RB	1830	RB	Ch
跨大西洋：OT‑HA	5640		
地空：HAL‑A/C	0 ∼ 2520		

注：OT 为 Ottawa；Ch 为 Coral Harbour；RB 为 Resolute Bay；HA 为 The Hague；HAL 为 Halifax。

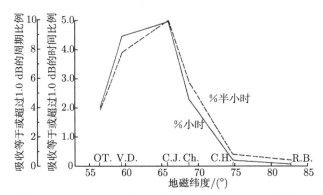

图 8.89　极光吸收等于或超过 1.0 dB 的时间比例 (实线) 和半小时持续时间的比例 (虚线)，横轴为地磁纬度。站的位置在横坐标上用两个字母缩写表示 (来自 T. R. Hartz, L. E. Montbriand and E. L. Vogan. A study of auroral absorption at 30 Mc/s. Can .I Phys 41 581(1963))

　　表 8.14 给出了根据宇宙噪声吸收仪数据推算出的由 AA 事件导致的 3 条路径上的衰减估计值。利用单跳 F 层模式与频率平方成反比的关系，可以根据 30 MHz 宇宙噪声吸收仪的垂直吸收值计算出吸收。

　　在一个强 PCA 事件期间，其中四条路径上最低可用频率 (LUF) 的变化行为 (与吸收密切相关) 如图 8.91 所示。

表 8.14 从 1 dB 宇宙噪声吸收到 10 MHz 单跳 F-laver 传输衰减的外推

链路	仅路径北侧的吸收/dB	仅路径南侧的吸收/dB	路径南北两侧的吸收/dB
OT - CH	29	25	54
OT - RB	46	43	89
Ch - RB	32	29	61

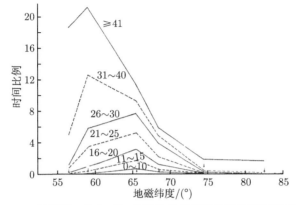

图 8.90 1959 ~ 1961 年期间，作为 K_p 的函数的极光吸收发生时间的百分比 (来自 T. R. Hartz, L. E. Montbriand and E. L. Vogan. A study of auroral absorption at 30 Mc/s. Can .I Phys 41 581(1963))

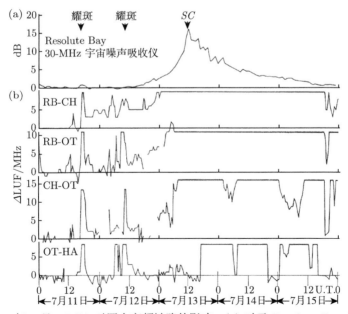

图 8.91 1961 年 7 月，PCA 对四个高频链路的影响：(a) 对于 Resolute Bay 处的 30 MHz 的宇宙噪声吸收仪；(b) ΔLUFs

Jull (1962) 的 HF 高纬度传播实验中有一个较为独特的地方，即在扰动期，利用一架飞行在亚极光和极光地区的飞行器监测来自新斯科舍省 Halifax 的 3 ~ 23 MHz 的传输。尤其是在 1960 年 12 月 15 日至 16 日 (SSN =83) 的一次弱磁暴 ($K_p \gg 4$) 期间，进行了一次地空试验。飞行计划如图 8.92 所示，将观测到的 MUFs 和 LUFs 作为时间和位置的函数作图，结果如图 8.93 所示。

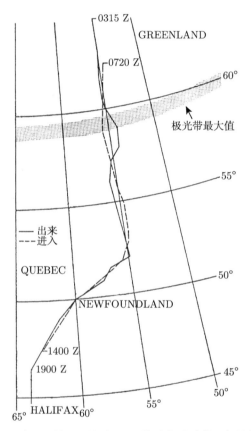

图 8.92　1960 年 12 月 15 日至 16 日的地空试验的飞行计划 (Jull, 1964)

在飞行过程中发现，每隔 5 min 进行一次测量就能够为地空通信工作频率的选择提供足够的信息。从这项研究中进一步发现，如果不根据探空数据选择变化频率，而是每小时选择一次通信频率，将导致飞行器在 30% 的飞行期间与地面站失去联系。Jull 等 (1964) 得到的一些结论是，在低强度或中等强度的 PCA 事件期间，最优的传播路线是在椭圆区通过 AE，最优的路线是通过中间中继站。

Hunsucker 等 (1996) 将太阳周期 22 最大值后不久的 14 个月内，一条位于阿拉斯加的 950 km 路径上的 25.5 MHz 单跳传播的特征作为 K_p 的函数展示了出来。在 $3 < K_{\mathrm{p}} < 5$ 时，E 层反射点的位置在极光椭圆内，信号的具体表现与亚暴、地磁暴、哈朗间断等极光椭圆现象有关。极光电集流相对于路径中点的位置也是相当重要的。图 8.94 显示了信号振幅的典型行为。

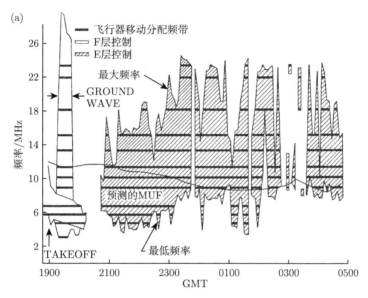

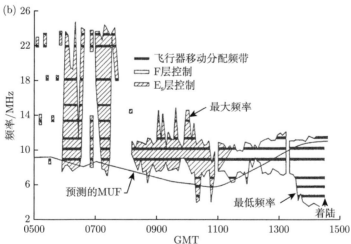

图 8.93　在 1960 年 12 月 15 日至 16 日的地空试验中观察到的 MUF 和 LUF：(a) 飞行器返回路径；(b) 飞行器出发路径 (Jull, 1964)

假设 AE 模式 (其定义在第 398 页) 不会受到 F 层传播的影响，这是合理的，因为在 AE(21:00 ～ 04:00 LT) 发生最多的时期 (特别是上一年的 9 月到下一年的 3 月)，Fairbanks 附近的一个电离探测仪和一个非相干散射雷达的数据表明，没有足够的 F 层电离以支持 F 层模式；此外，天线仰角、路径距离和工作频率往往排除了 F 层模式的可能性。AE "突发" 被定义为接收信号持续 2 分钟或更长时间。将突发持续时间、突发开始的日期/时间、信号强度 (dB) 以及地球电流振幅和方向数据等从条形图中缩放，然后添加 A_{p} 值和 K_{p} 值并制成电子表格。图 8.95、图 8.96、图 8.97 分别表示了 1992 年冬、春、夏季的日变化和季节变化，图 8.98 为将 AE 发生情况作为 K_{p} 函数的结果。AE 突发的季节特征见表 8.15。

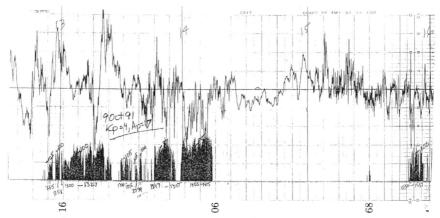

图 8.94　1991 年 11 月 23 日，25.5 MHz 信号振幅变化的一个案例，图中也包含了极光电集流的振幅 (从 Fairbanks 的地球电流记录仪获得) (Hunsucker, et al., 1996)

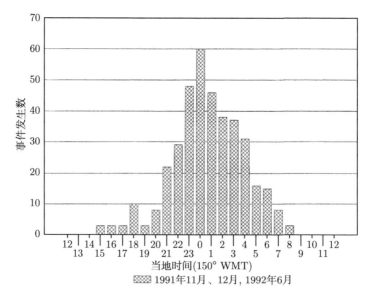

图 8.95　1991～1992 年的冬季期间，AE 的发生 (Hunsucker et al., 1996)

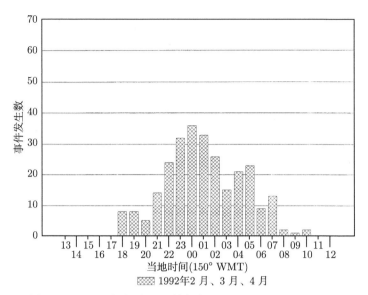

图 8.96　1992 年春季 AE 的发生 (Hunsucker et al., 1996)

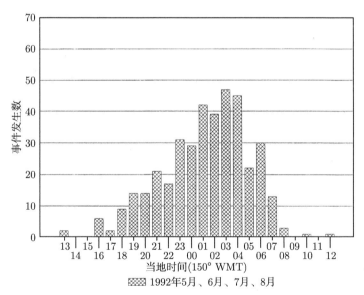

图 8.97　1992 年夏季 AE 的发生 (Hunsucker et al., 1996)

　　显示东向和向西电集流的哈朗间断的原理简图如图 8.99 所示，AE 信号和地球电流的响应如图 8.100 所示。高纬度电流系统的讨论见 2.5.3 节和 6.4.4 节。

　　根据对 1991 ∼ 1992 年期间 14 个月的数据的分析，发现 AE 信号和预料的一样具有"突发"特性，突发持续 1 min ∼ 3 h，平均持续时间为 11 min，平均信号幅度高于接收器检测阈值 (−115 dB) 20 ∼ 30 dB。在 1445 次观察中，981 次事件 (68%) 持续小于 10 min，234 次 (16%) 持续时间为 11 ∼ 20 min，90 次 (6%) 持续时间为 21 ∼ 30 min，11 次持续时间大于 90 min。其中一个 "长持续" 事件发生在秋天，其他的都发生在春季或夏季。

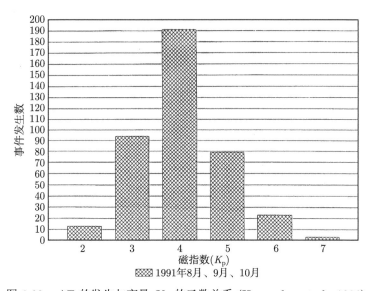

图 8.98　AE 的发生与变量 K_p 的函数关系 (Hunsucker et al., 1996)

表 8.15　阿拉斯加费尔班克斯记录到的 AE 信号的季节特征 (Hunsucker et al., 1996)

季节	平均持续时间/min	平均幅度/dBm	持续时间超过 60 min 的事件数	观测到的事件最长持续时间/min	事件数
秋天 (1991 年 8 月至 10 月)	9.9	17.4	7	120	403
冬季 (1991 年 11 月至 12 月，1992 年 1 月)	8.3	19.0	2	84	383
春天 (1992 年 2 月至 4 月)	8.6	18.4	1	65	272
夏天 (1992 年 5 月至 7 月)	21.0	19.2	21	192	388

　　尽管信号特征与 K_p 的相关性很差，但它们与当地地磁指数和费尔班克斯接收站的地球电流数据在定性上是相关的。在费尔班克斯接收到的 25.5 MHz 的威尔士 AE 信号的行为，与可视极光发生的统计行为和 VIIF/UIIF 极光雷达结果非常相似。相信这是第一次定量演示 HF 波段上端附近单跳 "AE" 路径的 "前向传

播行为"，这表明利用"极光-E-突发"模式在数据传输和/或在极光椭圆内部或与之平行的超过 1000 km 路径的通信，或增强高纬度地区的流星突发通信 (MBC) 模式是有可能的。

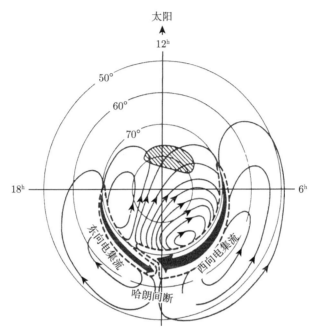

图 8.99　哈朗间断的示意图，图中标明了电集流等效电流的流向

在威尔士–费尔班克斯的 AE 实验观测期间，Wagner 等 (1995) 在冰岛吉兰省 Sondrestrom 和 Keflavik 之间 1294 km 的路径上进行了为期 2 周的"HF 频道探测"实验。该频道探测测量了这条路径上的延迟、多普勒和振幅特性。两个实验的设备参数、路径和一些其他特征的比较见表 8.16。

Wagner 等 (1995) 实施的 HF 频段探测实验结果总结如下：① 在静磁条件下，较强的电离层镜面反射反映了日间电离层频段的平静特征；② 由水平方向的电子密度梯度反射出强镜面多径信号，这些信号通常在夜间出现；③ 有弱散射返回，夜间也持续发生；④ 7.5 MHz 信号在午夜附近 (E 层) 最大的多普勒频移约为 16 Hz，14.5 MHz 信号在午夜附近最大的多普勒频移约为 22 Hz。他们推断不规则体的漂移速度约为 1200 m/s，速度平行于正午"扰动"电离层的大圆传播路径。上述所讨论的大多数观测是在亚极光电离层条件下进行的。

Warrington 等 (1997) 分析了两条路径上的数据：一条在极盖内 (从巴芬岛的 Clyde River 到加拿大西北偏南地区 Alert，全长 1345 km)，另一条是 Clyde River 到阿拉斯加 Prudhoe 湾，全长 2955 km。在 1989 年 7 月和 8 月以及 1989

年 1 月和 2 月 (太阳黑子周期 22 的最大值附近) 进行了包括多普勒扩展在内的几个参数的测量。

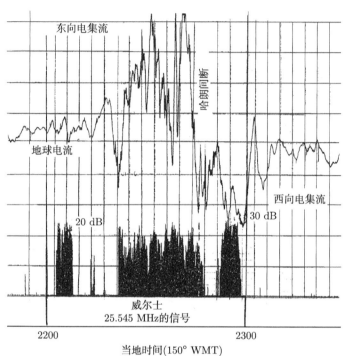

图 8.100　1991 年 10 月 9 日 ($K_\mathrm{p} = 7$；$A_\mathrm{p} = 101$)，在阿拉斯加费尔班克斯同时记录到费尔班克斯地球电流和威尔士 AE 信号振幅的一个例子 (Hunsucker et al., 1996)

表 8.16　威尔士–费尔班克斯和 Sondrestrom-Keflavik HF 实验相关参数的比较

	威尔士–费尔班克斯 HF 实验	Sondrestrom-Keflavik HF 实验
路径位置	极光椭圆内，$5 > K_\mathrm{p} > 3$	亚极光带，$K_\mathrm{p} > 5$
路径中点	66° CGL	72° CGL
路径长度	950 km	1294 km
主要模式	AE	E 和一些 F
频率	25.545 MHz	$3 \sim 11$ MHz
传输模式	CW	带有啁啾的复杂脉冲
发射机功率	100 W CW	170 W pulse
实验持续时间	14 个月	大约 2 周
	(1991 年 7 月至 1992 年 9 月)	(1992 年 3 月 13 日至 4 月 2 日)

　　在 $3 \sim 23$ MHz 的 14 个频率上，进行了每小时一次、每次 2 min 序列的传输；每个序列包括一个 30 s 的 CW 传输时间，在此期间测量接收信号的多普勒频谱。根据归一化的信号幅度谱的面积来量化多普勒扩展，减去根据噪声估算的

面积, 结果再乘以 20, 使用这个乘积 (称为多普勒扩展指数) 作为多普勒扩展测量结果。

在极盖内 (Alert 到 Clyde River), 夏季的 DSI 处于 10 ~ 30 Hz 之间, 冬季则处于 30 ~ 75 Hz 之间, 而长路径 (Prudhoe 到 Clyde River) 的夏季平均 DSI 为 60 Hz, 冬季期间 DSI 平均值为 90 Hz。他们的论文中还展示了多普勒扩展作为频率、路径和磁活动的函数的具体细节。要准确地确定主要电离层反射点实际在极光椭圆区内时的时间段是不可能的。

8.5　VHF/UHF 传播和微波传播

国际上对于频带的划分 (LF/MF/HF/VHF 等) 虽然有些随意, 但仍然是有用的。与其花费数十年的时间对频带进行定义, 不如用它们在地球大气层的传播行为来定义频带。

从 VHF 到 UHF 频段 (30 MHz ~ 3 GHz) 以及微波段 (1 ~ 10 GHz) 的传播, 可以通过对流层中的 LOS(典型路径长度为 30 ~ 50 km) 或者卫星–地球链路传播。在 20 世纪 60 年代卫星通信问世之前, 美国的跨陆通信系统的 "支柱" 是贝尔微波中继系统。

超视距模式使用得较少, 其原理是在 1000 ~ 2000 km 的路径长度中, 使用 30 ~ 150 MHz 频率的电离层散射 (ionoscatter), 而在 300 ~ 600 km 的路径长度中使用 200 MHz ~ 19 GHz 频率的对流层散射。由于电离层和对流层散射链路的前向散射能量非常弱 (与 LOS 路径相比), 这要求散射系统必须使用高发射功率、超大天线孔径、高增益的接收机前端和多重分集。

这些系统为高安全级别的通信提供了非常高的链路可靠性 (99.9%), 但安装和维护成本非常高。从 20 世纪 50 年代末直到卫星通信开始使用前, "White Alice" 系统为美国北部和加拿大的 "Dewline" (远距离预警) 雷达系统提供通信服务。

另一种仍在使用的散射模式是使用 40 ~ 150 MHz 频率的流星散射 (来自 E 层的流星电离轨迹), 因为这样的系统提供了非常安全且可用的通信。它是一种典型带宽为 100 kHz、多普勒扩展为 5 Hz、信息占空比约为 5% 的突发信号系统 (Davies, 1990; 13.4 节; Weitzen, 1988)。

毫米波 (频率为 1.50 ~ 13 GHz) 也已经用于地面 LOS 通信链路, 但这种方法受到显著的大气吸收限制, 而且对于高纬度影响也没有很明确的文献记载。

在过去 20 年左右的时间里, 我们对高纬度地区 VHF 地面传播现象理解的进展主要来自 AE 电离对 MBC 影响的研究, 以及闪烁效应形态学模型发展过程中跨电离层传播的研究。我们将在此列出前一个研究的显著影响, 而后一个主题将在 9.2.2 节中讨论。

　　流星散射是一种相对便宜、数据速率高而且安全的通信系统，主要用于军事应用，工作频率通常在 40 ～ 104 MHz 范围。Cannon 等 (1985) 描述了在挪威 Bodo 和苏格兰 Wick 之间进行的 40 MHz 和 70 MHz 频率的 MBC 传播实验结果。他们发现，过量的 D 层电离使极化方向发生偏转，这导致了正常系统性能的一些恶化，他们还得出结论，接近 40 MHz 频率的波在高纬度地区应用的可能性很低。

　　在另一项研究中，Ostergaard 等 (1985) 报道了在格陵兰岛北部 1200km 的路径上使用自适应技术改善系统性能的优势，并定性地描述了 AE 电离、不规则体和 D 层吸收对 MBC 系统的一些影响。Akram 和 Cannon (1997) 报道了自适应天线波束控制对 MBC 系统预测模型的适用性，其中包含了高纬度的影响。

　　具体来说，预测模型在冬季和春秋分月份都能给出良好的结果，但在 Sondrestrom - 格陵兰 Narsarsuaq 路径上的夏季结果一致性较差。Cannon 等 (1996) 发现，在格陵兰路径上，频率为 35 MHz 和 45 MHz 时，MBC 由 E 层电离维持，而在 65 MHz 和 85 MHz 频率上，该路径由流星散射模式主导。

　　VHF/UHF 在北极和南极地区的传播虽然和高纬度电离层无关，但经常出现异常现象。Kennedy 和 Rupar (1994) 描述了在阿拉斯加北坡进行的北极无人值守传播实验 (ARUPEX)，该实验在 142.875 MHz 和 420.5 MHz 的频率下运行，路径长度为 50.9 km。实验中多次观察到 VHF/UHF 波导和衍射异常的现象。

8.6　总　结

　　在 1956 年至 1997 年期间，我们获得了大量关于 HF 极地和极光传播现象的有意义的数据，本章对这些数据进行了介绍，这至少为改善其中危害最大的影响提供了一些定性的指导。这一时期出现了极端的太阳活动范围，从 1958 年 3 月第 19 个太阳周期的最大值 (SSN= 2013) 到 1964 年 10 月 SSN = 9.6 的最小值，为高纬度 HF 传播提供了"最差的条件"。

　　在 ELF/VLF 频率下，影响最大的可能是那些与极盖吸收 (PCA)，即太阳质子事件 (SPE) 有关的事件，详见 7.3 节。这些事件导致 D 层反射高度降低，从而改变地球电离层波导的尺寸，进而导致 ELF/VLF 信号的相位和振幅的变化。目前没有确凿的定量证据表明，这些变化会对水下潜艇接收到的 ELF 信号产生严重影响，但有一些证据表明，VLF 信号传输的极地效应可能会降低某些导航系统的准确性。

　　在阿拉斯加和美国大陆北部的一项研究表明，极光椭圆区 E 层电离 (称为极光 E(AE)) 会严重地影响夜间 MF 天波的传播。一项为期 5 年的监测项目揭示了高纬度地区 MF 天波的日、季和太阳黑子周期行为，这致使美国联邦通信委员会发布了新的天波曲线，该曲线用于描述美国北部、阿拉斯加和加拿大的标准 AM 广播电台之间可能存在的天波干扰，这样能够使信道分配更符合实际。

由于天波传播在高频段占主导地位，极地和极光椭圆区电离层对高纬度 HF 传播具有重要的影响，在 1956 ～ 1969 年间，人们对极地和极光区 HF 链路特性进行了大量的研究。这些研究表明，主要的扰动参数为 PCA、AA 事件、AE 电离和 F1 层效应。因此高纬度 HF 的传输特性由传输路径与穿过极光区及极地 D 层、E 层、F 层反射点的路径的交叉区域的相对位置决定。鉴于高纬度 HF 模式结构和电离层交叉区域的复杂性，在没有对高纬度电离层不规则体结构有精确的三维实时描述时，不可能进行精确的三维射线追踪，这就很难设计可靠的 HF 传播预测程序。

与中纬度路径相比，高纬度 HF 路径上的一些其他重要传播现象包括多普勒频移和扩展、衰落和非大圆 (NGC) 传播的增强。在某些时间和某些路径上，最大工作频率 (MOF) 可能由 AE 电离、F1 层效应、NGC 传播模式或可能的波导模式决定。

这一时期的研究还显示，在太阳黑子极大期，VHF 频率在跨极路径上可达 32 MHz，而在从格陵兰岛的 Thule 到阿拉斯加 College 的路径上可达 46 MHz。极地和极光区电离层对贯穿电离层信号的影响将在第 9 章中描述。

8.7　参　考　文　献

8.1 节

Croft, T. A. (1968) Skywave backscatter: a means for observing our environment at great distance. Rev. Geophys. Space Phys.10, 73–155.

Davies, K. (1990) Ionospheric Radio. Peter Peregrinus Press, on behalf of the Institute of Electrical Engineers, London.

Deehr, C. S. and Holtet J. A. (eds.) (1981) Exploration of the polar upper atmosphere. Proc. NATO Advanced Study Instituteheld at Lillehammer, Norway; 5–16 May 1980. Reidel, Dordrecht.

Folkestad, K. (1968) Ionospheric Radio Communications. Plenum Press, New York. Goodman, J. (1992) HF Communication – Science and Technology. Van Nostrand Reinhold, New York.

Hunsucker, R. D. (1967) HF propagation at high latitudes, QST Mag.February, 16–19 and 132.

Hunsucker, R. D. (1971) Characteristic signatures of the midlatitude ionosphere observed with a narrow-beam HF backscatter sounder. Radio Sci.6535–6548.

Hunsucker, R. D. (1991) Radio Techniques for Probing the Terrestrial Ionosphere. Springer-Verlag, Heidelberg.

Hunsucker, R. D. (1992) Auroral and polar-cap ionospheric effects on radio propagation. IEEE Trans. Antennas Propagation40, 818–828.

Hunsucker, R. D. and Bates, H. F. (1969) Survey of polar and auroral region effects on HF propagation. Radio Sci.4347–4365.

Landmark, R. (ed.) (1964) Arctic Communications. Published on behalf of NATA/AGARD; Pergamon Press, New York.

Lied, F. (1967) Arctic Communications, with Emphasis on Polar Problems. AGARDograph 104; Technivision; Maidenhead.

Rawer, K. (1976) Manual on Ionospheric Absorption Measurements. World Data Center A Solar–Terrestrial Physics, Boulder, Colorado.

Soicher, H. (ed.) (1985) Propagation effects on military systems in the high-latitude region. In Proc. AGARD Conference, CP-382.

8.2 节

Albee, P. R. and Bates, H. F. (1965) VLF observations at College, Alaska of various D-region disturbance phenomena. Planet. Space Sci.13, 175–206.

Bannister, P. (1993) ELF propagation highlights. In AGARD Conference Proc. 529, pp. 2-1–2-15.

Bates, H. F. (1961) An HF Sweep-frequency Study of the Arctic Ionosphere. Geophysical Institute,University of Alaska, College, Alaska.

Bates, H. F. (1962) VLF effects from the Nov. 10, 1961 polar-cap absorption event, J. Geophys. Res., 67, 2745–2751.

Bates, H. F and Albee, P. R. (1965) General VLF phase variations observed at College, Alaska. J. Geophys. Res. 70, 2187–2208.

Berry, L. A. (1964) Wave hop theory of long distance propagation of low-frequency radio waves. Radio Sci. D 68, 12.

Chrissan, D. A. and Fraser-Smith, A. C. (1996) Seasonal variations of globally measured ELF/VLF radio noise. Radio Sci. 31, 1141–1152.

Davies, K. (ed.) (1970) Phase and frequency instabilities in electromagnetic wave propagation. AGARD Conference Proc. 33. Technivision Services, Slough.

Fraser-Smith, A. C. and Bannister, P. R. (1998) Reception of ELF signals at antipodal distances. Radio Sci.33, 83–88.

Wait, J. R. (1970) Electromagnetic Waves in Stratified Media. Pergamon Press, Oxford.

Wait, J. R. (1991) EM scattering from a vertical column of ionization in the earth–ionosphere waveguide. IEEE Trans. Antennas Propagation 39, 1051–1054. Watt, A. D. (1967) VLF Radio Engineering. Pergamon Press, Oxford.

Weitzen, J. A. (1988) Meteor scatter propagation. IEEE Trans. Antennas Propagation 37, 1813.

8.3 节

Hunsucker, R. D., Delana, B. S., and Wang, J. C. H. (1987) Effects of the February 1986 magnetic storm on medium frequency skywave signal received at Fairbanks, Alaska. Proc. IES87, 197–204.

Hunsucker, R. D. and Delana, B. S. (1988) High Latitude Field-strength Measurements of Standard Broadcast Band Skywave Transmissions Monitored at Fairbanks, Alaska. Geophysical Institute, University of Alaska, Fairbanks, Alaska.

8.4 节

Auterman, J. L. (1962) Fading correlation bandwidth and short-term frequency stability measurements on a high-frequency transauroral path. NBS Tech. Note165.

Bartholomew, R. R. (1966) Results of a High-latitude HF Backscatter Study. Stanford Research Institute, Menlo Park, California.

Bates, H. F. and Hunsucker, R. D. (1964) HF/VHF Auroral and Polar Zone Forward Sounding.Geophysical Institute, University of Alaska, Fairbanks, Alaska.

Bates, H. F and Albee, P. R. (1966) On the Strong Influence of the F1 Layer on Medium to High Latitude HF Propagation. Geophysical Institute, University of Alaska, Fairbanks, Alaska.

Bates, H. F., Albee, P. R., and Hunsucker, R. D. (1966) On the relationship of the aurora to non-great-circle HF propagation. J. Geophys. Res.71, 1413–1420.

Bates, H. F. and Hunsucker, R. D. (1974) Quiet and disturbed electron density profiles in the auroral zone ionosphere. Radio Sci. 9, 455–467.

Egan, R. D. and Peterson, A. M. (1962) Backscatter observations of sporadic-E. In Ionospheric Sporadic-E(ed. E. K. Smith), p. 9.

Gerson, N. C. (1964) Polar communications. In Arctic Communications(ed. B. Landmark), p. 83. Pergamon Press, Oxford.

Goodman, J. M. (1992) HF Communication – Science and Technology. Van Nostrand Reinhold, New York.

Hartz, T. R., Montbriand, L. E., and Vogan, E. L. (1963) Can. J. Phys.41, 581.

Heppner, J. P., Byrne, E. C., and Belon, A. E. (1952) The association of absorption and Es ionization with aurora at high latitudes. J.Geophys. Res.57, 121–134.

Hunsucker, R. D. and Stark, R. (1959) Oblique fixed-frequency soundings. In Final Report on Contract No. AF 19(604)–1859(ed. L. Owren).

Hunsucker, R. D. and Owren, L. (1962) Auroral sporadic-E ionization. J. Res. NBS Radio PropagationD 66, 581–592.

Hunsucker, R. D. (1964a) Auroral absorption effects on a transpolar synchronized step-frequency circuit. Proc. IEEE, 52, March.

Hunsucker, R. D. (1964b) Auroral-zone absorption effects on an HF arctic propagation path. Radio Sci.D 68, 717–721.

Hunsucker, R. D. (1965) On the determination of the electron density within discrete auroral forms in the E-region. J. Geophys. Res.70, 3791–3792.

Hunsucker, R. D., Rose, R. B., Adler, R., and Lott, G. K. (1996) Auroral-E mode oblique HF propagation and its dependence on auroral oval position. IEEE Trans. Antennas Propagation44, 383–388.

Jelly, D. H. (1963) J. Geophys. Res. 68, 1705.

Jull, G. W. (1964) HF propagation in the Arctic. In Arctic Communications(ed. B. Landmark), pp. 157–176. Pergamon Press, Oxford.

Koch, J. W. and Petrie, L. E. (1962) Fading characteristics observed on a high frequency auroral radio path. J. Res. NBS Radio PropagationD 66, 159–166.

Leighton, H. I., Shapley, A. H., and Smith, E. K. (1962) The occurrence of sporadic-E during the IGY. In Ionospheric Sporadic-E(ed. S. Matsushita and E. K. Smith), p. 166. MacMillan, London.

Lomax, J. B. (1967) High-frequency Propagation Dispersion.Stanford Research Institute, Menlo Park, California.

McNamara, L. (1991) The Ionosphere: Communications, Surveillance and Direction Finding. Krieger Publishing Co., Malabar, Florida.

Maslin, N. (1987) HF Communications – A System Approach. Plenum Press, New York. Moller, H. G. (1964) Backscatter observations at Lindau-Hartz with variable frequency directed to the auroral zone. In Arctic Communications(ed. B. Landmark), pp. 177–188.

Ortner, L. and Owren, L. (1961) Multipath Propagation on Transarctic HF Circuits. Kiruna Geophysical Observatory, Kiruna.

Ostergaard, J. C., Rasmussen, J. E., Sowa, M. J., McQuinn, J. M., and Kossey, P. A. (1985) Characteristics of high-latitude meteor scatter propagation parameters over the 45–104 Mhz band. In Proc. AGARD (NATO) Conference.

Owren, L., et al. (1959) Arctic Propagation Studies at Tropospheric And Ionospheric Modes of Propagation. Geophysical Institute, University of Alaska, College, Alaska.

Owren, L. (1961) Influence of solar particle radiations on Arctic HF propagation, presented at the AGARD Ionospheric Research Communication meeting, Naples, 15–20May.

Owren, L., Ortner, J., Folkestad, K., and Hunsucker, R. D. (1963) Arctic Propagation at Ionospheric Modes of Propagation. Geophysical Institute, University of Alaska, College, Alaska.

Peterson, A. M., Egan, R. D., and Pratt, D. S. (1959) The IGY three-frequency backscatter sounder. Proc. IRE47, 300–314.

Rose, G. (1964) Field strength measurements over a 2000 km subauroral path (Sodankylä–Lindau) compared with the absorption observed at the terminals. In Arctic Communications(ed. B. Landmark). Pergamon Press, Oxford.

Tveten, L. H. (1961) Ionospheric motions observed with high-frequency backscatter sounders. J. Res. NBSD 65, 115–127.

Tveten, L. H. (1961) Long-distance one-hop F1 propagation through the auroral zone. J. Geophys. Res.66, 1683–1684.

Warrington, E. M., Dhanda, B. S. and Jones, T. B. (1997) Observations of Doppler spreading and FSK signaling errors on HF signals propagating over a high-latitude path. Proc. IEE, 6th International Conference on HF Radio Systems and Techniques, pp. 119–123.

Weitzen, J. A., Cannon, P. S., Ostergaard, J. C., and Rasmussen, J. E. (1993) Highlatitude seasonal variation of meteoric and nonmeteoric oblique propagation at a frequency of 45 MHz. Radio Sci.28, 213–222.

8.5 节

Akrun and Cannon, P. S. (1994) A meteor scatter communication system data throughput model. IEE HF Radio Systems and Techniques Conference, University of York, Vol. 392, pp. 343–347.

Cannon, P. S., Dickson, A. H., and Armstrong, M. H. (1985) Meteor scatter communication at high latitudes. In Proc. AGARD (NATO) Conference.

Cannon, P. S., Weitzen, J. A., and Ostergaard, J. (1996) The relative impact of meteor scatter and other long distance high latitude propagation modes on VHF communication systems. Radio Sci. 31.

Ostergaard, J. C., Rasmussen, J. E., Sowa, M. J., McQuinn, J. M., and Kossey, P. A. (1985) Characteristics of high-latitude meteor scatter propagation parameters over the 45–104 Mhz band. In Proc. AGARD (NATO) Conference.

Weitzen, J. A. (1988) Meteor scatter propagation. IEEE Trans. Antennas Propagation 37, 1813.

第 9 章　高纬无线电传播：
第二部分——建模、预测和干扰因素缓解技术

没有任何学科像应用科学一样，如此专注于科学现象的实际应用。

Louis Pasteur

9.1　引　言

第 8 章回顾了高纬无线电传播的研究进展，这一问题从 1956 年开始引起人们的重视，并一直持续到目前为止的 IGY、IGC 和 IQSY 国际研究阶段。在过去的 20 年里，我们对极光带和极区电波传播现象学的理解水平取得了相当大的进步，通信和计算机技术也发生了翻天覆地的变化。技术的飞跃包括功能强大价格低廉的计算机、预测/建模/射线追踪软件的可用性、复杂的调制方案、先进的天线理论和应用方法、电子线路超大规模集成电路 (very large scale integration, VLSI)、先进的地基和星载地球物理学传感器以及主动链路探测系统 (见第 4 章)。本章将集中讨论从 19 世纪 80 年代后期开始取得的实验结果、电离层建模、射线追踪、预报技术、缓解技术，以及空间气象数据对电离层传播的影响。

Hunsucker 等 (1996) 和 Nishino 等 (1999) 记录了频率为 25~30 MHz，传播路径长度为 1000~2000 km，路径与极光卵形环相切并垂直的无线电波在极光带 E 层 (AE) 的传播特性。

9.2　电离层射线追踪、建模和传播预测

9.2.1　电离层射线追踪

在高纬为了通过电离层射线追踪程序对电波传播特性进行有效预测，必须在传播路径上取足够多的点来建立一个精确的电子密度剖面模型。由于现有的大多数复杂电离层模型基本上都是在相当稀疏的数据网格上产生的气候学 (不是 "天气") 输出，因此它们目前不足以定义高纬电离层，难以满足射线追踪预测的要求。此外，这些模型都不包括极地或极光带 D 层的吸收 (见 7.2 节和 7.3 节)，这是高频传播的一阶效应，并不是所有的无线电波传播预测程序都使用射线追踪算法；

有些程序使用"虚拟几何"技术，而其他则基于实际前向探测链路的数据库。当然，射线追踪和虚拟几何算法非常依赖精确的电离层模型，电离层模型是基于试验探测数据建立的，但大多数高纬地区的数据量不够充足。

图 9.1～ 图 9.3 给出了在极光带电离层中计算的射线追踪案例，图中结合 Jones-Stephenson(1975) 三维射线追踪程序和一个拟合模型实现了三个不同方位的后向散射射线追踪，这个拟合模型指的是将由费尔班克斯垂直入射到 E 层和 F 层的电波轨迹进行抛物线拟合。这些射线轨迹说明极光带电离层的三维结构很复杂。

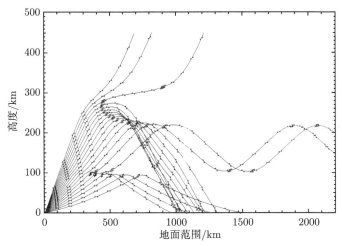

图 9.1　1988 年秋，基于垂测仪的抛物线拟合模型得到的自费尔班克斯发射的后向散射射线轨迹，电波频率为 11.3 MHz，传播真方位角为 10°(Hunsucker and Delana,1988)

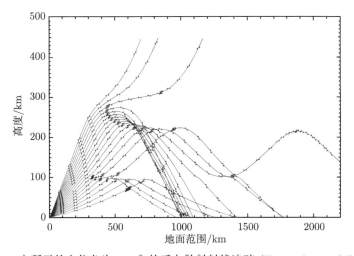

图 9.2　图 9.1 中所示的方位角为 16.0° 的后向散射射线追踪 (Hunsucker and Delana,1988)

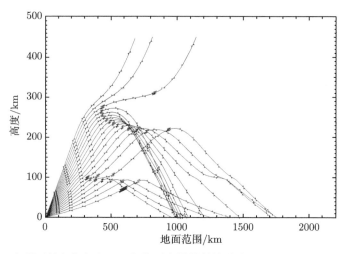

图 9.3　图 9.2 中所示的方位角为 31.0° 的后向散射射线追踪 (Hunsucker and Delana, 1988)

9.2.2　准确高纬模型

判定众多电离层模型对高纬电离层定量描述的适用性标准包括从 D 层底部到 F 层顶部 ($\sim$500 km) 的电离层剖面预测、极区等离子体对流和电离层电流状态、覆盖从 $\sim$55° 到 90° CGL 的纬度范围、一个足够密的观测网络 (单元尺寸不超过 100 km) 以及实时的"空间–天气"数据输入。在 Schunk(1996) 的"阶梯手册"中列出的 16 个电离层模型中，11 个模型包含了一些高纬电离层参数。表 9.1 给出了国际参考电离层模型 (IRI) 和参数化实时电离层模型 (PRISM) 的情况说明 (Schunk,1996)。

表 9.1　适用于高纬的电离层模型 (Schunk, 1996)

模型	模型类型和输入	高纬特征	参考文献及评论
D 层离子化学模型 (来自化学模型 SIC 的 Sodankylä 离子数据 (Turunen 等))	第一原理，MSIS-90，日地活动	高度范围 70～100km，包括粒子沉降	适用于 ISR 和宇宙噪声吸收仪吸收数据；用于 MATLAB 4.2 的 PC 机
稳态 D 层模型 (Swider)	半经验	与 PCA 数据吻合良好	Swider 和 Foley(1978)，可通过 NTIS 从作者处获得
八–矩流体模型 (TRANSCAR) (Blelly)	第一原理，太阳 EUV，ISR 能	"高纬模型"高度范围 100～3000 km，包括对流、电场和焦耳加热效应	可从工作站的作者处获得
格拉茨电离层通量管模拟模型 (GIFTS)(Kirchengast)	第一原理，MSIS-90，太阳 EUV 极光沉降	高纬 F 层 ($h = 150 \sim 600$ km)	可在 DEC/VAX 平台从作者处获得 (FORTRAN 语言)

续表

模型	模型类型和输入	高纬特征	参考文献及评论
极区电离层 UAF 欧拉模型 (Maurits 和 Watkins)	第一原理，VSH/MSIS，磁指数，IMFB_y 和 B_z；极光成像仪数据	覆盖地理纬度 $50° \sim 90°$，$h = 80 \sim$ 500km	从作者处获得
高纬模型 (Wu 和 Taieb)	第一原理，MISS，磁指数，ISR 数据，每日的 10.7cm 通量	高纬 F 层 $h = 300 \sim$ 2000km	不再提供
全球电离层理论模型 (GTIM)(Anderson 等)	三维欧拉–拉格朗日第一原理	仅 F 层	从作者处获得
参数化实时电离层模型 (PRISM)(Anderson 等)	半经验参数化模型，运用了一些 GTIM 方程来生成一组全球电子密度剖面和 PIM(Daniell et al., 1995) 数据库，然后使用传感器的近实时数据	极光和极区电离层，$h =100\sim$ 500km	从作者处获得，超级计算平台
USU 全球电离层模型 (Schunk 和 Sojka)	第一原理，三维欧拉–拉格朗日混合，一些数据来自经验模型；输入是全球的来自模型的与时间有关的数据	包括极光和极区层，$h =$ $90\sim1000$km	可在超级计算机上使用 FORTRAN 语言；作者欢迎合作
磁力线半球模型 (FLIP) (Richards 和 Torr)	第一原理，一维模型，MSIS-86，太阳 EUV，磁指数，太阳通量	包括极光层；$h =80\sim$ 600km	可从 Richards 处获得，需要安装 DEC/VAX 平台
耦合的热层电离层模型 (CTIM)(Fuller-Rowell 等)	第一原理，三维欧拉多输入统计模型	全球模型，$h =90\sim$ 600km	联系作者获得详细的可用信息
NCAR 热层–电离层–中间层–电动力学环流模型 (TIGCM) (Roble)	第一原理，三维，时间相关，受与时间相关的太阳 EUV、UV 光谱辐照度、磁共轭极光离子沉降和环流模式驱动	全球模型，$h =30\sim$ 500km	详细信息请访问 NCAR CRAY YMP – 8 – 64 联系作者
USU 电动力学电离层模型 (Zhu)	第一原理，欧姆定律和电流连续性方程；模型或数据输入	特别适用于高纬 $50° \sim 90°$ MLAT，在 MLT 和 MLAT 的空间分辨率为几十千米	有关协作的详细信息请与作者联系
国际参考电离层模型 (IRI)(Bilitza，1997)	经验模型	高纬增强 (Rawer 和 Biliza，1995)	
宽带闪烁模型 (见 http://www.com/nwra/scintpred)	经验数据库，气候模型	全球模型 (WBMOD)，VHF 至 L 波段	另见 Femouw 和 Secan(1984)，Secan 等 (1997)

模型	模型类型和输入	高纬特征	参考文献及评论
极区相位闪烁	>7000 卫星通过，Spizbergen 经验数据库	斯堪的纳维亚半岛以北的北极地区	Kersley 等 (1995)

另外三个早期的电离层模型在高频传播预测程序中得到了相对广泛的应用 (Bent et al., 1975; Rush et al., 1984)，尽管它们是"全球模型"，但它们严重缺乏有效的高纬数据。

关于闪烁模型 (见 3.3.4 节和 5.3.3 节)，Aarons 等 (1995) 强调了一个太阳周期内太阳活动对极光带边界部分 F 层不规则体的重要性，这里的边界指的是朝向赤道方向的边界。他们的研究数据表明，高纬 F 层不规则体在极光带出现的概率较低，并且在太阳低通量期间强度较低。67° ~ 70° CGL 拉布拉多 Goose Bay 观测数据表明，在低太阳通量年 (1985) 期间，250 MHz 闪烁发生率远远小于比同等地磁条件下高太阳通量年 (1980) 的发生率。

由于通信和导航系统能使用的最基本的必要条件是信噪比 (SNR，见 3.2 节) 足够高，很明显无线电噪声模型是必须的。自 1988 年以来，CCIR 322-3 报告一直是广泛认可的全球无线电噪声模型，但人们已经注意到这个模型有一定误差，并且无法给出高纬地区的准确数据 (Sailors,1995)。

Warber 和 Field(1995) 也提供了一个频率范围为 10 Hz 至 60 kHz 的长波横向-电横向-磁噪声预测模型。该模型预测了全球分布的均方值噪声、标准偏差、电压偏差和两种极化的幅度概率分布。

McNeal(1995) 报道了另一项研究，该研究利用位于阿拉斯加安奇卡岛的美国海军高频可再 (重) 定位的超视距雷达 (ROTHR)，对北太平洋地理纬度 30° ~ 50° 区域的无线电噪声进行了表征。探测的区域位于亚极光带电离层附近，探测波频率为 5~28 MHz，探测时段在太阳黑子极大值附近，探测过程中并未对磁扰动程度进行表征。McNeal 发现，在相对较小的样本基础上，CCIR 322 报告在这个纬度区域预测 ROTHR 噪声数据在 ±25dB 的范围。此外，垂测电离图、斜向后向探测和雷达地面后向散射振幅和噪声水平与模型预测进行了比较，作者指出"模型和探测中值之间的差异很小，对预测的影响可忽略不计"。

9.2.3　电离层模型的验证

正如 Schunk(1996)、Anderson 等 (1998) 和 Szuszczewicz 等 (1998) 报道的那样，在过去的十年中，更多地努力致力于验证和证明各种电离层模型，特别是通过 PRIMO(与电离层模型和观测有关的问题) 研讨会、CEDAR(大气层的耦合及电动力学) 计划及其他努力。

Anderson 等 (1998) 对表 9.1 中所列的五个物理模型 (TIGCM、TDIM、FLIP、GTIM 和 CTIM) 进行了相互比较，并与获得的 Millstone Hill 非相干雷达四个地球物理学事件数据进行了对比，因此这基本上是一个中纬度的评价。根据这项研究，五个模型显示日变化大体上与测量结果一致，但每一个模型在四个地球物理学事件中至少有一个显示出 "明显的不足"，这在其他模型中并不常见。在一项相关的研究中，Szuszczewicz 等 (1998) 比较了中纬度磁静条件下四个模型 (IRI、TIEGCM、FLIP 和 CTIP) 的 f_{0F2} 和 h_{mF2} 输出，发现精确度 "一般优于 5%"。由于这两项研究都局限于中纬地区，因此无法对高纬地区的实际数据和模拟数据进行比较，得出结论。Doherty 等 (1999)、Decker 等 (1999)、Bishop 等 (1999)、Bilitza(1999)、Bust 和 Coco(1999) 及 Ganguli 等 (1999) 研究了 PIM、PRISM、IRI 和 GPS/NNSS 电离层模型及数据库的有效性，发现在中纬地区的预报取得了中等程度的成功。这些模型在高纬很少得到验证。

9.2.4 高纬 ELF-HF 预报性能

需要强调的是所有的无线电传播预测程序主要是输出为中值预测结果的气候模型，因此，不能期望它们产生天气类型的结果 (尽管有这个警告，但一些短波通信者坚持尝试使用这些模型进行 "天气类型" 的传播预测)。这些程序应当正确使用，产生的预测数据类型允许中纬无线电链路规划以时间、季节、太阳黑子周期和设备参数为函数设计无线电通信或导航链路，并详细说明 "最坏情况"。

在高纬地区，须认识到现存的预测系统特别是对于 MUF 和 LUF 的预测是不充分的。这些程序的支持者不太愿意在高纬地区充分测试他们的程序，而且，无论出于何种原因，资助机构似乎也对充分验证这些程序相当犹豫。部分原因可能是由于通信卫星、电缆和超高频视距链路占主导地位，以及某些自适应高频传播计算的出现 (见 9.6 节)，美国不再重视高频通信的使用。

ELF/VLF 预测的验证

Ferguson 和 Snyder(1989) 介绍了一个具有代表性的预测和评估长波传播的软件包。他们描述了由美国海军加利福尼亚州圣迭戈实验室为甚低频到低频 (10~100kHz) 的地球–电离层波导模式开发的一系列程序，可预测广阔地理区域上单个传播路径上的信号强度和信噪比。该模型包含一些高纬现象，可使用 VAX/VMS 语言 (Ferguson and Snyder,1986)。Ferguson(1995) 也描述了一个验证长波传播性能 (LWPC) 预测程序的软件包，软件包采用了来自不同频率和不同位置飞行信号发射器的信号电平，其中频率分布范围为 10 ~60 kHz，校正后的地磁纬度范围为 0° ~80°。LWPC 模型预测值与实际测量值在频率和距离间隔上的平均绝对差如图 9.4(白天) 和图 9.5(夜间) 所示。

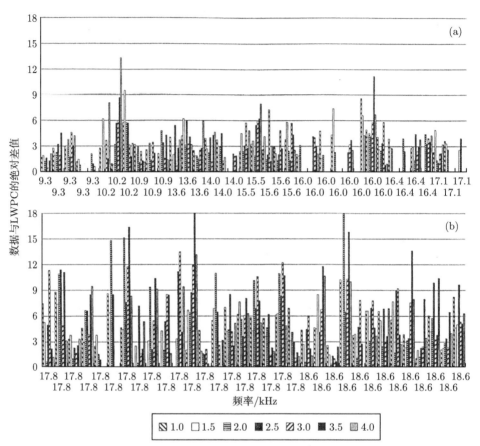

图 9.4   WPC 和测量参数在频率和距离间隔上白天的平均绝对差 (Ferguson, 1995)

HF 预测验证

与 ELF/MF 部分频谱相比，HF(2~30MHz) 波段有大量可用的预测程序，正如 Goodman(1992, Ch. 5)、Sailors 和 Rose(1993) 介绍的那样，后者还讨论了天波信号强度的预测。在 3.3.5 节 (Goodman 的书中) 列出了现存的 13 个程序，但只有两个程序 (AMBCOM 和 ICEPAC) 包含了一些高纬电离层效应。Hunsucker(1971) 对广泛应用于中纬高频传播的程序 IONCAP 进行了修改，包括将 AE 电离加上极地和 AA 效应，用于预测美国海岸卫队的通信，帮助其在北太平洋执行搜索和援救任务，但没有关于这些预测的可靠性信息。Davé 阐述了模式图的重要性，该图源自 AMBCOM 程序的射线追踪部分，用于确定高纬地区的最佳路径和地面范围。

关于运用高纬电离层高质量数据来验证这些预测程序的文献较少，尽管目前正在进行 些这样的比较。表 9.1 中列出的 PRISM/VOACAP 程序可提供高纬高频传播预测，另一个包括使用 PRISM 或 PIM 数据库驱动 ICEPAC 或 AMBCOM

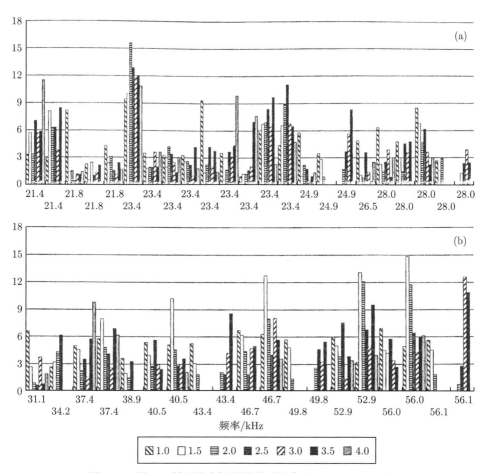

图 9.5 图 9.4 所示的夜间平均绝对吸收 (Ferguson, 1995)

预测程序。理想的"最佳"高频高纬传播预测程序应当包括一个"现实的"定量第一原理模型，一个准确表述极地和极光 D 层、E 层和 F 层参数的数据，一个实际的无线电噪声数据库，准确的设备和天线参数，一个解析射线追踪程序以及近实时的"空间天气"数据输入等。这对于产生场强预测的程序尤其需要。Sailors 和 Rose(1993) 比较了七个 HF 传播预测程序 (三个经验程序：PROPHET、FTZ 和 FTZ4；四个解析程序：HFTDA、IONCAP、ASAPS 和 AMBCOM) 的信号强度预测能力，只有 AMBCOM 具有解析的射线追踪子程序和高纬数据。

Thrane 等 (1994) 运用 ICEPAC 程序预测了挪威境内两条传播路径的性能，介绍了利用实际数据验证高纬高频传播程序的一个尝试。这两条与极光卵形环有关的路径如图 9.6 所示。

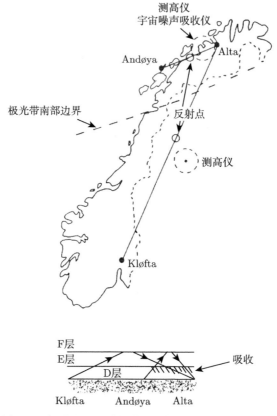

图 9.6　短路径和长路径发射及接收位置 (Thrane,1994)

研究结果表明，"就 E 层和 F 层结构而言，ICEPAC 代表着对 IONCAP 的改进 …… 但传播损耗并没有适当地包括在内"。他们认为：①预测代码再现了观测的信道可靠性日变化的主要特征，但明显高估了可靠性和 MUF(这种差异在地磁扰动条件和极光卵形环内的短路径下尤为显著)；②ICEPAC 中 ICED 电子密度剖面取决于相对于极光卵形环的路径控制点的位置，因此随地磁扰动水平而变化。

另一个验证某些高频传播预测程序的尝试发表在四篇报告中，这四篇报告基于加州蒙特利美国海军研究生院硕士论文，分别对 PROPHET 4.0、IONCAP-PC2.5、AMBCOM 和 ICEPAC 进行了分析 (Gikas,1990; Tsolekas,1990; Wilson, 1991; Burtch,1991)。1988~1989 年期间跨极地 NONCENTRIC 高频实验 (Rongerset al., 1997) 获得的信噪比数据用于检验预测模型。表 9.2 总结了这四项研究的一些信噪比结果。

表 9.2 四种高频传播程序的信噪比误差

高频传播预测程序	传播路径	结果	参考文献
高级 PROPHET4.0	克莱德河–莱斯特	70%的预测误差在 ±20dB 以内	Gikas(1990)
IONCAP-PC 2.5	克莱德河–莱斯特	预测误差小于 10dB，扰动期间误差显著	Tsolekas(1990)
AMBCOM	克莱德河至三个极区接收站	平均误差一般分布在 −20~20dB，平均误差绝对值为 7~11 dB	Wilson(1991)
ICEPAC	克莱德河至四个极区接收站	绝对误差 0.3~26.4 dB	Burtch(1991)

非常有趣的是，在 1989 年冬季的实验中，不同的预测程序和获得的数据中，以频率为函数的平均误差和误差标准差之间存在显著的差异，如图 9.7~ 图 9.9 所示。

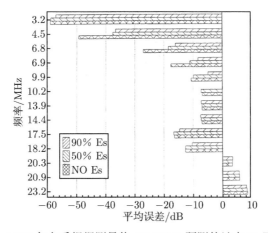

图 9.7 1989 年冬季根据测量值 ICEPAC 预测的站点 D 平均误差

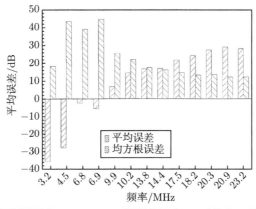

图 9.8 1989 年冬季根据测量值 AMBCOM 预测的站点 D 平均值：总平均误差 13.5dB，标准偏差 28.9 dB 和样本总数为 2919(Wilson, 1991)

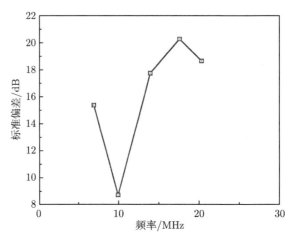

图 9.9　　1989 年冬季 IONCAP-PC 2.5 预测误差的标准偏差与频率的关系曲线

9.2.5　利用高频传播数据对选定的电离层预测模型的最新验证

Hunsucker 的一项研究阐明了使用高频信号接收的实际数据以及空间电台参数 (例如太阳 10.7cm 无线电通量、K_p 等) 来验证几个高频传播预测程序 (以下简称 HFP) 和一个电离层模型的过程。所有的 HFP 程序的目的都是为规划高频链路提供信息，而不是短期预报。

传播数据由高频信号振幅组成，由 1993 年 7 月至 12 月期间极光、亚极光和中纬传播路径组成，其频率为 5.6MHz、11MHz 和 16.9MHz，时间间隔为 6 min。这些数据是在美国海军赞助 PENEX(极地、赤道和近赤道实验) 期间获得的。Smith(1998) 发表了赤道部分实验的一些结果，并在当前的分析中使用了 "极地" 数据。在 1993 年只有有限的空间天气数据可用，而且并不是所有可用的 HFP 软件都以空间天气作为输入，但这个概念对将来的验证工作有效。

PENEX 的描述

PENEX 项目使用的高频发射机位于阿拉斯加州的威尔士亲王角，接收机在阿拉斯加的费尔班克斯、西雅图华盛顿和宾夕法尼亚州。各频率发射天线为半波偶极子天线，一半波长在地面以上，而且接收天线为高度约 20m 的高频对数周期天线 (LPA)。仰角辐射模式使用 NEC 分析程序 (Burke,1981) 仿真，未发现明显的主模零点。由于项目的资金限制，未对特定的传播模式进行射线追踪分析。

基本的调制方案选择是直接序列扩频 (DS-SS)，其中数字码序列以比信息速率更高的速率调制载波并产生一个 $\sin^2 x/x$ 功率包络。选择了一个 "黄金码" 伪随机噪声序列，产生了一个 40kHz 的信号带宽 (Rose,1993; Omura et al., 1985)。直接序列扩频 (DS-SS) 技术只需要 100W 的发射功率，就可以在规划的路径上产生良好的高频信号电平、高抗干扰能力、多径抑制能力和高分辨距离测量 (在初步测量的基础上，这种 DS-SS 系统与 "传统" 的系统 (如单边带传输) 相比产生了大约 40 dB 的增益 (Rose,1993))。传输还使用连续波 (CW) 摩斯电码进行电台识别，并使用频移键控 (FSK) 进行 "内务处理" 数据。这种调制方案从 1993 年 7 月至 9 月，依次使用的频率为 5.604MHz、11.004MHz 和 16.804MHz。仅对 4kB 的扩展频谱序列进行了分析，因为观测到它在合理的处理时间上产生了比其他序列更高的信噪比。这三个频率代表了这部分太阳循环周期内典型高频频率的合理采样。费尔班克斯和西雅图接收站使用的接收机记录了 DS-SS 传输，而罗克斯普林斯接收机只接收了 CW 和 FSK 传输，这导致罗克斯普林斯接收到的信号电平非常低。因此，PENEX 的主要分析工作集中在费尔班克斯和西雅图接收到的 DS-SS 数据上。

我们目前的数据库包含三个频率约 900h 的信号振幅数据 (代表日、季节和地磁活动)。罗克斯普林斯站在 "听–不–听" 的基础上也有几天可用。表 9.3 描述

表 9.3   传播预测程序在分析中应用的特点

	模型的特征	输入	输出	备注与参考文献
ASAPS-4(高级的独立预测系统)	虚拟几何，澳大利亚垂测数据和电离层参数和噪声 CCIR 模型 (经验模型)	发射接收坐标、数据、SSN、太阳通量或 T 指数、系统参数和可用频率	ALF、BUF、EMUF、MUF、OWF 和发射角	ALF= 吸收有限频率，BUF= 最佳可用频率，EMUF=E 层最大频率，MUF= 通过 F 层的最大可用频率，OWF= 最佳工作频率 (Caruana, 1993)
ICEPAC(电离层电导率和电动力学预测等)	虚拟几何，基于解析的 IONCAP 程序，添加了高纬，CCIR 和 URSI 数据库	发射接收坐标、日期、SSN 或太阳通量、系统参数、频率和 Q_{eff}	MUF、LUF 和场强中值 (dBμ)	$Q =$ 有效 Q 指数；Stewart(1990，私人交流)
PROPHET 4.3.2	虚拟几何，斜测高频数据，具有极光卵形环和射线追踪模式	发射接收坐标、日期、SSN 或太阳通量、K_p(太阳质子和 X 射线通量指数)	LUF、MUF、OWF 和场强中值	OWF= 最佳工作频率 (Rose, 1981)
VOACAP(美国之音版本的 IONCAP)	虚拟几何，基于 IONCAP 程序 (用户友好界面)，CCIR 和 URSI 数据模型	发射接收坐标、日期和 SSN	MUF 和场强中值	Lane(1996)

注：
CCIR：国际电信联盟国际无线电咨询委员会。
SSN：太阳黑子数。
URSI：国际无线电科学联合会。

了本次研究中使用的四个 HFP 程序的显著特征。HFP 软件性能的广泛讨论由 Goodman(1992, Ch. 5)、Davies(1990, Ch. 5) 及 Sailors 和 Rose(1993) 给出。我们使用的一个 HFP 软件，在 1993 年 11 月地磁平静日产生的极光卵形环路径 (威尔士至费尔班克斯) 传播预测示例 (WOCAP，见 (Lane,1993)) 如图 9.10 所示。预测图下方的水平线表示 VOCAP 预测传播应在该频率上发生的间隔。

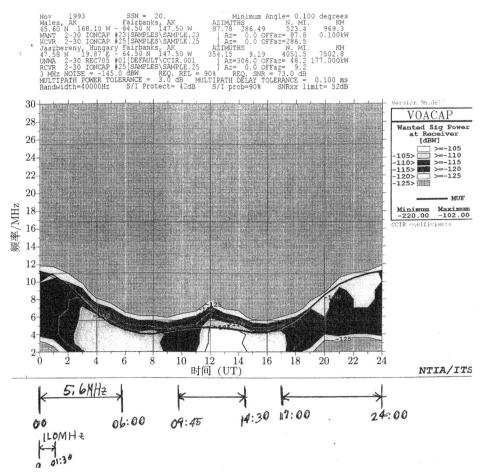

图 9.10　VOCAP 预测和 PENEX 测量示例

PENEX 具体结果

Hunsucker(1999) 分析讨论了 1993 年 7 月至 12 月期间西雅图、费尔班克斯和罗克斯普林斯接收到的 900 h 以上的 PENEX 信号，在费尔班克斯接收到的信

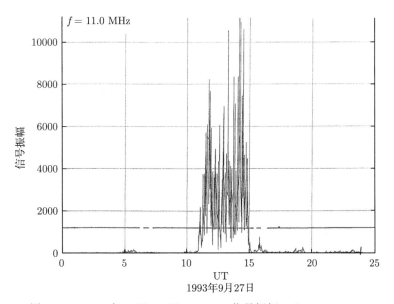

图 9.11　1993 年 9 月 27 日 PENEX 信号振幅，$f = 11.0$ MHz

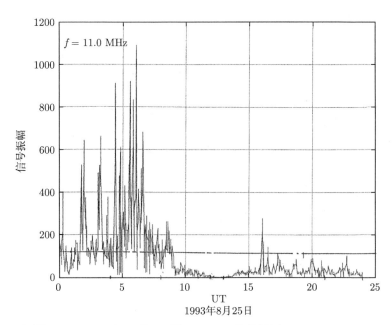

图 9.12　1993 年 8 月 25 日 PENEX 信号振幅，$f = 11.0$MHz

号振幅示例如图 9.11 和图 9.12 所示。图中纵坐标为 DS-SS 系统中接收信号的振幅，图底部附近的水平虚线表示峰值的约 10%，根据有限的传播信号比较，大致相当于高频单边带通信或短波广播所需信号的电平。

表 9.4　在威尔士–费尔班克斯高频链路正确预测百分率

频率/MHz	秋分 (九月)								冬季 (十一月)								备注
	平静				扰动				平静				扰动				
	A	I	P	V	A	I	P	V	A	I	P	V	A	I	P	V	
5.6	3	5	1	4	3	4	3	3	4	5	2	7	4	3	4	6	42%
	6	8	8	7	0	2	3	3	7	3	9	6	0	3	0	0	
11.0	1	1	4	1	1	1	1	1	7	9	7	5	3	4	1	3	35%
	5	2	0	2	5	8	0	8	0	0	7	8	5	0	5	0	
16.8	7	7	6	7	3	3	3	3	4	4	9	4	2	3	2	3	47%
	7	7	7	7	3	3	1	3	8	8	8	8	0	0	0	0	
程序平均	4	4	4	4	4	2	3	2	5	6	6	6	3	3	2	4	
	3	9	2	5	3	5	6	1	2	9	8	8	1	2	4	0	

注：

A=ASAPS-4；**I**=ICEPAC；P=PROPHET；V=VOACAP。

(1) 这个路径上无夏季数据。

(2) 对于这条极光卵形环路径，频率为 5.6MHz、11.0MHz 和 16.8MHz，所有季节和扰动水平的平均准确预测分为 42%、35% 和 47%。

(3) 在平静日内对于二分点和冬季四个程序预测百分率大约相当。

(4) 扰动日内预测正确的百分率比平静日减小了一半。

(5) 这条路径上并没有哪个程序具有明显的优势，除了在秋天的平静日，所有的程序在 16.8MHz 具有高百分率。

(6) 对于所有程序，季节和频率的正确预测百分率总计为 44%。

表 9.5　在威尔士–西雅图高频链路正确预测百分比

频率/MHz	夏季								秋季								冬季							
	平静				扰动				平静				扰动				平静				扰动			
	A	I	P	V	A	I	P	V	A	I	P	V	A	I	P	V	A	I	P	V	A	I	P	V
5.6	29	57	78	78	39	23	15	84	44	28	20	90	50	55	27	50	50	33	25	42	40	93	6	50
11.0	45	70	55	90	43	55	50	17	13	53	73	73	30	49	63	31	30	40	40	40	20	40	40	40
16.8	35	50	35	25	53	40	53	26	50	40	80	40	49	37	87	49	40	40	30	40	40	67	33	67
程序平均	36	59	64	64	45	39	39	42	36	40	41	67	43	47	59	43	40	37	32	37	37	66	26	52

注：

A=ASAPS-4；**I**=ICEPAC；P=PROPHET；V=VOACAP。

(1) 在中纬路径，对于所有季节和扰动水平，频率为 5.6MHz、11.0MHz 和 16.8MHz，正确预测的平均百分率分别为 45%、45% 和 46%。

(2) 在平静日，四个程序的平均值在夏季略高于秋季和冬季 (分别为 56%、46% 和 45%)。

(3) 在扰动日，夏季、秋季和冬季准确预报无明显差异 (分别为 41%、48% 和 45%)。

(4) 对于扰动日 (46%) 和平静日 (45%) 准确预报无明显差异。

(5) 对于所有程序，季节和频率的正确预测百分率总计为 45%。

　　我们将每个 HFP 在 24 h 内的"正确预测百分比"定义为"程序预测的频率和路径上传播的小时数/(实际传播的小时数 + 该频率下预测路径上没有传播的小时数)×100%"。这与未发生传播的小时数比较，均以百分比表示。我们相信，这样定义的"正确传播百分比"指数是半定量的，而且对于电离层研究界和高频传播/通信界应该是有效的和容易理解的。表 9.4 和表 9.5 分别给出了极光卵形环和亚极地 (通常是中纬度) 路径上高频接收预测和观测的比较结果。

该高频数据集的独特之处在于，数据大约每 6 min 绘制一次，而预报和高频数据之间的大多数对比，使用的是每小时平均高频值。因此，目前的数据呈现更

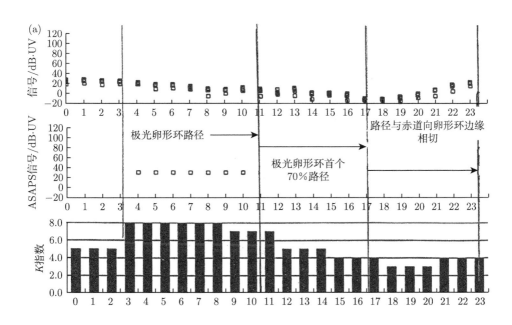

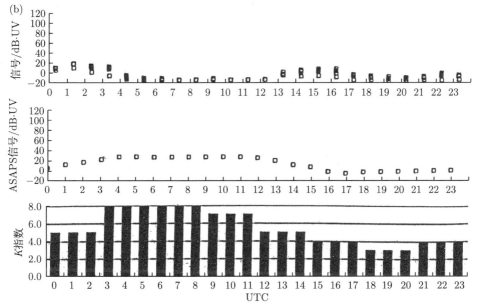

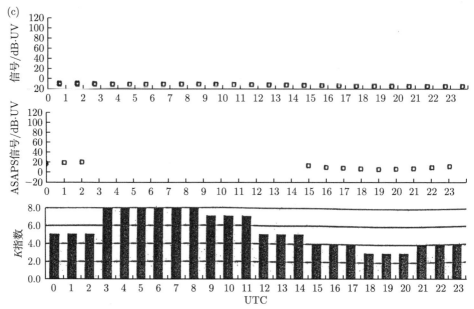

图 9.13　SSN 为 11，10.7cm 通量为 80，频率为 (a)5.604MHz、(b)11.00MHz 和
(c)16.804MHz，PENEX 在扰动日 1993 年 9 月 13 日的信号强度

多的高频 "精细结构" 行为。众所周知，高频信号的一些变化有时由重力波引起的
电离层行扰 (TID) 导致。正如 Hunsucker(1982) 所指出的那样，通常中等尺度的
TID 周期为 12~50 min(见 1.6 节)。若将高频数据每小时值和预测使用的每月每
小时中值进行比较，"正确预测百分率" 可能会更高。

威尔士–罗克斯普林斯、宾夕法尼亚州路径

McDowell 等 (1993) 描述了宾夕法尼亚州罗克斯普林斯高频接收站 (40.8°N，
77.9°W) 监测来自阿拉斯加威尔士的 PENEX 传输的 "听–不–听" 程序的设备和结
果。因为没有完整的 PENEX 接收器可用于该站，所以只记录了 FSK 和 CW 信号。

这是一条有趣的多跳 5925 km 路径，其在静地磁条件下 ($K_p > 5$) 可以被
认为是一条中纬路径。测量仅在 1993 年的 8 月和 9 月进行，70% 的时间有可用
数据。

然而，随着地磁活动的增加，其逐渐趋向成为一条极光路径，当 $K_p > 8$(磁
暴条件) 时，整个路径位于极光卵形环内，当 $K_p > 5$ 时，前路径的 70% 位于卵
形环内。PENEX 信号接收的具体示例如图 9.13 所示。这里的比较实验是极光卵
形环 (Feldstein and Galperin et al., 1985) 的统计结果。

图 9.13(a) 为 1993 年 9 月 13 日地磁暴期间,5.6MHz 信号、K 指数和 ASAPS-4
程序 (见表 9.4) 预测的预报 (UT 函数)。在这一天，整个路径在 03:00~10:30 UT 内
位于极光卵形环内，10:30~17:00 UT 内路径的 70% 在卵形环内，在约 23:00 UT 时

路径与卵形环赤道向边缘相切,因此这条名义上的中纬路径变成了极光路径。ASAPS 只预测了当天 30% 的传播,在 04:00~11:00 UT 内,信号场强预测相当准确。

ASAPS-4 在 11.0MHz(图 9.13(b)) 对传播进行了相当好的定性预测,但信号强度预测几乎是反相关。图 9.13(c) 说明了 16.8MHz 信号几乎检测不到,而且由 ASAPS-4 定性和定量的预测较差 (<50%)。

应用于 PENEX 的空间天气数据

一些有限的 (1993) 可用空间天气数据被用于对一部分 PENEX 数据样本的研究,发现测量的信号强度与威尔士至西雅图路径上的 AE、PC 和当地 (费尔班克斯)K 指数之间似乎没有联系 (这条路径的第一跳可能会受到极光电离层的影响)。然而,A_p 峰值与三个频率上的信号振幅峰值一致。正如预料的那样,因为 IMFB_z 南转向与电离层响应之间存在一个实际延迟,其南转向似乎与信号强度的变化没有密切关系。在这条亚极光链路上,GOES X 射线通量与信号强度第一峰值间似有某种联系,这可能与 F 层电离的增加有关。关于特定的地球物理指数或其他空间天气数据与高频信号振幅的关系,在参考文献中这类的研究报告不多 (Davies,1965; Mather et al., 1972; Milan et al., 1998)。

应用于 PENEX 的极光卵形环和 DMSP 图像

分析了 1993 年 11 月 3 日至 11 日 "国家天气事件" 期间的 PENEX 数据,在扰动日期间,从 PROPHET(Rose,1982) 软件获得的极光卵形环和基于 Feldstein 和 Galperin(1985) 的卵形环与 DMSP 光学线扫描仪极光图比较 (图 9.14)。图 9.14 还显示了位于卵形环内威尔士–费尔班克斯的部分传播路径。图中显示的离散极光位于威尔士–费尔班克斯路径的中间点,这已被证明与 E 层高电子密度密切相关 (Hunsucker and Owren,1962; Hunsucker,1965; Hunsucker et al., 1996)。

从费尔班克斯电离层测高仪记录的电离图约在传播路径形成极光的时间附近,其显示 f_{0E_s} 和 f_{E_s} 的值分别为 7.4MHz 和 8.2MHz,如图 9.15 所示。图 9.16 给出了在费尔班克斯扰动日这一天的 16.8MHz 信号振幅。当一个极光位于中间点上方,并且极光 E 层电离非常强烈时,PENEX 16.8MHz 信号的峰值振幅出现,如图 9.17 所示。这与 Hunsucker 之前给出的许多例子一致。这是验证地基 (电离层测高仪)、星载 (DMSP) 数据和高频传播之间关系的一个例证。

我们给出了高频传播数据如何直接验证空间天气对实际工作系统影响的例子。通过对极光、亚极光和中纬路径上三个频率 900 h 以上的数据进行分析,验证了 4 个高频传播预测程序。这些程序对 1993 年大范围的地磁活动的正确预报率总计仅约为 45%。这应该作为高频通信员不要使用 HFP 程序来预测传播的另一个提醒。

有限的空间气象数据可用于预测程序和模型的输入,在介绍高频传播异常方面有定性的帮助,但对于这个小样本,无法确定特定指数和信号变换之间的定量关系。这个研究的另一特征是信号振幅，其对应于高纬链路上每 6 min 记录的观测信号的变化。

PROPHET 程序预测的极光卵形环与 DMSP 可视化极光图像、在阿拉斯加费尔班克斯获得的电离图和 1993 年 11 月 4 日扰动时威尔士–费尔班克斯路径上 16.8MHz 接收的信号振幅非常一致。

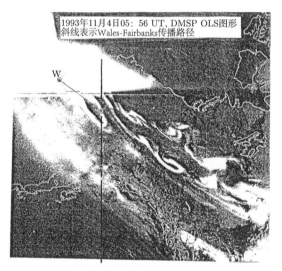

图 9.14　空间天气数据 (与威尔士–费尔班克斯传播路径有关的 DMSP 图形)

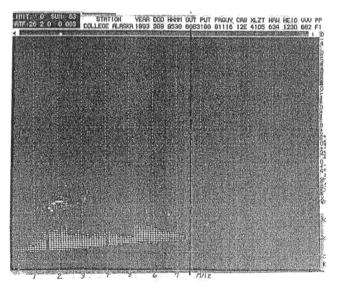

图 9.15　空间天气数据 (费尔班克斯电离层测高仪)

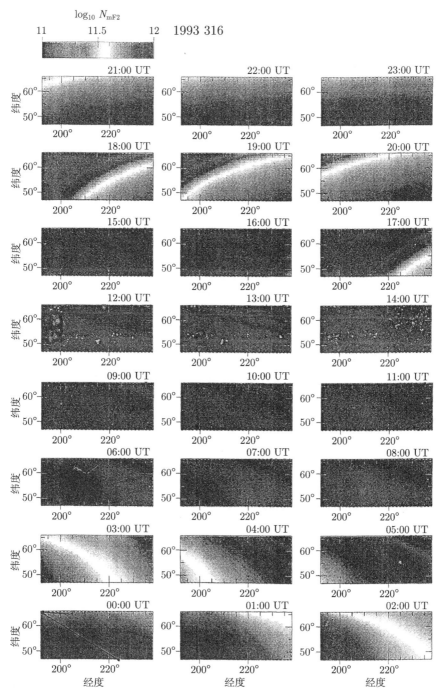

图 9.16 地磁平静日 (1993 年 11 月 12 日) 每小时的 USU"同化电离层模型"。威尔士至西雅图和费尔班克斯的大致大圆路径在下方图显示为两条斜线 (Schunk and Sojka,1999)

希望利用现在丰富的空间气象数据、新的高频传播数据和一些可用的大型电离层模型继续开展这类研究。PENEX 研究得到了美国海军安全集团司令部、海军研究办公室和海军蒙特利研究院的支持，我们必须感谢宾夕法尼亚州立大学应用研究实验室的数据分析和 J. K. Breakall 的天线模式分析的贡献。

9.3　VHF/UHF 传播预测

如 8.5 节所示，数次观测到 VHF 信号传播 (一直到 46MHz) 的 2000～5000 km 极区路径，但至今没有可靠方法预测这些已知路径。然而，由于一部分路径发生时存在强 AE，人们可定性地认为这些模式发生在具有高太阳黑子数年份的地磁扰动期间。

9.4　电离层模型验证的最新进展

犹他州洛根空间环境公司正在开发一个 "电离层同化模型"(AIM)(Schunk and Sojka,1999, 私人交流)，这个程序用于产生一个数据库，与 PENEX 1993 年 11 月 4 日至 12 日的数据比较。在感兴趣的区域以每小时 (UT) 间隔显示 N_{mF2}，对 1993 年第 308 天和第 316 天 (11 月 4 日至 12 日) 进行了分析。威尔士至西雅图和费尔班克斯的大致大圆路径在图 9.17 的左下方图显示为两条斜线，其显示了第 316 天的图——对应于地磁平静的一天。

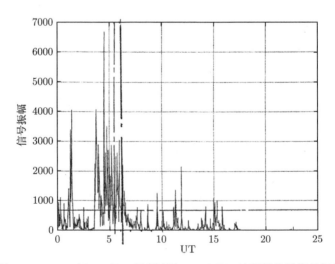

图 9.17　1993 年 11 月 4 日频率为 16.8MHz 的高频传播信号振幅

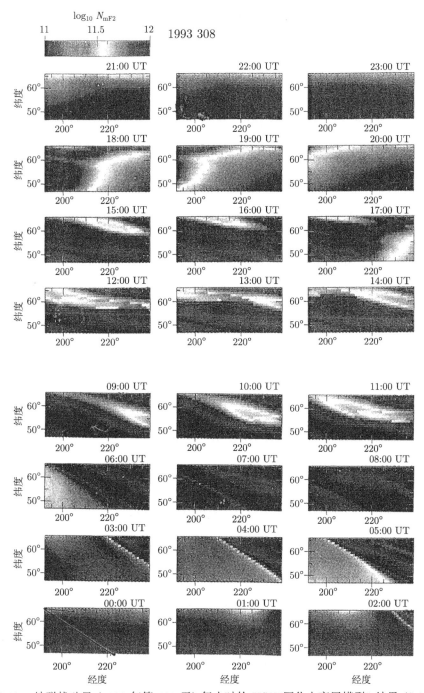

图 9.18 地磁扰动日 (1993 年第 308 天) 每小时的 USU"同化电离层模型" 结果 (Schunk and Sojka, 1999)

图 9.17 中每一幅小图都表示 F 层电子密度峰值 (N_{mF2})，电子密度显示范围为 $10^{11} \sim 10^{12}$ m^{-3}。图中坐标为混合坐标，其中经度是地理坐标，而纬度为地磁坐标。重要的黄昏过渡现象发生在 02:00~06:00 UT 期间，并随时间 (UT) 推进，电子密度峰值相对平缓地减小。相比之下，黎明–日出时段 (17:00~19:00 UT) 有很明显的电子密度梯度。夜间时段电子密度下降到 10^{11}m^{-3}(10^5cm^{-3}) 以下，有一个窄的深蓝色槽特征。需要注意的是，由于没有电离层数据可用于同化处理，AIM 模型当前运行在一个仅由 K_p 和 10.7 cm 指数驱动的气候学模式下。此外，该模型还是在上部结构通量为零的默认模式下运行。因此，由当前 AIM 模式给出的夜间时段电子密度可能过低。

AIM 模型正在改进以修正这个缺点。为了与 AIM 模型做对比，在分析 PENEX 数据时，应该注意，AIM 模型模拟了 100~ 1000 km 的 O$^+$ 密度和分子–离子密度，也包括了 Hardy 等 (1987) 的经验电子沉降模型，但不包括 D 层吸收效应 (在扰动日可能很严重)。因此，我们应当在 AIM 模型的框架下研究威尔士–西雅图路径 (中纬路径) 的性能。当传播路径与电子密度槽特征方向大致一致，并向赤道方向倾斜几度时，5.6 MHz 信号的幅度峰值出现在约 13:00 UT(03:00 AST) 和约 15:30 UT(05:30 AST)。通常，11.0MHz 和 16.8 MHz 信号在 16:00~24:00 UT 时段的传播特性与 F2$_{max}$ 高度上电子密度的增加有关。因此，威尔士–西雅图 ("中纬") 传播路径在这一平静日 (1993 年第 316 天) 似乎至少定性地与 AIM 模型结果一致。

与图 9.17 相对照的是，图 9.18 为扰动日 (1993 年第 308 天)F 层电子密度峰值 (N_{mF2}) 结果，其最显著的特征包括：

(1) 非常清晰的夜间极区区域；

(2) 非常显著的 "深" 夜间电子密度槽；

(3) 在午后 (02:00~06:00 UT) 极端陡峭的赤道向电子密度槽边界；

(4) 较高的正午日光照射引起的电子密度；

(5) 磁暴增强电子密度出现在 02:00 UT 和 03:00 UT 时段。这些较高的电子密度随后陡降为电子密度槽。

在扰动日，所研究的三个频率的信号在约 00:00 UT 至 10:00 UT 时段均正常传播，在 11:00 UT~24:00 UT 时段无法传播。在约 00:00 UT 至 06:00 UT 时段 AIM 模型结果与观测的传播结果一致，但在 07:00 UT~10:00 UT 时段，传播路径位于一个较深的电子密度 (N_e) 槽中。可以合理地假设极光 E 层电离可以使 10:00 UT~11:00 UT(00:00~01:00 AST) 时段的传播效果增强，因为这一传播路径在这一时段恰好位于极光卵形环内，极光吸收 (AA) 可导致 PENEX 信号损耗。

因此，一级近似情况下，在这些平静日和扰动日内 PENEX 高频传播的观测结果与 AIM 模型输出一致, 如图 9.17 和图 9.18 所示以及如 Hunsucker(1992) 在高纬电波传播相关的综述中概括的那样。希望未来的工作通过 AIM 输出进行射线追踪, 然后使用高频传播模式结构进行验证。

9.5　高频传播扰动减缓

9.5.1　早期尝试

从 20 世纪 50 年代的研究开始, 人们就知道高频高纬传播的可靠性和可预测性比较糟糕, Gerson(1962a, 1962b; 1964) 对各种通信模式进行了有趣的定性评估, 如表 9.6 所示。

应当强调的是表 9.6 中的评估和成本估算由 Gerson 在 20 世纪 60 年代早期提出, 而且受其他合理估算的影响, 但当时无卫星通信模式可比较。然而, 有趣的是, 由于高成本, VHF 散射模式已被放弃, VLF/LF 并非真正的通信模式。表 9.6 中行显示, 本次评估中海底电缆和 UHF 对流层传播模式被评为 "最佳", 但由于建立远程 UHF 中继系统的成本高且困难, 未考虑后者。图 9.19 中的线路表明当时对铺设海底电缆进行了认真考虑。尽管通信和导航卫星系统的成本很高, 而且在某些高纬电离层效应下也很脆弱, 但这些系统的使用极大减少了 VLF/LF 和 HF 系统在高纬地区的使用。

表 9.6　Gerson(1964) 对高纬路径上各种通信模式进行了 1~9 极比较 (1= 优秀、成本低、最可靠和问题最少等)

参数	潜艇电缆	VLF/LF	HF	VHF		UHF 对流层
				散射	流星	
可靠性	2	1	7	2	5	1
带宽	2	6	4	4	4	1
潜在的干扰	1	2	4	3	2	1
人为干扰	1	6	8	3	2	1
太阳黑子极大值时的问题	3	2	6	2	2	1
初始成本	6	4	3	5	3	6
运营成本	2	1	3	3	5	6
总计	17	22	35	24	23	17

20 世纪 60 年代, 讨论了使用前向探测链路和链路改善高纬 HF 传播的问题 (Fenwick and Villard,1963; Hunsucker and Bates,1969), 以及后来 Fenwick 和 Woodhouse 使用全球范围的线性调频脉冲探测仪网络描述了广泛的美国海军 HF 频率管理系统。

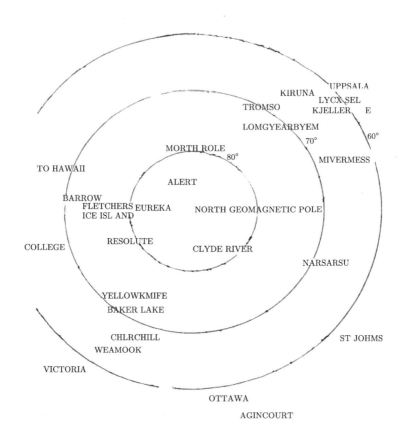

图 9.19   极区地图显示从苏格兰及挪威至阿勒特，再到穆索尼和巴罗岛海底电缆路线
(Gerson et al., 1964)

9.5.2   利用日地数据减缓

第 3 章和表 9.3 中列出的所有 HF 传播预测程序都提供了太阳黑子数量 (或太阳通量) 和地磁活动指数 (通常表示为 K_p)，以及日、月和年的时间作为输入。预测场强的程序还需要天线增益、发射机功率、接收机灵敏度、接收机区域的噪声水平等作为输入信息，如表 9.4 所示，这些程序不能产生足够准确的预测，尤其在高纬地区。有关其中七个程序如何计算场强的讨论，请参见 Sailors 和 Rose(1993)。目前，只有 PRISM/VOACAP 和 PROPMAN®(Hu et al., 1998) 利用了额外的日地输入，且由于这些额外参数和改进算法的应用而可能的改进尚未评估 (据作者所知)。如前所述，与 PRISM/VOACAP 相比，将 PRISM 模型与 ICECAP 或 AMBCOM 预测程序以及实时的日地参数输入结合使用，在高纬地区可能更有效，

且这种组合应当更有效，而且被验证。然而，关于这些模型是否能够充分详细地描述近实时高纬电离层，以允许射线追踪或几何计算能够足以计算 HF 传播 (尤其是场强预测)，还存在一些问题。

Brant 等 (1994) 描述的美国海军无线电频率任务规划 (RFMP) 采用了另一种减缓方法，预测 HF 至 UHF 传播通信的可靠性。PRMP 是工作站面向对象界面中的一组无线电传播和地形建模程序，允许用户将通信任务目标转换为用户可理解的结果。其特点包括整合可视化工具、数字地图、基于规则的传播模型选择、将模型结果表示为随机值，以及在地理环境中对任务成功率的估计。PRMP 的实时输入包括对流层湿度密度测量、GPS 反演的 TEC、电离层层析和垂直入射探测仪得到的电子密度剖面，以及卫星测量的日地参数。PRIMP 目前部署在多个平台上正在进行验证。

9.5.3 自适应 HF 技术

本书第 3 章简要介绍了一些自适应 HF 技术，Goodman(1992, Ch. 7) 和 Johnson 等 (1997) 的书中对此进行了延伸描述。任何自适应 HF 系统的一个重要部分是自动链路评估 (ALE) 方案，如图 9.20 中所示的层次结构图。

在两个站之间建立链路的基本 ALE 操作如下：①呼叫站寻址并向被呼叫站发送呼叫帧；②如果该站"听到"呼叫，则发送一个响应帧至呼叫站；③若呼叫站收到响应，则它现在知道已与被呼叫站建立了双边链路。然而，被呼叫的站并不知道这一点，因此呼叫站发送一个确认帧至被呼叫站。在三次"握手"结束时，链路已建立且站点可以开始语音或数据传输，或者仅仅注意到通信的可能，然后断开链路。以下协议摘自 Johnson 等 (1997, pp. 9~10)。

ALE 标准还描述了网络、群呼叫和探测，如下所示：

(1) 网络呼叫被发送到一个地址，该地址隐式地命名预先安排的站点 (网络) 集合的所有成员。属于网络的所有收听网络呼叫的电台在预先安排的时间段内发送其响应帧。然后，呼叫站像往常一样通过发送确认帧来完成握手。

(2) 除了在呼叫中任意站点集合的命名，群呼叫工作原理比较类似。由于未设置预先安排的网络地址，因此每个站点单独命名。被呼叫站在时隙中响应，通过反向呼叫中各站的命名顺序来确定其时隙位置。呼叫站像往常一样发送确认。

(3) 探测是一个电台 ALE 信号的单向广播，以帮助其他电台测量信道质量。广播不发送给任何电台或电台集合，只携带发送探测电台的标识。

Bliss 等 (1987) 介绍了一个在跨极光 HF 路径使用 ALE 技术的例子，下面对该实验进行较为详细的描述 (以记录该技术)。跨极光 HF 实验 (TAHFE) 实施于 1986~1987 年，路径为阿拉斯加州巴罗岛到艾奥瓦州锡达拉皮兹，长度为 4765km，与扰动的极光卵形环相关 ($Q = 7$)。

图 9.20　HF 无线系统等级层次 (Johnson et al., 1997)

TAHFE 利用了巴罗的远程终端，包括柯林斯 HF-8070 发射机、1 kW 功率放大器、选择性呼叫和扫描装置 (具有测试信号生成能力的柯林斯 HF-8096 SELSCAN)、FSK 调制、控制微型计算机、接口设备和电话调制。具有同样装备的接收站位于锡达拉皮兹。SELSCAN 装置用于控制设备，允许传输内部生成的高级链路质量分析仪 (ALQA) 音调和 300 bps 及 75 bps 二进制 FSK 数据 (通过辅助端口), 并用于自动连接测试。ALQA 是罗克韦尔开发的利用分配的无线信道内的窄带信号用于 HF 信道参数测量的三音生成和分析子系统专利设备。SELSCAN 系统由 PC 控制, 通过远程控制编程实现排序的目的 (时间、频率和持续时间)。

　　在锡达拉皮兹的链路接收端, HF 信道特性由 ALQA 直接测量的几个参数 (见表 9.7) 量化。表 9.8 给出了 TAHFE 的目标以及表 9.9 列出了实验的数据库。TAHFE 设备配置如图 9.21 所示, 其测试程序如图 9.22 和表 9.10 所示。

表 9.7　TAHFE 期间记录的选定 HF 信道参数 (Bliss et al., 1987)

参数	单位	说明
DOY	天	一年中的一天
TOD	h	时间 (UT), 以十进制小时为单位
FRQ	MHz	工作频率
SNoR	dB·Hz	功率密度信噪比
DS	Hz	多普勒频率扩展
MP	ms	多径时延展宽
BER 75	比率	75 bps 数据的误码率 (10000 位)
BER 300	比率	300 bps 数据的误码率 (10000 位)

表 9.8　跨极光 HF 实验 (TAHFE) 的目标 (Bliss et al., 1987)

为跨极光 HF 信道数据库搜集数据	
研究	(i)TAHFE 数据与太阳/地球物理学数据之间的关系
	(ii) 极光卵形环和传播预测与 TAHFE 数据的相关性
特征	(i) 通过高级链路质量分析仪 (ALQA) 分步探测表征 HF 信道特性
	(ii) 运用 ALQA 的 FSK 数据误码率
	(iii) 利用太阳地球物理数据推断电离层状态

表 9.9　TAHFE 数据库 (Bliss et al., 1987)

标识符	收集时间间隔
TAHFE 1A	1986 年 9 月 16 日至 1986 年 10 月 29 日
TAHFE 1B	1986 年 11 月 5 日至 1986 年 12 月 12 日
TAHFE 2	1987 年 3 月 11 日至 1987 年 4 月 11 日

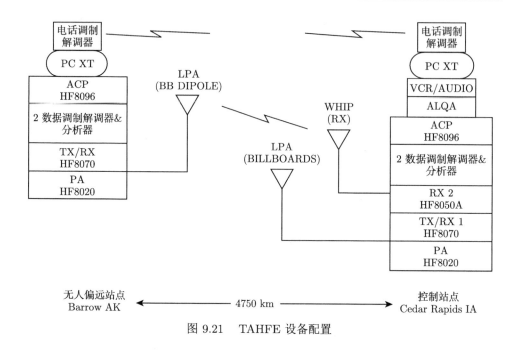

图 9.21　TAHFE 设备配置

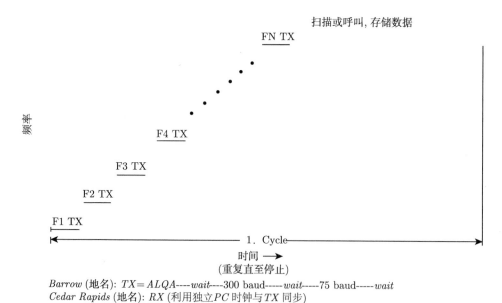

图 9.22　TAHFE 测试程序

　　我们从 TAIIFE 项目 80 天的干扰日中选择数据以说明获得的数据类型。图 9.23 显示了 1986 年 11 月 12 日 (SSN = 15.2；K_p = 3) 期间 6～21 MHz

传播的频率，图 9.24 给出了相应的三频步长探测循环周期。1986 年 11 月 12 日期间获得的一些重要信号参数 (SNR，多普勒扩展，FSK 误码率和多径扩展) 如图 9.25~ 图 9.27 所示。计划将一个大型日地数据库并入 TAHFE 测量结果中，但这些工作没有资金支持。

表 9.10　TAHFE 测试程序 (Bliss et al., 1987)

发送至远程的典型数据文件夹 (约 100 字节)	
XXXX	开始时间
015	ALQA 测量时间 (SEC)
050	300 baud FSK(SEC)
150	75 baud FSK(SEC)
N	周期结束时呼叫?
CDR	呼叫站地址或扫描 (NCL)
0000	扫描或呼叫时间 (SEC)
LO	功率设置
03260	F1 频率/kHz
	……
	……
29700Fn	

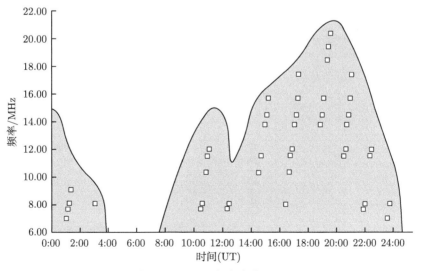

图 9.23　1986 年 11 月 12 日频率变化 (Bliss et al., 1986)

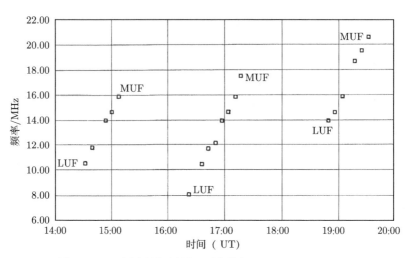

图 9.24　三频步长探测循环周期特征 (Bliss et al., 1986)

复合特征

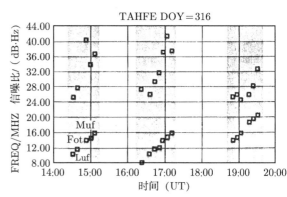

典型的步进探测周期
图例给出了频率和信噪比一天的变化
（频率最大值＝21 MPa 、
信噪比 Min＝24 dB·Hz）

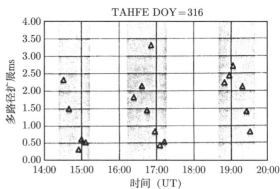

典型的多路径扩展
图2为每步进探测周期的数据

图 9.25　1986 年 11 月 12 日，典型信噪比、频率和多径扩展与时间的关系 (Bliss et al., 1986)

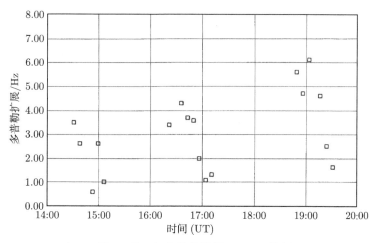

图 9.26　1986 年 11 月 12 日，年多普勒扩展 (RMS) 特征 (Bliss et al., 1987)

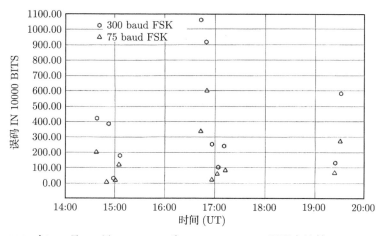

图 9.27　1986 年 11 月 12 日，75 baud 和 300 baud FSK 误码率比较 (Bliss et al., 1986)

9.5.4　实时信道评估

改善 HF 高纬通信链路不利影响的最有希望的技术是实时信道评估 (RTCE)，其在 Goodman(1972) 第 7 章 (pp. 122) 和 CCIR889-1 报告 (1966) 中进行了详细介绍。该技术基本上包括了 HF 频率管理的三个阶段：长期预报、短期预报和现时预报。RTCE 可细分为以下类别：斜入射探测 (OIS)、信道评估和呼叫 (CHEC)、垂直入射探测 (VIS)、后向散射探测 (BSS)、频率监测 (FMON)、导音频系统探测 (PTS) 及误码计数系统 (ECS)。上述首字母缩略词的定义详见 Goodman(1992)。CCIR 对 TECE 的定义如下。

实时信道评估是一个术语，用于描述实时测量一组通信信道的适当参数的过程，并使用由此获得的数据定量描述这些信道的状态以及通过给定一类或多类通信流量的能力。

表 9.11 列出了 RTCE 的 CCIR 类别及相应的示例。

表 9.11　RTCE 的 CCIR 分类

第一类	远程发射信号预处理 a. 斜入射探测 (OIS) 1. 脉冲式 2. 线性调频脉冲式 b. 信道评估和呼叫 (CHEC)
第二类	基本的发射信号预处理 a. 垂直入射探测 (VIS) b. 后向散射探测 (BSS) c. 频率监测 (FMON)
第三类	远程接收信号处理 a. 导音频系统探测 (PTS) b. 误码计数系统 (ECS)

Goodman 等 (1997) 报道了使用 FMCW 探测网络相对长期 (1994 年 12 月至 1996 年夏季) 的 HF 通信信道研究。传播参数包括电离层模式信息、MOF、SNR 和信道的可用性，用于数字数据通信的导出及存档。图 9.28 为本实验使用的 HF 传播路径图。依据 Goodman 等 (1997)，TTCE 努力的最终目标之一就是探索开发实用 HF 数据链路 (HFDL) 的潜力，即使是在高纬地区也是如此。

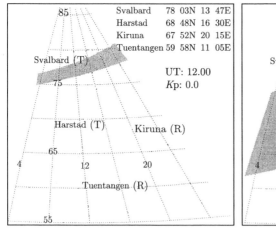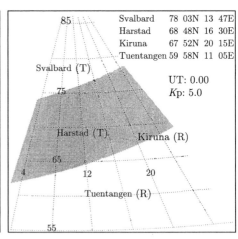

图 9.28　北部实验中 HF 传播路径的几何示意图 (Goodman et al., 1997)

在太阳黑子数量通常低于 50 的时期，使用的频率是航空移动波段 (3.0MHz、3.5MHz、4.6MHz、6.6MHz、9.0MHz、10.1MHz、11.4MHz、13.3MHz、18.0MHz

和 22.0MHz)，将数据与通过 $300 \sim 1800$ bits s^{-1} 所需的最小信噪比值进行比较。
图 9.29 举例说明了在冰岛接收到的信号和从四个站 (伊魁特和诺尔兰郡为大部
分极光路径) 发射的信号的可用百分比。图 9.30 给出了每条路径上频率数分别
为 11、8、6 和 4 的频率组的 HFDL 服务的可用百分比，说明了组合路径的
优势。

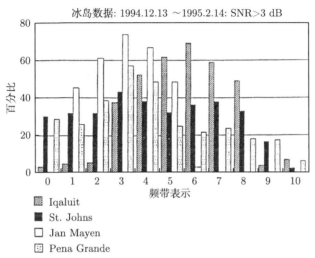

图 9.29　1994 年 12 月 13 日至 1995 年 2 月，在冰岛接收并从四个站发射航空移动频带信号
的可用百分比，SNR>3dB(Goodman et al., 1997)

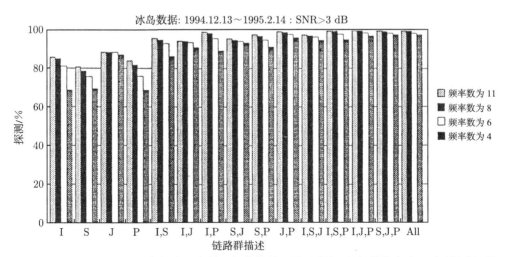

图 9.30　在冰岛挑选的频率组合和发射站组合信号可用百分比 (每组数据包含 4 个频率组, 从
左到右每个频率组对应的频率数分别为 11、8、6 和 4)(Goodman et al., 1997)

总之，本研究说明了 HF 频率宽频谱、斜入射探测、空间和频率分集、动态频率和链路切换，特别是在高纬地区的可用优势。需要注意的是，这些数据是在低太阳黑子活动和中等地磁活动期间获得的，并使用了本质上为中纬气候模型 (IONCAP/VOACAP) 进行预测。

9.5.5　HF 高纬传播信道评估最新进展

Angling 等 (1998) 介绍了斜入射高纬 HF 路径上的多普勒和多径扩展测量结果，以及这些结果在描述四条高纬 HF 通信路径上的数据调制性能方面的应用。这些数据以恰当的方式进行分析以设计合适的 HF 调制。使用的信道探测仪是多普勒和多径探测网络 (DAMSON)(Davies and Cannon, 1993)。DAMSON 系统从远程点以预先选择的 2~30MHz 频率运行。它基于商业设备 (HF 收发机、PC 等)，广泛使用 DSP 技术，并使用 GPS 进行系统定时，使接收和发射同步在 10 μs，并允许使用运行飞行时间法 (TOF) 测量。DAMSON 使用几种探测波形，如时延多普勒、以 2400 bps 调制到两相载波上的 Barker-13 序列、被动噪声测量及其他模式。

图 9.31 给出了本次研究中与极光卵形环 (在低和高地磁活动下) 相关的 DAMSON 路径几何关系图，路径长度如表 9.12 所示。

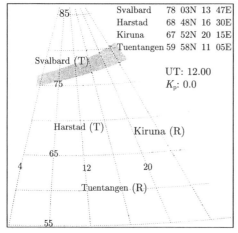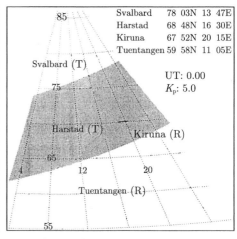

图 9.31　多普勒和多径探测网络 (DAMSON) 站点位置地图 (Angling et al., 1998)

表 9.12　DAMSON HF 传播路径

路径	长度/km
斯瓦尔巴特–屯坦根	2019
斯瓦尔巴特–基律纳	1158
哈尔斯塔–屯坦根	1019
哈尔斯塔–基律纳	194

此次 DAMSON 研究中使用了菱形和斜 V 天线，功率水平约为 250 W，数据以图 9.32 所示的格式显示。图 9.33～ 图 9.35 以及表 9.13 和表 9.14 给出了 DAMSON 实验的样本结果。

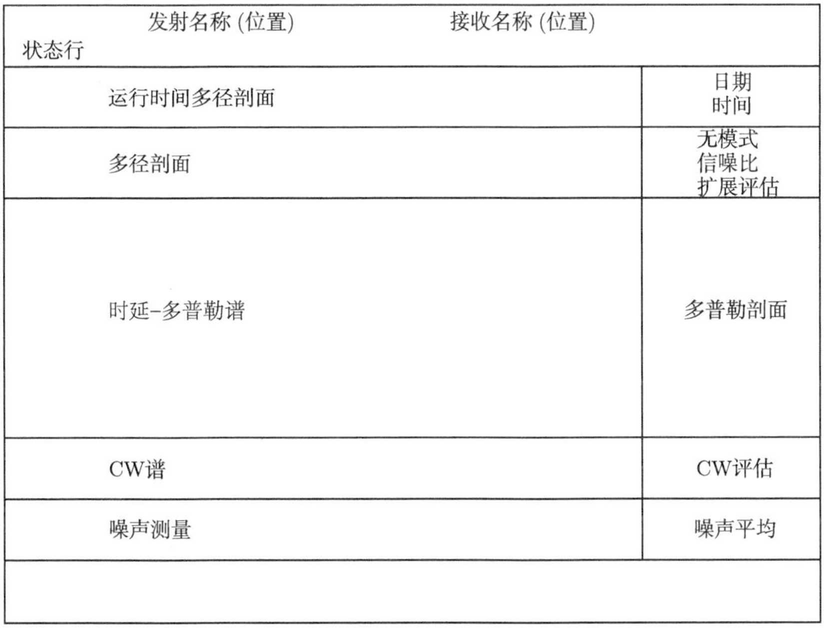

发射名称 (位置)
接收名称 (位置)
状态行
运行时间多径剖面
日期
时间
多径剖面
无模式
信噪比
扩展评估
时延-多普勒谱
多普勒剖面
CW谱
CW评估
噪声测量
噪声平均

图 9.32 DAMSON 分析程序展示示意图 (Angling et al., 1998)

BER
10^0
10^{-1}
10^{-2}
10^{-3}
10^{-4}
10^{-5}
60
50
40
30
20
10
0
多普勒扩展/Hz
0
2
4
6
8
10
多径扩展/ms

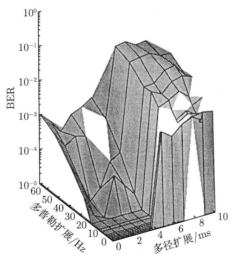

图 9.33 在 0 dB 信噪比下对多普勒扩展的 MIL-STD-188-110A 75 bps 的调制解调和多径扩展测量 (Angling et al., 1998)

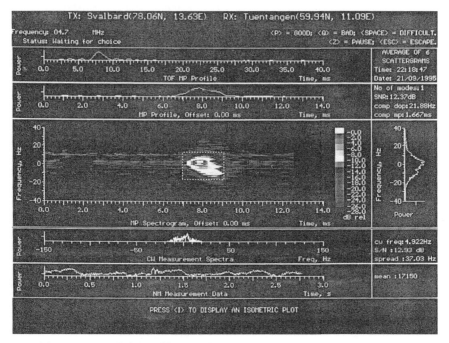

图 9.34　　显示单个扩展模式的分析例行程序示例 (Angling et al., 1990)

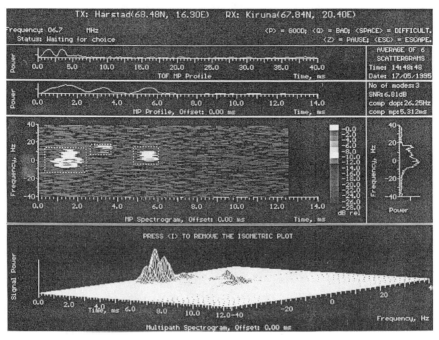

图 9.35　　使用等距描图显示分析例行程序的示例 (Angling et al., 1998)

作者指出,除了测量高频路径上的多径、多普勒扩展以及 SNR 条件外,DAMSON 数据还可用于在相同路径上使用不同的调制来评估链路的可靠性。本次 DAMSON 实验中测试的调制呈现相当稳健,在跨极光路径上可用性高达 95%,在极光路径上降至 64%。据称,使用最低频子频带和选择合适的频率,极光路径的可用性可能大于 92.5%。

表 9.13   0~5ms 多径扩展多普勒/信噪比图概要 (Angling et al., 1998)

	时间	频率	路径			
			斯瓦尔巴特–屯坦根	斯瓦尔巴特–基律纳	哈尔斯塔–屯坦根	哈尔斯塔–基律纳
CNR(3kHz)/dB	00-24 UT	所有频率	−14.0	−17.0	−14.8	−15.0
		2.8~4.7MHz	−15.5	−17.5	−11.5	−9.5
		6.7~11.2MHz	−5.0	−8.0	−8.0	−15.0
		14.4~21.9MHz	−17.0	−20.0	−17.5	−23.0
	19-01 UT	所有频率	−11.5	−13.0	−13.0	−15.5
		2.8~4.7MHz	−8.0	−12.0	−4.0	−4.5
		6.7~11.2MHz	−6.5	−9.5	−10.0	−11.0
		14.4~21.9MHz	−15.0	−16.0	−16.0	−20.0
多普勒扩展/Hz	00-24 UT	所有频率	8.5	9.8	2.7	19.5
		2.8~4.7MHz	11.3	7.7	1.7	5.3
		6.7~11.2MHz	9.0	8.9	1.9	27.7
		14.4~21.9MHz	5.7	15.2	3.9	50.9
	19-01 UT	所有频率	9.7	12.3	3.8	30.9
		2.8~4.7MHz	13.0	8.9	2.6	8.1
		6.7~11.2MHz	9.2	11.2	4.0	36.3
		14.4~21.9MHz	7.6	18.9	4.7	50.0

表 9.14   −5~5dB 信噪比多普勒/多径图概要 (Angling et al., 1998)

	时间	频率	路径			
			斯瓦尔巴特–屯坦根	斯瓦尔巴特–基律纳	哈尔斯塔–屯坦根	哈尔斯塔–基律纳
复合多径扩展/ms	无保护间隔	00-24 UT	所有频率	4.0	4.6	3.8	9.8
			2.8~4.7MHz	5.2	5.5	4.1	3.8
			6.7~11.2MHz	2.6	2.5	2.5	10.7
			14.4~21.9MHz	0.6	1.1	0.6	5.1
		19-01 UT	所有频率	3.2	4.1	3.2	7.5
			2.8~4.7MHz	4.2	4.2	3.1	1.9
			6.7~11.2MHz	1.7	1.9	2.6	9.2
			14.4~21.9MHz	0.6	1.1	0.6	6.3
		00-24 UT	所有频率	4.9	6.1	5.4	10.7
			2.8~4.7MHz	5.3	6.1	4.6	5.1
			6.7~11.2MHz	3.1	7.4	9.1	11.2
			14.4~21.9MHz	0.6	3.1	0.7	5.2

续表

	时间	频率	路径			
			斯瓦尔巴特–屯坦根	斯瓦尔巴特–基律纳	哈尔斯塔–屯坦根	哈尔斯塔–基律纳
有保护间隔 0~1.67ms	19-01 UT	所有频率	4.2	4.6	5.1	8.2
		2.8~4.7MHz	4.3	4.6		
		6.7~11.2MHz	2.9	4.1		9.3
		14.4~21.9MHz	0.6	4.1		6.4
复合多径扩展/ms	无保护间隔 00-24 UT	所有频率	11.2	16.0	2.9	31.6
		2.8~4.7MHz	13.5	11.5	1.8	4.5
		6.7~11.2MHz	12.0	12.5	4.3	30.3
		14.4~21.9MHz	7.2	22.2	3.0	54.6
	无保护间隔 19-01 UT	所有频率	11.3	15.5	4.8	44.7
		2.8~4.7MHz	12.8	7.0	2.5	4.9
		6.7~11.2MHz	8.8	10.5	6.0	32.9
		14.4~21.9MHz	9.3	25.8	3.9	53.0
	有保护间隔 0~1.25Hz 00-24 UT	所有频率	16.4	24.2	9.7	36.0
		2.8~4.7MHz	15.8	14.9	2.8	8.3
		6.7~11.2MHz	17.9	23.3	22.0	31.0
		14.4~21.9MHz	12.4	30.0	11.4	55.0
	有保护间隔 0~1.25Hz 19-01 UT	所有频率	16.0	25.3	13.5	46.5
		2.8~4.7MHz	15.5	11.2		
		6.7~11.2MHz	11.2	14.8		34.1
		14.4~ 21.9MHz	17.7	31.9		53.4

9.6　其他高纬传播现象和评价

9.6.1　HF 高纬路径上的大方位误差

　　Warrington 等 (1997a) 和 Rogers 等 (1997) 介绍了在高纬进行的 HF 探向器 (HFDF) 实验的结果，其中他们报道了如 Bates 等 (1966) 预测的现象，在与极光卵形环相切的路径上发现了方位偏差，与大圆路径 (GCP) 的偏差高达 100°。测量使用的是宽口径测角探向器系统，该系统具有双频天线阵列、单接收器和基于计算机的数据采集和处理系统，频率为 3~30 MHz。VOACAP 呈现 (基本上基于中纬数据库) 用于预测高纬传播路径上的模式结构。Rogers 等 (1997) 得出约 50° 的方位偏差，与 GCP 偏差高达 100° 主要是因为中纬电离层槽的横向反射，Warrington 等 (1997a) 也证实了这一点。

　　在另一篇论文中，Warrington 等 (1997b) 也报道了在极盖内路径上与 GCP 高达 100° 的方位偏差。对 1994 年 1 月至 4 月期间 (接近太阳活动周 22 极小值) 来自加拿大 Lqaluit($D = 2100$ km) 和格陵兰岛图勒 ($D = 670$ km) 在接近 8 MHz 频率上的传输接收进行了分析。作者将这些较大的方位偏差归因为诸如过密等离子体和太阳定向弧等大型漂移电子密度结构的横向反射。同时也注意到，推测这些较大的方位偏差可能是由大尺度 TID 反射引起的，已观测到 TID 在极盖 F 层传播 (Rice et al., 1988; Williams, 1989)。

在英国斯瓦尔巴特和克里克莱德之间的链路 ($D = 3037$ km) 及伊斯峡湾至加拿大阿勒特 1383 km 极盖路径上，使用 DAMSON HF 实验系统，Warrington(1997) 报告了与 GCP 较小的方位偏差。1995 年末和 1996 年初在 11:00~16:00 TU 时间间隔期间，在频率 14.4 MHz 下对跨极光伊斯峡湾–克里克莱德路径进行了 7 天的测量，以及 1996 年 1 月 22 日 1:45~13:42 UT 期间对伊斯峡湾–阿勒特链路进行了测量，显示发现方位偏差达 2.5°，同时发现，对于从伊斯峡湾至阿勒特极盖路径上的信号，观测到方位偏差的标准偏差高达 35°。方位角随多普勒漂移的变化通常是明显的，并被解释为信号为漂移在反射点上的电离层不规则体散射。1997 年对 GCP 大方位偏差的 HFDF 测量是对 Bates 等 (1966) 报道的基于时延测量结果的验证。

9.6.2 亚暴对极光和亚极光区 HF 路径的影响

Blagoveshchchenskaya 等 (2000) 报告了 1996 年 2 月极光亚暴和电离层变化对 HF 信号传播的影响。从伦敦发射的 9.410 MHz 和 12.095 MHz 的高频信号与在特罗姆瑟上空加热的电离层反射信号一起在圣彼得堡被直接接收到。这些接收信号的动态多普勒谱表明，在最大亚暴阶段出现了明确的场向散射信号分量。图 9.36 和图 9.37 电离层射线追踪给出了该散射模式。

Blagoveshchchenskaya 和 Borisova(2000) 也报告了亚暴对四条路径上 (从基多、哈瓦那、渥太华和伦敦发射，圣彼得堡接收) 高频传播的影响。主要的亚暴效应是在亚暴扩展阶段前数小时信号强度的实质性增长，以及主电离层槽极向边缘内电离层不规则体对信号结构更为显著的影响。

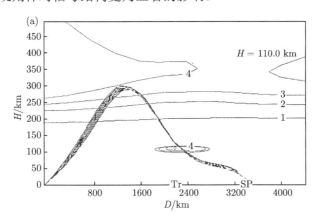

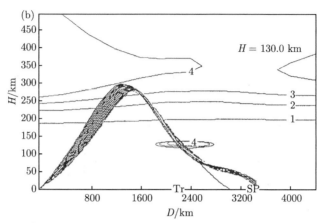

图 9.36　在 1996 年 2 月 17 日 20:30 UT($K_\mathrm{p} = 3$) 地球物理条件下，伦敦–圣彼得堡传播路径上从 E_s 层场向散射的 12.095 MHz 高频信号射线追踪仿真：E_s 层高度为 (a)110 km 和 (b)130 km(Blagoveshchchenskaya et al., 2000)

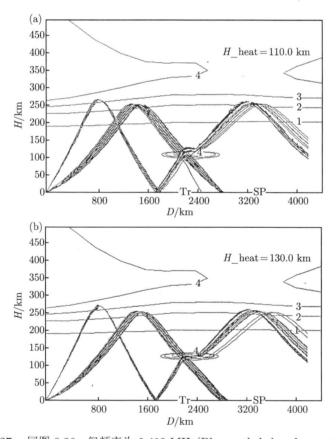

图 9.37　同图 9.36，但频率为 9.410 MHz(Blagoveshchchenskaya et al., 2000)

9.6.3 利用 GPS/TEC 数据研究 HF 极光传播

Hunsucker 等 (1995) 介绍了利用 GPS TEC 信号预测极光卵形环内频率为 25.5 MHz，东西长 950 km 的传播路径上的 AE 电离的结果，如图 9.38 所示。AE 实验信号的强度和持续时间 (Hunsucker et al., 1996) 与在费尔班克斯记录的 GPS 通过卫星的传播路径时获得的 "信号" 相关。图 9.38 给出了 TEC 信号的类型、路径中点的结构、一个特定信号的插图及 TEC 信号的滤波结果。

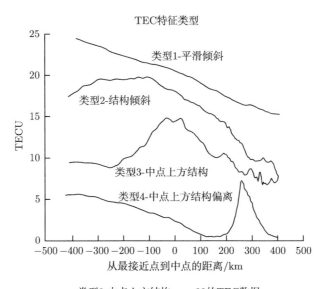

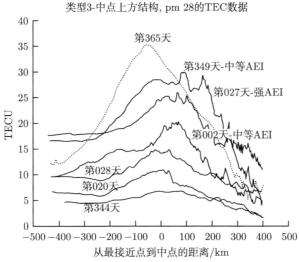

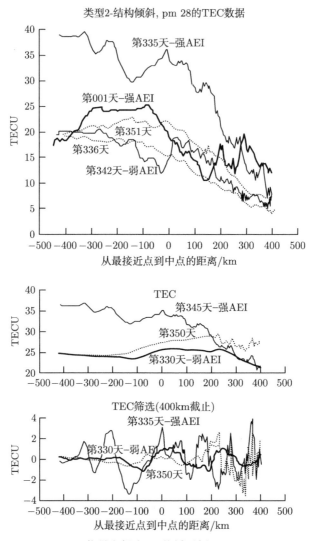

图 9.38   GPS/TEC 信号和极光 E 传播示例 (Hunsucker et al., 1996)

在 1993 年 12 月至 1995 年 1 月期间，分析了 28 号 GPS 脉冲测距导航卫星的 58 次穿行数据，该卫星至费尔班克斯的 LOS 路径接近威尔士-费尔班克斯 25.5 MHz 传播路径的 E 层传播路径的中点。AE 的 GPS/TEC 预测以及 AE 信号的强度和持续时间如图 9.39 所示。

基于 1993~1994 年冬季的 GPS 数据分析，若 E 层传播路径的中点位于极光卵形环内，则可实现 HF 高频段至 VHF 低频段信号传播的近实时预测。

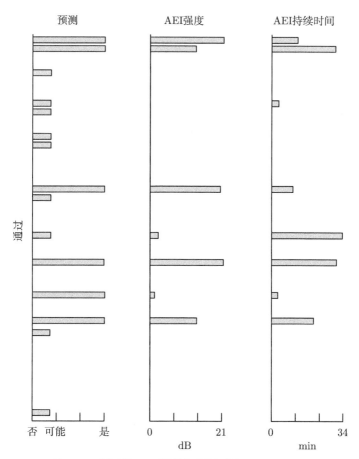

图 9.39 58 次 GPS 通过的 AE 测量与预测对比 (Hunsucker et al., 1996)

Coker 等 (1995) 报告了上述技术的扩展，以探测卵形环内的极光活动。1993 年 12 月 1 日通过 E 层的 1min GPS 卫星 LOS 轨迹纬度分布、AE 探测和阿拉斯加学院磁强计 H 描迹示例如图 9.40 所示。

AE 的 GPS/TEC 探测和 TIROS 沉降粒子极光能量通量 K_p 值 (K_p 为 1、2、3 和 4) 验证关系如图 9.41 所示。图 9.42 说明了 GPS/TEC 数据如何定义极光卵形环的向赤道边界。

9.6.4 使用多频的高纬高频调制的性能

在最近的论文中，Otnes 和 Jodalen (2001) 评估了在 75 bps(STANAG 4415/4285) 和 2400 bps(STANAG 4285) 以及短和中等距离高纬路径的摩尔斯式电码和语音发射下的两种稳健波形调制的性能。获得的数据为 1995 年 4 月至 12 月的太阳黑子数 35~70 的平滑数据，以及在基律纳 K 的平均值为 0~3 的数据，但包括

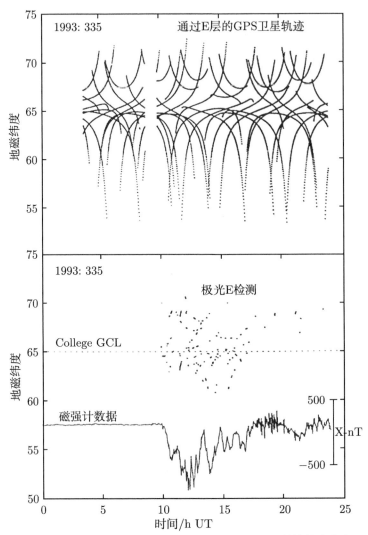

图 9.40　1993 年 12 月 1 日通过 E 层的 1 min GPS 卫星 LOS 轨迹纬度分布 (Coker et al., 1995)

一个扰动期 ($K = 5$)。路径如图 9.43 所示，DAMSON 测量和调制模拟性能之间的比较方法如图 9.41 和图 9.43 所示。图 9.44 和 9.45 分别给出了当频率组包含 $1, 2, \cdots, 10$ 频率时，伊斯峡湾-图恩坦根 (2019 km) 和哈斯塔德-基律纳路径 (191 km) 调制的总体可用性。

　　作者从研究中得到，如果需要提高可用性则必须牺牲数据速率的结论。具体而言，当 2019 km 路径上有模式支持时，两个稳健调制的可用性比 2400 bps 调制的可用性高 $60\% \sim 70\%$。在 194 km 的路径上，可用性通常高出 75%。此外，

75 bps 调制还可以更好地处理散射和非大圆模式，从而提供高于 MUF 的频率可用性。在所有季节，在两条路径上使用一定数量的稳健调制频率全面达到最大的可靠性都很高，但在地磁扰动期间，在短路径上观测到 5%～10% 的退化。

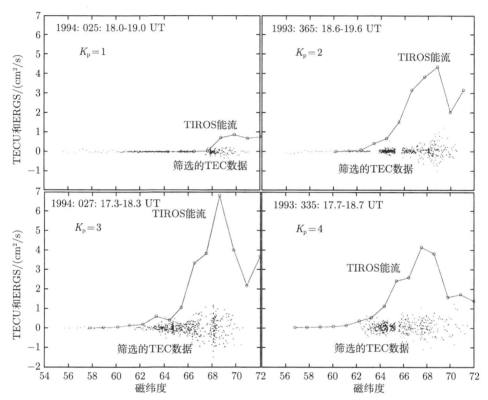

图 9.41　TEC 1 h 纬度变化数据与 $K_p = 1 \sim 4$ TIROS 粒子沉降比较 (Coker et al., 1995)

　　在两条路径上，使用稳健的调制 (75 bps)，在夏季和冬季整个可用性只需要一个频率，在扰动期间则需要四个频率。在所有时期，2400 bps 调制在短路径上需要三个或四个频率，在长路径上则需要四至六个频率。

　　Roesler 和 Carmichael(2000) 报告称，在使用正交振幅调制波形和 STANAG 5066 调制解调器的自动请求重复系统中，实现了接近 9600 bps(2 kHz 带宽) 和 19,200 bps(6 kHz 符号间干扰带宽模式) 的无差错数据传输 (见第 9.5.4 节)。这些数据速率是在洛瓦州锡达拉皮兹至加拿大渥太华 (1336 km) 和从洛瓦州锡达拉皮兹至加利福尼亚州圣地亚哥 (2467 km) 的高频路径上测量得到。

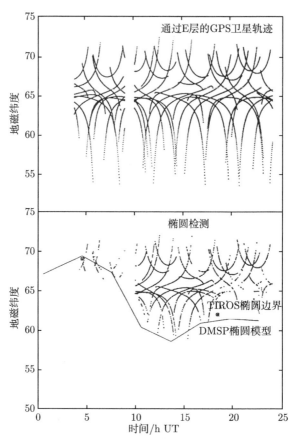

图 9.42　1993 年 12 月 1 日 1 min GPS 卫星 LOS 轨迹通过 E 层的纬度分布 (上图)。卵形环探测与向赤道边界模型和 1993 年 12 月 1 日单个 TIROS 通过比较 (下图)(Coker et al., 1995)

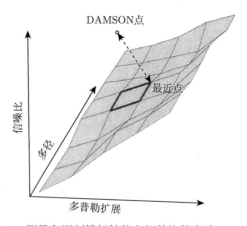

图 9.43　DAMSON 测量和调制模拟性能之间的比较方法 (Jodalen et al., 2001)

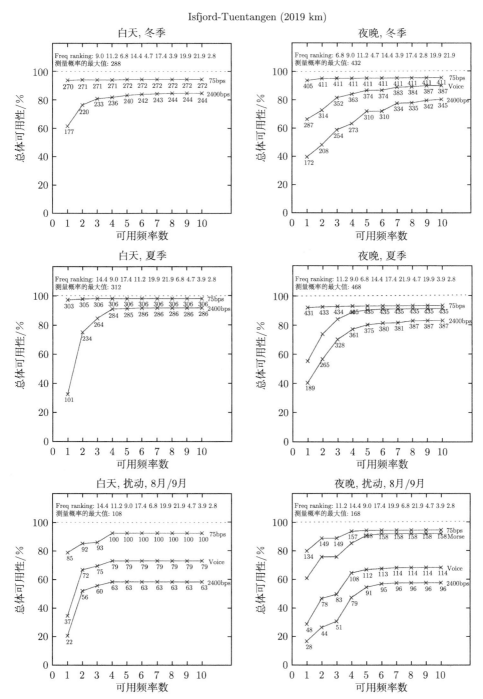

图 9.44　当频率组包含 1, 2, · · · , 10 频率时，伊斯峡湾–图恩坦根路径 (2019 km) 调制解调的

总体可用性 (Jodalen et al., 2001)

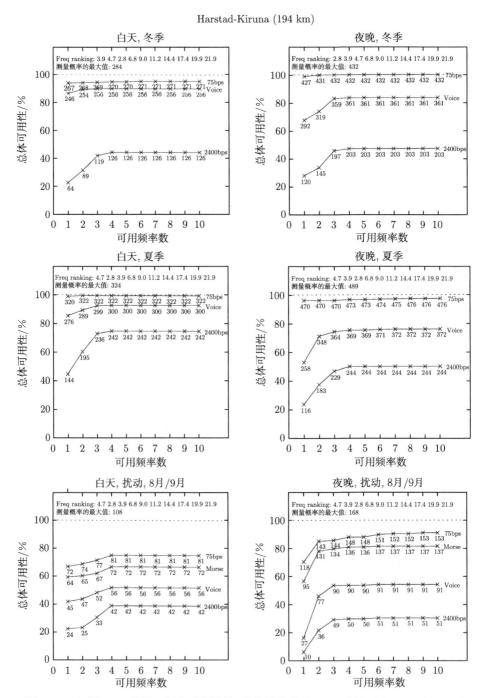

图 9.45   与图 9.42 相同，但为哈斯塔德–基律纳路径 (194 km)(Jodalen et al., 2001)

9.7　总结和讨论

很明显，人们在过去四十年对高纬无线传播 (主要是 HF 电离层传播) 进行了大量研究，但大部分研究只能在相对模糊的报告和会议集中找到。出于这一原因，我们觉得有必要列出通过这些研究项目获得的大量数据示例，特别是展现出与日地条件、路径方向、频率甚至调制类型之间的密切变化的链路性能。为说明这些变化书中列出了插图示例。

自 20 世纪 70 年代初以来，中纬地区电离层建模和传播预测取得了显著进展，但大多数现有模型仍不足以真实地描绘极光和极区电离层。值得注意的是，几乎所有的模型和预测程序本质上都是 "与气候有关的"，并不能真正地预测传播方面的 "天气"。尽管如此，仍需继续尝试将预测与实时数据进行比较。幸运的是，最近在 "空间–天气" 数据可用性方面取得的进展、电离层数据库的改进以及新的建模理论在一定程度上改善了这种状况。

实时信道评估 (RTCE)、自动链路–质量 (ALQ) 评估、稳健的调制和计算机控制的频率管理的出现，为高频高纬传播的可靠性提供了数量级的改进。如果有足够的资源可用，最好的方法可能是使用上述技术实现高频高纬链路的高可靠性，而不是将资源用于改进电离层数据库、建模和预测技术。

最近对高频方位偏差的精确测量 (如在 1966 年的时延分析) 表明，高频高纬路径上经常出现与大圆路径 (GCP) 高达 $100°$ 的偏差。由于大多数实际的高频通信系统使用 $50° \sim 70°$ 方位波束宽度，因此利用这种非大圆 (NGC) 模式旋转天线波束的能力有时可能有用。这将进一步提高高频高纬链路的可靠性，因此 20 世纪 60 年代的研究表明，链路上的 MOF 有时由 NGC 模式承载，而且 GNC 模式并不罕见。

充满希望的研究领域包括使用合适的模型输出定量的 HF 链路数据验证电离层模型和预测程序 (迄今为止完成的工作相对较少)；特定无线电传播特性所需的空间天气数据的近实时可用性，改进电离层模型空间和时间分辨率，以及通过了解磁层过程利用现有的三维电离层射线追踪技术来验证高纬传播模式。类似地，GPS 站能够检测由于粒子沉降而产生的支持 HF 高频段和 VHF 低频段传播的强 AE 电离区域。

9.8　参 考 文 献

9.1 节

Hunsucker, R. D., Rose, R. D., Adler, R. W., and Lott, G. K. (1996) Auroral-E modeoblique HF propagation and its dependence on auroral oval position. IEEE Trans.Antennas Propagation44, 383–388.

Nishino, M., Gorokhov, N., Tanaka, Y., Yamagishi, H., and Hansen, T. (1999) Probe experiment characterizing 30 MHz radio wave scatter in the high-latitude ionosphere. Radio Sci.34, 833–898.

9.2 节

Aarons, J., Kersley, L., and Rodger, A. S. (1995) The sunspot cycle and "auroral" F-layer irregularities. Radio Sci., 30, 631–638.

Anderson, D. N., Buonsanto, M. J., Codrescu, M., Decker, D., Fesen, G. G., Fuller-Rowell, T. J., Reinisch, B. W., Richards, P. G., Schunk, R. W., and Sojka, J. J. (1998) Intercomparison of physical models and observations of the ionosphere. J. Geophys. Res.103, 2179–2192.

Bent, R. B., Llewellen, S. K., Nesterczuk, G., and Schmid, P. E. (1975) The development of a highly successful worldwide empirical ionosphere model and its use in certain aspects of space communication and in worldwide total electron content investigations. In Proc. IES75(ed. J. Goodman). US Government Printing Office, Washington DC.

Bibl, K. (1998) Evolution of the ionosonde. Annal: de Geofisica41.

Bilitza, D. (1999) IRI 2000. In Proc. IES99, pp. 348–351.

Bishop, G. J. et al.(1999) The effect of the protonosphere on the estimation of GPS total electron content: validation using model simulations. Radio Sci.34, 1261.

Burtch (1991) A comparison of high-latitude ionospheric propagation predictions from ICEPAC with measured data. M. S. Thesis. Naval Postgraduate School, Monterey, California.

Bust, G. S. and Coco, D. (1999) CIT analysis of the combined ionospheric campaign (CIC).Proc. IES99, pp. 508–518.

Chiu, Y. T. (1975) An improved phenomenological model of ionospheric density. J. Atmos. Terr. Phys.37, 1563–1570.

Davé, N. (1990) The use of mode structure diagrams in the prediction of high-latitude HF propagation. Radio Sci.30, 309–323.

Davies, K. (1965) Ionospheric Radio Propagation.National Bureau of Standards, Washington DC.

Decker, D. T. et al.(1999) Longitude structure of ionospheric total electron content at low latitudes measured by the TOPEX/Poseidon satellite. Radio Sci.34, 1239.

Feldstein, Y. I. and Galperin, Yu. I., (1985) The auroral luminosity structure in the high-latitude upper atmosphere: its dynamics and relationship to the large-scale structure of the Earth's magnetosphere. Rev. Geophys.23, 217.

Ferguson, J. and Snyder, F. P. (1986) The segmented waveguide program for long wave-length propagation calculations. NAVOCEANSYSTEM Report TD-1071.

Ferguson, J. A. (1995) Ionospheric model validation at VLF and LF. Radio Sci.30, 775–782.

Ferguson, J. and Snyder, F. P. (1989) Long wave propagation assessment. In Operational Decision Aids for Exploiting or Mitigating Electromagnetic Propagation Effects (eds. Albrecht and Richter). AGARD-CP-453.

Ganguly, S. and Brown, A. (1999) Real time characterization of the ionosphere using diversity data and models.Proc. IES99, pp. 365–376.

Gikas, S. S. (1990) A comparison of high-latitude ionospheric propagation predictions from advanced PROPHET 4.0 with measured data. M. S. Thesis. Naval Postgraduate School, Monterey, Calfornia.

Goodman, J. M. (1992) HF Communication – Science and Technology.Van Nostrand Reinhold, New York.

Hunsucker, R. D. and Owren, L. (1962) Auroral sporadic-E ionization.J. Res. NBS D 66, 581–592.

Hunsucker, R. D. (1965) On the determination of the electron density within discrete auroral forms in the E-region. J. Geophys. Res.70, 3791–3792.

Hunsucker, R. D. (1971) High-frequency propagation predictions and analysis for circuits from the USCG San Francisco radio station to ships and aircraft operating in the North Pacific area. OT/TRER 15. Boulder, Colorado.

Hunsucker, R. D. (1982) Atmospheric gravity waves generated in the high latitude ionosphere: a review. Rev. Geophys. Space Phys.20, 293–315.

Hunsucker, R. D. and Delana, B. S. (1988) High Latitude Field-strength Measurements of Standard Broadcast Band Skywave Transmissions Monitored at Fairbanks, Alaska. Geophysical Institute, University of Alaska, Fairbanks, Alaska.

Hunsucker, R. D. (1992) Auroral and polar-cap ionospheric effects on radio propagation. IEEE Trans. Antennas Propagation7, 818–828.

Hunsucker, R. D. (1999) Final Report on PENEX Data Analysis Project for the Naval Postgraduate School.Naval Postgraduate School, Monterey, California.

Jones, R. M. and Stephenson, J. J. (1975) A Versatile Three-Dimensional Ray Tracing Computer Program for Radio Waves in the Ionosphere.USGPO, Washington DC.

Lane, G. (1993) Voice of America coverage analysis program (VOACAP). US Information Agency, Bureau of Broadcasting Engineering Report 01-93, p. 203.

McNeal, G. D. (1995) The high frequency environment at the ROTHR Amchitka radar site. Radio Sci.30, 739–746.

Mather, R. A., Holtzclaw, B. L., and Swanson, R. W. (1972) High-latitude HF signal transmission characteristics. InRadio Propagation in the Arctic Conference Proc. CP-97.

McDowell, A. I., Breakall, J. K., and Lunnen, R. (1993) Project PENEX Interim Report – 1993, High-frequency Receiving Site Research Center at Rock Springs. Applied Research Laboratory, Pennsylvania State University State College, Philadelphia.

Milan, S. E., Lester, M., Jones, T. B. and Warrington, E. M. (1998) Observations of the reduction in the available HF band on four high latitude paths during periods of geomagnetic disturbance. J. Atmos. Terr. Phys.60, 617–629.

Omura, J. K., Schultz, R. A., and Levitt, B. K. (1985) Spread Spectrum Communications, volumes I–III. Computer Science Press, Rockville, Maryland.

vRose, R. B. (1982) An emerging propagation prediction technology. In Effects of the Ionosphere on Radiowave Systems (IES81)(ed. J. Goodman). US Government Printing Office, Washington DC.

Rose, R. B. (1993) Project PENEX: Polar, Equatorial, Near Vertical Incidence Experiment – Methodology Document, Rev. 1.Naval Command, Control and Ocean Surveillance Center, RDT&E Division, San Diego, California.

Rush, C. M. et al.(1984) Maps of fôF2 derived from observations and theoretical data. Radio Sci.19, 1083.

Sailors, D. B. and Rose, R. B. (1993) HF Skywave Field Strength Predictions. NraD/NOSC, RDT&E, San Diego, California.

Sailors, D. B. (1995) A discrepancy in the international radio consultative committee report 322—3 radio noise model: the probable cause. Radio Sci.:30, 713–728.

Schunk, R. W. (1996) Solar–Terrestrial Energy Program: Handbook of Ionospheric Models.STEP Report Center for Atmospheric and Space Science, Utah State University, Logan, Utah.

Smith, R. W. (1988) Low latitude ionospheric effects on radiowave propagation. Dissertation. Naval Postgraduate School, Monterey, California.

Szuszczewicz, E. P., Blanchard, P., Wilkinson, P., Crowley, G., Fuller-Rowell, T., Richards, P., Abdu, M., Bullet, T., Hanbaba, R., Lebreton, J. P., Lester, M.,

Lockwood, M., Millward, G., Wild, M., Pulinets, S., Reddy, B. M., Stanislawska, I., Vannorini, G., and Zoleski, B. (1998) The first real-time worldwide ionospheric predictions network: an advance in support of space borne experimentation, on-line model validation and space weather. Geophys. Res. Lett.25, 449–452.

Thrane, E. V., Jodalen, V., Stewart, E., Saleem, D., and Katan, J. (1994) Study of measured and predicted reliability of the ionospheric HF communication channel at high latitudes. Radio Sci.29, 1293–1309.

Tsolekas, M. D. (1990) A comparison of high latitude ionospheric propagation predictions from IONCAP-PC 2.5. M. S. Thesis. Naval Postgraduate School,

Monterey, California. Warber, C. R. and Field, E. C. Jr (1995) A long wave transverse electric–transverse magnetic noise prediction model. Radio Sci.30, 783–797.

Wilson, D. J. (1991) A comparison of high-latitude ionosphere propagation predictions from AMBCOM with measured data. M. S. Thesis. Naval Postgraduate School, Monterey, California.

9.4 节

Hardy, D. A., Gussenhoven, M. S., and Brautigan, D. (1987) A statistical model of auroral ion precipitation 2. Functional representation model of the average patterns. J. Geophys. Res.96, 5539–5547.

Hunsucker, R. D. (1992) Auroral and polar-cap ionospheric effects on radio propagation. IEEE Trans. Antennas Propagation7, 818–828.

9.5 节

Angling, M. J., Cannon, P. S., Davies, N. C., Willink, T. J., Jodalen, V., and Jundborg, B. (1998) Measurements of Doppler and multipath spread on oblique high-latitude HF paths and their use in characterizing data modem performance. Radio Sci.33, 97–107.

Bliss, D. H., Roessler, D. P., and Hunsucker, R. D. (1987) Preliminary results from a trans-auroral HF experiment. Proc. MILCOM87.

Brant, D., Lott, G. K., Paluszek, S. E., and Skimmons, B. E. (1994) Modern HF mission planning combining propagation modeling and real-time environmental monitoring. Proc. IEE94.

Davies, N. C. and Cannon, P. S. (1993) DAMSON – a system to measure multipath dispersion, Doppler spread and Doppler shift on multi-mechanism communications channels. Presented at AGARD Electromagnetic Wave Propagation Paths: Their Characteristics and Influences on System Design, Rotterdam.

Fenwick, R. B. and Villard, O. G. (1963) A test of the importance of ionosphere–ionosphere reflections in long distance and around-the-world HF propagation. J. Geophys Res.68, 5659–5666.

Fenwick, R. B. and Woodhouse, T. J. (1979) Real-time adaptive HF frequency management. In Special Topics in HF Propagation, AGARD Conference Proc. No. 263(ed. V. J. Coyne).

Gerson, N. C. (1962a) Radio Wave Absorption in the Ionosphere, p. 113. Pergamon Press, London.

Gerson, N. C. (1962b) Polar radio noise. In Arctic Communications(ed. B. Landmark). Pergamon Press, New York.

Gerson, N. C. (1964) Polar communications. In Arctic Communications(ed. B. Landmark). Pergamon Press, New York.

Goodman, J. M. (1992) HF Communication – Science and Technology.Van Nostrand Reinhold, New York.

Goodman, J. M., Ballard, J. and Sharp, E. (1997) A long-term investigation of the HF communication channel over middle and high latitude paths. Radio Sci.32, 1705–1715.

Hu, S., Bhattacharjee, A., Hou, J., Sun, B., Roesler, D., Frierdich, S., Gibbs, N., and Whited, J. (1998) Ionospheric storm forecast for high-frequency communications. Radio Sci.33, 1413–1428.

Hunsucker, R. D. and Bates, H. F. (1969) Survey of polar and auroral region effects on HF propagation. Radio Sci.4, 347–375.

Jodalen, V., Bergsvik, T., Cannon, P. S., and Arthur, P. C. (2001) The performance of HF modems on high latitude paths using multiple frequencies. Radio Sci.36, 1687.

Johnson, E. E., Desourdis, R. I., Jr, Earle, G. D., Cook, S. C., and Ostergaard, J. C. (1997) Advanced High-frequency Radio Communications.Artech House, Boston.

9.6 节

Bates, H. F., Albee, P. R., and Hunsucker, R. D. (1966) On the relationship of the aurora to non-great-circle HF propagation. J. Geophys. Res.71, 1413–1420.

Blagoveshchenskaya, N. F., Korienko, V. A., Brekke, A., Rietveld, M. T., Kosch, M., Borisova, T. D., and Krylosov, M. V. (2000) Phenomena observed by HF longdistance diagnostic tools in the HF modified auroral ionosphere during a magnetospheric substorm. Radio Sci.34, 715–724.

Blagoveshchensky, D. V. and Borisova, T. D. (2000) Substorm effects of ionosphere and HF propagation. Radio Sci.35, 1165.

Coker, C., Hunsucker, R. and Lott, G. (1995) Detection of auroral activity using GPS satellites. Geophys. Res. Lett.22, 3259–3262.

Hunsucker, R. D., Coker, C., Cook, J., and Lott, G. (1995) An investigation of the feasibility of utilizing GPS/TEC "Signatures" for near-real-time forecasting of auroral-E propagation at high-HF and low-VHF frequencies. IEEE Trans. Antennas Propagation 43, 1313–1318.

Hunsucker, R. D., Rose, R. D., Adler, R. W., and Lott, G. K. (1996) Auroral-E mode oblique HF propagation and its dependence on auroral oval position. IEEE Trans. Antennas Propagation44, 383–388.

Otnes R, Jodalen V. (2001) Increasing the availability of medium data rates an high latitude HF channels. IEL Citation 1,437–441.

Rice, D. D., Hunsucker, R. D., Lanzerotti, L. J., Crowley, G., Williams, P. J. S., Craven, J. D., and Frank, L. (1988) An observation of atmospheric gravity wave cause and effect during the October 1995 WAGS campaign. Radio Sci.23, 919–930.

Roesler, D. P. and Carmichael, W. R. (2000) The implications and applicability of the QAM high data rate modem. IEE(in press).

Rogers, A. S., Warrington, N. C., Jones, E. M., and Jones, T. B. (1997) Large HF bearing errors for propagation paths tangential to the auroral oval. IEE Proc. Microwaves, Antennas and Propagation144, 91–96.

Warrington, E. M. (1997) Observations of the directional characteristics of ionospherically propagated HF radio channel sounding signals over two high latitude paths. Proc. 2nd Symp. on Radiolocation and Direction Finding.SwRI, San Antonio, Texas.

Warrington, E. M., Jones, T. B., and Dhanda, B. S. (1997a) Observations of Doppler spreading on HF signals propagating over high latitude paths. IEE Proc. Microwaves Antennas Propagation144, 215–220.

Warrington, E. M., Rogers, N. C., and Jones, T. B. (1997b) Large HF bearing errors for propagation paths contained within the polar cap. IEE Proc. Microwaves Antennas Propagation144, 241–249.

Williams, P. J. S. (1989) Observations of atmospheric gravity waves with incoherent scatter radar. Adv. Space Res.9, 65–72.

附录 相关书籍

下面的每一本书都论述了一系列与我们有关的地球物理主题，特别是关于高层大气、电离层和磁层、极光和亚暴的章节或文章。因此，作为一般参考书，它们特别有用。显然，每一部都将反映出其写作时的知识状况。虽然较新 (书籍) 的应该是最新的 (知识)，但较旧的不应该被忽视，因为它们更接近于该领域所依据的基本思想和知识的发展。Mitra 的那本 1952 年的名著非常值得重读。第 6 章引用了 Harang(1951) 和 Stormer(1952) 关于极光的经典论著。

Brekke, A. Physics of the Upper Polar Atmosphere. Wiley, Chichester, New York, Brisbane, Toronto and Singapore (1997).

Deehr, C. S. and Holtet, J. A. (eds.) Exploration of the Polar Upper Atmosphere. Reidel, Dordrecht (1981).

Hargreaves, J. K. The Solar–Terrestrial Environment. Cambridge University Press, Cambridge (1992).

Hines, C. O., Paghis, I., Hartz T. R., and Fejer, J. A. (eds.) Physics of the Earth's Upper Atmosphere. Prentice-Hall, Englewood Cliffs, NJ (1965).

Jacobs, J. A. (ed.) Geomagnetism; volume 3 and 4. Academic Press, London (1989, 1991).

Mitra, S. K. The Upper Atmosphere. The Asiatic Society, Calcutta (1952).

Scovli, G. (ed.) The Polar Ionosphere and Magnetospheric Processes. Gordon and Breach, New York (1970).